鋼道路橋防食便覧

平成26年 3月

公益社団法人　日本道路協会

序

　道路は，人や車が安全に，そして安心して通行することができる機能が第一にあります。そのほかの機能としては，環境や防災の観点からの空間機能やライフラインを収める空間機能などがあり，いずれも国民生活や経済活動，災害時の避難，輸送時等に重大な役割を果たしています。

　我が国の道路整備は，昭和20年代に始まる第一次道路整備五ヵ年計画に本格的に始まり，道路交通の急激な伸長，環境の保全，豊かな歩行者空間の確保，バリヤフリー社会への対応と時代の進展とともに変貌を遂げ，効率的かつ効果的に道路整備事業が進められています。

　このような中，我が国の特徴として，急峻な地形と多数の河川や島しょを擁し，都市部では高度な土地利用のからの厳しい空間的制約，山間部では点在する家屋を安全に繋ぐネットワーク機能の確保において，橋は道路の主要な部分を占めており，周辺環境との調和，ライフサイクルコストの低減，長期耐久性の確保そして維持管理の軽減などを図りながら，適切に整備し，守り，育てることが必要です。

　日本道路協会は，昭和46年に鋼道路橋の防食に関する実用書として「鋼道路橋塗装便覧」を刊行し，当時主とした防食法である塗装の仕様選択，実施及び維持管理に使われ，耐久性向上に十分な機能を果たしてきました。その後，当便覧は，数回の改訂を行なってきましたが，平成17年には，塗装以外の防食法として，耐候性鋼材，溶融亜鉛めっきや金属溶射等の防食法が実用化され，実績も増えてきた状況を踏まえ，「鋼道路橋塗装・防食便覧」を先の便覧と別に刊行し，種々な環境への対応と性能確保に役立つ技術書としてとりまとめています。このたび，橋を含む社会基盤施設ストックの急速な高齢化や道路橋示方書の改訂及び防食技術の技術的知見の蓄積等を踏まえ，防食機能の確保に重要な素地調整方法，複数の防食法の併用，防食適用後の診断及び環境保全対策など便覧の内容を全面的に見直し，発刊する運びとなりました。

　本便覧が，多くの技術者に活用され，国民の望む高い安全性，長期の耐久性，優れた景観調和性，地球環境の保全と十分な維持管理性を有する道路橋の整備に貢献することを期待するものであります。

　　平成26年3月

　　　　　　　　　　　　　公益社団法人　日本道路協会会長　井上　啓一

まえがき

　我が国における鋼道路橋の防食に関する技術解説書は，鋼橋の代表的な損傷である腐食に対する対策法の一つである塗装を柱に「鋼道路橋塗装便覧」として昭和46年に刊行され，その後，技術や材料の進展に伴い昭和54年，平成2年に改訂され現在に至っている。また，近年，塗装以外の種々な防食法が採用され始めたことから，平成17年には，これまでの主たる防食法であった塗装以外に耐候性鋼材，溶融亜鉛めっき，金属溶射を加えた技術解説書として「鋼道路橋塗装・防食便覧」を新たに刊行した。本便覧は，種々な防食法を示したことから，鋼道路橋以外の様々な土木構造物にも本便覧が適用され，今日に至っている。

　一方，道路橋に関する技術基準である「橋，高架の道路等の技術基準」は，東北地方太平洋沖地震による被災を踏まえた対応や高齢化しつつある既存の道路橋の現状などを踏まえ，平成24年2月に改定された。これを受けて，「道路橋示方書」は，技術基準の趣旨を生かすだけでなく，新たな調査研究成果を盛り込むとともに，鋼橋の疲労設計の義務づけなど耐久性の向上に関する規定の拡充や維持管理に関する内容の充実等を主な内容として平成24年3月に改定された。このため，「道路橋示方書」を補う防食に関連する便覧も改訂を行なう必要が生じ，「鋼道路橋塗装便覧」としては24年ぶり，「鋼道路橋塗装・防食便覧」としては9年ぶりに改訂し，発刊する運びとなった。

　ここに示した趣旨のもと，本便覧の発刊にあたっては，先に示した2つの便覧を統廃合するだけでなく，近年の技術開発，調査研究成果を取り入れ，かつ鋼道路橋における設計，施工，維持管理の実情を踏まえた留意事項等を見直し，鋼道路橋に発生する腐食損傷を防止し，安全性と長期耐久性の確保を基本方針として，鋼道路橋の防食に関する唯一の技術書として取りまとめを行なったものである。

　改訂の主な内容は，以下のとおりである。

① 道路橋示方書の改定に伴う記述等を見直した。
② 防食性能に大きく影響する素地調整について，その方法，程度，留意事項を見直した。
③ 塗装について，2つの便覧と近年得られた知見，実績等によって，塗装仕様，

素地調整，塗装方法，点検及び診断，塗替え方法，有害物質処理，留意事項等を見直し，本便覧に取りまとめた。

④　耐候性鋼材及び金属溶射について，近年得られた知見や既存の道路橋における損傷状況等を基に適用，施工方法，留意事項を見直した。

本便覧は，「道路橋示方書」の精神，規定に準じこれを補完する防食全般に関する手引き，指導書である。本便覧がその趣旨を正しく理解され，合理的かつ適切な方法によって安全性，耐久性の向上が図られることを期待するものである。

平成26年3月

橋　梁　委　員　会
鋼　橋　小　委　員　会
鋼橋塗装・防食ＷＧ
ＷＧ長　髙木　千太郎

橋梁委員会名簿 （50音順）

委員長　　岡原　美知夫

委員
　石橋　忠良
　宇治　公隆
　梅原　秀哲
　大田　孝二
　大塚　久哲
　岡田　　宏
　春日　昭夫
　川島　一彦
　川神　雅秀
　久保田善明
　小泉　　淳
　佐々木葉二
　佐藤　　尚
　鈴木　基行
　鈴木　直人
　関　　博
　田中　　敬
　玉越　隆史
　土橋　浩
　長井　正嗣
　中村　　晋
　西川　和廣
　西澤　辰男
　西村　宣男
　濱本　卓司
　原田　哲夫
　藤野　陽三
　藤山　知加子
　牧　　剛史
　松井　繁之
　松本　　嘉
　三木　千壽
　睦好　宏史
　村越　潤
　本城　勇介
　森　　猛
　森本　　博
　山口　栄輝
　運上　茂樹

幹事
　石田　雅博
　乙部　　敬
　木下　雅敬
　玉越　隆朋
　長谷川　順一
　星隈　順一
　渡辺　博志
　古川　富士
　小野　潔
　白戸　真大
　七澤　利明
　福田　　潤
　村田　　越

平成26年3月現在の委員

鋼橋小委員会名簿　（50音順）

小委員長　　村越　潤

委員

池田　学　　小野　潔　　田原　弘司
小田　雄一郎　　小林　義弘　　木田　健太
小下　義秀　　木田　千嘉　　畑山　晶禎
高田　仁　　川川　敬　　冨長谷　強人
藤増森　隆猛　　横渡　輝悟
井邊　芳一

芦田　憲嘉　　塚下　一郎　　大乙金酒鈴髙立玉野長本水山若
道人　男平之彦　　礼史栄弘之輝
守田井木田越上川間口口林
嘉和崇修泰和安隆邦朋宏和栄大

平成26年3月現在の委員

鋼橋塗装・防食 WG 名簿　（50 音順）

WG長　　　○髙木　千太郎

委員
- 保夫
- 伊藤　修伸
- 大野　治介
- 笠原　礼
- 小金井　樹
- ○大谷　人
- 義照　隆
- ○小笠原　隆史
- 崎村　進
- ○金北　岳信
- 子川　哲
- 村戸　祐
- ○古田　安
- 瀬山　直
- ○立谷　明
- 遠ヶ川　清
- ○飛井
- ○前原　晃
- ○増屋
- ○宮辺　守
- ○渡
- 彦英　行　男彌　二樹仁　誠博　弘久　大
- ○伊
- ○大藤　裕
- ○加澤　隆
- ○金藤　敏
- ○桐田　崇
- ○鈴原　進
- 髙木　克
- ○田　埜　真
- ○冨中　良
- 星山　禎
- ○前野
- ○松田　政
- ○森下　尊
- ○若林

○印は，平成 26 年 3 月現在の委員

鋼道路橋防食便覧

第Ⅰ編　共通編

第Ⅱ編　塗装編

第Ⅲ編　耐候性鋼材編

第Ⅳ編　溶融亜鉛めっき編

第Ⅴ編　金属溶射編

第Ⅰ編　共通編

第Ⅰ編　共通編

目　次

第1章　総則 …………………………………………………………… Ⅰ-1

1.1　総論 ………………………………………………………… Ⅰ-1
1.2　適用の範囲 ………………………………………………… Ⅰ-2
1.3　用語 ………………………………………………………… Ⅰ-4

第2章　鋼道路橋の腐食 ……………………………………………… Ⅰ-5

2.1　鋼の腐食 …………………………………………………… Ⅰ-5
2.2　腐食の分類と形態 ………………………………………… Ⅰ-6
2.3　環境と腐食 ………………………………………………… Ⅰ-10
2.4　その他の腐食 ……………………………………………… Ⅰ-14

第3章　鋼道路橋の防食法 …………………………………………… Ⅰ-16

3.1　鋼道路橋の防食法が具備すべき条件 …………………… Ⅰ-16
3.2　鋼道路橋の防食法 ………………………………………… Ⅰ-18
　3.2.1　一般 …………………………………………………… Ⅰ-18
　3.2.2　塗装 …………………………………………………… Ⅰ-19
　3.2.3　耐候性鋼材 …………………………………………… Ⅰ-21
　3.2.4　溶融亜鉛めっき ……………………………………… Ⅰ-22
　3.2.5　金属溶射 ……………………………………………… Ⅰ-24

第4章　防食設計 ……………………………………………………… Ⅰ-26

－Ⅰ-i－

4.1　一般 ……………………………………………………	Ⅰ-26
4.2　防食法の選定 …………………………………………	Ⅰ-28
4.3　選定した防食法から要求される構造設計 …………	Ⅰ-37
4.3.1　防食の耐久性に配慮した構造設計 …………	Ⅰ-38
4.3.2　防食の施工に配慮した構造設計 ……………	Ⅰ-52
4.3.3　防食の維持管理に配慮した構造設計 ………	Ⅰ-52
4.4　選定した防食法の再評価 ……………………………	Ⅰ-56

第5章　施工管理 …………………………………………… Ⅰ-59

5.1　一般 ……………………………………………………	Ⅰ-59
5.2　施工計画書 ……………………………………………	Ⅰ-59
5.3　施工記録 ………………………………………………	Ⅰ-60
5.4　工程管理 ………………………………………………	Ⅰ-60
5.5　安全管理 ………………………………………………	Ⅰ-61
5.6　防食の記録 ……………………………………………	Ⅰ-62

第6章　維持管理 …………………………………………… Ⅰ-64

6.1　一般 ……………………………………………………	Ⅰ-64
6.2　点検 ……………………………………………………	Ⅰ-65
6.3　補修 ……………………………………………………	Ⅰ-67
6.4　防食性能の向上 ………………………………………	Ⅰ-69

付属資料 ……………………………………………………… Ⅰ-72

付Ⅰ-1.　その他特殊な防食法の例 ………………………	Ⅰ-73

第1章 総則

1.1 総論

　我が国では，社会資本の充実を図るため長年にわたり道路の整備拡充に努めてきた結果，膨大な量の道路施設が蓄積されて今日に至っている。そのうち橋は，社会経済活動を支える道路網を構成し，国民の日常生活や産業活動に密接に関係した重要な構造物であることから，架け替えや大規模な補修によって機能が一時的にでも失われることは極力避けなければならない。道路橋を架け替えるには，既設橋の撤去と再構築に膨大な費用が必要となるだけでなく，工事期間中の迂回や通行規制による社会経済的損失等の間接的な影響も生じるため，社会に強いる負担は極めて大きなものとなる。このようなことから既設橋に対しては，可能な限り延命化を行うとともに新設橋に対しては当初より耐久性に優れたものとなるように配慮することがライフサイクルコスト低減の観点からも有効である。

　これまでの調査によると，鋼道路橋において架け替えに至った主たる損傷形態は，鋼材の腐食とコンクリート床版の劣化であった[1]。このようなことから，我が国の道路橋における鋼の占める割合の大きさを考えるとき，鋼道路橋の腐食による損傷を防ぐことによって耐久性の向上を図ることが極めて重要であることは明らかである。このため，鋼道路橋の建設及び維持管理に携わる技術者は，防食の意義を十分認識して防食技術に精通するよう努力することが強く望まれる。

1.2 適用の範囲

　この便覧は，道路橋のうち主として鋼製の上部構造及び橋脚構造に適用できる。そのほかにも鋼道路橋に用いられる鋼部材に対しては基本的な考え方など多くの内容が適用可能である。ただし，適用にあたっては当該部材の環境や求められる防食性能に応じて検討する必要がある。

　この便覧の記述内容は，あくまで鋼道路橋に対する防食に関する標準的な考え方や方法について示したものであり，個々の橋の部材・部位に対しては，あくまでそれぞれの条件下で所要の防食性能を満たしていればよく，この便覧の内容と必ずしも同じである必要はない。逆にこの便覧の内容に忠実に従っても，条件によっては最適な方法とはならない場合もあり得ることに注意が必要である。

　第Ⅱ編～第Ⅴ編に示す塗装，耐候性鋼材，溶融亜鉛めっき，金属溶射に関する内容は，標準的な鋼道路橋への適用を念頭にしたものであり，特殊な架橋条件や構造形式の橋に対しては，この便覧の適用又は準用の可否について慎重な検討が必要である。例えば，鋼製橋脚等では土中や淡水中，海水中等に設置されることが多々あるが，そのような場合についての対処方法は，この便覧で特に触れておらず別途検討が必要である。なお，土中や水中に設置される鋼部材の防食については，「海洋鋼構造物の防食指針・同解説（案）」（建設省土木研究所・鋼管杭協会）[2]や「港湾の施設の技術上の基準・同解説（上・下）」（日本港湾協会，運輸省港湾局監修）[3]等を参考にするのがよい。

　この便覧に示した以外にも特殊な環境下に適用できる防食法等はあるが，これらの採用にあたっては防食原理や適用環境条件，構造や施工上の制限，留意事項等について十分検討した上で使用する必要がある。

　この便覧には，いくつかの鋼部材の細部構造に関する記述や例示がなされているが，これらは基本的に，防食の観点のみから検討されたものであり，これらを採用する場合においても，橋又は部材に求められる性能のうち疲労耐久性等防食以外の照査項目については，この便覧による以外に別途検討が必要である。なお，鋼道路橋の疲労耐久性の評価については，「道路橋示方書・同解説Ⅱ鋼橋編」（平成24年3月（社）日本道路協会）（以下，「道示Ⅱ鋼橋編」という。）[4]や「鋼道

路橋の疲労設計指針」（（社）日本道路協会）[5]（以下，「疲労設計指針」という。）による。
　この便覧に示されていない事項のうち，道示Ⅱ鋼橋編に示されるものについては道示Ⅱ鋼橋編によるものとする。

1.3 用語

　この便覧で用いる用語のうち代表的なものについて，内容の適切な理解と解釈の統一を図るために，防食に関連する重要な用語の定義を示す。

　なお，ここに示す以外の用語については，JIS等の関連する技術基準類における定義や解釈に準じる。

用　語	定　　義
さび rust	鉄表面に生成する水酸化物又は酸化物を主体とする化合物。広義には，金属表面にできる腐食生成物をいう。
腐食 corrosion	金属がそれをとり囲む環境物質によって，化学的又は電気化学的に侵食される若しくは材質的に劣化する現象をいう。
防せい rust prevention	金属にさびが発生するのを防止すること。
防食 protection	金属が腐食するのを防止すること。さびの発生により母材の金属が侵食され部材が損傷するのを防止すること。なお，損傷として認めない範囲である程度のさびの発生は許容している。
被膜	塗料等の樹脂によって形成された膜。
皮膜	めっき等の金属や酸化物等によって形成された膜。
塗装橋 Painted bridges/ Coated bridges	主として塗装によって防食を施した橋。
めっき橋 plating bridges	主として溶融亜鉛めっきによって防食を施した橋。
耐候性鋼橋 weathering steel bridges	主として耐候性鋼材の使用によって防食を施した橋。
溶射橋 spray bridges	主として金属溶射によって防食を施した橋。
普通鋼材	耐候性鋼材やステンレス鋼材等の耐食性材料に属さない鋼材。
内面	箱桁や鋼製橋脚等の閉断面部材の内側の面。
外面	内面以外の面。

第2章 鋼道路橋の腐食

2.1 鋼の腐食

　鉄は鉄鉱石（鉄の酸化物等）を精錬（還元）して作ったものであり，熱力学的には不安定な状態である。したがって，腐食（酸化）によって元の安定な状態（酸化物等）に戻ろうとする性質を有している。

　鉄の腐食は，湿食と乾食に大別できる。湿食は，常温状態において水と酸素の存在下で生じる腐食であり，鉄がイオン化して水の中へ溶解する電気化学的反応である。通常の腐食はこの湿食である。乾食は，高温状態で環境中の物質と反応して生じる腐食であり，そのほとんどが酸化物生成反応である。乾食の例として代表的なものは，圧延時鋼材表面にミルスケール（黒皮）と呼ばれる酸化鉄の層が生成する現象である。乾食は常温においては腐食の進行速度は非常に遅い。

　鉄の腐食反応は，**図－Ⅰ.2.1**に示すような電気化学的反応に基づいて進行する。

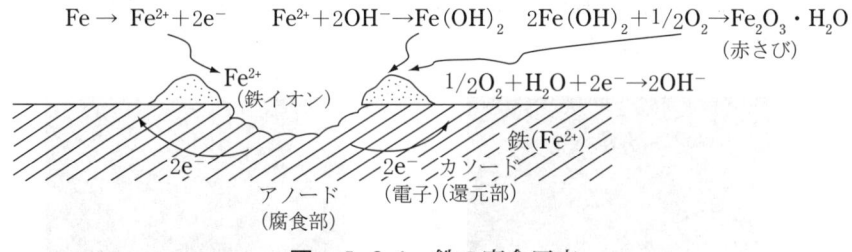

$$Fe \rightarrow Fe^{2+} + 2e^- \qquad Fe^{2+} + 2OH^- \rightarrow Fe(OH)_2 \qquad 2Fe(OH)_2 + 1/2 O_2 \rightarrow Fe_2O_3 \cdot H_2O$$
（赤さび）

Fe^{2+}（鉄イオン）

$1/2 O_2 + H_2O + 2e^- \rightarrow 2OH^-$

鉄(Fe^{2+})

$2e^-$　　　　$2e^-$ カソード
アノード　　　（電子）（還元部）
（腐食部）

図－Ⅰ.2.1　鉄の腐食反応

　腐食反応では，アノード領域で生じる反応（アノード反応）とカソード領域で生じる反応（カソード反応）が必ず等量で進行し，片方の反応が抑制されれば自動的に他方の反応も抑制されることになる。鉄が溶出するアノード反応が生じるためには水分と鉄の接触が必要であり，カソード反応の進行には水と酸素の存在が必要である。このように，水と酸素の存在は湿食反応が生じるための不可欠な条件である。したがって，湿食を防止する基本的な対策は，水又は酸素の供給を絶つことである。

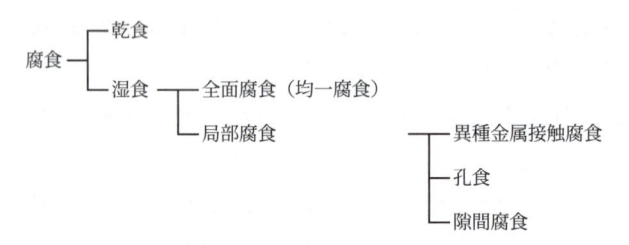

2.2 腐食の分類と形態

（1）腐食の分類

鋼の腐食には様々な形態があるが，鋼道路橋における代表的な腐食は概ね図－Ⅰ.2.2のように分類できる。

```
腐食 ─┬─ 乾食
      └─ 湿食 ─┬─ 全面腐食（均一腐食）
              └─ 局部腐食 ─┬─ 異種金属接触腐食
                          ├─ 孔食
                          └─ 隙間腐食
```

図－Ⅰ.2.2　腐食の分類

全面腐食は，金属表面状態が均一で均質な環境にさらされている場合に生じ，全面が均一に腐食する現象である。例えば，被覆防食における点さび（**写真－Ⅰ.2.1**）やエッジ部の腐食（**写真－Ⅰ.2.2**）は暴露されている部分の全面が腐食しており，全面腐食に分類される。

写真－Ⅰ.2.1　下フランジ下面の点さび　　**写真－Ⅰ.2.2　エッジ部の腐食**

なお，一般に全面腐食の進行速度は遅く，腐食が生じ始めてから短時間で構造物に重大な悪影響を及ぼす状態となることは少ない。

局部腐食は，金属表面の状態の不均一又は環境の不均一によって腐食が局部に集中して生じる現象であり，腐食される場所（アノード位置）が固定されるため腐食速度は全面腐食に比べて著しく増大する。一般に，腐食による損傷が問題となるのは局部腐食である。これは，腐食部が深くえぐれた状態となり，腐食部分

の断面減少量が全面腐食の場合より大きなものとなることから鋼道路橋の場合，局部腐食の防止が特に重要となる。鋼道路橋における代表的な局部腐食には，異種金属接触腐食，孔食，隙間腐食がある。

(2) 異種金属接触腐食

　電位の異なる金属が接触し，そこに電解質溶液が存在すると金属間に腐食電池が形成され，卑な金属が酸化（腐食）される。これを異種金属接触腐食という。

　例えば，普通鋼にステンレス鋼が接触し，そこに電解質を含んだ雨水等の水分があると電位がより卑な金属である普通鋼は著しく腐食する。異種金属接触腐食の事例を**写真－Ⅰ.2.3**に示す。

（塗装橋でステンレスボルトを用いた例） 　　（亜鉛めっきされた鋼製金具にステンレボルトを用いた例）

写真－Ⅰ.2.3　異種金属接触腐食

　異種金属接触腐食の防止には，材質の異なる金属を組み合わせて用いる場合に電位差の小さい金属の組み合わせとし，異種金属接触腐食を生じるおそれのある電位差のある異種金属の組み合わせとなる場合には，異種金属の接触を避ける（電気的に絶縁する）等の対策が必要である。**写真－Ⅰ.2.4**に絶縁ワッシャーによる対策の例を示す。なお，絶縁物の劣化によって，異種金属が接触することのないように維持管理においても接触について配慮する必要がある。

写真－Ⅰ.2.4　絶縁ワッシャーによる異種金属接触対策の例

表-I.2.1に海水中における主な金属の電位列を示す。

溶接部で局部的に過熱，冷却される部分では，金属組織が変質して，熱影響を受けない一般部と比べて卑となるために電位差が生じるが，電位差が小さいため大気環境中では通常著しい腐食は生じない。しかし，湿潤状態が継続すると著しい腐食を生じることがあることから注意が必要である。

表-I.2.1 海水中における金属の電位列[6]

卑 ↑↓ 貴	
	マグネシウム
	亜鉛
	アルミニウム合金
	軟鋼，鋳鉄
	ステンレス鋼 "Types304, 410, 430"（活性態）
	ステンレス鋼 "Types316"（活性態）
	ネーバル黄銅，黄銅，丹銅
	銅
	ステンレス鋼 "Types410"（不働態）
	ステンレス鋼 "Types430"（不働態）
	鉛
	ステンレス鋼 "Types304"（不働態）
	ステンレス鋼 "Types316"（不働態）
	チタン

注1）参考文献より作成
注2）表中の活性とはブラスト直後のように不働態皮膜がなく化学反応の生じやすい状態を示す。不働態皮膜とは，耐食性を持つ膜。

(3) 孔食

孔食は，金属が表面から孔状に浸食される腐食現象である。ステンレス鋼等の不働態皮膜を形成した金属に発生しやすく，皮膜が塩化物イオンによって局所的に破壊され，そこがアノードとなり腐食が進行して孔が形成される（図-I.2.3，写真-I.2.5）。

対策として，不働態皮膜が破壊される環境下で使用する場合には，塗装等の被覆防食と併用するのがよい。

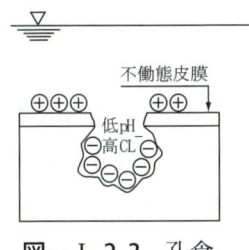

図－Ⅰ.2.3　孔食　　　　　　　写真－Ⅰ.2.5　孔食

(4) 隙間腐食

　隙間腐食は，金属同士の接触部（鋼板の重ね合わせ部やボルトの下等）の隙間部分の金属が腐食される現象である。隙間内部での酸素イオン濃度の減少によって，隙間内外で濃淡電池（通気差電池）が形成され，外部がカソード，酸素の少ない内部がアノードとなって腐食が生じる。腐食が進行するにつれて鉄イオンや水素イオンが蓄積し，塩分濃度の増加とpHの低下が進むため腐食は一層加速される（**図－Ⅰ.2.4，写真－Ⅰ.2.6**）。

　隙間腐食を防止するには隙間の生じにくい構造とするのがよいが，薄板で構成される附属物において断続溶接を採用する場合には隙間の発生が避けられない場合がある。隙間に水が浸入する可能性のある場合は，耐水性・耐久性のある塗装やシーリングで被覆するなどの処置を施す必要がある。なお，シーリング等は，構造本体の防食とは劣化速度が異なることが多いため，維持管理計画においてシーリングの補修時期を明示するなどの配慮が必要である。

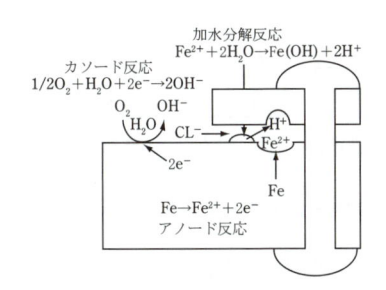

図－Ⅰ.2.4　隙間腐食　　　　　写真－Ⅰ.2.6　検査路床の隙間腐食

2.3 環境と腐食

鉄の腐食反応は水と酸素の存在下で起こる。大気中では、酸素は大気から常時供給され、水は降雨や結露によって供給される。これらが鉄に直接触れると腐食反応が起こるが、腐食反応の速度や腐食の生じる範囲、程度には気温や日照等の気象条件や、大気中に含まれる塩分（海塩粒子、凍結防止剤等）、自動車からの排気ガス、煤煙等工場からの排出物、火山性ガス、じんあい等様々な物質が強く影響する。なお、大気中における腐食を促進する物質の含有量は地域によって異なり、従来から、大気環境を一般的な鋼材の腐食量との関係から分類することが行われてきた。

図－I.2.5は日本各地の41の地域において、一定期間内における鋼材の腐食量を暴露試験によって調べ、大気環境の分類区分ごとに整理した結果を示したものである[7]。この例では、海岸部での鋼材腐食量は他の地域での鋼材腐食量に比べて著しく多く、その他の地域の鋼材腐食量には地域による差があまり見られないことがわかる。

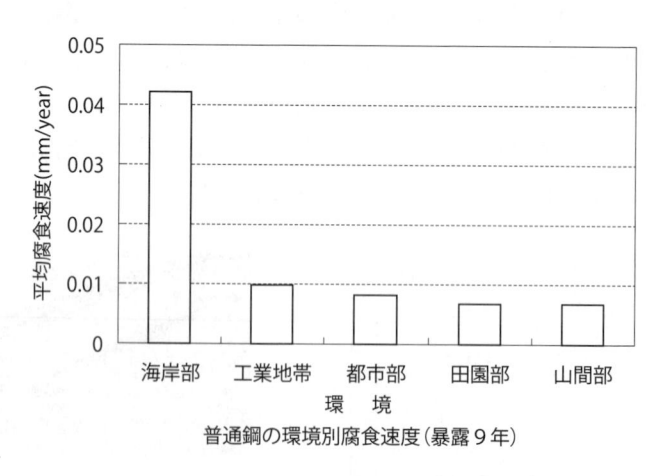

普通鋼の環境別腐食速度（暴露9年）

図－I.2.5　環境ごとの鋼材腐食量[7]

なお、本調査結果は限られた地域での暴露試験結果であることから、局所的には、例えば湿度の影響、自動車からの排気ガスや工場からの排出物による影響が強く

現れるなど，腐食環境がこれらの分類区分による平均的な条件と大きく異なる場合もあるため注意が必要である。

　海岸部において鋼材がさびやすいのは，飛沫化した海水によって大気中にもたらされた塩分が鋼材表面に付着して腐食反応を促進するためであり，海岸部は他の地域に比べて厳しい腐食環境にあるといえる。

　塩分は潮解性があり空気中の水蒸気を吸って溶液になりやすいため，塩分が付着した部位は湿った状態になりやすい。また，塩は強電解質であり，水に溶けると水の電気伝導度を大きくして鉄の腐食を促進させる。

　我が国では，飛来塩分の影響を受ける海岸部における鋼材腐食量が他の地域に比べて著しく多くなっていることから，腐食環境の分類区分は一般に飛来塩分の影響の程度によって行われる。また，鋼道路橋の各種防食法における適用環境区分も，飛来塩分の影響の大小によって行われるのが一般的である。

　道路橋の架橋条件に対する飛来塩分の影響の大小は，通常離岸距離をもって代表させている。しかしながら，風みちがあれば飛来塩分の影響は広範囲に渡り，遮蔽物があればそれより内陸部に影響し難い等，地理的・地形的な要因の影響が比較的大きいことに注意して判断することが必要である。

　また，鋼材表面に付着した塩分が降雨によって洗い流されるいわゆる洗浄作用の有無やその程度，または，桁端部等の閉塞部等で結露を生じることによって湿気がこもるなど，橋各部の構造的要因によっても腐食環境が異なることに注意が必要である。表－Ⅰ.2.2に腐食の因子と要因を示す。

表-I.2.2 腐食の因子と要因

腐食因子		水,酸素
腐食促進因子		日照,気温,塩分 自動車の排気ガス,工場からの排出物,火山性ガス・・・局地的 酸性雨・・・近年影響が懸念
地理的・地形的要因	塩	風向,風速,風道,遮蔽物,離岸距離 凍結防止剤の散布
	水	閉塞的な空間(都市部では建築物,山間田園部では樹木等に囲まれ湿気が滞留)
	その他(局地的な要因)	重交通路線(建築物等に囲まれ腐食を促進する物質が滞留) 工業地帯 火山地帯 飛砂
構造的要因	塩	降雨による洗浄作用 凍結防止剤散布路線の並列橋 凍結防止剤を含んだ漏水(桁端部,伸縮装置,排水装置,床版ひび割れ部等)
	水	漏水(伸縮装置,排水装置,床版ひび割れ部等) 滞水(排水勾配,水抜き孔,スカラップ等) 桁端部等の閉塞部 じんあい(支承周り,トラスやアーチの格点部等) 桁下空間が少ない

　図-I.2.6は,過去に行われた飛来塩分量測定結果である。同じ海岸部であっても,季節風等の気象条件又は外海・内海,若しくは湾口部・湾奥部等の地理条件によって飛来塩分量が異なっている[8]。

　図-I.2.7は,一般塗装系によって塗装した鋼道路橋について,塗膜の劣化状態を調査した結果を示したものである。塗膜劣化の進行程度を示す劣化度が環境によって異なるとともに,部位によっても異なっていることがわかる[9]。

　一般には,雨水や結露水が流下しやすい腹板に比べ,濡れている時間が長いフランジはさびが生じやすい。また,桁端部の支承部近傍など水はけが悪く滞水しやすい閉塞箇所では,腐食が生じやすく,条件によっては局部的に著しい腐食が進行する場合があるため注意が必要である。

　また,塗膜の防せい性能は塗料の種類だけではなく,塗膜の厚さや施工の良否によっても異なる。塗装作業を上向き作業で行う下フランジ下面は,塗膜が薄くなりやすいため,塗装作業が容易な腹板等に比べてさびが発生しやすい。また,下地処理を十分に行うことが困難な継手部や,塗料の付着しにくい部材の角部も発せいしやすい箇所である。このように,環境条件以外にも防食の施工性等に起

因する施工品質の良否によって，防せい性能及びその耐久性に差を生じることが多いので，防食の計画にあたっては環境以外にも所定の品質が確保できる施工が確実に行えることにも注意が必要である。

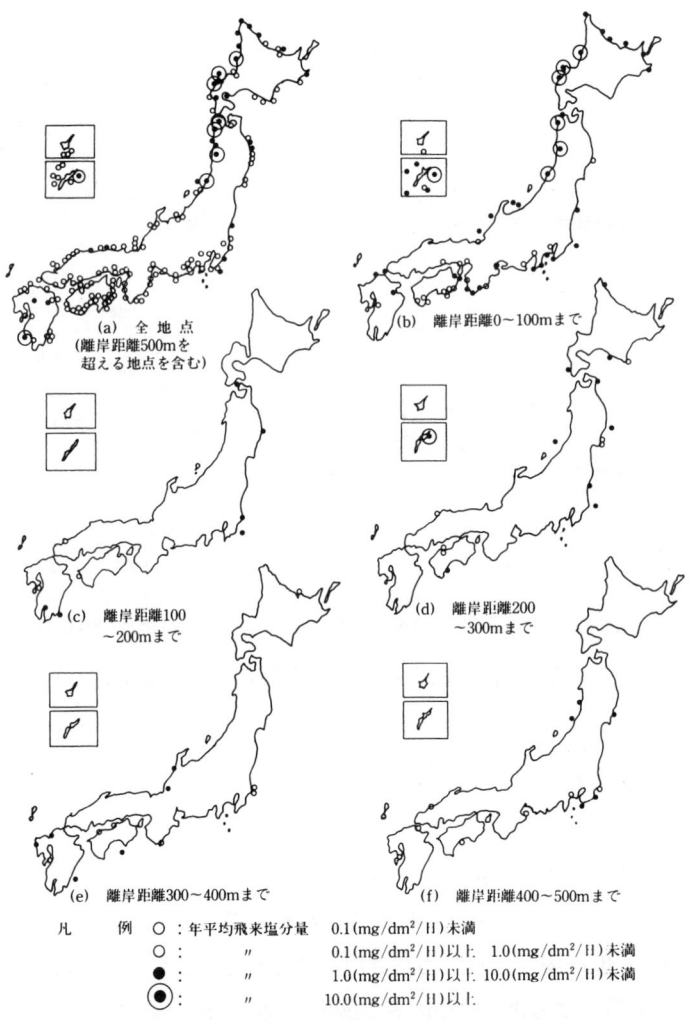

(a) 全 地 点
(離岸距離500mを超える地点を含む)

(b) 離岸距離0～100mまで

(c) 離岸距離100～200mまで

(d) 離岸距離200～300mまで

(e) 離岸距離300～400mまで

(f) 離岸距離400～500mまで

凡 例　○：年平均飛来塩分量　　0.1(mg/dm²/日)未満
　　　　◦：　　　〃　　　　　0.1(mg/dm²/日)以上　1.0(mg/dm²/日)未満
　　　　•：　　　〃　　　　　1.0(mg/dm²/日)以上　10.0(mg/dm²/日)未満
　　　　⊙：　　　〃　　　　　10.0(mg/dm²/日)以上

(土研資料第2687号飛来塩分量全国調査（Ⅲ））
(1984年（昭和59年）12月～1987（昭和62年）11月，
1～3年間の調査結果を含む)[8]

図－Ⅰ.2.6　飛来塩分量測定結果

なお，我が国では法律でスパイクタイヤの使用が禁止された1991年（平成3年）以降，岩塩や塩化カルシウム等の塩化物を凍結防止剤として散布する路線や散布する量が増加しており，凍結防止剤に対する配慮も必要である。

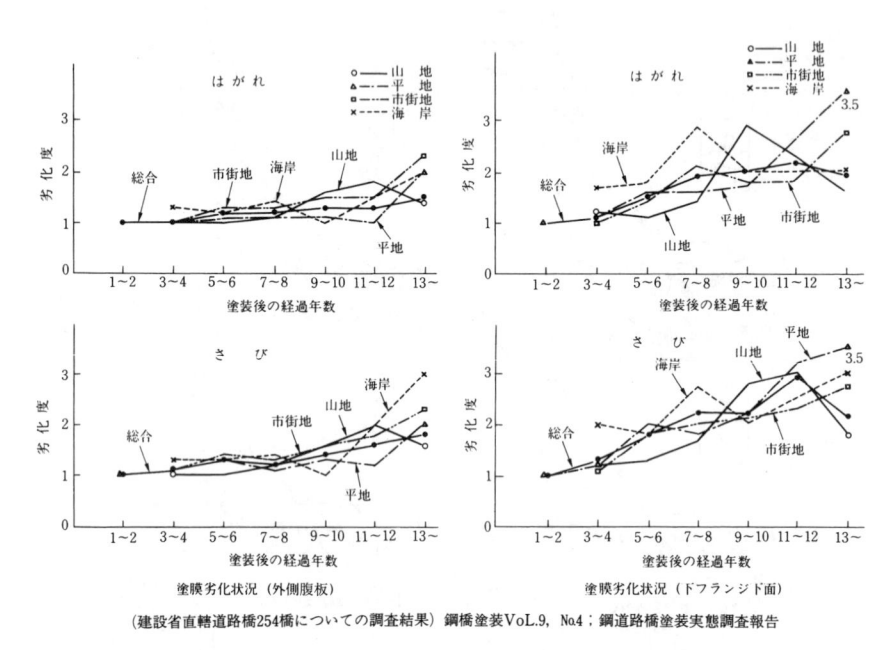

図－Ⅰ.2.7　部位による塗膜劣化の差異（一般塗装系）[9]

2.4　その他の腐食

(1) アルミニウム合金の腐食

アルミニウム合金は，本来非常に活性な材料であるが，表面に生成される酸化皮膜が強い不働態皮膜となるため腐食が抑制される。しかし，物理的又は塩化物イオン（Cl^-）等による化学的原因等で酸化皮膜の一部が破壊されると，この部分から腐食が進行する。また，酸性やアルカリ性の環境中では酸化皮膜が溶解するため，腐食を抑制する機能は発揮されない。

アルミニウム高欄がコンクリート接触部で腐食する現象は，コンクリートに含

まれる強いアルカリによってアルミニウムの酸化皮膜が溶解（アルカリ腐食）することで発生する。このアルカリ腐食を防止するためには，被覆等によってアルミニウムが直接コンクリートと接触することを避ける必要がある。

なお，「鋼道路橋塗装・防食便覧資料集」（(社)日本道路協会）（以下，「塗装・防食便覧資料集」という。）にアルミニウム，めっき及びステンレス鋼の腐食事例を紹介している。

(2) 迷走電流による腐食

直流電流を使用する電車軌条等から電流が地中に漏れることによって地中を流れる電流のことを迷走電流という。

迷走電流が鋼構造物に流入すると，電流が流れ出す部分に腐食が発生する。

迷走電流による腐食は予測が難しく，局部的な腐食が急速に進行して著しい損傷を起こすことがあるので，土中では被覆によって迷走電流を絶縁できる防食法を採用するのが望ましい。

(3) 当て傷による腐食

運搬時，仮置時，架設時等における当て傷が原因となって鋼板が露出し，防食効果を消失することによって，局部的に腐食する場合がある（**写真－Ⅰ.2.7**）。

このような腐食は，局部的であっても腐食範囲が広がる可能性もあるため，適切に補修する必要がある。

(a) トラス下横構格点部　　　　　(b) 主鋼トラス斜材

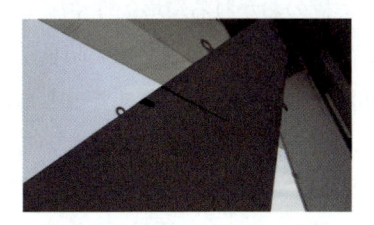

写真－Ⅰ.2.7　当て傷による腐食

第3章　鋼道路橋の防食法

3.1 鋼道路橋の防食法が具備すべき条件

　道路橋は，一度供用されると道路ネットワークの一部として長期間その機能を継続的に発揮する必要があることから，一時的にでもその機能が損なわれることや周辺環境などへ悪影響を及ぼすことは避けなければならない。そのため道路橋の防食法は，所要の防食機能を確実に発揮するために最低限具備すべき条件を満たす方法を採用する必要がある。

(1) 防食性能の信頼性

　鋼道路橋の防食には，防食原理や耐久性などの防食性能が明らかなものを用いる必要がある。

　この便覧では，このような観点から比較的実績が多い塗装，耐候性鋼材，溶融亜鉛めっき，金属溶射について扱っている。

　なお，防食法自体の原理が明らかであっても実際の橋では適用される環境条件や構造，施工条件などが個々に異なり一様でない。このようなことから適用にあたっては，それらについて適切に考慮されなければ設計で意図した防食性能が発揮されないことや，耐久性が著しく低下することがある。したがって，適用に際して実橋のおかれる環境条件や施工条件などを十分配慮して使用する必要がある。

　これまでに使用実績がない防食法の採用を検討する場合には，防食原理について問題がないことを確認するとともに，適用条件下において，所定の耐久性が得られることや施工性に問題のないこと等を事前に確認する必要がある。特に耐久性については，架橋地点の環境条件や施工条件を反映した暴露試験や促進試験を行うなどによって，実橋の条件下での性能を明らかにする必要がある。なお，適用しようとする防食法について，厳密に実橋の条件を反映した試験等で耐久性を検証，推定することは困難な場合もあるが，このような場合には防食原理が同じで耐久性が明らかな他の防食法との比較試験によって間接的に耐久性を評価することが可能な場合もある。比較試験では一般に促進試験が採用されることが多い。その場合には，適用する促進試験が防食原理に基づき実橋の経年による劣化を評

価できるものであることが必要である。
(2) 維持管理性

　実橋では，設計段階に考慮した施工中や供用開始後に防食法がおかれる環境などの条件が完全に一致することはなく，じんあいの堆積や結露，塩分付着の程度など設計時の想定より厳しい条件となることも多い。また，一般に防食法の耐久性は橋本体が供用される期間に比べて短いため，鋼道路橋の設計においては供用期間中に防食法に対する点検や補修などの維持管理が必要となることを前提としてこれを考慮しておかなければならない。

　したがって，鋼道路橋の防食法では，将来の維持管理を考慮して防食法の劣化や損傷状態の判定方法が明らかであるとともに，防食法の部分補修や全面補修が可能な方法である必要がある。ここで防食法の部分補修や全面補修が可能な方法であるとは，補修した後の防食法で所定の防食機能や耐久性が得られる方法ということであり，初期の防食法と同じ方法で補修が行えなければならないということではない。

(3) その他

　従来用いられてきた防食材料には，少量ではあるが鉛化合物，六価クロム化合物及びPCBなどの有害物質を含むものがある。このような有害物質を含む防食材料の使用や，それらの防食材料により防食された鋼道路橋の維持管理にあたっては，大気の汚染及び水質の汚濁並びに土壌の汚染に係る環境基準などの関連法規や基準類を遵守し，作業時の安全対策と人の健康や環境への悪影響を及ぼすことのないよう十分な注意が必要である。

3.2 鋼道路橋の防食法

3.2.1 一般

　鋼道路橋の腐食を防止する方法は，**図－Ⅰ.3.1**に示すように被覆，耐食性材料の使用，環境改善，電気防食の四つに大別できる。

　被覆による防食は，鋼材を腐食の原因となる環境（水や酸素）から遮断することによって腐食を防止する方法であるが，これには塗装等の非金属被覆と亜鉛めっきや金属溶射等の金属皮覆による方法がある[10)11)]。

　耐食性材料の使用による防食は，使用鋼材そのものに腐食速度を低下させる合金元素を添加することによって改質した耐食性を有する材料を使用する方法である。例えば，鋼材表面に緻密なさび層が形成されることで一定以上の腐食の進展が抑制されることで耐食性を発揮する，いわゆる耐候性鋼材はこれに分類される。

　環境改善による防食は，鋼材周辺から腐食因子を排除するなどによって，鋼材を腐食しにくい環境条件下に置くものであり，構造の改善によって水や酸素等を排除する方法と，除湿によって強制的に湿度を一定値以下に保つ方法等がある[12)13)]。

　電気防食は，鋼材に電流を流して表面の電位差をなくし，腐食電流の回路を形成させない方法であり，流電陽極方式と外部電源方式がある[14)]。海水中の鋼製橋脚やコンクリート主桁の防食法として適用されている。

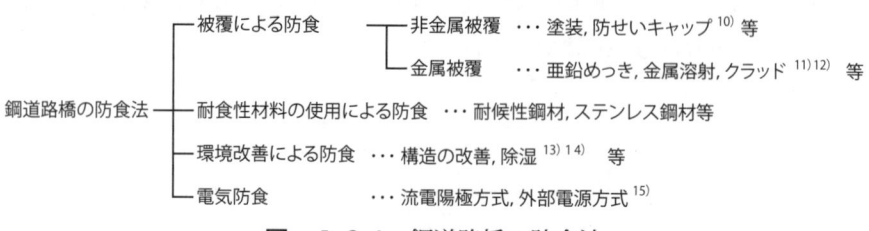

　表－Ⅰ.3.1に代表的な鋼道路橋の防食法を示す。

```
                    ┌─被覆による防食 ─┬─非金属被覆 … 塗装,防せいキャップ[10)] 等
                    │                  └─金属被覆   … 亜鉛めっき,金属溶射,クラッド[11)12)] 等
鋼道路橋の防食法 ───┼─耐食性材料の使用による防食 … 耐候性鋼材,ステンレス鋼材等
                    ├─環境改善による防食 … 構造の改善,除湿[13)14)] 等
                    └─電気防食           … 流電陽極方式,外部電源方式[15)]
```

図－Ⅰ.3.1　鋼道路橋の防食法

－Ⅰ-18－

表－Ⅰ.3.1 代表的な鋼道路橋の防食法

防食法	塗装 一般塗装	塗装 重防食塗装	耐候性鋼材	溶融亜鉛めっき	金属溶射
防食原理	塗膜による環境遮断	塗膜による環境遮断とジンクリッチペイントによる防食	緻密なさび層による腐食速度の低下	亜鉛皮膜による環境遮断と亜鉛による防食	溶射皮膜による環境遮断と亜鉛による防食
劣化因子	紫外線，塩分，水分（湿潤状態の継続）	紫外線，塩分，水分（湿潤状態の継続）	塩分，水分（湿潤状態の継続）	塩分，水分（湿潤状態の継続）	塩分，水分（湿潤状態の継続）
防食材料	塗料	塗料	腐食速度を低下する合金元素の添加	亜鉛	亜鉛，アルミニウム，亜鉛・アルミニウム
施工方法	スプレーやはけ，ローラーによる塗付	スプレーやはけ，ローラーによる塗付	製鋼時に合金元素を添加	めっき処理槽への浸漬（めっき工場）	溶射ガンによる溶射
構造，施工上の制限（原則）	温度，湿度等施工環境条件の制限	温度，湿度等施工環境条件の制限	滞水・湿気対策	めっき処理槽による寸法制限と熱ひずみ対策	溶射ガンの運行上の制限
外観（色彩）	色彩は自由	色彩は自由	色彩は限定（茶褐色）	色彩は限定（灰白色）	色彩は限定（梨地状の銀白色）
維持管理	さびの発生や塗膜の消耗，変退色の調査。塗膜劣化が進行した場合は塗替え。	さびの発生や塗膜の消耗，変退色の調査。塗膜劣化が進行した場合は塗替え。	異常なさびが形成されていないことの確認。腐食が進行した場合は塗装等による防食※	亜鉛層の追跡調査。亜鉛層の消耗後は塗装等による防食※	亜鉛，アルミニウム等の皮膜の追跡調査。溶射皮膜の消耗後は金属溶射もしくは塗装等による防食※
複合防食	—	—		塗装との併用	塗装との併用

注） 1.※ 塗装によって補修する場合は，施工方法や施工条件の検討が必要である。
　　 2. 耐候性鋼材は，JIS G 3114 W 仕様に規定する溶接構造用耐候性熱間圧延鋼材を示す。

3.2.2 塗装

　塗装は，鋼材表面に形成した塗膜が腐食の原因となる酸素と水や，塩類等の腐食を促進する物質を遮断（環境遮断）し鋼材を保護する防食法である。

　塗膜には，鋼材の防食のために環境を遮断する以外にも，色彩選択の自由度が高く，周辺景観との調和を図りやすい特色を活かしての外観着色の機能やそれ自体の耐久性向上のための耐候性能等，様々な機能が要求される。したがって，通常は使用目的や環境条件等に応じて異なる塗料を複数層組み合わせて塗膜を形成して使用し，それぞれの仕様を塗装系として分類している。例えば，厳しい環境条件では，塗膜の最下層に金属亜鉛を含有した塗料を用いることで，その犠牲陽極作用による防食性能の向上を図った塗装系が高い防せい効果を発揮することから適用されてきた。

塗装系の選定にあたっては，架橋地点の環境条件のみならず構造部位ごとの環境条件の違いや，施工条件，維持管理の条件等も考慮して，所要の性能が確保できるように配慮する必要がある。したがって，同じ橋の中でも腐食環境条件の違いによって複数の塗装系を使い分けることが一般的であり，代表的なものでは，箱桁の内外での外面用塗装系と内面用塗装系の使い分けや，現場連結部用塗装や鋼床版裏面用塗装等のように施工上の条件を考慮して塗装系を選定すること等が行われる。

構造設計にあたっては，下地処理や塗付作業が容易に行える構造，形状とするなど塗装施工の条件を考慮して，できるだけ良好な施工品質が確実に確保できるように配慮する必要がある。例えば，ブラストを行う場合はブラスト作業が困難となるような薄い板厚の鋼材の使用を避けるとともに狭あい部をなくし，塗膜厚が確実に確保されるよう必要に応じて部材自由端の面取りを行う等の配慮することが重要である。

また，施工にあたっては，温度や湿度等の施工環境条件の制限があることに注意が必要である。特に海岸地域で現場塗装を行う場合は，飛来塩分や海水の波しぶき等によって，塩分が被塗装面に付着することのないよう確実な養生を行う必要がある。また，塩分の付着が懸念される場合には付着塩分量を測定し，付着している場合には水洗いを行い塩分がない状態で施工する必要がある。

塗装では，施工完了後に下地処理や下層塗膜の乾燥（硬化）状態などの施工の条件が要求した施工品質を満たすものであったことを確認することは困難であるが，これらは耐久性に大きく影響を及ぼすものであるため，施工の工程を通じての十分な品質管理が重要である。

塗装を施した橋では，防食機能の低下や異常を点検によって，さびの発生や塗膜の消耗，変退色等の塗膜の劣化状況を把握することで検出・評価することができる。点検によってさびの発生や塗膜の劣化などの変状が発見された場合には，その原因を究明し，その原因を排除するとともに，適切な時期に補修塗り等の適切な対策を施すことで防食機能の維持・回復が可能である。

3.2.3　耐候性鋼材

　耐候性鋼は，腐食速度を低下できる合金元素を添加した低合金鋼であり，鋼材表面に生成される緻密なさび層（保護性さび）によって腐食の原因となる酸素や水から鋼材を保護し，さびの進展を抑制する防食法である。

　耐候性鋼材は各種の鋼板材料以外にも，溶接材料，高力ボルト，支承等に実用化されており，鋼材及び溶接材料には，日本工業規格（以下，「JIS」という）に規格化されているものもある。

　耐候性鋼材では，その表面に緻密なさび層が形成されるまでの期間は普通鋼材と同様にさび汁が生じるため，初期さびの生成抑制や，緻密なさび層の生成促進を目的として開発された耐候性鋼用表面処理が併用される場合もある。なお，これらの耐候性鋼用表面処理は適切な条件で使用しないと初期の段階でさびむらやさび汁が流出する場合があるが，通常の場合には時間の経過とともに鋼材表面には緻密なさび層が形成されて暗褐色となりさび汁の流出もなくなる。

　緻密なさび層の生成には，鋼材の表面が大気中にさらされ適度な乾湿の繰り返しを受けることが必要である。また，塩分が多い環境にさらされると緻密なさび層が生成せず層状剥離さびが生成することから，飛来塩分量が適用範囲を越えない環境下で使用することが必要である。なお，JIS G 3114に規定される溶接構造用耐候性熱間圧延鋼材については，道示II鋼橋編の解説において「原則として所定の方法で計測した飛来塩分量が0.05mddを超えない地域，又は図−解5.2.1（第III編耐候性鋼材編図−III.2.8）に示す地域では一般に無塗装で用いることができる。」としているが，適用にあたっては十分な検討が必要である。また，飛来塩分量の比較的多い地域への適用を目的として，これまで使われてきた耐候性鋼材に比べニッケルの含有量を高めたニッケル系高耐候性鋼材が実橋に適用された事例もあるが，この鋼材の選定にあたっては，個別に架橋地点や局部環境における適用の妥当性を確認する必要がある。

　耐候性鋼材は，初期の段階でさび汁が生じるため下部構造等を汚すことがある。また下路橋に使用する場合は，さび汁が路面へ落ちると路面を汚すことがあるため，必要に応じて構造上の改良などの対策を検討するのがよい。

　色彩は，塗装を追加で行わない限り茶褐色又は黒褐色である。初期の段階では

さび汁の流出やさびむらが生じる場合があるが，使用環境条件が適切であれば時間とともに色彩は一様となりさび汁の流出もなくなる。

構造設計にあたっては，滞水や湿気のこもり等湿潤状態が継続することのないよう特に注意が必要である。例えばボルト継手部に対しては，滞水を防止するために連結板の縁端距離の制限や連結板の分割等についての配慮事項がある。

耐候性鋼材にとって，塩分の付着や長期間の滞水などは緻密なさび層の形成を阻害する要因となるとともに，緻密なさび層が形成されるまでの期間に一様な色調が得られないことの原因となる。したがって，適用しようとする鋼材の適用条件を超える厳しい塩分環境となる条件や，適当な乾湿繰り返しとならない条件での使用は避けるとともに，架設までの期間の部材の輸送，仮置きにあたっては，塩分の付着や長期間滞水することのないよう注意が必要である。例えば，輸送中や仮置き期間中は必要に応じて潮風や海水による塩分の付着を防止するために部材をシートで保護する必要がある。また，仮置きにあたっては長期間の滞水が生じないようにその姿勢にも注意する必要がある。

耐候性鋼材を使用した橋では，点検によって適用環境が使用鋼材に適しており，異常なさびが形成されていないことの確認を行う必要がある。点検によって異常なさびが発見された場合には，その原因を究明し，異常なさびの発生原因を排除するとともに，必要に応じて塗装等によって補修するなどの適切な対策を施す必要がある。また，使用環境が耐候性鋼材に適していないことが疑われた場合にも適用性について調査を行い早期に適切な防食対策を行うのがよい。

3.2.4 溶融亜鉛めっき

溶融亜鉛めっきは，鋼材表面に形成した亜鉛皮膜が腐食の原因となる酸素と水や，塩化物等の腐食を促進する物質を遮断（環境遮断）して鋼材を保護する防食法である。

溶融亜鉛めっきの付着量は，板厚や材料の大きさにより異なるため，この便覧では板厚6mm以上の鋼材及び形鋼類並びに高力ボルト等を付着量550g/m^2以上（HDZ55），板厚3.2mm以上6mm未満の鋼材を付着量450g/m^2以上（HDZ45），3.2mm未満の鋼材及び普通ボルト等を付着量350g/m^2以上（HDZ35）としている。

ただし，鋼道路橋では長期の耐久性が要求されるため，少なくとも主要な部材については付着量 600g/m^2 以上を確保することが望ましい。ちなみに鋼道路橋の主要な部材では，一般に板厚が 9 mm 以上あるため，付着量 600g/m^2 は比較的容易に確保できる。なお，溶融亜鉛めっき皮膜の耐久性は付着量に比例するため，大きな付着量の確保が困難な附属物や普通ボルトでは，めっき付着量に応じて防食皮膜の寿命も短くなることに注意が必要である。

　溶融亜鉛めっきは，塩分の多い環境下では消耗が早いことから，飛来塩分量の多い地域や凍結防止剤の影響を受ける部材への適用には限界がある。また，防食皮膜が消耗して補修が必要となった場合にも，塩分等の腐食を促進する物質は確実に除去する必要がある。

　なお，このような塩分環境が厳しい条件での適用性を改善した溶融亜鉛・アルミニウム合金めっきなどの新しいめっき技術も開発されているが，この便覧では主として従来から実績の多い溶融亜鉛めっきについて記述している。

　溶融亜鉛めっきそのものの色彩は，めっき表面に形成される酸化物によって灰白色に限定される。しかし，めっき面に塗装を施すことも可能であり，その場合には色彩を自由に選定できる。なお，めっき面に塗装する場合は，塗膜との付着が不十分となりやすいので，スィープブラストなどによってめっき面を適切に下地処理するとともに溶融亜鉛めっき面用の塗装系で塗装する必要がある。

　溶融亜鉛めっきでは，表層の純亜鉛層が消耗すると下層の合金層が現れる。この合金層は少量ではあるが鉄成分を含んでおり，合金層が露出するとそれに含まれる鉄成分が腐食することによって外観が黄褐色に変色することがある。この状態でも耐食性は維持されているが，溶融亜鉛めっきの採用にあたっては外観が変色することがあることを考慮する必要がある。

　溶融亜鉛めっきは，前処理からめっきに至る工程でめっきする部材を各種の溶液槽に浸せきする必要があるため，これらの設備の条件から部材や構造物の大きさ，重量に制限がある。また，440℃前後の溶融した亜鉛に部材を浸せきするため，設計やめっき施工においては部材の変形対策などの熱影響への配慮が必要である。なお，溶融亜鉛めっき高力ボルトでは，熱影響を考慮してその強度等級は F8T が標準となっている。

溶融亜鉛めっき皮膜は硬く，また良好に施工された溶融亜鉛めっきでは母材表層に合金層が形成されているため，輸送や架設時に損傷し難い。しかし，一旦損傷を生じると部分的に再めっきを行うことは困難であることから，損傷部を塗装などの溶融亜鉛めっき以外の防食法で補修する必要がある。この場合，補修部の防食機能の耐久性は補修塗装の耐久性に依存することになる。したがって，溶融亜鉛めっき部材の輸送や架設にあたっては，溶融亜鉛めっき皮膜を損傷させることのないよう特に注意が必要である。

溶融亜鉛めっき部材で高力ボルト摩擦接合を行う場合には，摩擦接合面として所要のすべり係数が確実に得られるよう，スィープブラスト等によって所定の粗さを確保する必要がある。

溶融亜鉛めっきを施した橋では，点検によってさびの発生や溶融亜鉛めっき皮膜の消耗，白さびの発生等溶融亜鉛めっき皮膜の劣化状況を調査する必要がある。点検によって異常な劣化が発見された場合には，その原因を究明し，異常な劣化の発生原因を排除するとともに，劣化状況に応じて塗装等によって補修する等の適切な対策を施す必要がある。

3.2.5 金属溶射

金属溶射は，鋼材表面に形成した溶射皮膜が腐食の原因となる酸素と水や，塩類等の腐食を促進する物質を遮断（環境遮断）し鋼材を保護する防食法である。

なお，金属溶射には単に環境を遮断する以外にも，例えば溶射材料に亜鉛を用いてその犠牲陽極作用によって防食性能の向上を図った溶射皮膜を形成するものもあり，溶射材料によってそれぞれ性能が異なるいくつかの種類がある。鋼道路橋に使用される代表的な金属溶射皮膜には，亜鉛溶射皮膜及びアルミニウム溶射皮膜，亜鉛・アルミニウム合金並びに擬合金溶射皮膜等がある。

一般に，金属溶射皮膜は多孔質の皮膜であるため，溶射皮膜に別途封孔処理を施す必要のあるものが多い。

金属溶射部材の色彩は梨地状の銀白色に限定される。しかし，金属溶射面に塗装を施すことも可能であることから，塗装によって色彩を自由に選定できる。

構造設計にあたっては，下地処理や溶射作業が容易に行える構造，形状となる

よう配慮が必要であり，施工品質確保が困難となることがないよう注意が必要である。例えば，ブラストを行う場合はブラスト作業が困難な板厚の使用を避けるとともに狭あい部をなくす必要がある。また，溶射皮膜厚を細部においても確保できるよう部材自由端の面取りを行う等の配慮が重要である。溶射の場合は，溶射ガンの操作に支障のない構造とし，特に溶射施工時に溶射ガンの先端と被溶射面とは，適切な角度と距離を確保できることが良好な施工品質を確保する上で重要である。なお，高力ボルトへの溶射施工は品質確保が難しいことから，金属溶射部材に用いられる高力ボルトは，溶融亜鉛めっき高力ボルト（F8T）が使われることが多い。

　施工にあたっては，温度や湿度等の施工環境条件の制限があるとともに，下地処理と粗面処理の品質確保が重要であり，表面粗さや導電性を阻害する異物が残らないよう確実な施工を行う必要がある。また，溶射装置が比較的大掛かりとなるため，現場施工には溶射装置の搬送が可能な足場を設置する必要がある。

　金属溶射では，溶射皮膜を損傷した場合，補修面積が小さい場合には良好な品質で溶射施工することが困難な場合があることから，この場合には，塗装など他の防食法による補修となることが一般的であり，なるべく輸送や架設時に皮膜を損傷することのないよう注意が必要である。

　なお，現在のところ金属溶射の鋼道路橋への使用実績が多くないことから，採用にあたっては耐久性や施工品質確保の方法，金属溶射皮膜が劣化した場合の劣化，損傷状態の点検，診断や補修方法について，事前に確認し検討しておかなければならない。

　溶射を施した橋では，点検によって，さびの発生や溶射皮膜の消耗，白さびの発生等溶射皮膜の劣化状況を調査する必要がある。点検によって異常な劣化が発見された場合には，その原因を究明し，異常な劣化の発生原因を排除するとともに，劣化状況に応じて塗装等によって補修する等の適切な対策を施す必要がある。

第4章　防食設計

4.1　一般

　鋼道路橋の防食設計は，計画〜設計〜施工の各段階を通して行うことが必要であるが，各段階でそれぞれ適切な配慮を行い鋼道路橋の部材が腐食によって早期に機能の低下をきたすことのないよう十分注意して行う必要がある。
　図－I.4.1に防食設計のフローを示す。
　防食法は，周辺環境との調和や耐久性，経済性（ライフサイクルコスト）に密接に関係するとともに，防食法によっては部材の形状又は寸法若しくは継手形式などの設計の当初の段階から考慮しなければ構造設計に大きな手戻りが生じるものがある。そのため，橋の形式選定の段階で防食法とその仕様を選定するのが望ましい。ただし，橋の形式選定の段階で防食法とその仕様を選定しても，例えばその後の設計，施工の各段階に対する検討が進むにつれて，当初選定した防食法では良好な施工品質の確保が困難であることが明らかになるなど，条件によっては細部構造や防食の仕様に対して修正，変更が必要になる場合がある。したがって，橋の形式選定時に防食法とその仕様を選定した後も，設計，施工の各段階を通して防食法とその仕様及び細部構造等について検討を行うとともに，必要な修正を行って所要の防食性能が得られるようにしなければならない。また，供用期間中に防食法に対する点検や補修などの維持管理が必要となることを前提として，これを維持管理計画に考慮しておかなければならない[4]。
　腐食に注意すべき環境及び部位における各防食法の劣化事例，及び防食法選定時の検討項目を塗装・防食便覧資料集に記載している。

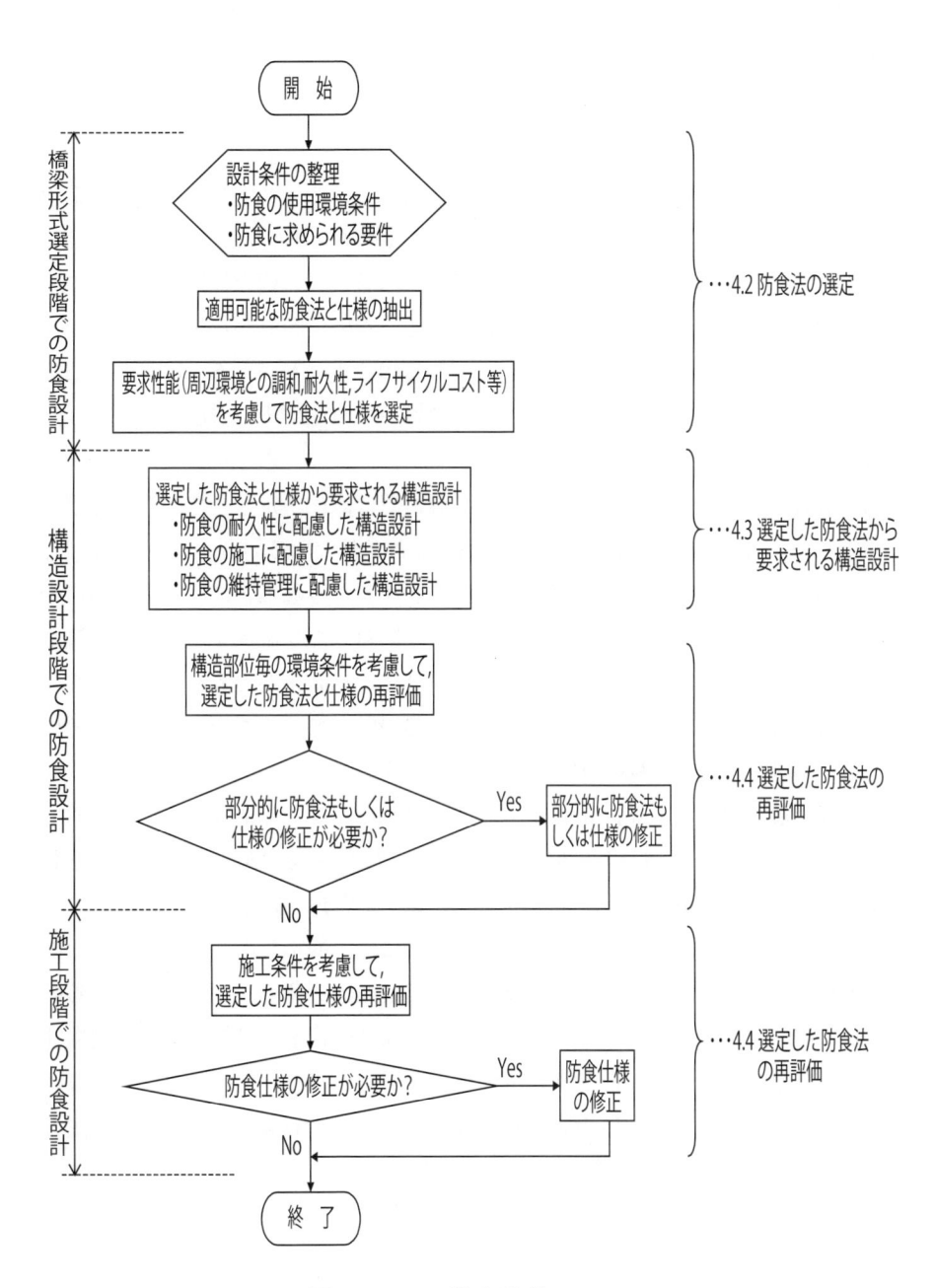

図— I.4.1　防食設計のフロー

— I - 27 —

4.2 防食法の選定

(1) 一般（防食法選定の基本）

　防食法とその仕様の選定にあたっては，各防食法の特性を把握した上で，架橋環境条件や周辺環境との調和，耐久性，経済性（ライフサイクルコスト），維持管理の条件等の防食の要求性能について考慮し，当該橋への要求性能に照らして所要の防食性能が得られるようにする必要がある。なお，設計から施工の一連の過程の中で防食法とその仕様の修正や変更がなるべく生じないよう，以降の構造設計や施工に対しても出来る限り防食設計のフロー上流側で十分考慮し，手戻りが少なくなるよう配慮することも必要である。

　橋の形式選定の段階では，道路線形や架橋位置は既に決定されていることが一般的であり，防食法の選定にあたってそれらが与条件となる場合が多い。しかし，橋の各部の環境条件が防食法の適用範囲を逸脱するような場合には，構造細目や選定した防食法の仕様変更だけによって十分な防食性能を確保することは困難である。したがって，道路線形及び架橋環境並びに凍結防止剤の散布等の予見される維持管理の条件については，橋の形式選定の段階であってもその影響を十分に検討し，防食法とその仕様の選定に反映するのがよい。

　例えば，塩化物系の凍結防止剤が多く散布される路線で上下線に高低差がある並列橋では（**写真－Ⅰ.4.1**），通行車両によって塩化物を含んだ水が路面から頻繁に巻き揚げられ隣接する橋にかかることで腐食しやすい環境となることが多い。したがって，このような条件が想定される場合には，凍結防止剤を含んだ水が隣接する橋にかかることのないよう十分配慮して道路線形や橋の位置を決定するのが望ましい。道路線形上やむを得ない場合は，凍結防止剤の付着による防食機能や耐久性の低下が生じ難い防食法とその仕様を選定したり，止水壁を設けることによる凍結防止剤の飛散，付着を抑制する対策を検討するなど，防食法の選定とともにこのような環境改善対策も検討するのがよい。

写真－Ⅰ.4.1　高低差のある並列橋

　なお，地表や水面と橋（部材）下の空間が少ないと風通しが悪く湿気がこもりやすいため腐食しやすい環境となる（写真－Ⅰ.4.2）。したがって，湿気がこもらないよう桁下空間の確保や風通し等に配慮して道路線形や橋の位置を決定するのが望ましい。地表や水面と橋下空間が少なくなる場合には，湿潤状態の継続による防食機能や耐久性の低下が生じ難い防食法とその仕様を選定するのがよい。また，写真－Ⅰ.4.3のように地表をコンクリートで覆うことで湿気のこもりを改善できる場合もあり，防食法の選定とともにこのような環境改善対策も検討するのがよい。

写真－Ⅰ.4.2　桁下空間の少ない例　　写真－Ⅰ.4.3　地面をコンクリートで覆い環境改善対策を実施した例

　凍結防止剤を多く散布する路線の橋に下路形式を採用すると，高低差のある並列橋と同じように，通行車両によって凍結防止剤を含んだ水が路面から頻繁に巻き揚げられ，垂直材や斜材等にかかることから腐食しやすい環境となる。したがって，凍結防止剤の付着による防食機能や耐久性の低下が生じ難い防食法とその仕様を選定するのがよい。

下路橋の垂直材や斜材等が床版を貫通する構造（**写真－Ⅰ.4.4**）は，貫通部に狭あいな空間ができやすく滞水やじんあいの堆積が生じやすいだけでなく，結露水や雨水が部材を伝うこともあって常時湿潤状態となりやすい。コンクリートに埋め込まれた部分に水が浸入すると，コンクリート内部で断面欠損を伴う著しい腐食が生じることがある。更にこのような部位は，点検や補修も困難であるため採用を避けるのがよい。やむを得ず採用する場合には，防食法とその仕様及び点検，補修についてあらかじめ十分な検討を行った上で採用する必要がある。このほかにも類似の構造には，支柱を床版や地覆などのコンクリートに直接埋め込む構造と支柱下端に設けたベース部でアンカーボルトに取り付ける構造の鋼製高欄（**写真－Ⅰ.4.5**）や基部をコンクリートで巻立てた鋼製橋脚（**写真－Ⅰ.4.6**）などがある。このような場合にも，腐食環境について慎重に検討を行い，防食法とその仕様及び点検，補修の方法についてあらかじめ腐食が発生しないように配慮しなければならない。また高欄等の附属物では，損傷等による補修や取り替えが必要となることが想定されるため，その方法についてもあらかじめ十分な配慮が必要である。

写真－Ⅰ.4.4　斜材が床版を貫通する部位の腐食

写真－Ⅰ.4.5　鋼製高欄基部の腐食

写真－Ⅰ.4.6　鋼製橋脚基部のコンクリート境界付近の腐食（横断歩道橋）

　支承部は，滞水やじんあいの堆積が生じやすいだけでなく，一般に通気性の悪い狭あいな空間となることから厳しい腐食環境となりやすい（**写真－Ⅰ.4.7**）。そのため設計にあたっては，防食上良好な環境となるよう十分な配慮が必要である。支承の腐食環境改善のために設けられることのある防水カバー（**写真－Ⅰ.4.8**）は，支承を外からの雨水や漏水から遮る効果はあるが，一旦防水カバーの中に湿気がこもると，湿気がなかなか抜けずかえって腐食しやすい環境となる。また構造によっては支承の状態を点検しにくくなる場合がある。したがって，防水カバーを設置する場合は，湿気がこもることのないように注意するとともに，支承部の維持管理の確実性及び容易さが確保されるよう十分に検討を行う必要がある。

（a）土砂の堆積による腐食　　（b）伸縮装置部からの漏水による腐食
写真－Ⅰ.4.7　支承部の腐食

写真-Ⅰ.4.8　支承の防水カバーと防水カバー内部の腐食

　鋼道路橋では，鋼部材の製作・架設が完了した後にコンクリート床版の施工や舗装工事などの工程が実施されることが一般的であるが，これらが施工済みの防食工の防食機能や耐久性に影響を及ぼすことがないように注意しなければならない。例えば，アスファルト舗装を施す鋼床版橋では舗装施工時の熱影響によってデッキプレート下面が高温となるため，防食法として塗装を選定する場合は，耐熱性に優れた塗料を用いる必要がある。また，一般にコンクリートの付着は防食にとって好ましくないので，床版等のコンクリートの打設時にコンクリートが漏れることのないよう注意しなければならない。コンクリートが漏れて塗装面等に付着してしまった場合には，速やかに水洗い等でコンクリートを確実に除去する必要がある。

　橋を新設する場合は，輸送～架設～床版コンクリート打設（舗装の施工）までの期間の防せいを怠るとさび汁によって本体を汚すとともに，下部構造や周辺にもさび汁汚れが広がることがあり，輸送～架設～床版コンクリート打設（舗装の施工）までの期間の一時的な防せい処置を施すことが望ましい。このように防食法とその仕様の検討にあたっては，施工工程上，防食工より後に施工される工程による防食工への影響についても考慮し，防食機能の低下や耐久性への悪影響を生じないようにしなければならない。

　海岸部等の飛来塩分量の多い環境や凍結防止剤の散布される路線の橋での腐食対策として，水洗いの効果が報告されている。例えば，塗装を施した橋に高圧洗浄によって水洗いを行った結果，付着塩分量が大幅に減少したとの報告[16]がなさ

-Ⅰ-32-

れている。また，塩化物系の凍結防止剤の付着によって異常さびが発生した耐候性鋼橋を水洗いした結果，異常さびと付着塩分を大幅に除去することができた事例も報告[17)18)]されているので参考にするのがよい。

(2) 防食法の使用環境条件

防食法とその仕様の選定は，架橋地点の環境条件を把握した上で実施する必要がある。架橋地点の環境条件の把握にあたっては，現地を踏査し**表－Ⅰ.2.2**に示す腐食の因子と地理的・地形的要因について調べるのがよい。

近隣に既設橋がある場合には，その既設橋の腐食状況を調査することによって環境条件を把握するための有効な情報を得ることができるため，既設橋の腐食状況を調査することが防食法とその仕様の選定上望ましい。ただし，地理的・地形的要因の僅かな違いによって防食上の環境条件は著しく異なることがある。また，個々の橋に特有の構造的要因や施工品質に起因して防食機能が低下している場合もある。このようなことから，既設橋の防食の状況を参考にするにあたっては，防食機能の低下につながる様々な要因についても十分注意する必要がある。

なお，橋の形式選定の段階では，現地踏査が困難であったりその時点で入手可能な情報のみからは完成後の環境条件を推定することが困難な場合もある。その場合には，各防食法で標準的な適用環境区分を参考にしてもよい。ただし，その後なるべく早い段階で現地踏査を実施するなどによって，完成後の環境条件を正確に把握し選定した防食法の再評価を行い，必要に応じて修正，方針の変更を行う必要がある。現地踏査は，計画や構造設計の手戻りを少なくするためになるべく早い段階で実施するのがよい。特に施工の段階での手戻りが困難になる場合があることを考慮し，構造設計が終わるまでには必ず現地踏査を実施する必要がある。

表－Ⅰ.4.1に鋼道路橋の代表的な防食法の適用環境比較を示す。

現時点では各方法の劣化因子を定量的に評価してその適用環境を明確に区分することは困難であることから，ここに示す適用環境はあくまで各方法の標準的な仕様について一般的な条件下での目安を示したものである。したがって，防食法とその仕様の選定にあたってはこれらも参考にしつつ，実際の環境条件などを慎重に検討し採用の可否を判断しなければならない。

表-I.4.1　鋼道路橋の代表的な防食法の適用環境比較

防食法		劣化因子/劣化促進因子	環境 飛来塩分量が少ない環境 ⇔ 飛来塩分量が多い環境
塗装	一般塗装	紫外線，水，酸素／塩分，亜硫酸ガス等	適用可能範囲（中〜左寄り）
	重防食塗装	紫外線，水，酸素／塩分，亜硫酸ガス等	適用可能範囲（中〜右寄り）
耐候性鋼材		水，酸素／塩分，亜硫酸ガス等	適用可能範囲（左寄り）
溶融亜鉛めっき		水，酸素／塩分，亜硫酸ガス等	適用可能範囲（中央）
金属溶射	封孔処理	水，酸素／塩分，亜硫酸ガス等	適用可能範囲（中央）
	重防食塗装	紫外線，水，酸素／塩分，亜硫酸ガス等	適用可能範囲（中〜右寄り）

注) 1. 本表は，確実な施工が行われた場合の適用環境区分を示す。確実な施工が行なわれなかった場合は耐久性が著しく低下することがある。
　2. 適用環境は主に飛来塩分の影響の有無により区分したものであり，凍結防止剤の影響は考慮していない。
　3. 温暖地帯等で亜硫酸ガス等塩分以外の腐食を促進する物質の影響を強く受ける環境では別途検討が必要である。
　4. 金属溶射の適用可能範囲は使用する溶射材料により異なる。亜鉛溶射皮膜は溶融亜鉛めっきと同じと考えられるが，亜鉛・アルミニウム合金溶射皮膜や擬合金溶射皮膜，アルミニウム溶射皮膜の適用可能範囲はもう少し広くなる。
　5. 適用可能範囲を超えた厳しい環境では，防食の耐用年数が短くなることから鋼道路橋ではその防食法の使用を極力避けるのが望ましい。

　防食上の環境条件に影響を及ぼす要因には，気象環境的要因や，地理的・地域的要因のほかに，構造的要因がある。
　構造的要因による環境条件の違いには，降雨による洗浄作用の有無，飛来塩分の蓄積，漏水，水の滞留や湿気のこもり等がある（表-I.2.2）。これらの構造的要因による環境条件の違いを少なくするためには，雨水等が滞留しないよう適切な排水処置を施し，また湿気がこもらないよう風通しのよい構造とする等の工夫が必要である。しかし，これらの対策だけで構造部位ごとの環境条件を同一にすることは一般的には困難な場合が多く，その場合には，同じ橋又は同じ部材の中で構造部位ごとにその環境条件に適した防食法とその仕様を適宜組み合わせて用いることなども検討する必要がある。例えば，耐候性鋼材を使用した橋では，湿気がこもりやすく，結露や伸縮装置からの漏水が懸念される桁端部は塗装を施す等の対策も検討するのがよい。
　図-I.4.2は，鋼橋で腐食しやすい位置を示す腐食マップの一例である。構造

部位の違いによる環境条件の把握には，類似の既設橋の腐食状況の実績データが参考になる。なお，構造的要因による構造部位ごとの環境条件の違いは，腐食因子や腐食促進因子の多い地域で著しく，少ない地域では大きな違いのないことが多い。また，施工上の不確実さから耐久性が低下していることもあるので，腐食マップを参考にする際には注意が必要である。

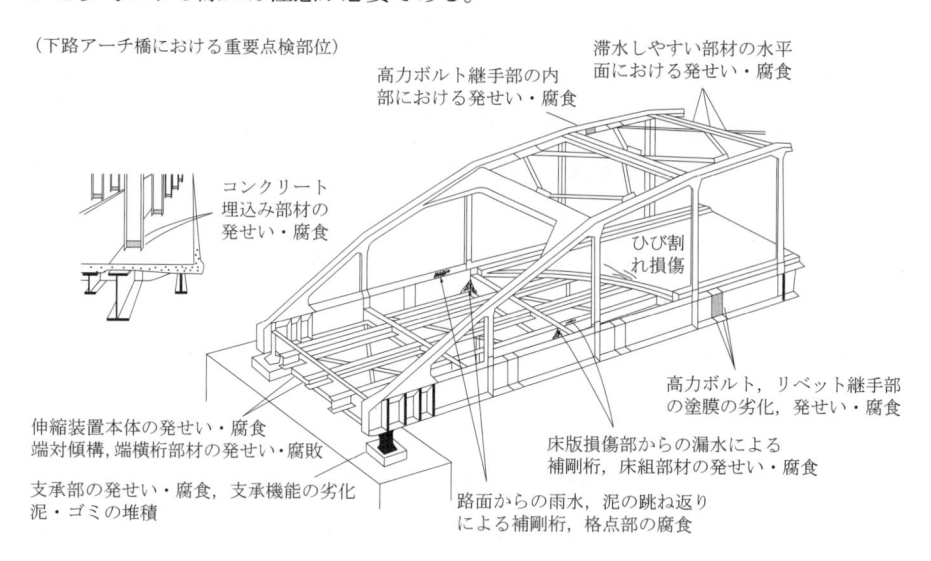

(下路アーチ橋における重要点検部位)

滞水しやすい部材の水平面における発せい・腐食

高力ボルト継手部の内部における発せい・腐食

コンクリート埋込み部材の発せい・腐食

ひび割れ損傷

高力ボルト，リベット継手部の塗膜の劣化，発せい・腐食

伸縮装置本体の発せい・腐食
端対傾構，端横桁部材の発せい・腐敗

支承部の発せい・腐食，支承機能の劣化
泥・ゴミの堆積

床版損傷部からの漏水による補剛桁，床組部材の発せい・腐食

路面からの雨水，泥の跳ね返りによる補剛桁，格点部の腐食

注：海岸地域に位置する橋に関しては床組部材の発せい・腐食をチェックすること。

図－Ⅰ.4.2　腐食マップ

(3) 周辺環境との調和

　橋は，建設するとほとんどの場合そこに恒久的に存在しつづける構造物であることから，利用者の快適性や良好な景観の創出等，周辺環境との調和に配慮した色彩やデザイン等の検討がなされる必要がある。特に，最近では景観設計が重要視される場合が増えてきており，美観や景観への配慮は重要である。例えば，その橋をシンボル的な構造物であるとして色彩等によって強調するのか，もしくは，周辺の景観と一体となるように既存の風景に馴染ませるのかによっても橋の外観の色彩や光沢に対する要求が異なってくる。また，将来の維持管理を考慮して，防食機能だけでなく色彩や光沢などの要因についても，その持続性や汚れやすさ等について検討する必要がある。このように，防食法とその仕様の選定にあたっ

ては，鋼道路橋の使用目的から防食法への要求性能を幅広く検討し，将来の維持管理計画やライフサイクルコストにも配慮した上で周辺環境と調和するようにしなければならない。

(4) 経済性

道路橋の経済性に関しては，建設費などの初期投資を抑制するだけでなく，長期的な観点から，初期コスト以外に点検，補修等の維持管理段階で見込まれる費用を含めた全体の費用（ライフサイクルコスト）をより小さくすることが重要である。このとき防食についても橋にかかる費用の一部を構成するものとして，そのライフサイクルコストを考慮して最も経済的なものとなるように心がける必要がある。

防食のライフサイクルコストは一般的に以下の式で表わされる。

$$LCC = I + M + R$$

ここで，LCC：防食のライフサイクルコスト

　　　　I：防食の初期コスト

　　　　M：防食の点検，部分補修（維持管理）コスト

　　　　R：防食の全面補修及び更新コスト

ライフサイクルコストの算定方法には現段階で定まった方法がなく，その目的や比較検討しようとする内容に応じて適切な方法によって算定する必要がある。ライフサイクルコストの評価期間についても一概にはいえないが，通常はその防食法を適用しようとする橋本体に対して設計で考慮する期間を用いるのがよい。なお，橋本体の設計において考慮する期間には，一般に橋本体の耐久性の検討において設計上の目標とする期間がとられ，供用後この期間が経過した時点でその機能を失うことを意味するものではない。これまでの事例から判断すると，ほとんどの橋で適切な維持管理が行われた場合，設計で考慮する期間供用された後も道路網の一環として橋としての機能が維持できるものと考えるのが一般的である。また，橋の設計における維持管理段階への配慮については，「道路橋示方書・同解説Ⅰ共通編」（平成24年3月（社）日本道路協会）による[4]。

橋の形式の選定にあたっては，防食の点検をどのように行うのかについてあらかじめ検討しそれを考慮しなければならない。例えば，トラスやアーチ形式の橋

では，I桁形式の橋に比べると部材の補修面積に対する足場面積等の割合が大きくなることから，足場設置を伴う維持管理作業が必要となった場合維持管理費用が大きくなりやすい。また，凍結防止剤が多く散布される路線での高低差のある並列橋や下路形式の橋，桁下空間が少なく常時湿気の影響を強く受ける橋等は，それらの影響を考慮して防食法を選定したとしても，ある程度の防食機能や耐久性の低下が避けられない場合も多い。このような場合，ライフサイクルコストの算定に当たっては，これらの要因についても可能な範囲で考慮することが望ましい。さらに，跨線橋で作業するき電停止時間の非常に短い鉄道上の橋やジャンクション等複数の路線の接点にあたる交差条件の厳しい橋では，一般に足場等の設置・撤去その他の作業に対して厳しい制約条件があることから，維持管理費用を検討する場合は，作業の非効率性や社会的な影響についても考慮する必要がある。

4.3 選定した防食法から要求される構造設計

　架橋環境条件と要求性能から適切な防食法とその仕様を選定しても，耐久性や施工，維持管理に配慮せず構造設計を行うと，防食機能や耐久性を著しく低下させることがあるとともに，点検，補修によって防食機能を維持することも困難になることがある。これらに配慮した構造設計は，適切な防食法の選定と一対として検討されるべき防食設計の主要な項目であるので，防食法とその仕様の検討に食い違いが生じないように十分注意する必要がある。
　構造設計に求められる防食対策には多様なものがあるが，特に構造細部への要求が多く，図面等に明確に記載することによって設計者から施工者にその意図が確実に伝達されるようにしなければならない。また，多くの防食対策を施すため，それらの防食対策がお互いの機能を損なうことのないよう十分注意して行うとともに，構造本体へも悪影響を及ぼすことのないよう注意が必要である。
　そのほか，例えば溶融亜鉛めっき高力ボルトでは，ボルトの強度等級に使用制限があることや，耐候性鋼材を使用した場合には高力ボルト継手部の連結板の縁短距離に制限がある等，選定した防食法によって構造設計への特有の要求事項があることに注意が必要である。

なお，この便覧ではあくまで鋼道路橋の一般的な条件に対して，最新の知見に基づいて最善と考えられる構造細部の留意点等の対応を記述している。したがって，個々の橋又は部材に対して防食法から要求される性能や環境等によっては，必ずしもこの便覧の内容に忠実によることが適当でない場合も考えられる。そのため具体の構造設計にあたっては，それぞれの橋やそれぞれの橋の各部位ごとの防食に対する要求性能や環境条件等を十分に検討した上で，例えば複数の対策を組み合わせるなど所要の性能を満たすことができ，かつ不経済とならないようそれぞれの条件にあった適切な対策を行う必要がある。

例えば箱桁の内面では，止水，排水対策の仕様や温度等の気象条件によって結露の発生条件が異なってくる。したがって，塗装を行う場合でも塗膜に対する耐久性への要求レベルは個々に異なり，通常塗膜厚確保のために行われる部材角部の面取りやトルシア型高力ボルトのピンテール破断跡の仕上げなどについても，条件によっては必ずしも標準的な仕様による必要がない場合もあると考えられる。しかし，この便覧では多種多様な条件に対する防食対策を網羅的には示していない。選定する防食法がこの便覧によらない方法であっても，それぞれの橋や部位ごとの防食に対する要求性能や環境条件等に対して所要の防食性能が得られることが明らかであれば，選定した防食法によることができる。

4.3.1 防食の耐久性に配慮した構造設計

ここでいう防食の耐久性に配慮した構造設計とは，例えば漏水・滞水対策，異種金属接触腐食や隙間腐食等の局部腐食対策等，行われる防食法に対してできるだけ確実に本来の性能が発揮されるように構造細目などの配慮を行うことである。

以下に防食の耐久性に配慮した構造設計の例を示す。

(1) 漏水・滞水対策

鋼道路橋では，設計上の導排水計画に考慮されている部位と異なる部位に漏水や滞水を生じると著しく防食の早期劣化をもたらすことがあるため，漏水や滞水を生じないよう十分注意して構造設計を行わなければならない。滞水を生じないようにするためには，必要な排水勾配をとる以外に水抜き孔やスカラップの位置や形状等の細部構造に注意する必要があり，特に滞水に対しては，構造物の出来

形の施工精度に許容値があることや，撥水性などの表面性状とその劣化なども考慮して滞水が生じないように詳細構造を含め対策を施すことが望ましい．

以下に漏水・滞水に配慮した構造詳細の例を示す．

1) スカラップによる排水

　スカラップは，材片の組立や溶接といった施工上の必要性から設けられるのが一般的であるが，部材の各部への雨水等の水分の滞留防止にも有効な構造である．したがって，材片の組立や溶接に必要がない場合であっても，垂直補剛材やダイアフラム，横リブ等で滞水が懸念される場合には，スカラップを設けることによる排水対策も検討するのがよい．

　箱桁の高力ボルト継手部等の隙間にシール材を用いて止水を施す場合でも，樹脂等のシール材は，時間の経過に伴い徐々に劣化し長期的には止水機能が低下することが避けられないため，もしこれらの止水機能が低下しても水が浸入し滞水することがないようスカラップを設ける等の排水対策を併用するのがよい．

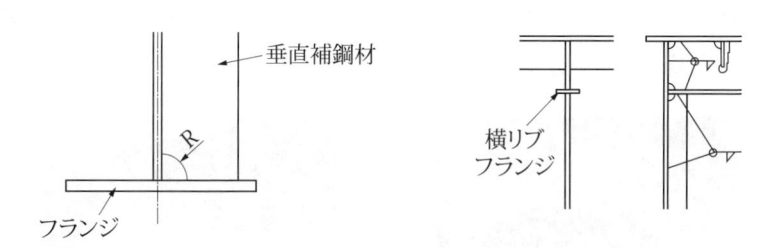

図－Ｉ.4.3　スカラップの例

2) 箱桁内の水抜き

　箱桁内への水の浸入は，様々な経路で生じている．箱桁内にある排水管の継手からの漏水，排水桝からの漏水や雨水が排水管外側を伝って開口部から浸入した例，伸縮装置等からの漏水が桁端部にある開口から浸入した例，橋脚のはりにおいて伸縮装置からの漏水がボルト継手から浸入した例，等がある（**写真－Ｉ.4.9**）．

　箱桁内に浸入した水はスカラップを通って低い方に流れていくが，支点部等ではスカラップを設けることが困難な場合がある．このようなスカラップを設けることが困難で滞水が懸念される箇所には，箱桁外に水を排出するための水抜き孔

を設ける必要がある。また，高力ボルト継手部から浸入した水を速やかに箱桁外に排出するためには，高力ボルト継手部の縦断勾配の低い側にも水抜き孔を設けることが有効である（図-Ⅰ.4.4，写真-Ⅰ.4.10）。なお，景観上の配慮などから箱桁内部に路面排水や上水などの導排水管を設置する事例があるが，管路の老朽化や継手の不具合などによって箱桁内部で漏水を生じると，速やかに排水されず著しい滞水を生じることがあるため注意が必要である（写真-Ⅰ.4.11）。もし箱桁内部に導排水管路を設ける必要がある場合には，外観からでは目視困難な空間となるため，漏水などの異常が速やかに検出できるように維持管理計画をたてるとともに，管路の不具合等による不測の漏水に対しても腐食の原因とならないようにしておくことが望ましい。導排水管の継ぎ目が外力によって損傷して漏水したり，上水などの導水管に多量の結露水が発生することがある。また，路面排水を流下させる排水管が破損した場合には，路面からの土砂等が混入することによって水抜き孔やスカラップを目詰まりさせ，下フランジ上面に滞水を生じさせることがある。箱桁内に導排水管を設ける場合は，これらの点についても維持管理において配慮する必要がある。

写真-Ⅰ.4.9　滞水による箱桁内の腐食

アーチやトラスの弦材や鋼製橋脚のはりでは，板厚差のある場合に外観上の配慮から下面側の表面を合わせ，上面側に板厚差による凹凸を設けることがあり滞

水を生じる場合がある．必要に応じて，上側表面を合わせて板厚さによる凹凸を下面側にすることや適切な位置に水抜き孔を設ける等の配慮を行い滞水を生じないよう注意する必要がある．

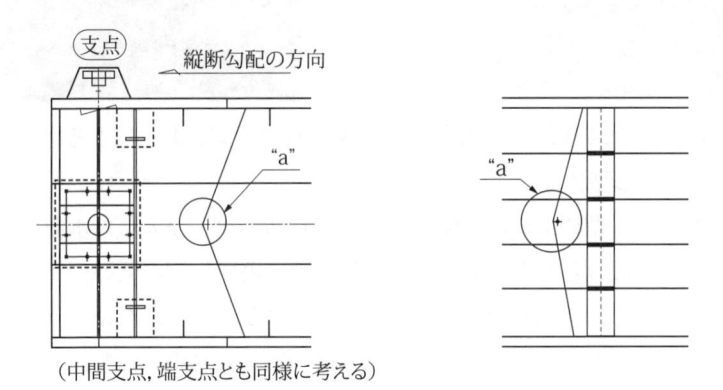

図－Ⅰ.4.4　箱桁水抜き孔の例

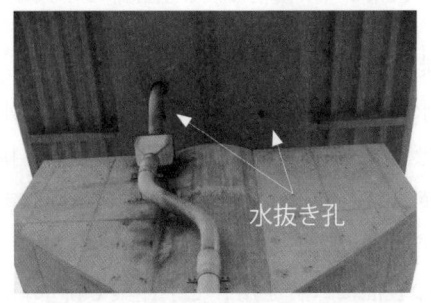

写真－Ⅰ.4.10　箱桁水抜き孔の例

写真-I.4.11　箱桁内部への導水管の設置と漏水による腐食

3）床版埋め殺し型枠部の水抜き

　床版の埋め殺し型枠部には，床版のひび割れ部等から浸入した水を排出するために，水抜きを設ける必要がある。設置箇所は，縦断勾配の低い側の床版端部と連結部の手前とし，排出した水が桁や横構等にかかることのないよう注意するとともに，水抜きの先端に水切りを設けるのが望ましい（図-I.4.5）。

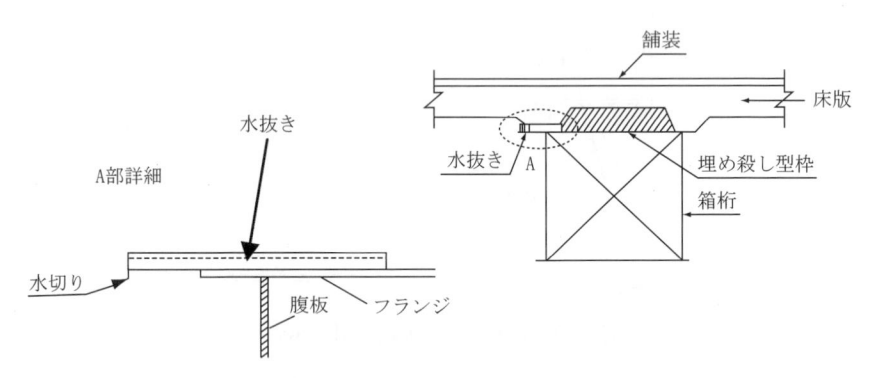

図-I.4.5　床版埋め殺し型枠部の水抜きの例

ⅰ）下部構造天端の排水

　下部構造天端に滞水することが懸念される場合には，排水勾配を設けることが望ましい。排水勾配は，施工上の誤差や出来形の許容値，排水面となる表面の撥水性や凹凸などの表面性状も考慮して，完成後に排水が確実に行われるよう余裕をもった値とするのがよい（写真-I.4.12）。

　コンクリート部材の表面にコテを用いて手作業で排水勾配を設ける場合には，施工上多少の凹凸は避け難く型枠の継ぎ目においても段差を生じる場合がある。

鋼製の部材の場合には，溶接線の余盛や高力ボルト継手の連結板による凹凸以外にもいわゆるやせ馬などの溶接ひずみによる凹凸が残る場合がある。排水勾配の計画にあたっては，このような構造上の特徴や施工上の誤差が存在することについても考慮する必要がある。なお，排水性の向上のため必要に応じて，溶接線の余盛などで耐荷力上及び疲労耐久性のいずれの観点からも，設計上支障のない範囲で切削することも検討するのがよい。

写真－Ⅰ.4.12　下部構造天端の滞水による腐食

ⅱ）伸縮装置の漏水対策

　防食が施されていても，水に濡れている時間が長いとさびが発生しやすくなる。特に桁端部では，橋台や支承部の構造から湿気がこもりやすい閉塞した環境になりやすいことに加えて，伸縮装置部からの漏水によって，主桁や横桁，支承等が著しく腐食している事例が多い（**写真－Ⅰ.4.13**）。したがって，桁端部では湿気がこもったり，結露を生じにくいように通気性を確保し，できるだけ閉塞した環境とならないよう配慮する一方，伸縮装置は非排水構造とするのがよい。さらに，伸縮装置の排水機能の不良などによる不測の漏水に対しても対処できるよう，下

写真－Ⅰ.4.13　伸縮装置からの漏水による腐食

部構造天端に十分な排水勾配を確保するなど別途の対策を併用しておくことが望ましい。

　伸縮装置部からの排水管は，下部構造天端や床組部材などに排水がかからないよう，管路等によって確実に所定の位置まで導水するのがよい（**図－Ⅰ.4.6**，**写真－Ⅰ.4.14**）。なお，閉断面の管路によって導水した場合には，伸縮装置の損傷を排水管からの漏水等によって点検可能であったものが困難な状況となるので，このような構造を採用した場合の点検方法についてあらかじめ検討しておく必要がある。

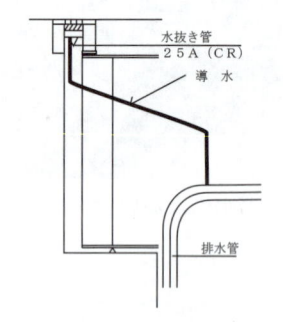

　　図－Ⅰ.4.6　伸縮装置止水工の　　　写真－Ⅰ.4.14　伸縮装置止水工の
　　　　　　　　導水の例　　　　　　　　　　　　　　導水の例

ⅲ）床版への漏水対策

　中間支点部等で，鉄筋コンクリート床版に発生したひび割れからの漏水によって桁等が腐食している事例が見受けられる。コンクリート床版内部への水の侵入は床版の疲労耐久性を著しく低下させるため，床版上面には防水工を施し，床版内部への水の侵入がないようにしなければならない（**写真－Ⅰ.4.15**）。また，適切な頻度で点検を行い，早期にコンクリート床版内部への雨水等の侵入を発見するよう努めるとともに，床版下面からの漏水が発見された場合には早急に補修することができるよう事前に対策を検討しておくのが望ましい。

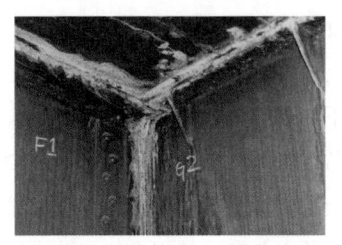

写真－Ⅰ.4.15　鉄筋コンクリート床版に発生したひび割れからの漏水による腐食

　なお，2002年（平成14年）の改定以降道示Ⅱ鋼橋編では，床版の耐久性に配慮して防水層等の設置が義務づけられたが，これ以前の基準による床版では防水層等が設置されていないものも多い。防水層等が設置されていない場合は，床版の耐久性を確保するため舗装の更新などとあわせて防水層等を設置するのがよい。なお，床版防水工については，「道路橋床版防水便覧」（（社）日本道路協会）を参考とするのがよい[19]。

　鋼床版の舗装には，一般に防水機能を兼ね備えたグースアスファルトが用いられるが，交通荷重によって舗装に亀裂を生じたり，グースアスファルトが施されていない歩道部や地覆コンクリート部，またそれらの境界等からデッキプレート上面に水が浸入することがある。このようにして水が浸入した場合は，デッキプレートの腐食が進行する。一方で点検が困難な場合がほとんどであるため，歩道部や地覆コンクリート部等にも防水工を施す必要がある。また，適切な時期に点検を行い，舗装の変状などによってデッキプレート上面への水の浸入が疑われる場合には，床版上面への水の浸入の有無を確認し，浸入が確認された場合にはできるだけ早急に補修するのが望ましい。

　なお，底鋼板を有する鋼コンクリート合成床版や床版下面から鋼板接着等で補修・補強されたコンクリート床版では，床版上面から内部に雨水等が浸入した場合床版下面の一般部からの漏水などでそれを確認することが困難である。

　このような構造の採用にあたっては，床版内部へ水が浸入しないように特に慎重に防水工を設置するとともに，万が一床版内部への水の浸入やそれに伴う床版の劣化が生じた場合にも，適切な時期にこれを検出し対策が施せるよう維持管理の方法についてもあらかじめ定めておく必要がある。

ⅳ）床版上の排水

　床版上の滞水がアスファルト舗装との界面で生じた場合は，舗装の耐久性を著しく低下させるとともに，防水層が設置されていない場合にはコンクリート床版では直ちに床版内部への水の浸入につながり，鋼床版ではデッキプレートを腐食させるためいずれも床版の耐久性を著しく低下させることにつながる。これは防水層が設置されている場合に，防水層と床版の界面に水が浸入した場合にも同様である。また，通常は防水層にとっても浸入した水が排水されず滞水するとその耐久性に悪影響を及ぼすことになる。

　このようなことから，床版上に浸入した水が速やかに排水されるようにしておかなければならない。そのためには，例えば床版の低い箇所や排水桝，伸縮装置近傍の滞水が懸念される箇所には排水施設を設ける必要がある。

　このとき，排水される水は伸縮装置部の排水と同様に近くの排水管に導水するか垂れ流しとする場合にも，流末を適当な位置に設け排水が下部構造天端や床組や桁等の部材に飛散することがないようにしなければならない（**図－Ⅰ.4.7**）。

　また，近年は低騒音舗装（排水性舗装）などの高機能舗装の普及に伴い，舗装下に雨水が浸入しやすくなり床版上の排水が多くなったため，水抜きの先端は桁下まで延長するのがよい（**写真－Ⅰ.4.16**）。

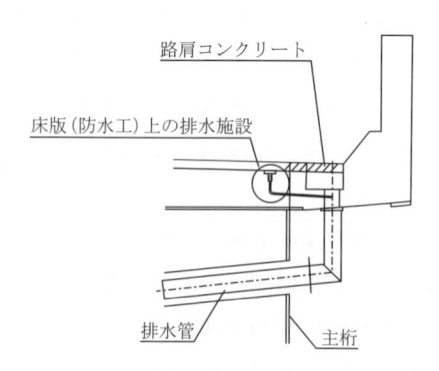

図－Ⅰ.4.7　床版（防水工）上の排水の例

写真－Ⅰ.4.16　水抜きの先端を桁下まで延長した例

ⅴ）床版の水切り

　橋面から壁高欄や地覆の壁面を伝ってきた雨水等が鋼桁まで伝っていくことを避けるため，床版の幅員方向端部の床版下面には水切りを設ける必要がある。

　橋面から伝ってきた水が鋼桁に達すると，桁表面のぬれ時間が長くなるとともに，下フランジ端部など絶えず同じ位置に水滴が滞留するなど防食上好ましくない。また，これらの水には路面に散布された凍結防止剤や，そのほか外部からの通行車両によって橋面に持ち込まれた様々な物質が含まれており，これらが防食にとって悪影響を及ぼすこともある。したがって，これらの水が鋼桁まで達することがないよう適切な位置で水切りによって排水する必要がある。

　床版の水切りには，図－Ⅰ.4.8に示すように床版下面にコンクリートで突起を設けたり，山形鋼等を取り付ける方法（既設橋の場合）とⅤ字の溝を設ける方法等がある。Ⅴ字の溝を設ける場合は鉄筋のかぶり不足によってひび割れが生じて鉄筋が腐食したり，コンクリートにひび割れや剥離を生じてコンクリート片が落下することがあるので，その構造や施工には十分注意する必要がある。

　コンクリートの落下を防止するためにあらかじめ繊維シートなどの剥落防止工を施工したり，水切りを非コンクリート材料で形成するなどの方法もある。これらについても落下等による第三者被害を及ぼさないことに注意が必要である。

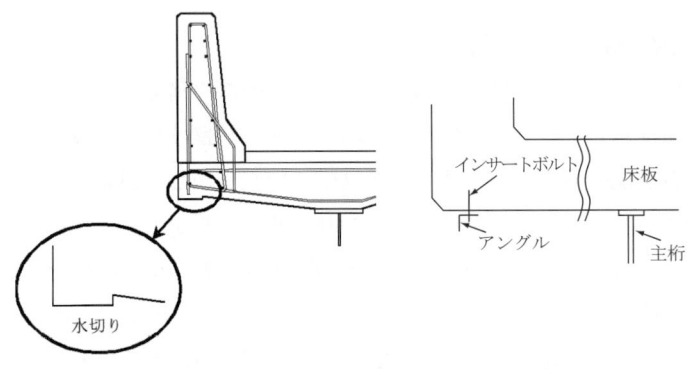

図－Ⅰ.4.8　床版水切りの例

ⅵ）排水管垂れ流し部の流末処理

　排水管を垂れ流しとする場合には，垂れ流した排水が下部構造天端や床組，桁

などのほかの部材にかかることのないよう排水管を適当な位置まで十分伸ばす必要がある。このとき風によって排水が直下以外にも飛散する場合があり，特に支点付近で垂れ流す場合には，排水した水が風によって支点部に吹き込むことのないよう注意が必要である（図－Ⅰ.4.9，写真－Ⅰ.4.17）。

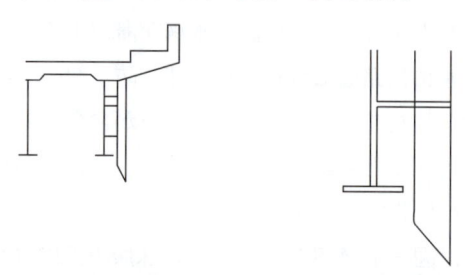

図－Ⅰ.4.9 排水管垂れ流し部流末処理の例

写真－Ⅰ.4.17 排水管垂れ流し部流末処理の例

vii）支点上補剛材部の滞水対策

　一般的に，支点上補剛材の下端はスカラップのない構造となっている。この部位は，通常滞水してもその量は僅かであり風通しが良ければ比較的早く乾燥するため，防食機能や耐久性に与える影響は少ない。しかし，通気が悪く漏水や滞水が生じやすい場合には常時湿潤状態となり，その位置が固定されることから局部的に著しく腐食するなど，防食機能やその耐久性に著しく悪影響を及ぼす場合がある。特に桁端部のソールプレート位置において，局部的な腐食を生じ腹板や下フランジに断面欠損を生じると，地震時に桁端部が崩壊するなど耐荷力的にも危険な状態となる場合がある（**写真－Ⅰ.4.18**）。このような腐食環境になることが当初より懸念される場合や，供用後このような状態であることが明らかになった場合には，できるだけ腐食環境の改善に配慮するとともに，樹脂等によって排水

勾配を設ける等の適切な排水対策を施す必要がある。なお，樹脂を用いる場合には，一般に樹脂の耐久性は橋本体に比べて短く，適切な時期に点検，補修が必要となるため，維持管理にあたってこれについても考慮しなければならない。

写真－Ⅰ.4.18　支点上補剛材部の滞水による腐食

ⅷ）箱桁断面の止水対策

　高力ボルト継手部は，施工上，接合する部材間に多少の隙間が生じる構造となり，連結板のない端部などにある程度の隙間が生じることは避け難い。一方，補剛材が複雑に配置される箱断面の鋼桁では，一旦内部に浸入した水を確実に導排水することは困難である。したがって，箱断面の鋼桁ではできるだけ外部からの水の浸入を防ぐために連結板の配置を工夫したり，部材外側表面を伝う水を適切な位置で導水板などで水切りするなどの配慮が必要である。また，必要に応じて隙間部をシール材等によって塞ぐなどの止水対策を施すのがよい。上路橋のように床版が上にある場合には，この床版によって降雨を遮ることができるが，降雨を遮ることのできない橋脚や下路アーチ橋のアーチ部材等では，特に止水対策が重要となるので注意が必要である。ただし，シール材を用いる場合には，一般にシール材の耐久性は橋本体に比べて短く適切な時期に点検，補修が必要となるため，維持管理にあたってシール材の耐久性ついても考慮しなければならない。

　マンホールやハンドホールは，蓋を普通ボルトで留めるだけでは水は浸入するので，補強板を外面に取り付けるとともにゴムパッキン等を用いた止水対策を施すのが望ましい。

　なお，止水対策等によって箱桁内部を密閉に近い環境とする場合には，施工中に内部に取り込まれた水が滞留し，結露の原因ともなるので密閉する前に悪影響を生じないレベルまで排水しておく必要がある。

ix) 鋼製橋脚基部の止水対策

　鋼製橋脚基部には，防食の目的で根巻きコンクリートや胴巻きコンクリートが施工されることが多い。これらの巻立てコンクリートの天端には，滞水することやじんあいが堆積することがあることから，天端を路面より高くし天端に勾配を付けて水はけを良くした上で，路面排水の影響を受けないように排水の流末処理を適切に行う等の配慮がなされる。また，巻立てコンクリートの内部にある鋼材にコンクリートの劣化や設置環境を考慮して防食が施されるが，一般に防食の補修が困難となる。このため通常では，雨水等の浸入が懸念される巻立てコンクリートと鋼材の境界部にシール材が施工される。シール材は，時間の経過に伴い徐々に劣化し止水機能が低下するため，定期的な点検によって確実に止水されていることを確認するとともに，止水機能が低下した場合にはシール材を取り替える等の対策を施す必要がある。

　また，鋼製橋脚の支柱基部内側においても滞水することがあるので（**写真－I.4.19**），支柱内部の排水について考慮する必要がある。

　鋼コンクリート境界部の腐食事例を塗装・防食便覧資料集 **1.3.1** に紹介している。

写真－I.4.19　橋脚内部の滞水

x) 鳥害防止対策

　鳩をはじめとする鳥類が箱桁内に営巣し，そのふんや羽毛，死骸などが堆積していることがある。鳥類のふんは酸性であり，長期間放置しておくと金属を著しく腐食させることになる（**写真－I.4.20**）。また，ガスの発生や酸素濃度の低下など，環境悪化により点検に支障もある（二次災害の防止）。

　鳥害を防止するには，鳥類を箱桁内に進入させないことが第一であるため，箱

桁内への鳥類の進入が困難となるようにマンホールやハンドホールには扉や蓋を設けるか，又は鳥害防止ネットを設置することが望ましい。また，水抜き孔や添接部の隙間などのような構造部についても進入防止対策をすることが望ましい。維持管理作業等で箱桁内部等への出入りにマンホール扉を使用した場合には，閉め忘れることのないように注意する必要がある。

写真－I.4.20　箱桁内部の鳩のふん等の堆積

(2) 局部腐食対策
1) 異種金属接触腐食対策
　附属物やボルトナット類の耐久性向上を目的として，ステンレス等の普通鋼材に比べて電位的に貴な材料を用いることがある。しかし，厳しい環境下では，両者の電位差によってより卑な普通鋼材が著しい腐食，いわゆる異種金属接触腐食が生じることがある。例えば，ボルトと接触する部分の母材が腐食してボルトが抜け落ちることもあるので，異種金属接触腐食が懸念される場合には，異種金属の併用を避けるか電位差のある金属が接触することのないように絶縁できる座金を使用する等の対策を施す必要がある。
2) 隙間腐食対策
　隙間腐食は，鋼部材同士の重ね合わせ部やボルトの下等の隙間に雨水等が浸入することによって生じるものであり，厳しい環境下では著しい腐食を生じることがある。したがって，できるだけこのような隙間の生じない構造とするとともに，隙間腐食が懸念される部位には隙間に雨水等が浸入しないようにシール材で防ぐ等の対策を施す必要がある。ただし，シール材を用いる場合は，一般にシール材の耐久性は橋本体に比べて短く，適切な時期に点検，補修が必要となるため，維持管理にあたってこれについても考慮しなければならない。

4.3.2 防食の施工に配慮した構造設計

　防食の施工に配慮した構造設計とは，例えば，塗装や溶融亜鉛めっき，金属溶射を行う部材について，部材端部に面取りを行うことや溶融亜鉛めっきを施す部材についてめっき槽の大きさやめっき作業の施工性などから部材寸法を決定したり，熱ひずみ対策の補剛構造を設けること等，防食の観点から要求される構造上の条件を満たす設計を行うことである。選定した防食法とその仕様が，本来の機能を発揮できるために必要な所要の品質を確保するためには，これらの対策を確実に実施する必要がある。なお，防食の施工から要求される構造上の条件は，選定した防食法とその仕様によって異なるため注意が必要である。
　表－Ⅰ.4.2に代表的な防食法の施工から要求される構造上の条件例を示す。

表－Ⅰ.4.2　代表的な防食法の施工から要求される構造上の条件例

代表的な防食法	施工から要求される構造上の条件
塗装	・塗装施工姿勢，空間 ・面取り
耐候性鋼材	―
溶融亜鉛めっき	・部材寸法と重量の制限 ・熱ひずみ対策 ・面取り
金属溶射	・溶射施工姿勢，空間 ・面取り

4.3.3 防食の維持管理に配慮した構造設計

　防食の維持管理に配慮した構造設計とは，点検や補修作業のための空間を確保したりあらかじめ必要な作業足場を設置しておく等，維持管理段階への配慮をした設計を行うことである。一般に供用後の補修作業で行う防食施工では，作業姿勢や作業空間などの条件が製作や架設段階と異なり様々な制約を受ける場合が多い。このため設計にあたっては，補修の方法についても検討を行い必要な配慮を行っておくことが重要である。供用後に取り付けられる添架物等の附属物や補修・補強部材を設置する工事の設計においても，防食の維持管理に支障を来たさないよう作業空間の確保に配慮することが重要である。また，点検にあたっても，適切な足場等の設備がないと対象箇所が近接して目視できない等所定の点検ができ

なくなる場合が生じるため，これについても設計段階からその方法について検討を行い，必要に応じて足場を設けるなど適切な対策をとっておかなければならない。
　以下に防食の維持管理に配慮した構造設計の例を示す。
（1）作業空間の確保
　点検や補修作業を行うには，橋の下方や側方に作業用足場を設置することが必要である。橋の下方や側方に道路，鉄道，建築物等の施設がある場合には，それらの施設の利用形態を損なわずに作業用足場を設置できるだけの空間が確保できるように配慮する必要がある。
　以下に作業空間に配慮した構造詳細の例を示す。
1）桁端構造
　橋台や橋脚付近では，局部的に部材間隔が狭くなり片手を挿入して作業することさえできない構造が採用されることがあるが，維持管理のためにはあらゆる部位にアクセス可能な空間を確保することが必要である。主桁の腹板やフランジに切り欠き（マンホール）を設けるか橋台のパラペットを切り欠く等し，作業空間を確保する必要がある。また，下部構造天端から下フランジ下面までの空間についても，腐食しやすい環境であることから配慮するとよい。特に箱桁のようにフランジ幅が広い場合には，維持管理空間を確保するよう配慮するのが望ましい（**写真－Ⅰ.4.21**）。

写真－Ⅰ.4.21　桁端部の作業空間確保の例

2）密閉構造
　箱桁や橋脚等の閉断面の部材で，部材寸法が小さいため部材内部の作業空間が確保できない箇所が生じた場合は，当該箇所を完全密閉して腐食が進行しないよ

うにする必要がある。ただし，疲労損傷の点検，補修の観点からも密閉構造の是非について検討する必要がある。

ここでいう密閉構造とは，溶接によって完全に外部と遮断した構造であり，マンホールやハンドホールのように蓋をボルトにて留めた構造は含まない。すなわち，蓋を高力ボルトによって留めた場合でも密閉構造とならないことがあるため，防食上の密閉構造は，溶接によって完全に外部と遮断した構造と考えるのがよい。

(2) 維持管理用施設の設置

点検，補修用作業足場を安全に設置するには，桁や鋼製橋脚のはりに足場用吊り金具を設置しておくことが必要である。特にフランジ幅の広い箱桁や桁高の高いトラス橋等では，作業足場の設置作業が容易でないことから，作業足場の構造を決めた上で必要な足場用吊り金具を設置が必要である。また，海上長大橋等では，点検の結果によって局部補修を行う場合は，点検と補修作業を行える点検作業車等の装置を設置する必要がある（写真－I.4.22～写真－I.4.24，図－I.4.10）。足場用吊り金具の設置箇所は，供用開始後疲労損傷が発生しやすい構造となりやすいので，取り付け構造や取り付け方法に配慮する必要がある。

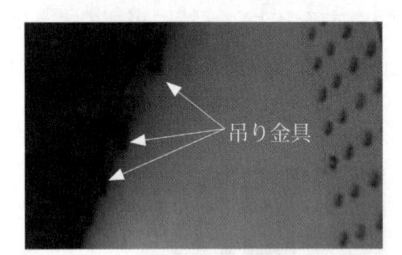

写真－I.4.22　足場用吊り金具（1） 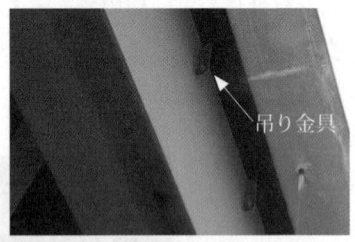　　写真－I.4.23　足場用吊り金具（2）

写真－I.4.24　点検作業車

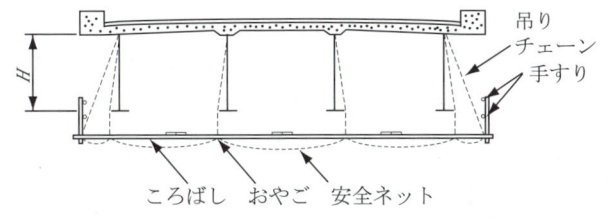

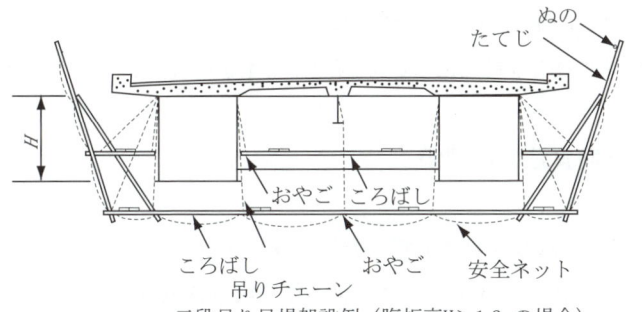

図－Ⅰ.4.10 塗装塗替え足場の例（桁橋）

　箱桁や橋脚等の閉断面部材には，内面の防食点検，補修を行うために必要なマンホールや換気孔を適切な位置に設置する必要がある。また，供用期間中に防食法に対する点検や補修などの維持管理が必要となることを前提として，設置位置や構造について維持管理性を考慮しておかなければならない[4]。
　下部構造検査路は，上部構造検査路へのアクセス手段として設置されることもある。しかし，桁端部において漏水に起因した支承等の劣化や損傷が発生することが多いため，下部構造天端での維持管理が困難となる場合には，維持管理用として設置するのが望ましい（**写真－Ⅰ.4.25**）。

写真－Ⅰ.4.25　下部構造検査路

－Ⅰ-55－

(3) 取替え部材

　検査路や排水等の附属施設では狭あい部が多く，防食の補修を行うことが困難な場合がある。このような場合には，腐食が進行し機能が低下した段階で附属施設を取り替える方法を前提とした方が経済的にも有利となる場合がある。このような維持管理方法を前提とする場合には，部材を取り替えが容易な構造としたり，取り替えに必要な施設をあらかじめ設けておくなど，供用期間中に防食法に対する点検や補修などの維持管理が必要となることを前提としてこれを考慮し[4]，構造設計段階で将来の取り替えについて適切な配慮を行っておくことが望ましい。

4.4　選定した防食法の再評価

(1) 構造部位ごとの環境条件を考慮した防食法の再評価

　鋼道路橋の設計では，通常の場合一般的な環境条件及び周辺環境との調和やライフサイクルコスト等，その他の要求性能を考慮して防食法とその仕様について仮定し，その後当該橋に要求される様々な性能を満たすように構造設計が行われる。このとき，構造設計を完了した段階における構造部位ごとの環境条件などが，選定時に想定したものとは同じでない場合がある。このため，構造設計が完了した段階で防食法とその仕様の再評価を行い，必要に応じて防食法とその仕様の修正を行う必要がある。

(2) 施工条件を考慮した防食法の再評価

　一般に，施工された防食の性能には施工品質が大きく影響するが，施工品質の良否を事後に評価することが困難な場合が多い。また，防食施工後に十分な品質が確保できていないことが明らかになった場合でも，補修等によってそれを是正することは困難な場合が多い。また是正可能な場合でも補修は大掛かりであり経済的にも不利なものとなる。したがって，防食の施工にあたっては，手戻りを回避するよう十分な品質確保策を講ずる必要がある。例えば，施工条件によって品質確保の容易さに大きな差がある場合には，なるべく施工品質を確保しやすい防食仕様に変更したり，施工工程の見直しを行って施工条件を改善するなどの配慮が必要である。塗装の場合，製作工場から架設現場までの輸送中や保管中に塗膜

に飛来塩分やじんあいなどが付着しても，これらが十分に除去されずに現場塗装されて早期に塗膜が剥離することが多い（**写真－Ｉ.4.26**）ので，重防食塗装系の場合，十分な品質管理ができる工場で上塗り塗装まで行う全工場塗装を基本とする。

写真－Ｉ.4.26　塗膜の剥離

表－Ｉ.4.3に各防食法の品質確保の上で影響が大きく留意すべき施工条件に関する項目の例を示す。これらに関わる事項については，施工計画の段階から良好な施工品質が得られる条件が整うように慎重に検討し，必要に応じて仕様や防食法の見直し等に反映する必要がある。

表-I.4.3 品質確保の点から留意すべき施工条件の例

	工場施工の場合の例	現場施工の場合の例
施工場所	・温度，湿度，海塩粒子の影響などの環境条件 ・養生設備など ・部材，材料（塗料やシンナー）の保管条件	・温度，湿度，海塩粒子の影響などの環境条件 ・養生設備，安全設備など ・部材，材料（塗料やシンナー）の保管条件 ・周辺地域への影響（騒音，粉じん等） ・もらいさび，飛砂，油等他の作業などからの影響
設備環境	・加工，製作設備 ・ブラスト設備など施工設備の能力や仕様 ・部材の保管，移動，搬入，搬出の条件（設備の能力や仕様）	・部材の保管，移動，輸送の条件（設備の能力や仕様，経路） ・ブラスト設備など施工設備の能力や仕様 ・周辺地域への影響に対する設備の条件 ・廃棄物処理の条件 ・燃料，電力，照明など設備
作業環境	・仮設備，安全設備の条件 ・他の工種や設備との干渉	・仮設備，安全設備の条件
部材の条件	・作業空間（姿勢・足場等） ・細部構造の施工性（狭あい部・使用機器の適用性や作業の容易さ）	・作業空間（姿勢・足場等） ・細部構造の施工性（狭あい部・使用機器の適用性や作業の容易さ）
検査の条件	・検査機器の能力と仕様 ・検査方法の適用範囲	・検査機器の能力と仕様 ・検査方法の適用範囲
その他	・補修に関する施工上の留意点は上記に準じる。	・補修に関する施工上の留意点は上記に準じる。

第5章　施工管理

5.1　一般

　鋼道路橋の防食法の防食性能，外観，耐久性は施工の良否に負うところが大きい。したがって，施工においては十分な管理を行う必要がある。

　防食の施工にあたっては，あらかじめ施工計画書を作成し，施工条件や作業内容を確認するとともに，それらに対応して所定の施工品質が得られるよう管理項目及び管理基準を定めておかなければならない。施工中は，施工計画で定めた要領にしたがって確実に施工条件の確認や各種検査の実施などの施工管理を行うとともに，事後に適切な施工が行われ所定の品質が得られたことが確認できるよう記録を残すことが必要である。なお，施工計画の立案や施工管理の実施にあたっては，工程や安全にも十分配慮する必要がある。

　輸送や架設等において防食に損傷を与える等防食機構を損なうことのないよう注意が必要であるが，防食施工中の損傷や塩分等の防食機構を損なう物質の付着はある程度避けられない場合が多い。このことから，施工中などに防食に損傷が生じたり塩分等が付着した場合には，速やかに補修することが所定の耐久性を得るためにも重要である。したがって，施工計画の作成にあたっては，想定される施工中の損傷や，防食上有害となる塩分等の付着などに対する対応方法についても検討しておく必要がある。

5.2　施工計画書

　一般に，施工計画書には表-Ⅰ.5.1に示す事項が記載される。

　なお，この便覧における施工計画書とは，いわゆる製作，輸送，保管，架設などの当該橋の施工の各段階に先立ってその要領や施工管理の方法等を定めて記述した書類等の総称である。

　この表に示す記載事項はあくまで代表的な例であり，必ずしもこれらを過不足なく記載するということではなく，この表を参考に個々の施工条件に対して良好

な施工品質を確保するために防食法，又は防食の仕様，若しくは構造物の形状，施工時期，製作・輸送・保管・架設方法，他の工種との調整等の必要な事項を盛り込んで，当該工事及び橋の条件に合うように作成する必要がある．

表－Ⅰ.5.1 施工計画書の記載事項例

工事概要	件名，工期，路線名，工事箇所，位置図，一般図，施工内容 準拠すべき基準及び仕様書
工程表	作業工程，検査工程 等
現場組織	現場組織図 作業者名簿（経験年数，取得資格等）
使用材料	品名，規格，色，製造会社名（専用工場を用いた場合は施工会社名） 使用量等
使用機器	名称，規格，形状，性能，台数
安全対策	現場の安全管理組織，緊急時連絡体制図，火災・地震対策 安全会議，安全パトロール等
交通対策	規制方法（図示）
環境対策	周辺地域に対する汚染，騒音防止対策
仮設備計画	現場事務所や倉庫等の位置図，構造略図，電話番号
施工方法	一般事項：施工順序，気象条件，昼夜間の別 防食施工： 足場工：足場構造，設置方法 照明，換気：照明，換気方法
施工管理	工程管理：日（週，旬，月）報，進捗度管理図 品質管理： 写真管理：工程写真，作業写真
管理用器具	温度計，湿度計，風向風速計，表面温度計，塩素イオン検知器等

5.3 施工記録

防食の施工が良好な状態で行われていることを確認し，また，防食に変状が生じた場合でも，その原因等の調査や対応策の検討を容易にするためには，防食施工の主要項目についてその施工状態を記録しておくことが望ましい．

5.4 工程管理

工程管理は，目的とする工事内容の品質を損なうことなく，より早く，より経

済的に，より安全に施工するために必要なものである。

　適切な工程管理を行うために，工事着手前にできるだけ詳細に現地の状況などの施工条件を確認し，それらが反映されたきめ細かな管理計画を立案することが望ましい。

　工事に関連する諸官庁等への手続きについては，準備段階で十分な調整を行い施工の工程に合わせた防食材料及び作業員の手配や工事の進捗状態を管理する必要がある。

　このように工程管理は，単に工期内に防食の施工を完成するだけでなく，経済的に所要の品質を確実に得るためや安全に施工を行うためにも欠くことのできない管理項目である。

5.5　安全管理

　使用する防食材料によっては，消防法で危険物に指定されていたり重金属等の有害物質を含むものがある。また，施工に使用する機器によっても，消防法で危険物に指定されている燃料等が用いられている場合がある。そのような材料や燃料等を使用する場合には，運搬，保管，施工の各段階で，関連法規の規定を遵守し，安全かつ人体や環境に悪影響を及ぼすことのないようにする必要がある。

　鋼道路橋の防食の施工を現場で行う場合には，作業を全て地上で行うことはまれでほとんどの場合足場上の作業となることから，作業員の墜落又は工具及び防食材料の落下，飛散による事故や災害の防止については十分な配慮が必要である。特に仮設足場や防護施設の解体撤去作業は，危険度が高いので注意を要する。道路上や鉄道上で作業する場合は，各管理者と施工時間，施工範囲，保安設備，連絡体制等を十分協議し，その内容を施工計画書に明記して実施する必要がある。

　鋼製橋脚や箱桁等の閉断面の内部で作業する場合は，十分な照明と換気を行う必要がある。また，必要に応じて酸素濃度を計測し作業中の安全を確認するのがよい。

5.6 防食の記録

　防食の調査，補修を行う際には，防食材料や施工方法，施工時期といった情報が必要であるため，構造物に防食記録表を記入するのがよい。構造物に直接記載するなどの防食記録表では，記載できる情報量に制限があるため防食法とその仕様に応じて，点検や補修を行う場合に必要となることが想定される情報のうち特に重要性の高いものを記述するようにしなければならない。

　橋の本体構造物などに直接記載する場合の防食記録表の記載事項例を，**表－Ⅰ.5.2**に示す。

　防食記録表の文字が小さくて見え難くなることのないよう文字の大きさや防食記録表の大きさに注意し，必要なスペースが確保できなかったり点検時に確認しにくいなどの理由で主桁等の上部構造に表示することが困難な場合には，適宜下部構造等近くの適当な場所に表示する。また，将来の維持管理の段階で退色して見えなくなることのないよう注意が必要である。

　防食記録表には，防食機能の健全性の評価や補修時の材料適合性の判断などに資するよう，防食原理又は防食機構若しくは材料特性などがわかる情報を記載する必要がある。したがって，例えば防食材料についても商品名などの固有名称のみではなく，物性を示す一般的名称や色彩などを記載する必要がある。

　表－Ⅰ.5.2に，代表的な防食法における記録表の記載事項の例を示す。溶融亜鉛めっきや溶射の上に塗装した場合には塗装記録表を，耐候性鋼材に耐候性鋼用表面処理を施した場合には，耐候性鋼表面処理方法の記録表も並べて表示するのがよい。耐候性鋼用表面処理の記録表は，塗装記録表を参考にして必要事項を表示する。耐候性鋼材記録表は，その記載内容を橋歴板に記することで省略してもよい。

　橋歴板や防食記録表等に鋳鋼とステンレスボルトを組み合わせて用いると，異種金属接触腐食等の局部腐食によって取り付けボルトが破断することがある。橋歴板や防食記録表等の損失のみならず部材等の落下による第三者被害を引き起こす可能性もあり，異種金属接触腐食等の局部腐食には十分注意する必要がある。

表－Ⅰ.5.2 防食記録表の記載事項例

	塗　装	耐候性鋼材	溶融亜鉛めっき	金属溶射
防食施工 完了年月	年　　月	年　　月	年　　月	年　　月
防食 施工会社	下塗○○○○（株） 中塗○○○○（株） 上塗○○○○（株）	－	○○○○（株） ○○○○工場	○○○○（株） （溶射法：○○○○）
防食材料 の材質	下塗○○○○ 中塗○○○○ 上塗○○○○ 上塗塗料の色票番号 ：B○○－○○△	主要鋼材の規格	－	粗面形成材○○○○ 溶射○○○○ （規格　JIS H○○○○） 封孔処理剤　○○○○
防食材料 製造会社	下塗○○○○（株） 中塗○○○○（株） 上塗○○○○（株）	主要鋼材の製造会社 ○○○○（株）	－	粗面形成材○○○○（株） 溶　射　　○○○○（株） 封孔処理剤○○○○（株）
高力ボルト 製造会社 製造年月	高力ボルトの規格 ○○○○（株） 年　　月	高力ボルトの規格 ○○○○（株） 年　　月	高力ボルトの規格 ○○○○（株） 年　　月	高力ボルトの規格 ○○○○（株） 年　　月

注）　1．耐候性鋼材の防食施工完了年月は，主要鋼材の製造年月を示す。
　　　2．金属溶射の粗面形成材を使用しない場合はそれに関する記載を省略する。
　　　3．高力ボルトの製造会社と製造年月は，道示Ⅱ鋼橋編に規格のないものを使用した場合に記載する。

第6章　維持管理

6.1　一般

　いずれの防食法も防食設計や施工を誤りなく実施しても，多くの場合年月の経過にともなって劣化が進行し防食機能が低下する。このとき劣化の程度は，構造部位ごとの環境の違いや施工品質の差から部位によっても異なったものとなり一様にはならない。したがって供用後は，適切な頻度と方法で点検を行って防食の劣化や損傷状態を評価するとともに，必要に応じて適切な補修を行うことによって，鋼材の腐食を防止するなどの所要の機能が満たされる状態に維持管理を行うことが大切である。このため，供用に先立って維持管理計画を定めておくことが重要である。維持管理計画には，少なくとも点検時期，点検方法，劣化や損傷状態の判定方法，防食の適切な補修時期の判定方法並びに補修方法について考慮することが望ましい。日常の維持管理における防水対策としては，排水施設の清掃や伸縮装置の非排水機能の補修，スラブドレーンの不具合による漏水の補修，下部構造天端の堆積物の除去等の腐食環境の改善が重要である。多量の塩化物を含む路面水の漏水がある環境では，腐食の進行が早まるため特に注意が必要である。

　なお，適切に点検や補修作業等の維持管理をするためには，できるだけ早い段階から維持管理計画について検討を行い，必要に応じてあらかじめ維持管理用設備を設けておくなどの措置をする必要がある。

　例えば，供用後の防食の点検，調査，補修は現地で行うことになるため，供用期間中に防食法に対する点検や補修等の維持管理が必要となることを前提として，これを維持管理計画に考慮しておかなければならない[4]。工場製作時などの当初施工時とは気象条件や作業環境が異なるだけでなく，作業内容によっては通行制限や隣接構造物への養生等の対策が必要となるなど様々な制約条件が生じる。したがって，施工設備や防護設備，補修用の機材類の搬入と移動や足場設備，補修作業時の作業空間等について，想定される劣化状態や損傷内容ごとに必要となる補修等作業の方法を考慮して事前に十分な検討を行っておく必要がある。このとき，周辺環境を汚したり，施工者や周辺住民の人体に悪影響を及ぼすことのない

よう十分な検討が必要である。

また，点検施設は，腐食による著しい断面欠損や破断などの損傷を受けているものがみられる(**写真－Ⅰ.6.1**)。点検施設の防食性能について配慮するとともに，点検や補修作業で点検施設を使用する場合においては，あらかじめ点検施設の損傷確認や安全性確保を行うとよい。

写真－Ⅰ.6.1　点検施設の腐食

6.2　点検

(1) 一般

通常，鋼道路橋における防食の点検は，様々な目的で実施される鋼道路橋の点検とともに実施される。鋼道路橋の点検については，「橋梁定期点検要領(案)」[20]「橋梁損傷事例写真集」[21] が参考になる。

(2) 点検の目的

防食の点検は，安全の確保及び維持管理を効率的に行うために必要な情報を得ることを目的に実施するものである。例えば定期点検では，防食機構について劣化や損傷状況の程度を把握するとともに，健全度の評価や詳細調査の必要性の有無等各種の判定を実施する。

(3) 点検の頻度

点検の頻度は本来，着目部位や着目要素に応じてそれぞれ適切に設定されるべきものであるが，国内の道路橋の場合，省令によって5年に1回の頻度で定期的に行うことが基本と決められている。ただし，初回の定期点検(初回点検)は，

橋の完成時点では必ずしも顕在化していない不良箇所等を早期に発見することと，防食機能や耐久性の低下を早める滞水や漏水等の初期欠陥を早期に発見すること，また，環境への適正やその後の維持管理を効率的に行うための初期状態を把握するために，供用後2年程度を目途に適切な時期に行うのがよい。

一般的に防食の施工品質が所要の品質を満たしていなかった場合には，橋の置かれた環境にもよるが，1～3年程度で著しい変状が現れ始めることが多い。また，漏水や滞水等の橋の初期欠陥による防食の劣化は，それ以上に早く生じ始めることが多いので，初回点検はなるべく早い時期に行うのがよい。

初回点検の概要及び初期の不具合事例を，塗装・防食便覧資料集に紹介している。

その後の定期点検は，初回点検の結果及び防食法とその仕様又は架橋地点の環境等に応じて適切な頻度と方法を定めて計画的に実施しなければならない。頻度の設定は，次回点検までの間に緊急的な対応が必要になる事態を避けるという観点と，予防保全的な補修等の措置が適切な時期に行えるという観点から定めるのがよい。なお，道路橋の定期点検は，5年に1度の頻度で近接目視によって行うこととしている。また，防食以外の点検や調査の計画と併せて計画を検討することで，維持管理全体の合理化を図ることも重要である。

(4) 点検結果の記録

点検結果は，維持，補修等の計画を立案する上で参考となる基礎的な情報であることから，適切な方法で記録し蓄積しておく必要がある。このとき劣化の程度や規模等の損傷程度については，経年的推移の評価や劣化予測等の様々な統計的分析や予測に用いられる基礎データとしても重要であり，このようなデータの活用を図るためには点検者や各回の点検で評価がばらつかない客観的なデータを取得することも重要である。

一方，点検では，通常損傷の客観的事実として程度の評価とは別に，当該橋や部材の条件や損傷の状況などから補修の要否や，詳細調査の必要性の有無などの様々な判定が行われる。その結果も速やかに関係者に周知し，維持管理施策の意志決定に反映させるとともに，将来の適切な維持管理のための貴重な情報であるため適切に記録し，蓄積しておく必要がある。なお，劣化原因の特定などの目的で定期の点検とは別に詳細な調査が行われるような場合がある。これらの調査や

検討の結果についても速やかにその結果を記録に反映させ，絶えず最新の構造物の状態が記録に反映できるよう努める必要がある。

　効率的かつ効果的な橋の維持管理を行うためには，最新の橋の現況に基づき，また環境条件や損傷の状態などの様々なデータを総合的に評価・判断して対応がなされる必要がある。したがって，様々な点検から得られた情報を適切な方法で速やかに記録し，当該橋の維持管理上必要となるそのほかのデータとともに有効に活用しやすい形態で蓄積されるようにしておかなければならない。

6.3　補修

(1) 防食の補修方法と補修時期

　防食の補修方法の検討にあたっては，現行の防食法が当初想定した防食機能と耐久性を発揮できたかを確認するとともに，当初想定した防食機能や耐久性を十分に発揮できなかった場合には，原因を究明するとともに補修防食法の選定や施工方法の検討に反映する必要がある。また，構造的な要因で当初想定した防食機能や耐久性を発揮できなかった場合には，必要に応じて構造の改良を行うことが望ましい。

　防食の補修には，部分的な補修を繰り返す方法（部分補修）と全面を一度に補修する方法（全面補修）がある。どちらが有利かは道路橋の使用目的や置かれた環境，採用されている防食法とその仕様等によって異なるため，維持管理計画を策定し十分に検討した上で決定しなければならない。

　飛来塩分や凍結防止剤の付着によって腐食が進行した場合，さび層内に塩分が食い込みその塩分の除去は一般に大掛かりとなる。除去方法としては高圧洗浄による水洗いが考えられるが，例えば桁下に洗浄後の水を垂らすことが困難な場合には，その防護設備が大掛かりとなるため洗浄後の水の処理についてもあらかじめ十分に検討しておく必要がある。また，補修時期を早めてさび層内に塩分が食い込む前に部分補修を繰り返す方が経済的な場合もある。

　部分補修は施工規模を小さくでき施工も容易な場合が多いが，補修した部分とそのほかの部分で一般には防食性能に差が生じ外観にも違いが生じやすい。部分

補修では，その範囲と内容を適切に設定しないと補修した部分とそうでない部分の境界付近が弱点となったり，補修部分が早期に再劣化する場合があるので注意が必要である。例えば塗装の場合，補修塗装の下地処理や脱塩が十分でなかったり既存塗膜との境界部の施工が適切でないと，早期に塗膜が劣化したり腐食が進行する場合がある。

全面的な補修は，補修後に防食性能や外観は一様になるが，一般に施工規模が大きくなることから，施工設備が大がかりなものとなり工期も長くなる。

(2) 防食法変更時の留意事項

防食法の変更にあたって，既存の防食法との併用や混在が生じる場合には，それぞれの防食法の防食機能や耐久性が低下することのないようあらかじめ十分に検討を行い，その仕様や施工方法を決定する必要がある。例えば一般塗装から重防食塗装に変更する場合，犠牲陽極作用を発揮させるためにはジンクリッチペイントが鋼素地に十分に接触している必要があるとともに，旧塗膜との密着性が十分に確保されていることが必要であるため，これらに配慮して旧塗膜の除去方法とその程度について決定する必要がある。

(3) 素地調整の留意事項

塗膜による防せい効果は，塗膜が鋼材面に密着していることによって発揮されるものである。鋼材面と塗膜との間や塗膜と塗重ね塗膜との間に，さび，劣化塗膜，水，塩分，その他の異物が介在している場合は，期待する防食効果を得ることができず，塗膜を透過してくる水や空気などの腐食因子によりさびが発生し，塗膜に割れや膨れ，剥離等の劣化を生じる。塗装・防食便覧資料集第Ⅰ編に記載のある層状剥離さびにおける塩化物イオン量の計測結果のとおり，塩分は鋼材素地表面とさび層の境界面に濃縮していることがある。また，腐食した鋼材面の素地調整の違いによる塗膜の劣化事例において，さびを完全に除去したブラストによる素地調整では早期変状はなかったものの，深い断面欠損部のさびを十分に除去できなかった動力工具による素地調整では，塗膜に早期の変状が確認されている。塗料の防せい性能を長期間発揮させるためには，素地調整によりさびを完全に除去するとともに，鋼材面と塗膜との間，塗膜と塗り重ね塗膜との間に異物が混入しないよう鋼材面や塗膜を清浄してから塗料を塗布する必要がある。

(4) 狭あいな部位や目視の困難な部位の防食補修の留意事項

　既設橋の防食の補修において，狭あいな部位や目視の困難な部位において補修塗装の下地処理が十分でないまま塗装されることや，所定の膜厚がとれていないことによって当該部位が早期劣化し，腐食が進行する場合がある。耐久性を確保するためには，作業空間の確保，使用機器の適用性や作業の容易さに配慮した施工計画とする等によって，狭あいな部位や目視の困難な部位においても良好な施工品質を確保する必要がある。

(5) 防食に影響のあるほかの工事の留意事項

　橋の補強や拡幅，添架物の取り付け等の工事において，既設の鋼桁に部材を取り付ける場合には，構造面での配慮のほかに既設橋や取り付けた部材の防食の選定や維持管理への配慮が重要である。

　塗装の塗膜や耐候性鋼材の緻密なさび層を除去しないで，そのまま溶融亜鉛めっき等の防食を行った部材を取り付けると，重なった部位の塗膜の塗り替えが困難になるとともに，隙間があると滞水することがあるため防食上の弱点となる。このような場合は旧塗膜やさびを除去した上で，高力ボルトで一体化するとともに確実に止水して防食を復旧する等の対応をする方法があるので参考にするのがよい。

　また，現場溶接や鋼床版上のグースアスファルト舗装の施工時の高熱によって，既存の塗膜が損傷を受ける場合があるので，このような作業を行う場合には，防食の耐熱性を考慮し鋼板の裏側も含めて防食の補修が必要となることに留意する必要がある。

6.4　防食性能の向上

　一般塗装から重防食塗装に変更するなど防食法の仕様を変更することにより，構造物の防食性能や耐久性を向上することやライフサイクルコストを小さくすることができる。ただし，防食法の仕様の変更により，腐食環境の改善，点検の省力を図れるものではないため，効果や影響についてあらかじめ十分に検討を行い仕様や施工方法を決定する必要がある。

【参考文献】

1) 玉越隆史,大久保雅憲,市川明広,武田達也:橋梁の架替に関する調査結果（Ⅳ）,国土技術政策総合研究所資料第444号, 2008.4
2) 建設省土木研究所, 鋼管杭協会：海洋鋼構造物の防食指針・同解説（案）, 1990.
3) (財) 日本港湾協会, 運輸省港湾局監修：港湾の施設の技術上の基準・同解説（上・下）, 2007.9
4) (社) 日本道路協会：道路橋示方書・同解説・Ⅱ鋼橋編, 2012.3
5) (社) 日本道路協会：鋼道路橋の疲労設計指針, 2002.3
6) ダム・堰施設技術協会：ダム・堰施設技術基準（案）（基準解説編・マニュアル編）, 2011.7
7) 建設省土木研究所,（社）鋼材倶楽部,（社）日本橋梁建設協会：耐候性鋼材の橋梁への適用に関する共同研究報告書（XV）－耐候性鋼材の暴露試験のまとめ－全国暴露試験の第5回腐食量測定結果（9年目）, 1992.3
8) 建設省土木研究所：飛来塩分量全国調査（Ⅲ）－調査結果およびデータ集－, 土木研究所資料, 1988.
9) （一社）日本橋梁・鋼構造物塗装技術協会：鋼橋塗装 Vol9 No.4, 鋼道路橋塗装実態調査報告, 1981.12
10) 平井陽一, 杉崎守, 長島信夫, 吉田利樹:鋼構造物接合部ボルトの防せい（錆）キャップによる防食, 橋梁と基礎, p.31, 2001.12
11) 香川祐次, 中村俊一, 本間宏二, 等俊一, 田所裕：鋼製橋脚飛沫干満部防食用チタンクラッド鋼板の防食性能について, 土木学会論文集 No.435/ Ⅵ-15, pp.79-87, 1991.9
12) 香川祐次, 中村俊一, 長谷秦治, 山本章夫：鋼製橋脚飛沫干満部防食用チタンクラッド鋼板の基本特性と溶接加工法について, 土木学会論文集 No.435/ Ⅵ-15, pp.69-77, 1991.9
13) 松井繁憲, 寺西功, 三田哲也, 藤野陽三：鋼箱桁内部防錆実験の報告, 鋼構造論文集 Vol.2, No.7, pp.63-71, 1995.9
14) 佐伯彰一, 河藤千尋：送気によるケーブルの防食, 土木学会誌 Vol.83, pp.11-13, 1998.1
15) 建設省土木研究所地質化学部化学研究室,（財）土木研究センター, 海域に

おける土木鋼構造物の電気防食に関する共同研究報告書 ―海域における土木鋼構造物の電気防食指針（案）・同解説―，共同研究報告書第 58 号/pp.1-59，1991.3

16) 日本道路公団九州支社：鋼橋桁の高圧水による飛来塩分除去対策，EXTEC，1999.9

17) 嵯峨正信，倉本修，三浦正純，内海靖，原修一：凍結防止剤が散布される耐候性鋼橋梁の水洗試験結果（その1），材料と環境，pp.193-196，2002.5

18) 嵯峨正信，倉本修，三浦正純，内海靖，原修一：凍結防止剤が散布される耐候性鋼橋梁の水洗試験結果（その2），材料と環境討論会，pp.77-80，2002.9

19) (社)日本道路協会：道路橋床版防水便覧，2007.3

20) 国土交通省道路局：橋梁定期点検要領（案），2014.（予定）

21) 王越隆史，大久保雅憲，星野誠，横井芳輝，強瀬義輝：国土技術政策総合研究所資料，第 748 号，道路橋の定期点検に関する参考資料（2013 年版）―橋梁損傷事例写真集―，2013.7

付属資料

付 I− 1. その他特殊な防食法の例 ……………………………… I−73
  (1) 箱桁内等の除湿による防食 ………………………………… I−73
  (2) 送気によるケーブルの防食 ………………………………… I−74
  (3) 電気防食 …………………………………………………… I−75
  (4) クラッド鋼による防食 ……………………………………… I−76
  (5) 防せいキャップ ……………………………………………… I−77

付Ⅰ-1. その他特殊な防食法の例

(1) 箱桁内等の除湿による防食

鋼材は大気中の相対湿度が60％程度になると鋼面に結露し，さびの発生が見られるようになる[1]。箱桁内の除湿による防食は，相対湿度を60％程度以下となるよう制御することによってさびの発生を抑制する防食法である。

箱桁内は閉塞した環境であり，鋼橋では温度変化も大きくなりやすいため，一旦水分の浸入を許すと滞水や結露を生じやすく，湿気がこもりやすい等腐食しやすい環境になると考えられる。しかし，逆に箱桁内部を密閉構造に近づけることによって水分や塩分等の浸入を防ぐことができると，仮にさびが生じても湿度が一定以上には大きくならず，その場合には進行速度はあまり早くならないと考えられる。このような考え方から箱桁内部をなるべく密閉に近い環境に保つ一方で，箱桁内部に除湿器を設置し積極的に除湿することで，鋼材の腐食を防止する方法が採用された例がある[2]。また，除湿機による除湿は，吊橋の主塔や補剛桁内に設置された例もある[3]。付図-Ⅰ.1.1に除湿機設置概念図を示す。

これらの例では，箱桁内の湿度のコントロールは除湿機によって行っており，箱桁内部を密閉構造に近づけるために，ボルト継手部はシール等を施し水分や塩分の浸入を防ぐ必要がある。また，輸送，架設時に雨水や塩分，じんあいなど腐食を促進させる物質が箱桁内に浸入することのないよう対策が必要である。

この防食法の適用にあたっては，除湿機の稼働や維持管理，機器類の更新に要する費用についてもその経済性の評価や維持管理計画の策定において考慮する必要がある。

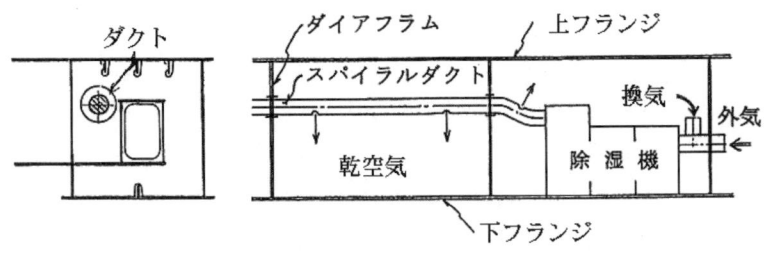

付図-Ⅰ.1.1 除湿機設置概念図

(2) 送気によるケーブルの防食

　一般に吊橋の主ケーブルの防食では，以下のような多重の防食が行われてきた。まず，素線に溶融亜鉛めっきを施したものを用い，この素線を束ねてケーブルを形成したのち表面に防せい材料（例えばりん酸ペースト）を塗る。次に，その上からケーブルの被覆として亜鉛めっき鋼線（ラッピングワイヤ）を密に巻き付け，更にその表面を塗装するものである。しかし，既設の吊橋のケーブルを調査した結果として，現場施工期間中にケーブル内部に取り込まれる水分がケーブル内部に残存し，その影響で素線が腐食していた事例が報告されている。一方，現場で素線を束ねてケーブルを形成する吊り橋の主ケーブルにおいては，施工中にケーブル内部に水分が入らないように遮水したり，防食層施工完了までにケーブル内部の水分を完全に排出することは困難である。このようなことから，ケーブル完成後にケーブル内部の空隙に乾燥空気を送って除湿する方法が用いられた例がある[4]。実績例では，ケーブル内部の相対湿度を40％程度以下となるよう制御するとともに，送気用に取り込まれる外気から塩分やじんあいなどの異物が流入しないようフィルターを設けている。乾燥空気送気システムを**付図－I.2.1**に示す。

　このとき，ケーブルの被覆にケーブルの気密性と遮水性を向上させるため，丸形やS字形のラッピングワイヤによる被覆以外にゴム材による被覆を併用することや，保水した場合に腐食環境の悪化を防ぐため，乾燥空気の透過を妨げる要因にもなるペースト材を省略すること等各種対策仕様が提案されている。

　この防食法の適用にあたっては，除湿機の稼働や維持管理，機器類の更新に要する費用についてもその経済性の評価や維持管理計画の策定において考慮する必要がある。

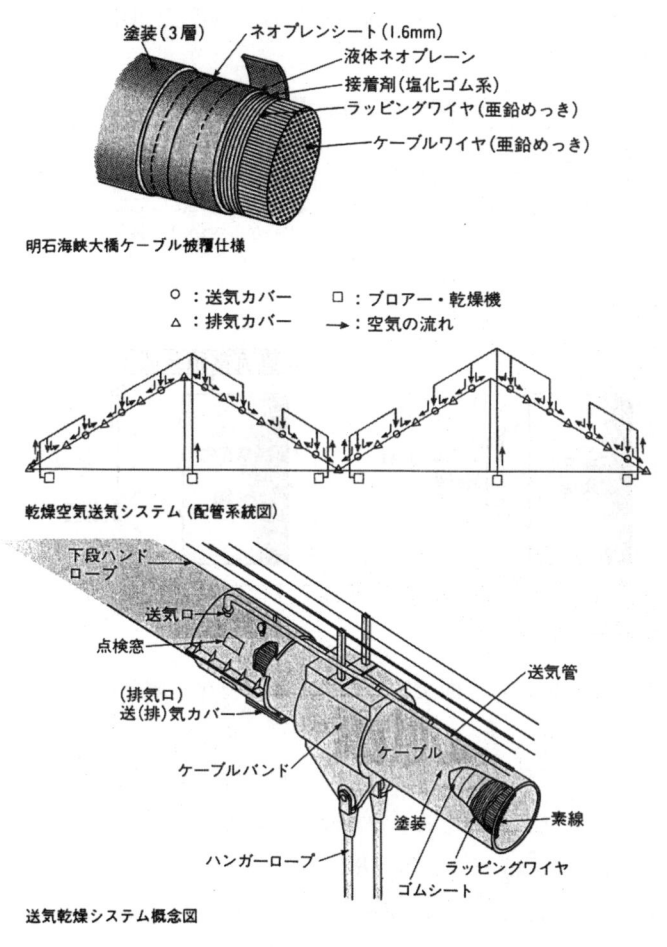

付図−Ⅰ.2.1　乾燥空気送気システム

(3) 電気防食

　海中部の鋼ケーソン，鋼管杭や鋼管矢板の鋼構造物では，局部的に深く腐食が進行することがあり，均一な腐食を前提とした腐食代のみでは対応が難しい場合もある。このため，鋼材を保護する目的で電気防食が採用されることがある。

　電気防食は，海水や海底土を通して直流電流を鋼構造物に流入させ，海中や海底土中部の鋼材表面を腐食電流より大きい負の電位に維持する防食法である[5]。電

気防食には,流電陽極方式と外部電源方式があり,塗装と併用する場合もある[6]（**付表－Ⅰ.3.1**）。

付表－Ⅰ.3.1　電気防食の方式

流電陽極方式	外部電源方式
電位が卑な異種金属を鋼構造物に接続し,卑な金属へ常に流れる電流を発生させる。卑な金属（陽極）から,海水等を通して鋼構造物（陰極）に防食電流が流れる。陽極の金属は,消耗した場合は交換する。	海中の離れた箇所に電極を設置し,直流電源装置によって常に電流を流す。陽極から,海水等を通して鋼構造物(陰極)に防食電流が流れる。

(4) クラッド鋼による防食

　クラッド鋼は,鋼材の片面又は両面に合わせ材を金属組織的に接合した複合材料である。

　クラッド鋼による防食は,海水に対する耐食性を有する金属によって鋼材を被覆し環境遮断する防食法である。クラッド鋼に使用される耐食性を有する合わせ材には,ステンレス鋼,チタン等が挙げられる。

　海上に施工される鋼製橋脚等の防食では,水中部は電気防食,海上大気部は塗装などの被覆系の防食とする場合が多いが,その両者の接点にあたる飛沫・干満部については,腐食環境が過酷であるのに加えて補修などの維持管理も困難であることから,特に長期耐久性を有する防食法が必要な箇所である。このような条件において耐食性に優れたチタンクラッド鋼の採用が試みられた事例がある[7)8)]（**付図－Ⅰ.4.1**）。

　ただし,鋼とチタンのように異なる金属が海水中に共存する場合には,異種金属接触腐食が発生し鋼部分の腐食が加速されるため,海水中では電気防食と併用する必要がある。

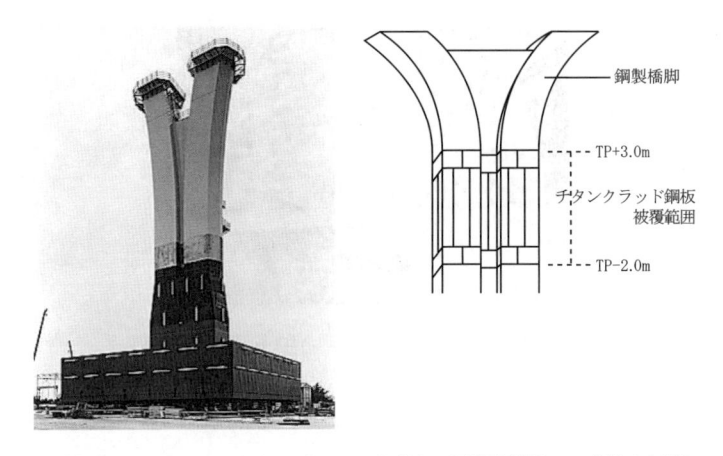

付図−Ⅰ.4.1 チタンクラッド鋼の鋼製橋脚への採用事例

(5) 防せいキャップ

　ボルトの頭やナット部，ねじの余長部は十分な下地処理が難しく，またねじ山等の角部が多いため塗膜厚の確保も難しいことから，さびが発生しやすい部位である。したがって，このような場所では防食の施工品質の確保に特に注意が必要である。このような場所における被覆による防食の特殊な例として，ボルト頭やナット部に耐食性に優れる樹脂製のキャップを取り付け環境遮断し，キャップ内に専用防せい油を入れることで防せい性を高めた防食法が開発されており，環境の厳しい沿岸部の橋などで適用された事例が多くある [9]（**付写−Ⅰ.5.1**）。

　ただし，防せいキャップを基礎のアンカーボルトに使用した標識柱において，ベースプレート下面側から水が浸入し，アンカーキャップ内部でボルトが腐食して破断した事例もある。防せいキャップを取り付けるとキャップ内部の状態が点検できないため，隙間に水が浸入する可能性がある場合は，水が浸入しないよう構造面で配慮するとともに，良好な施工品質が確保されるよう注意が必要である。また，点検時において，防せいキャップの劣化状態や水の浸入による腐食の有無について確認する必要がある。

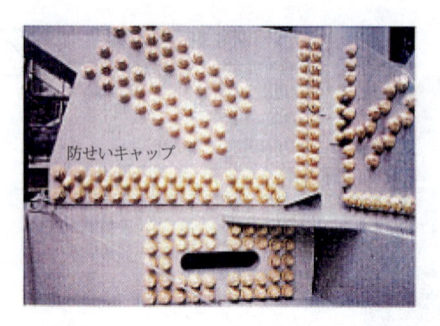

付写－Ⅰ.5.1　防せいキャップ

【参考文献】

1) 松井繁憲，寺西功，三田哲也，藤野陽三：鋼箱桁内部防錆実験の報告，鋼構造論文集 Vol.2, No.7, pp.63-71, 1995.9

2) 金子正猪，溝上義昭，内藤真：乾燥空気による箱桁内除湿－新尾道大橋－，橋梁と基礎, pp.31-34, 1999.5

3) 森下尊久，林健二，栢英彦，的場武文：乾燥空気を送り込む方法による吊橋部材の内面防食－豊島大橋のケーブル補剛桁主塔における実施例－，橋梁と基礎, pp.13-18, 2008.12

4) 佐伯彰一，河藤千尋：送気によるケーブルの防食，土木学会誌 Vol. 83, pp. 11-13, 1998.1

5) 建設省土木研究所地質化学部化学研究室，(財)土木研究センター：海域における土木鋼構造物の電気防食に関する共同研究報告書 －海域における土木鋼構造物の電気防食指針（案）・同解説－, 共同研究報告書第58号, pp.1-59, 1991.3

6) 田向和則，川上明彦，横井芳輝：来島海峡大橋鋼製ケーソン電気防食の現況調査，本四技報 Vol.36, No117, pp.12-17, 2011.9

7) 香川祐次，中村俊一，本間宏二，等俊一，田所裕：鋼製橋脚飛沫干満部防食用チタンクラッド鋼板の防食性能について，土木学会論文集 No.435/Ⅵ-15, pp.79-87, 1991.9

8) 香川祐次，中村俊一，長谷秦治，山本章夫：鋼製橋脚飛沫干満部防食用チタンクラッド鋼板の基本特性と溶接加工法について，土木学会論文集 No.435/Ⅵ-15, pp.69-77, 1991.9

9) 平井陽一,杉崎守,長島信夫,吉田利樹：鋼構造物接合部ボルトの防せい(錆)キャップによる防食，橋梁と基礎, pp.31-35, 2001.12

第Ⅱ編　塗装編

第Ⅱ編　塗装編

目　次

第1章　総論 …………………………………………………………… Ⅱ-1

1.1　一般 ………………………………………………………… Ⅱ-1
1.2　適用の範囲 ………………………………………………… Ⅱ-7
1.3　用語 ………………………………………………………… Ⅱ-7

第2章　防食設計 ……………………………………………………… Ⅱ-18

2.1　防食設計の考え方 ………………………………………… Ⅱ-18
　2.1.1　塗装による防食 ……………………………………… Ⅱ-18
　2.1.2　塗料の機能 …………………………………………… Ⅱ-18
　2.1.3　塗膜劣化 ……………………………………………… Ⅱ-19
2.2　防食設計 …………………………………………………… Ⅱ-22
　2.2.1　一般 …………………………………………………… Ⅱ-22
　2.2.2　塗料 …………………………………………………… Ⅱ-23
　2.2.3　塗料の組合せ ………………………………………… Ⅱ-30
　2.2.4　新設塗装仕様 ………………………………………… Ⅱ-31
　2.2.5　溶融亜鉛めっき面への塗装 ………………………… Ⅱ-36
　2.2.6　金属溶射面への塗装 ………………………………… Ⅱ-39
　2.2.7　コンクリート面への塗装 …………………………… Ⅱ-40
　2.2.8　色彩設計上の留意点 ………………………………… Ⅱ-43

第3章　構造設計上の留意点 ………………………………………… Ⅱ-47

3.1	一般	Ⅱ-47
3.2	構造細部の留意点	Ⅱ-47
3.2.1	腐食対策	Ⅱ-47
3.2.2	作業空間の確保	Ⅱ-50
3.2.3	部材の角部の処置	Ⅱ-50
3.2.4	漏水や滞水の防止	Ⅱ-51
3.2.5	附属施設の設置	Ⅱ-51

第4章 製作・施工上の留意点 …… Ⅱ-52

4.1	一般	Ⅱ-52
4.2	罫書き	Ⅱ-54
4.3	溶断・溶接	Ⅱ-54
4.4	工場塗装	Ⅱ-55
4.5	摩擦接合部の処理	Ⅱ-56
4.6	輸送・架設	Ⅱ-57
4.6.1	保管・輸送	Ⅱ-57
4.6.2	架設時の養生	Ⅱ-59
4.6.3	連結部の塗装仕様	Ⅱ-60
4.6.4	架設後の補修塗装	Ⅱ-67

第5章 新設塗装 …… Ⅱ-69

5.1	一般	Ⅱ-69
5.2	新設塗装の施工	Ⅱ-69

5.2.1	塗装工程	Ⅱ-69
5.2.2	素地調整	Ⅱ-70
5.2.3	塗付作業	Ⅱ-72
5.3	施工管理	Ⅱ-78
5.3.1	施工計画書	Ⅱ-78
5.3.2	施工記録	Ⅱ-79
5.3.3	素地調整の管理	Ⅱ-80
5.3.4	塗料の管理	Ⅱ-80
5.3.5	塗膜外観	Ⅱ-85
5.3.6	塗膜厚	Ⅱ-87
5.3.7	工程管理	Ⅱ-91
5.3.8	安全管理	Ⅱ-92
5.3.9	塗装記録表	Ⅱ-93

第6章　維持管理　　Ⅱ-95

6.1	一般	Ⅱ-95
6.2	塗膜劣化	Ⅱ-95
6.2.1	主に一般塗装系に発生する塗膜変状	Ⅱ-97
6.2.2	主に重防食塗装系に発生する塗膜変状	Ⅱ-98
6.3	塗膜点検	Ⅱ-100
6.3.1	点検の種類	Ⅱ-101
6.3.2	点検時期	Ⅱ-102
6.3.3	点検方法	Ⅱ-102
6.3.4	評価方法	Ⅱ-104

6.3.5　点検記録 …………………………………………………… Ⅱ-109
6.3.6　漏水，滞水の処置 ………………………………………… Ⅱ-110

第7章　塗替え塗装 …………………………………………………… Ⅱ-111

7.1　塗替え時期 ……………………………………………………… Ⅱ-111
7.2　塗替え方式 ……………………………………………………… Ⅱ-112
　7.2.1　全面塗替え …………………………………………………… Ⅱ-112
　7.2.2　部分塗替え …………………………………………………… Ⅱ-112
　7.2.3　局部補修 ……………………………………………………… Ⅱ-113
7.3　塗替え塗装仕様 ………………………………………………… Ⅱ-114
　7.3.1　一般 …………………………………………………………… Ⅱ-114
　7.3.2　塗替え塗装仕様 ……………………………………………… Ⅱ-116
7.4　塗替え塗装の施工 ……………………………………………… Ⅱ-121
　7.4.1　一般 …………………………………………………………… Ⅱ-121
　7.4.2　施工計画書 …………………………………………………… Ⅱ-121
　7.4.3　塗替え塗装用作業足場 ……………………………………… Ⅱ-124
　7.4.4　素地調整 ……………………………………………………… Ⅱ-137
　7.4.5　塗替え塗装作業 ……………………………………………… Ⅱ-147
　7.4.6　施工管理 ……………………………………………………… Ⅱ-148

付属資料 ………………………………………………………………… Ⅱ-153

付Ⅱ-1．付着塩分量測定方法 …………………………………… Ⅱ-154
付Ⅱ-2．鋼道路橋塗装用塗料標準 ……………………………… Ⅱ-163

付Ⅱ− 3.	鋼道路橋塗装用塗料の試験方法	Ⅱ-179
付Ⅱ− 4.	コンクリート塗装用塗料標準	Ⅱ-195
付Ⅱ− 5.	塗装に関する新技術	Ⅱ-207
付Ⅱ− 6.	塗膜欠陥写真	Ⅱ-217
付Ⅱ− 7.	一般塗装系の塗膜劣化程度の標準写真	Ⅱ-225
付Ⅱ− 8.	制限色の例	Ⅱ-236

第1章 総論

1.1 一般

　塗装は，鋼材表面に形成された塗膜が酸素や水，塩化物イオン等の腐食を促進する物質を遮断（環境遮断）することで鋼材を保護する，長い歴史と実績を有する防食方法である。また，適切な塗替えを行うことによって，防食機能及び美観を維持若しくは向上させることができる。

　塗装では，これらの目的を達成するため数種類の塗料を組み合わせた塗装系を設定するが，この編では鋼道路橋に対してライフサイクルコスト（LCC）低減の観点から防食下地には耐食性に優れたジンクリッチペイントを，下塗りには遮断性に優れたエポキシ樹脂塗料を，上塗りには耐候性に優れたふっ素樹脂塗料を用いた重防食塗装系を適用することを基本とする。ただし，飛来塩分が少ない環境にある橋で既に鉛系さび止めペイント，長油性フタル酸樹脂塗料が塗装されていて十分な防食性能を有している場合，及び20年以内に架け替えが予定されている場合などには，一般塗装系のA-5，Ra-Ⅲ塗装系を適用することも可能である。

　過去には，一部の塗料が有害重金属（鉛，クロムなど）を防せい顔料として含有していた。しかし，環境への配慮から2001年（平成13年）4月には「国等による環境物品等の調達の推進等に関する法律」（グリーン購入法）が施行され，特定調達品目に有害重金属を含有しない重防食下塗塗料を掲載している。また，2003年（平成15年）11月には，鉛・クロムフリーさび止めペイントがJIS化された。これらの背景を踏まえ，鋼道路橋塗装便覧（平成2年6月（社）日本道路協会）（以下，「塗装便覧」という。）においては，鉛，クロムを防せい顔料として含む下塗り塗料を使用する塗装系を，鉛・クロムフリーさび止めペイントを用いた塗装系に変更した。塩化ゴム系塗料を用いた塗装系は，原料の塩化ゴムや塩素化ポリオレフィンなどの塩素化樹脂等の製造時に国際的に規制されている四塩化炭素を使用する場合があることや，塗装系として防食性能が十分でないこと及び，塗替え塗装に問題があることなどからこの便覧では扱わないこととした。また，タールエポキシ樹脂塗料は発がん性のあるコールタールを含むことから作業者の

安全衛生の観点から扱わないこととした。

なお，この便覧に示す以外にも，例えば環境負荷を低減することを目的とした塗料や，ライフサイクルコストを低減することを目的とした塗料など，新しい塗料が開発されているが，これら新しい塗料も，その性能や効果が確認され環境負荷がなく，作業上安全であるものは使用可能である。

(1) 塗料・塗装の歴史
1) 塗料の歴史

塗料の歴史は古く，油性塗料の始まりは1390年代にベルギーの北部において，それまで工業用として使われていた乾性油に顔料と乾燥性を早くする媒剤とを混ぜた絵の具といわれている。

我が国において，油性塗料の塗装が行われたのは，1854年に開国通商を求めて来航したペリーが持参した油性塗料を幕府役人と会見した木造の談判所に塗装したのが最初といわれている。

我が国の塗料工業の誕生は，1874年（明治7年）頃東京開成学校（現東京大学）にドイツ人ワグネル博士が招かれ，その助手をしていた茂木春太が弟の重次郎を指導して顔料及び塗料の製造研究を始めたとされている。

また，1885年（明治18年）にはうるし工芸の大家，堀田瑞松がうるしを利用して出願した「堀田錆止塗料及ビ其塗法」が特許第一号として登録されている[1]。

戦後（1945年（昭和20年）以降），堅練りペイントが大幅に減って，ほとんどが調合ペイント（油性）に替わり1955年（昭和30年）頃まで使用された。1955年（昭和30年）には，鋼構造物用塗料にも新しい技術が加わるようになり鉛系さび止め塗料が主流になった。

その後，高度経済成長にともなって石油化学製品から多くの合成樹脂が生まれ，大型構造物や厳しい環境におかれる被塗物に対しては，ジンクリッチプライマー，エポキシ樹脂プライマー，塩化ゴム系プライマーなどが開発された。

上塗り塗料も多くの合成樹脂が開発され，それまでの油性調合ペイントに代わって，長油性フタル酸樹脂塗料系，塩化ゴム樹脂系，アクリル樹脂系，ポリウレタン樹脂系，ふっ素樹脂系と耐候性に優れたものが次第に使用されるようになった。

2) 鋼橋の塗料・塗装の歴史

　塗料が持つ防食上最も重要な機能はその環境遮断性である。塗料は塗装されて塗膜を形成することによって，鋼材の腐食因子である水，酸素，腐食を促進する塩化物イオンなどを遮断する。これによって鋼材は構造劣化に至る腐食をすることなく，適切な時期に塗替えを実施することで長期間にわたって橋の機能を維持することが可能となる。例えば，山陰本線の余部橋梁は1910年（明治43年）に架設されたが適切な保守によって2010年（平成22年）まで約100年間供用された。海外では，米国のブルックリンブリッジや英国のフォースブリッジなどが120年を越えて供用されている。

　我が国で初めて鋼橋が建造されたのは，1868年（明治元年）長崎・くろがね橋である。使用された塗装系は不明であるが当時国内で塗料の生産は行われていなかったことから輸入品を用いたと思われる。国内初の塗料メーカーが誕生したのは，1881年（明治14年）で，当時の塗料は現地でボイル油と鉛丹を混合した油性さび止め塗料であった。

　1900年（明治33年）頃になると鋼橋の数も次第に増え始めた。この頃塗料は，下塗りに現場調合形の鉛丹さび止め，上塗りにベンガラと鉛系さび止め顔料を調合した油性調合塗料が用いられていた。しかし，下地処理は黒皮面を手工具で処理するだけであったため固着さびや黒皮は残されたままであった。その結果，短期間にさびが発生し短い周期での塗替えを必要とした。

　合成樹脂塗料の開発が進んだのは1955年頃（昭和30年代）である。中塗り，上塗り用として長油性フタル酸樹脂塗料が開発され，下塗りの油性さび止め塗料と併せて使用されるようになった。1961年（昭和36年）には，鋼道路橋や新幹線の鉄道橋において鋼材のブラスト処理が標準化された。ブラスト処理された鋼材はさびやすいので，それに伴いブラストされた鋼材面の一次防せいを目的としたエッチングプライマーが利用されるようになり，これと併用して下塗りに鉛系又は油性さび止め塗料，上塗りに長油性フタル酸樹脂塗料を適用した塗装系が採用された。エッチングプライマーは，それ自体は長期防せい性はないが，加工までの間，素地調整した鋼面の状態を維持し，鋼材への付着性，防食性の向上を目的にブラスト直後の鋼板防せいに使用され，現在も飛来塩分が少ない環境に適用

する塗装系に使用されている。

1965年（昭和40年）にはジンクリッチプライマーが鋼道路橋に採用されるようになった。ジンクリッチプライマーは塗料中の亜鉛末で鋼材を電気化学的に防食する機能があり，塗膜の防食性を向上させた。当初，ジンクリッチプライマーは油性さび止め塗料と組み合わせて使用されていたが，両塗膜間で層間剥離が相次いで生じたため，この組合せでは使用されなくなった。一方，1970年（昭和45年）頃には塩化ゴム系塗料が開発され，ジンクリッチプライマーと塩化ゴム系塗料との組合せが用いられるようになった。しかし，ジンクリッチプライマーと塩化ゴム系塗料との組合せは鉛系さび止めペイントと長油性フタル酸樹脂塗料との組み合わせよりは耐久性に優れているものの，ジンクリッチプライマーを防食性能に優れた厚膜形ジンクリッチペイントに変更しても期待するほどの性能は得られなかったことから，この仕様は1990年（平成2年）の塗装便覧で削除した。

1970年（昭和45年）頃には，MIO（雲母状酸化鉄）塗料も開発された。それまで油性さび止め塗料とフタル酸樹脂塗料との組合せなどでは，両塗膜間での層間剥離を避けるために，工場での下塗り塗装から現場での中塗り塗装までの間隔は6ヶ月までに制限されていたが，MIO塗料の採用によって12か月まで長期化できるようになった。

1973年（昭和48年）には本州四国連絡橋を架橋するにあたり，現在の重防食塗装系の始まりともいえる下塗りに厚膜形ジンクリッチペイント，中塗りにエポキシ樹脂塗料，上塗りにポリウレタン樹脂塗料を用いた塗装系が適用された[2)3)]。重防食塗装系は「ジンクリッチペイントの防食下地，腐食因子の遮断性に優れた下塗り塗料，耐候性に優れた上塗り塗料の塗り重ねによって構成され，海岸又は海上のような厳しい腐食環境において，新設塗装に期待される耐久性（防食性能と耐候性能）が30年以上となる塗装系」とされている[4)]。

その後も，プライマー，下塗り，中塗り，上塗りとそれぞれの機能を強化した塗料の開発が進んでいる。例えば，従来のジンクリッチプライマーより溶接性，溶断性に優れるジンクプライマーや，中塗り塗装作業の低減を目的とした厚塗りが可能なエポキシ樹脂塗料，耐候性に優れた上塗り塗料であるふっ素樹脂塗料などがある[5)6)7)8)9)]。

塗替え塗装については1960年（昭和35年）以降，一般塗装系が適用されるようになり，1980年（昭和55年）以降，重防食塗装系も適用されるようになった。

　我が国では1878年（明治11年）に初の国産鉄橋として工部省赤羽製作所で弾正橋が製作され，東京市京橋区に架けられた。弾正橋は鋳鉄と錬鉄とで作られていたが，1929年（昭和4年）には廃橋となった。現在は，**写真－Ⅱ.1.1**のように東京都江東区の富岡八幡宮境内に移設され保存されている。塗装系は不明であるが，架設以後何度も塗替え塗装が行われてきた。1977年（昭和52年）には国の重要文化財に指定された。

写真－Ⅱ.1.1　弾正橋（現八幡橋）初の国産鉄橋

写真－Ⅱ.1.2　明石海峡大橋（世界最長の吊橋）

写真-Ⅱ.1.2の明石海峡大橋は本州と淡路島を結ぶ，橋長3,911m，中央支間長1,991m，主塔高さ海面上約297mで世界最長の吊橋である。この橋には，塗装便覧の重防食塗装仕様のC-4塗装系が適用され，1998年（平成10年）に供用開始された。

(2) 塗装の機能

　塗装には一般に以下の機能がある。

ⅰ）鋼材の腐食因子である酸素や水，腐食を促進する塩化物イオンなどの物質や腐食電流を遮断する（環境遮断）機能

ⅱ）ジンクリッチペイントの亜鉛がもつ電気化学的な防食作用によって鋼材の腐食反応を抑制する（防食）機能

ⅲ）外気や紫外線などの環境の影響から塗装や鋼材を保護する機能

ⅳ）色彩や表面性状の任意性に優れる特徴による美観・景観性を創造する機能

(3) 鋼道路橋に用いる塗装系の基本的な考え方

　塗装系には，様々な種類のものがあるが鋼道路橋に用いる塗装系の基本的な考え方を以下に示す。

ⅰ）鋼材の板厚減少にいたる腐食を防止するため，ジンクリッチペイントなどの防食下地を用いた耐食性に優れた重防食塗装系を基本とする。

ⅱ）ほかの防食方法に比べて自由度が高い景観・美観を創造する機能を有効に発揮し，保つため，上塗り塗料には耐候性に優れたふっ素樹脂塗料を用いる。また，都市内などでは汚れにくい上塗り塗料（防汚材料）を用いる。

ⅲ）環境との調和に配慮し，環境汚染対策や「国等による環境物品等の調達の推進等に関する法律」（グリーン購入法）などの関連法規に基づき，防せい顔料や着色顔料及びドライヤーに鉛やクロムなど有害な重金属を含む塗料は使用しないことが望ましい。このようなことから色相は一部制限される。

ⅳ）塗装作業者の健康を考慮し，発がん性のある物質を含有するタールエポキシ樹脂塗料は使用しない。

ⅴ）地球温暖化や光化学スモッグの原因のひとつとされるVOC（Volatile Organic Compound：揮発性有機化合物）を削減するため，塗替え塗装には光化学スモッグの発生が少ないとされる弱溶剤形塗料を用いることがよい。また，VOC量を

大幅に削減した低溶剤形塗料や水性塗料を用いた環境にやさしい塗装系の適用を検討することがよい。

ⅵ）塗装コストの削減のため，一度に厚膜に塗装できる塗料を適用して塗り重ね回数を減らした塗装系などの適用を検討することがよい。

ⅶ）塗膜の経年変化を把握するため定期的に塗膜点検を行い，鋼橋塗装データベースを作成して塗膜の残存寿命を予測するなどによって，合理的・効率的に塗膜を維持管理することがよい。

1.2　適用の範囲

この編は，鋼道路橋の防食を塗装で行う場合に適用する。

1.3　用語

塗料・塗装に関連する重要な用語の定義を以下に示す。この編の用語は，日本工業規格 JIS K 5500:2000 塗料用語から引用しているが，JIS 及び対応国際規格（ISO/DIS 4618-1，4618-2，4618-3）には規定されていない用語及びその定義については追加した。なお，＊を付した用語は日本工業規格 JIS K 5500:2000 塗料用語から引用した用語である。

用語	定義
泡（塗膜の）＊ bubbling, bubble	塗った膜の中の一時的又は永続的な泡。塗料を塗ったときにできた空気若しくは溶剤蒸気又はその両者の泡が消えないで残ったものが多い。
隠ぺい率（塗膜の）＊ contrast ratio	塗膜が下地の色の差を覆い隠す度合。黒と白とに塗り分けて作った下地の上に，同じ厚さに塗ったときの，塗膜の 45 度，0 度拡散反射率又は三刺激値 Y の比で表す。 JIS K 5600-4-1:1999 参照。
隠ぺい力（塗膜の）＊ hiding power	塗料が下地の色又は色差を覆い隠す能力。黒と白とに塗り分けて作った下地の上に，同じ厚さに塗ったときの塗膜について，色分けが見えにくくなる程度を，見本品の場合と比べて判断する。 JIS K 5600-4-1:1999 参照。

用語	定義
ウェット膜厚 wet film thickness	塗装直後の未乾燥塗膜厚。塗装時の塗膜厚管理に用いる。
上塗り適合性* overcoatability	ある塗料の塗膜の上に，決められた塗料を塗り重ねたときに，塗装上の支障が起こらず，正常な組合せ塗膜層が得られるための下地塗膜の性状。
重ね塗り適合性* recoatability	乾燥してできた塗膜の上に，同じ塗料を塗り重ねたときに，塗装上の支障が起こらず，正常な塗り重ね塗膜層が得られるための塗料の性状。
可使時間* pot life	幾つかの成分に分けて供給される塗料を混合した後，使用できる最長の時間。ポットライフとも呼ばれる。 JIS K 5600-2-6:1999 参照
加熱乾燥* stoving, baking	塗布した塗料の層をあらかじめ設定された最低温度で加熱して，樹脂の架橋（分子量を増大）を起こさせて硬化させる工程。加熱は暖めた空気の対流，赤外線の照射などによる。加熱して乾燥させた塗膜は一般に硬い。 通常は66℃(150°F)以上の温度で乾燥する場合をいう。
加熱減量* loss on heating, volatile content	塗料を一定の条件で加熱したときに，塗料成分が揮発又は蒸発して減った質量の元の質量に対する百分率。減量は，主として水分，溶剤などの揮発又は蒸発による。
加熱残分* nonvolatile content	塗料を一定の条件で加熱したときに，塗料成分の一部が揮発又は蒸発して後に残ったものの質量の，元の質量に対する百分率。残分は，主としてビヒクル中の不揮発分又はこれと顔料である。
かぶり* blushing	塗料の乾燥過程で起こる塗膜の白化現象（ミルク状の乳白色を呈する現象）。溶剤の蒸発で空気が冷やされ，その結果，凝縮した水分が塗膜の表層に浸入し，又は溶剤の蒸発中に混合溶剤間の溶解力の均衡が失われて，塗膜成分のどちらかが析出するために起こる。通常，ラッカーなど揮発乾燥形塗料に起こりやすい。
皮張り* skinning	貯蔵中に容器の中で，塗料が空気と接触する表面に皮を作る現象。 JIS K 5600-1-3:1999 参照。
乾燥* drying	塗付した塗料の薄層が，液体から固体に変化する過程の総称。塗料の乾燥機構には，溶剤の蒸発，揮発，塗膜形成要素の酸化，重合，縮合などがあり，乾燥の条件には，自然乾燥，強制乾燥，加熱乾燥などがある。また，乾燥の状態には，指触乾燥，半硬化乾燥，硬化乾燥などがある。

用語	定義
顔料* pigment	一般に水や溶剤に溶けない微粉末状で，光学的，保護的又は装飾的な性能によって用いられる物質。無彩又は有彩の，無機又は有機の化合物で，着色，補強，増量などの目的で塗料，印刷インク，プラスチックなどに用いる。屈折率の大きいものは隠ぺい力が大きい。
希釈安定性* dilution stability	塗料を大量のシンナーで薄めたときの分散系の安定性。樹脂の析出，色の変化，顔料の分離がないことなどが必要である。
希釈剤* diluent（solvent）	塗料の粘度を低下させる目的で使用する溶剤。それ自体溶解力のある溶剤ではないが，溶剤と併用して悪影響なく使用できる，単一又は混合された揮発性液体。
希釈性* reducibility	シンナーが所定の塗料を溶解する性質。希釈性を調べるには，試料と見本品について，等体積のクリヤーラッカーまたはワニスを薄めたもので塗膜を作り見本品の場合と比べて，塗膜に悪影響がなければ希釈性は劣らないとする。
揮発性有機化合物* volatile organic compound（VOC）	基本的には，接している通常の雰囲気温及び気圧で，自然に揮発する全ての有機の液体又は固体。
強制乾燥* force-drying, forced drying	自然乾燥よりも少し高い温度で塗料の乾燥を促進する工程。通常の焼付塗料に用いられるより低い温度，通常は66℃までの温度で乾燥する場合をいう。
鏡面光沢度* specular gloss, specular reflection	面の入射光に対して，等しい角度での反射光，すなわち鏡面反射光の基準面における同じ条件での反射光に対する百分率。面の光沢の程度を表す。光沢度が比較的大きい塗面では，法線に対して入射角60度，反射角60度で測る。これを60度鏡面光沢度という。鏡面光沢度の基準面として屈折率1.567のガラスの平面を用いる。 JIS K 5600-4-7:1999，JIS Z 8741:1997 参照。
研削材 blast-cleaning abrasives	ブラスト処理に用いる，鋼材表面を細かく切削及び打撃する効果を持つ固体の粒子。 JIS Z 0311:2004，JIS Z 0312:2004 参照。
硬化* curing	塗料を，熱又は化学的手段で縮合・重合させる工程。求める性能の塗膜が得られる。
硬化剤* hardener, curing agent	塗料の硬度の増進又は硬化反応を促進若しくは制御するために用いられる硬化剤，樹脂，その他の変性剤。
光沢* gloss	光の反射（能力）で特徴付けられる表面の（光学的）性質。 JIS Z 8105:2000 参照。

用語	定義
硬度* hardness	固体の物体による押し込み又は貫通に抵抗する乾燥塗膜の能力（性質）。 JIS K 5600-5-4:1999，JIS K 5600-5-5:1999 参照。
コンシステンシー* consistency	液体を変形させるときに，これに抵抗する特性。変形が応力に比例する場合には粘度という。定量的には，応力－ずり速度曲線を用いて粘度，粘度変化，降伏値などで表すことができる。
彩度* saturation, chroma	物体表面色の，同じ明るさの無彩色からの隔たりに関する，視知覚の属性を尺度としたもの。色のさえ。色の鮮やかさ。 JIS Z 8105:2000 参照。
さび* rust	通常は，鉄又は鋼の表面にできる水酸化物又は酸化物を主体とする化合物。広義では，金属が化学的又は電気化学的に変化して表面にできる酸化化合物。
さび止め顔料* inhibitive pigment rust-preventing pigment, rust-inhibiting pigment	金属にさびが発生するのを抑制する機能を持つ顔料。
色差* colo(u)r difference	色の知覚的な相違を定量的に表したもの。 JIS Z 8105:2000, JIS K 5600-4-6:1999 参照。
色相* hue	赤・黄・緑・青・紫のように特徴づける色の属性。 JIS Z 8105:2000 参照。
弱溶剤形塗料 mineral spirit paint, white spirit paint, mineral terpene-soluble paint	一般的に臭気や溶解力が比較的弱く，環境へ与える影響が小さい石油系炭化水素で構成される有機溶剤を弱溶剤と呼ぶ。 溶剤形塗料のうちエポキシ樹脂塗料，ふっ素樹脂塗料，ポリウレタン樹脂塗料などで，弱溶剤を主な溶剤成分及び希釈溶剤としている塗料を弱溶剤形塗料という。
樹脂* resin	固体，準固体又は疑似固体の有機物。通常分子量が大きく，熱すると一般に広い温度範囲で軟化又は溶融する。適切な溶剤に可溶性で，その溶液を塗付すると連続した被膜を作る。このような物質を総称して樹脂という。天然樹脂と合成樹脂の2種類がある。天然樹脂にはセラックのように動物の分泌物として得られるものや揮発性油を多量に含むバルサム，又は揮発性油の含量が少ないオレオレジンのようなものの形で樹木から分泌されるもの，及びこれらのものが地中に埋もれて半ば化石化したコーパルゴムのようなものなどがある。合成樹脂には，フェノール樹脂，ユリア樹脂，アルキド樹脂などの縮合樹脂と，ビニル樹脂，クマロン樹脂などの重合樹脂がある。

用語	定義
助溶剤* co-solvent	それ自体は塗膜形成要素を溶解する性質はないが，溶液に加えると溶剤単独のときより溶解力が大きくなる性質のある蒸発性の液体。ニトロセルロースラッカーではアルコール類が助溶剤として使われる。
しわ* wrinkling, crinkling, shriveling, reveling	乾燥中に塗膜に発生するしわ。通常は上乾きが著しいときに，表層の面積が大きくなってできる。しわには，平行線状，不規則線状，ちりめんじわ状などがある。"ちぢみ"とはいわない。
シンナー* thinner	主にコンシステンシー（粘度）を小さくする目的で，塗付作業の際に加える単一又は混合された所定の乾燥条件で蒸発する液体。薄め液ともいう。
水性塗料* water paint, water-based paint	水で希釈できる塗料の総称。水溶性又は水分散性の塗膜形成要素を用いてつくる。粉状水性塗料，合成樹脂エマルションペイント，水溶性焼付け塗料，酸硬化水溶性塗料などがある。
透け* lack of hiding	下地が透けて見える現象。一般に隠ぺい力が小さい塗料を用いたり，下塗と上塗との色差が大きいときに起こりやすい。
増粘* thickening	不適切にならない程度に塗料のコンシステンシーが上昇する現象。適切な作業のためには，塗料の粘度を上げる必要な場合がある。増粘の方法には，ポリマーの分子量，官能基及び溶剤の選択，増粘剤の添加などがある。
相溶性* compatibility (of products), compatibility (of materials)	2種類又はそれ以上の物質が，互いに親和性をもっていて，混合したときに溶液又は均一な混合物を形成する性質。塗料では，2種類又はそれ以上の塗料が沈殿・凝固・ゲル化のような不良の結果にならないで混合できる性質。
素地調整* surface preparation	塗装に備えて表面を処理する全ての方法。生地ごしらえ。
耐久性* durability	物体の保護，美粧など，塗料の使用目的を達成するための，塗膜の性質の持続性。
耐屈曲性* flexibility	乾燥塗膜が塗られている素地の変形に損傷を起こさずに順応する能力。屈曲試験では，試験片を，塗膜を外に，素地の板を内側にして丸棒に沿って180度折り曲げ，塗膜の割れの有無を調べる。素地の板が厚いほど，丸棒の直径が小さいほど，塗膜に与えられる伸び率と，塗膜に起こる上面から下面にかけての伸び率の不均等性は大きい。塗膜がもろくなくて，伸び率が大きいとたわみ性が優れていると判定される。 JIS K 5600-5-1:1999 参照。

用語	定義
耐候性* weather resistance	屋外で，日光，風雨，露霜，寒暖，乾湿などの自然の作用に抵抗して変化しにくい塗膜の性質。JIS K 5600-7-6:2002 参照。
体質顔料* extender filler, extender pigment	使用するビヒクルや溶剤に不溶の粉体で，塗料・塗膜の改質を目的として配合される屈折率が小さい顔料の総称。炭酸カルシウム，タルク，硫酸バリウムなど。
耐衝撃性* impact resistance, shock resistance, chip resistance	塗膜が物体の衝撃を受けても破壊されにくい性質。衝撃試験では，試験片の塗面におもりを落下して，割れ・はがれの有無を調べる。 JIS K 5600-6-1:1999 参照。
退色* fading	塗膜の色あせ。主として彩度が小さくなり，又は更に明度が大きくなる現象。
脱脂* degreasing	溶剤又は水性洗剤のいずれかを用いて，塗装前に油，グリース及び類似の物質を表面から除去する操作。
たるみ，たれ* sag, sagging	垂直又は傾斜した面に塗料を塗ったとき，乾燥までの間に，塗料の層が下方に移動して起こる局面的な膜厚の異状。半円状，つらら状，波状又はカーテンのひだ状などになる現象をいう。厚く塗り過ぎたとき，塗料の流動特性の不適，大気状態の不適などによって起こりやすい。
淡彩* tint	白に近い薄い色。白塗料に有彩塗料を混合して作った塗料の塗膜について，灰色・ピンク・クリーム色・薄緑色・水色のような薄い色で，JIS Z 8721:1993 による明度 V が 6 以上で彩度が大きくない色をいう。
揺変性* チキソトロピー Thixotropy	振り混ぜ，かき混ぜ又はそれに代わる機械的にかき混ぜたとき，コンシステンシー（粘度）が低下し，放置すると元の状態に戻る可逆的な性質。
着色顔料* color pigment	塗料の色づけなどに用いる顔料。
着色力* tinting strength	ある色の塗料又は顔料に混ぜて色を変えるための，塗料又は顔料の性質。主として顔料について言う。 JIS K 5101:2004 参照。
貯蔵安定性* storage stability can stability	貯蔵しても変質しにくい性質。塗料を一定の条件で貯蔵した後塗ってみて，塗る作業又はできた塗膜に支障がないかどうかを調べて判定する。
沈殿* settling	貯蔵中に，容器の底に，塗料から顔料，体質顔料などの固形成分が沈殿する現象。 沈殿した固形物は，簡単なかき混ぜでは再分散できない。

用語	定義
つぶ* bits	塗料又は塗面に肉眼で見えるつぶ状のもの。主に，固化した塗料の小片，異物又はビヒクルと顔料の凝結物などである。塗料中のつぶは，つぶゲージで調べる。 JIS K 5600-2-5:1999 参照
つや* gloss	物体の表面から受ける正反射光成分の多少によって起こる感覚の属性。一般に，正反射光成分が多いときに，つやが多いという。 塗膜では，光沢計を用いて，入射角・反射角を 45 度・45 度，60 度・60 度などとして鏡面光沢度を測定して，つやの大小の目安とする。
低温安定性* low temperature stability	冷却しても常温に戻せば，元の性質状態に戻る性質。 JIS K 5674:2008 参照。
低溶剤形塗料 high-solids	ハイソリッド塗料と同じ。
添加剤* additive	塗料に少量添加して，その性質の一つ若しくはそれ以上を改善又は変性する物質。
塗装* coating, application, painting, finishing	物体の表面に，塗料を用いて塗膜又は塗膜層を作る作業の総称。単に塗るだけの操作は"塗る"，"塗付け"などという。
塗装系* coating system, paint system	塗装される又は既に塗装されている塗料の塗膜層の総称。塗装の目的・効果を満足するように作った，地肌塗りから上塗りまでの塗り重ね塗膜の組合せを総称する用語。
塗装仕様 coating specification	塗料の種類と膜厚の組合せを示したものを塗装系と呼ぶのに対し，塗料の種類，膜厚，標準使用量，塗装間隔などを示したものを塗装仕様と呼ぶ。
塗装工程* coating process painting process	塗装系を作るための工程。塗装の目的，塗ろうとする物体の素地，形状，数，用いる塗料性質，塗装場所の条件によって，素地の処理，塗料の塗り方，乾燥の方法，塗膜形成後の処理法などを選択して，工程を設計する。
塗装間隔* interval between coating	塗膜を重ねる作業における，塗りの時間間隔。
ドライ膜厚，乾燥膜厚 dry film thickness	硬化・乾燥後の塗膜厚。

用語	定義
ドライヤー*，乾燥剤* drier	通常，酸化乾燥する塗料の乾燥過程を促進するために添加する有機金属化合物。主成分は鉛，マンガン，コバルトなどの金属石鹼。液状ドライヤー，のり状ドライヤーなどがある。
塗料* coating material, coating	素地に塗装したとき，保護的，装飾的又は特殊性能をもった塗膜を形成する液状，ペースト状又は粉末状の製品。流動状態で物体の表面に広げると薄い膜になり，時間の経過につれてその面に固着したまま固体の膜となり，連続してその面を覆うもの。 塗料を用いて物体の表面に広げる操作を「塗る」，固体の膜ができる過程を「乾燥」，固体の被膜を「塗膜」という。流動状態とは，液状，溶融状，空気懸濁体などの状態を含むものである。顔料を含む塗料の総称をペイントということがある。
にじみ* bleeding	塗膜の下から着色物質が拡散して汚れや変色を起こす現象。この欠陥を引き起こす物質の例は，瀝青系塗料，木材防腐剤，節からの油性樹脂，有機顔料及びステインなどである。
塗付け量* application rate	規定の作業条件において，単位面積に規定の厚さの乾燥膜厚を作るのに必要な塗料の量。一般に g/m^2，$m\ell/m^2$，試験では $g/100m^2$，$m\ell/100m^2$ で表す。
塗り面積* spreading rate	一定量の塗料によって必要な厚さの膜を作ることのできる表面積。通常，m^2/kg（面積／質量）又は m^2/l（面積／容量）で表す。 JIS K 5600-3-1:1999 参照。
ハイソリッド塗料* high-solids	適切な成分を選択することによって，揮発成分をできるだけ低く抑え，かつ，満足できる塗装作業性を維持している塗料の総称。低溶剤形塗料のこと。
ハイビルド塗料* high-build	1回の塗装で，通常よりも厚い塗膜が得られる塗料の総称。ハイビルドは，チキソトロピー，低揮発分又は低粘度成分の化学反応によって達成される。
はがれ* peeling, flaking, scaling	付着性が失われてある広さの膜が自然に素地から分離する現象。一般に，割れ，膨れが生じた後に，付着性が失われた結果，塗装系の1層又はそれ以上の塗膜が下層塗膜から，又は塗装系全体が素地からはがれる。はがれは，その形状，程度及び深さによって評価する。 JIS K 5600-8-5:1999 の規定及び図参照。

用語	定義
白亜化* chalking	塗膜の成分の一つ又はそれ以上が劣化して膜の表面に微粉が緩く付着したような外観になる現象。白亜化の程度を調べるには，指先，フェルト，ビロードなどで塗膜の表面を軽く擦って，粉末状のものが塗面から離れて指先などに付着する程度を見るか，湿らせて表面を粘着性にした写真印画紙を一定の荷重で塗面に圧着したときの，塗面から離れて粘着した粉状物質による印画紙の面の汚れの濃さを比較して見るか，又は指定の粘着テープを塗面において，指で強くこすり，付着した粉末状物質の量を標準写真と比較して調べる。白亜化の程度を白亜化度という。 JIS K 5600-8-6:1999 参照。
はけ目* brush marks brush mark	流展性の悪い塗料をはけで塗ったとき，はけの塗り方向にはけ筋が残る現象。
はじき* cissing crawling	塗膜の表面が不均一で，その部分とその程度が一様でない現象。下地面と塗料との間の表面張力の不均等などによって起こる。英文のcrawlingはcissingの極端な形である。
ビヒクル*，展色材 vehicle, medium	塗料の液相の構成成分の総称。塗料は塗膜の主成分となる塗膜形成主要素（樹脂），副成分となる塗膜形成助要素（可塑剤，乾燥剤，顔料分散剤などの各種添加剤），顔料及びこれらを溶解又は分散させるための溶剤とからなる。塗膜の構成成分のうち，塗膜形成主要素と助要素とが溶剤中に溶解した液状成分をビヒクル（展色材）と呼ぶ。
ピンホール* あな（孔）（塗膜の） pinholing pinholes	塗膜に針で刺したような小さなあな（孔）がある欠陥。
膨れ* blistering	塗膜に泡が生成する現象。水分・揮発成分・溶剤を含む面に塗料を塗ったとき又は塗膜形成後に，下層面にガス，蒸気，水分などが発生，浸入したときなどに起こる。発生した膨れは，その大きさと密度を調べる。 JIS K 5600-8-2:2008 参照。
腐食電流 corrosion current	アノード反応が生じる領域からカソード反応が生じる領域へ移動する電子によって生じる電流。鋼材の腐食においては，鋼材表面に付着した水分によって最外層の鉄原子が結合力を失い，鉄イオン（Fe^{2+}）となって水中に溶出する反応をアノード反応といい，アノード反応により放出された電子によって水中に溶存している酸素が鋼材表面で還元される反応をカソード反応という。

用語	定義
ブラスト処理* abrasive blast-cleaning	処理される表面に高運動量のブラスト研削材を衝突させる方法。金属製品に防せい，防食を目的として塗料などを被覆する場合に，素地調整のために行われる。研削材に大きな運動エネルギーを与えて金属表面に衝突させ，金属表面を細かく切削及び打撃することによってさび，ミルスケール（黒皮）などを除去して金属表面を清浄化又は粗面化させる方法。 JIS Z 0312:2004 参照。
分散度* fineness of grind	塗料中の最大粒子の大きさに関連する用語。規定の試験条件の下で，標準ゲージで製品中のはっきりした固形粒子が容易に認められる溝の深さを示す数値の読みで表す。 JIS K 5600-2-1:1999 参照。
粉体塗料* powder-coating material, coating powders, coating powder	溶融して，硬化した後に連続する膜を形成する，溶剤を含まない粉末状の塗料。通常，樹脂，顔料及びその他の添加剤からなり，適切な素地に粉状のまま塗装される。
変色* discolo(u)ration, discolo(u)ring	塗膜の色の色相・彩度・明度のどれか一つ又は一つ以上が変化する現象。主として彩度が小さくなるか，又は，更に明度が大きくなる現象を退色という。
ポットライフ* pot life	「可使時間」の項参照。
まだら*，むら mottle mottling mottled appearance	塗面が部分的に，つやがなかったり，ぼかしになったり，不規則な模様になっている状態。
ミルスケール* mill scale	鉄鋼の熱間圧延中に生じる酸化鉄の層。黒皮ともいう。
無溶剤形塗料 solventless paint	適切な成分を選択することによって作られる溶剤を含まない塗料の総称。広義には粉体塗料なども含むが，狭義には溶剤を含まない液状の塗料をさす。主には箱桁の内面などの密閉所で使用される。
明度* value, lightness	物体表面の反射率が，ほかに比べて多いか，少ないかを判定する視感覚の属性を尺度としたもの。色の明るさについていう。 JIS Z 8105:2000 参照。

用語	定義
有機顔料* organic (colo(u)r) pigment	有機物を発色成分とする顔料。
ゆず肌* orange peel	果実のオレンジの表面の肌に似ている感じの塗膜の外観。吹付け塗りのときに，塗料の流展性の不足によって起こる塗料又は塗装上の欠陥。蒸発の遅い溶剤を添加するか，薄め方を多くすれば，ゆず肌は少なくなる。
溶剤* solvent	樹脂を十分に溶解し，所定の乾燥条件で揮散する単一又は混合された液体。狭義では樹脂の溶媒をいい，ほかに助溶剤，希釈剤がある。本来は，蒸発速度の大小によって区分するが，沸点の高低によって，高沸点溶剤・中沸点溶剤・低沸点溶剤に分けることができる。
溶剤可溶物* solvent soluble matter	塗料の中の，溶剤に溶ける不揮発性の成分。塗膜形成要素（樹脂など），可塑剤などが含まれる。
溶剤不溶物* solvent insoluble matter	塗料中の，溶剤に溶けない成分。主に顔料。
汚れ polluting	塗膜表面が供用環境の浮遊物質（排気ガス，煤煙，ほこり，ちり等）によって汚れること。
リフティング* lifting, raising	次の塗料を塗ったことによって乾燥塗膜が軟化，膨潤して素地から浮き上がる現象。この欠陥は，下塗塗膜の塗膜形成要素に対する上層塗料の溶剤の作用によって塗装又は乾燥の間に発生する。
劣化 degradation, deterioration	化学的，物理的な変化によって品質や性能が不可逆的に低下する現象。
レベリング* leveling	塗料を塗った後，塗料が流動して，平らで滑らかな塗膜ができる性質。塗膜の表面に，はけ目・ゆず肌・うねりのような微視的な高低が多くないことを確認して，レベリングがよいと判断する。
割れ* cracking	劣化の結果，塗膜に現れる部分的な裂け目。ISOでは，割れの方向性の有無，発生密度，割れの幅と深さによって評価する。また，割れの形態によっても区別する。JIS K 5600-8-4:1999 参照。

第2章　防食設計

2.1　防食設計の考え方

　塗装の防食設計は，橋の架設環境や維持管理体制（長期管理計画）などに基づいて適切な塗装系を選定し，塗装系の性能を確実に発揮させるための素地調整方法，塗装方法，塗替え周期などについて検討し，これらを決定することである。
　この編では塗料の種類と膜厚の組み合わせを示したものを塗装系，塗料の種類，膜厚，標準使用量，塗装間隔などを示したものを塗装仕様と呼ぶ。

2.1.1　塗装による防食
　鉄の最も安定した状態は酸化物（さび）である。鉄が酸化（腐食）するためには酸素や水など（腐食因子）が必要である。また，塩化物イオンは腐食を促進する。塗料は鋼材に密着した塗膜を形成して環境遮断し腐食因子が鋼面に到達しにくくする。また，鋼面に腐食因子が到達した場合でも鋼を腐食しにくくする防食機能がある。塗装系は，防食機能を有する下塗り塗料，下塗りと上塗り塗膜の付着性を確保する中塗り塗料，中塗りと下塗り塗膜の紫外線などによる劣化を防ぐ耐候性に優れた上塗り塗料を塗重ねたもので鋼材を保護する。また，上塗り塗料は着色ができ景観・美観性を向上させる機能も有している。

2.1.2　塗料の機能
　塗料には，その機能に応じて一次防せいプライマー，防食下地，下塗り塗料，中塗り塗料，上塗り塗料があるが，塗装はこれらを適切に組み合わせた複合的な防食方法である。
　それぞれの塗料について主な特徴と役割は以下のとおりである。
（1）一次防せいプライマー
　ミルスケールをブラスト処理で除去した鋼材はさびが発生しやすい。これを防ぐために直ちに塗装するプライマーを一次防せいプライマーといい6ヶ月程度の防せい性を持つ。

(2) 防食下地

　防食下地は，鋼材の腐食を防ぐものであり，現在は従来のさび止めペイントより防せい性が格段に優れている塗料が用いられている。例えば，鋼材よりも卑な電位をもつ金属である亜鉛末を主成分として含有し，亜鉛末の犠牲防食作用によって鋼材の腐食を防ぐジンクリッチペイントがある。このような防食下地が使われている重防食系塗膜を16年間海上暴露し，EPMA（電子線マイクロアナライザー）による線分析によって塗膜表面から鋼材までの塩素イオンの分布を調べた結果では，塩化物イオンは無機ジンクリッチペイントや鋼材には達していなかった。また，ジンクリッチペイントの亜鉛末は，縮小や形状変化がなく健全であった。このように，防食下地のある重防食塗装系は，飛来塩分，水などの腐食性物質を遮断する性能に優れ，厳しい腐食環境下においても長期間の防食性が期待できる [10)11)12)13)14)15)16)]。

(3) 下塗り塗料

　下塗り塗料は，水分や塩化物などの腐食性物質の浸透を防ぐ機能がある。エポキシ樹脂塗料や，鋼材面や旧塗膜などとの付着性に優れた変性エポキシ樹脂塗料などがある。

(4) 中塗り塗料

　中塗り塗料は，下塗り塗料と上塗り塗料を一体化させる役割があり，下塗り塗料及び上塗り塗料との付着性が良好なものが使われる。また，上塗り塗料の色相よりもやや淡彩とすることによって，上塗り塗料を塗装したときの隠ぺい性を良くすることができる。

(5) 上塗り塗料

　上塗り塗料は，耐候性の良い樹脂と顔料を選択することによって，長期間にわたって光沢や色相を保つ機能がある。

2.1.3　塗膜劣化

　塗膜には橋の架設環境や塗装系によって，時間の経過とともに様々な塗膜劣化現象が見られる。特に一般塗装系において塗装後比較的短期間に発生する塗膜変状としては，付Ⅱ－6. (2) 1) に示すさび，割れ，はがれ，膨れがある。一般塗

装系の塗膜劣化程度の標準写真を**付Ⅱ-7.** に示す。

　この便覧で鋼道路橋における塗装系の基本としている重防食塗装系の劣化現象は，**付Ⅱ-6.**（2）2）に示す，主として傷部の鋼材腐食や上塗り塗膜の光沢低下，変退色などである。

　図-Ⅱ.2.1は，沖縄県大宜味村において塗膜にカットを入れて4年間暴露した試験片の腐食による板厚減少を，CCDレーザーを用いた三次元形状計測システム（分解能0.1 μm）によって測定した結果を示したものである。一般塗装系(A塗装系)の場合，カット幅方向のみでなく垂直方向にも腐食が進行して板厚減少が認められる。一方，重防食塗装系（C塗装系）の場合，カット幅方向にも垂直方向にも腐食の進行は認められない[17]。

　このように，重防食塗装系では，従来用いられてきた一般塗装系に比べて防食性や耐久性が大きく向上していることから劣化現象そのものが生じにくくなっている。

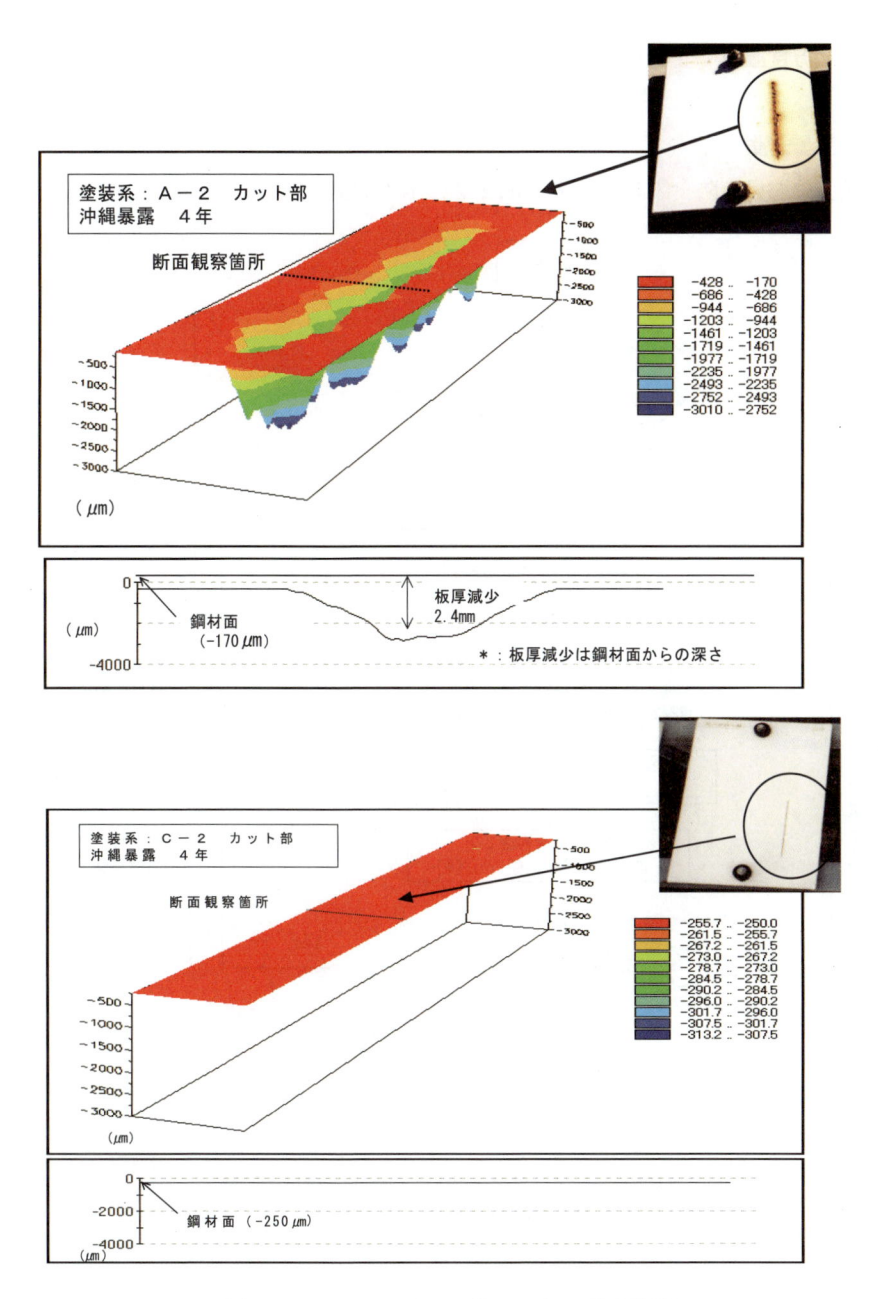

図-Ⅱ.2.1 CCDレーザーによる腐食観察

2.2 防食設計

2.2.1 一般

塗装における防食設計は，図-Ⅱ.2.2に示す防食設計の流れに基づいて行う。

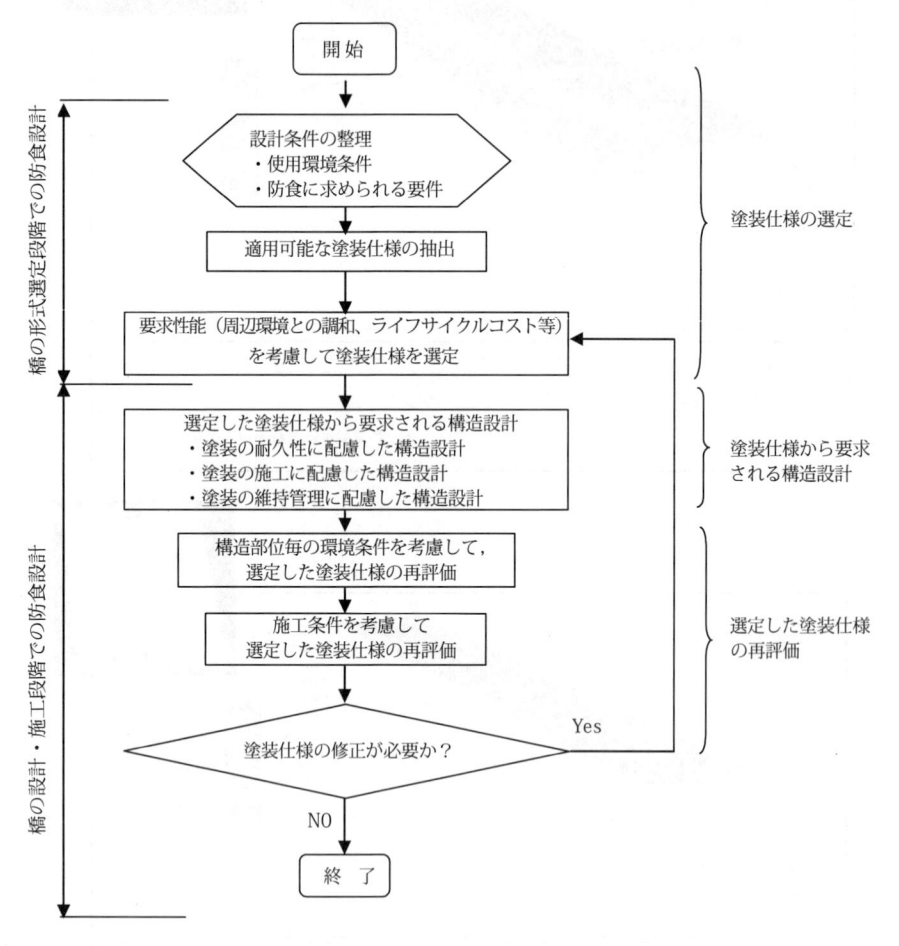

図-Ⅱ.2.2 塗装における防食設計の流れ

2.2.2 塗料

(1) 一般

　塗料には様々な機能を有するものがあり，一般に固体粉末の顔料と，液体又は固体の樹脂及び添加剤，溶剤から構成される。これらの組合せによって色々な性能の塗料が作られる。なお，塗料は**付Ⅱ－2.** の鋼道路橋塗装用塗料標準に適合した塗料を使用するとよい。

(2) 塗料の構成

　顔料は樹脂とともに塗膜を形成する主要成分であって，その主な機能は塗膜の着色（この目的で使うものを着色顔料という）と，防せい効果の付与（この目的で使うものを防せい顔料という）がある。その他，顔料は塗膜の物性を制御したり，塗膜厚を増加させたり，流動特性を変えて作業性を向上させる目的でも用いられる（この目的で使うものを体質顔料という）。

　樹脂は，顔料と練り合わされ，塗付され乾燥して塗膜を形成する。合成樹脂を用いたものは合成樹脂塗料と呼ばれる。合成樹脂塗料は使用した合成樹脂の名称をとってエポキシ樹脂塗料やふっ素樹脂塗料などと呼ばれている。樹脂は塗膜性能に与える影響が大きく，腐食環境の厳しさや使用目的に応じて選定される。また，下塗り塗料，上塗り塗料のような塗装系における塗料の役割や位置づけに応じて，その機能を十分に果たすように樹脂が選択されている。

　添加剤は，塗料の乾燥を促進させたり，顔料の沈殿を防いだり，塗付時の発泡や流れを防いだり，塗膜に平滑性を付与したりする働きをする。

　溶剤は，樹脂を溶解して流動性を与えるためのものであることから，塗付後は蒸発して塗膜を形成しない成分であるが，塗付時の作業性や塗膜の仕上がりへの影響が大きい。溶剤としては一般に有機溶剤が用いられるが，水を有機溶剤の替わりに使用する水性塗料もある。

　塗料には，構成成分を混合すると，缶内に密閉しておいても成分間の反応が急速に進行し硬化してしまうものがあるが，これらは各成分を別々に保管し塗付直前に混合して用いる。この種の塗料を多液形塗料といい二液形のものが多い。

　塗料の乾燥には，自然乾燥形塗料や強制乾燥形塗料などがあるが，橋のような大型の構造物の塗装には部材が大きく強制乾燥することが困難なことなどの理由

から，自然乾燥形の塗料が使用される。その乾燥機構には付加重合反応，縮合重合反応，酸化重合反応などがある。

　付加重合反応では，主剤と硬化剤との化学反応によって塗料が硬化し塗膜が形成される。付加重合反応は塗膜の内部でも生じるので，この種の塗料は一般的に厚膜塗装が可能である。低温になると付加重合反応は遅くなるので，低温時にはウレタン化反応によって硬化するものや，特に硬化が速いエポキシ樹脂などを使用した低温用の塗料がある。付加重合反応形塗料には，エポキシ樹脂塗料，ふっ素樹脂塗料などがある。

　縮合重合反応では，湿気や熱などの働きで樹脂が硬化反応時にアルコール等を生成し，これを排出して塗料が乾燥し硬化する。湿気によって塗膜を形成する縮合重合反応形塗料には無機ジンクリッチペイントなどがある。

　酸化重合反応では，空気中の酸素と反応して硬化するので，塗膜の表面が最も速く乾燥する。よって，厚く塗装しすぎると表面のみが硬化して，塗膜内部の硬化が遅れたり，その上に塗り重ねると内部が塗り重ねた塗料中の溶剤に侵されてちぢみ現象を起こすことがある。酸化重合反応形塗料には鉛・クロムフリーさび止めペイントや長油性フタル酸樹脂塗料がある。

(3) プライマー

　一次防せいプライマーは，ブラスト処理した直後の鋼材の発せいを防ぐために塗装される。

　鋼材は塗装前にブラスト処理で素地調整を行うが，ブラスト処理後の表面はさびを生じやすいので，ブラスト処理後できるだけ早く短期間の防せいを目的とした速乾性の塗料を塗る必要がある。この塗料を一般に一次防せいプライマーと呼び無機ジンクリッチプライマーと長ばく形エッチングプライマーがある。

1) 無機ジンクリッチプライマー

　亜鉛を主成分とする粉末と，ケイ酸塩を主成分とする液とから成る一液一粉末の塗料である。乾燥塗膜中に80％以上の金属亜鉛が含まれ，亜鉛の犠牲防食作用による防せい力を有する。

　無機ジンクリッチプライマーは次のような特徴を有している。

ⅰ) 速乾性があり，鋼材面への優れた密着性を有する。

ⅱ) 6か月程度の屋外暴露に耐える。
ⅲ) さび面とは密着しないので，必ずブラスト処理を行った鋼板に塗付する。

　高濃度亜鉛末塗料は，ジンクリッチペイントと総称されることもあるが，この便覧では短期間の防せいのために使用する薄膜形（15 μm～20 μm）の塗料をジンクリッチプライマーと称し，防食下地に用いる厚膜形（75 μm）の塗料をジンクリッチペイントと呼ぶ。

2) 長ばく形エッチングプライマー

　長ばく形エッチングプライマーは，二液形塗料で主剤はビニルブチラール樹脂と防せい顔料などを主成分とし，添加剤はりん酸，水，アルコールを主成分としており，使用直前に両者を混合して使用する。
　次のような特徴を有している。
ⅰ) 速乾性があり，鋼材面への優れた密着性を有する。
ⅱ) 3ヶ月程度の屋外暴露に耐える。
ⅲ) 鋼材の溶接・溶断への影響が少ない。
ⅳ) 種々の塗料を塗り重ねることができる。ただし，無機ジンクリッチペイントを塗り重ねることはできない。

(4) 防食下地

　防食下地は，鋼材よりも卑な電位を持つ亜鉛などの犠牲防食作用によって鋼材の腐食を防ぐ。防食下地には鋼材面と密着し，鋼材の腐食反応を犠牲防食作用によって抑制するため，厚膜に塗付できる性能が必要である。防食下地には無機ジンクリッチペイントと有機ジンクリッチペイントがある。

1) 無機ジンクリッチペイント

　無機ジンクリッチペイントは，無機ジンクリッチプライマーと同様に亜鉛とケイ酸塩とを主成分とする一液一粉末形の塗料で，亜鉛の犠牲防食作用による強い防せい力を有し，鋼材と接する第一層に使用される。塗膜厚が大きいほど防せい効果の持続期間は長くなるが，塗膜が厚過ぎると塗膜が割れたり剥がれたりするので一般には75 μm程度の厚さに塗付される。さびや塗膜とは密着しないのでブラスト処理した鋼材面の上に塗付しなければならず，塗替え塗装に適用するのは難しい。また，塗膜が多孔性なため下塗り塗料を直接塗り重ねると発泡するので，

ミストコートを塗付して孔を埋めた後に下塗り塗料を塗付する。ミストコートとしては，30～60％程度シンナーで希釈したエポキシ樹脂塗料下塗などが用いられる。

空気中の水分によって縮合重合反応して硬化するので，相対湿度が50％以下の場合には塗付作業は行わない。なお，工場内を加湿又は散水によって相対湿度を50％以上に維持すれば塗装してもよい。

2) 有機ジンクリッチペイント

亜鉛とエポキシ樹脂から成る主剤と硬化剤とを用いる二液一粉末形又は二液形（亜鉛末を含む液と硬化剤）のものでエポキシ樹脂を主剤としていることから，エポキシジンクリッチペイントということもある。

無機ジンクリッチペイントに比べて防せい効果はやや劣るが，密着性がよく動力工具で素地調整を行った鋼材面にも塗付できるので，素地調整程度1種又は2種によって塗膜を除去する塗替え塗装に適用できる。

(5) 下塗り塗料

下塗り塗料は，鋼材面，一次防せいプライマー，防食下地と密着して，水，酸素，塩類などの腐食因子の浸透を抑制し，鋼材の腐食反応を抑制する機能を有している。

1) エポキシ樹脂塗料下塗り

エポキシ樹脂の密着性，耐水性，耐薬品性の良さを利用した塗料で，防せい力の強いジンクリッチペイントと組合せて用いられる。主剤と硬化剤から成る二液形塗料で付加重合反応によって乾燥する。温度が低くなると粘度が高くなって，作業性が劣り乾燥に要する時間も長くなるので気温が10℃以上で塗付する常温用と，5℃～20℃で塗付する低温用がある。長期間暴露されると表面が劣化し，上に塗り重ねる塗料との密着性が低下しやすい。

2) 変性エポキシ樹脂塗料下塗り

エポキシ樹脂塗料を変性して密着性を向上させた塗料である。このため，十分に乾燥した塗膜であれば，フタル酸樹脂塗料や鉛・クロムフリーさび止めペイントなどの塗膜の上にも塗り重ねることができるものもある。また，さびの除去を完全には行えない現場継手部の下塗りや塗替え塗装の下塗りにも，エポキシ樹脂

塗料に替えて変性エポキシ樹脂塗料が用いられる。主剤と硬化剤から成る二液形塗料で，気温が10℃以上で塗付する常温用と5〜20℃で塗付する低温用がある。

3) 変性エポキシ樹脂塗料内面用

エポキシ樹脂塗料をほかの樹脂で変性して耐水性を向上させ，部材内面に適用できるようにした塗料である。グースアスファルト舗設時の160℃程度の温度[18]にも耐えるので鋼床版裏面にも適用が可能で，色も淡彩にすることができる。主剤と硬化剤から成る二液形で，気温が10℃以上で塗付する常温用と5℃〜20℃で塗付する低温用がある。この塗料は，ノンブリードタールエポキシ樹脂塗料あるいは変性エポキシ樹脂塗料と呼ばれることもあるが，タールを配合していない部材内面に用いる塗料であることから，変性エポキシ樹脂塗料内面用と称している。

4) 無溶剤形変性エポキシ樹脂塗料

溶剤を含まない変性エポキシ樹脂塗料で，箱桁や鋼製橋脚等の閉断面部材の内面などに用いる。耐熱性が良く鋼床版裏面にも適用が可能で，色も淡彩にすることができる。ただし，塗料粘度が高いため塗付作業が難しく作業者によってはかぶれなどの障害を起こすことがあることから，施工にあたっては，保護具を着用するなどの安全対策に十分留意するとともに，塗膜の硬化・乾燥の遅れを防止する目的からも換気を行わなければならない。主剤と硬化剤とから成る二液形の塗料で，可使時間は1時間程度と短い。気温が30℃以上になる場合は，可使時間がさらに短くなるので注意が必要である。気温が10℃以上で塗付する常温用と5℃〜20℃で塗付する低温用がある。

5) 超厚膜形エポキシ樹脂塗料

主剤と硬化剤から成る二液形塗料で1回のエアレススプレー塗りで300μm以上の厚さに塗付できるように粘度や乾燥性を調整したものである。1回の塗付で厚膜に塗付できることから防せい効果は大きいが，粘度が高く作業性が良くないので連結部や局部補修など小面積の塗装に適用される。

6) 鉛・クロムフリーさび止めペイント

合成樹脂ワニスを主な樹脂とする一液形さび止め塗料であり，防せい顔料及びドライヤーに鉛・クロムなどの有害重金属を使用していないが，従来の鉛系さび

止めペイントと同等の防せい性を有する。

(6) 中塗り塗料

　下塗り塗膜の上に直接上塗り塗料を塗付すると，下塗り塗膜の色が十分に隠ぺいされなかったり，光沢低下などの外観不良が起きることがある。また，下塗り塗膜の硬化が進んでいると上塗り塗料が密着せず，上塗り塗膜が剥離することがある。このような障害の発生を防止するため，上塗り塗料に近い色の密着性のよい塗料を，中塗り塗料として塗付する必要がある。

　中塗り塗料の樹脂には，硬化塗膜への密着性に優れ，下塗り及び上塗りに用いる塗料との塗り重ねに支障のないものが用いられるが，表－Ⅱ.2.1に示すように上塗り塗料の樹脂と異なる樹脂を用いることも可能である。中塗り塗料として適用可能な樹脂が2種類以上ある場合もあるので，この種の中塗り塗料を上塗り塗料の名称を前につけて「○○○塗料用中塗」と表記している。

　上塗りの色が隠ぺい力の小さい赤や黄となる場合は，中塗りが不適切な色調を選択すると仕上がりの色調が想定しているものと異なることがあるので，適正な外観が得られるよう事前に十分検討する必要がある。

表－Ⅱ.2.1　中塗り塗料の樹脂系

上塗り塗料の種類	中塗り塗料の樹脂系
長油性フタル酸樹脂塗料	上塗り塗料と同じ長油性フタル酸樹脂系が用いられる。
ふっ素樹脂塗料	ふっ素樹脂やポリウレタン樹脂，エポキシ樹脂系が用いられる。
弱溶剤形ふっ素樹脂塗料	弱溶剤形ふっ素樹脂や弱溶剤形ポリウレタン樹脂，弱溶剤形エポキシ樹脂系が用いられる。

(7) 上塗り塗料

　上塗り塗料の主たる機能は着色や光沢など所要の外観が得られることと，水や酸素が塗膜内に浸透するのを抑制することであり，上塗り塗料には着色顔料と緻密な被膜を形成する樹脂が用いられている。上塗り塗膜は水，酸素，紫外線等に直接さらされることから，耐水性や耐候性に優れている必要があり，環境によっては酸性雨及び火山性ガスの酸性やコンクリートなどのアルカリ性に耐える性能（耐薬品性）も必要となる。塗膜の色や光沢の耐久性は着色顔料と樹脂の性能に支配されるので，美観上の配慮から塗膜の色相や光沢を長期間保持する場合は，耐

候性の良い樹脂を選定するとともに，着色顔料の性質についても十分に検討する必要がある。また，次に示す色相及び近似のオレンジや黄色の色相を得るために，鉛・クロムを含む着色顔料が使用される場合があったが，現在は，環境への影響からその使用が制限されている。このため，これらの色相を得る場合には有機着色顔料を用いなければならない。なお，有機着色顔料は，従来の鉛・クロムを含む着色顔料より隠ぺい力が劣るので，下記に示す制限色の有機顔料を用いる場合は，別途隠ぺい性を向上させる対策が必要となるので適用しないことが望ましい。

制限色の例　社団法人 日本塗料工業会 塗料用標準色（2013年度版）
　G08-50V，G08-45V，G09-70T，G09-60V，G09-50T，G09-50X，G12-70T，G12-60X，G12-50V，G15-70V，G15-65X，G15-60V，G17-70X，G19-75X，G19-70V，G22-80V，G22-80X，G25-80P，G25-80W，G27-85V，G29-85P，G29-80V，G29-70T，G32-80P，G32-70T，G35-80T，G35-70V，G37-80L，G37-60T，G39-60V（付Ⅱ-8.に示す。）

　ふっ素樹脂塗料は，ふっ素樹脂，顔料，硬化剤及び溶剤を主な原料とした二液形塗料である。耐候性，耐水性，耐薬品性，耐熱性に優れ塗膜の硬度も高い。特に耐候性が優れていることから塗膜の色や光沢を長期間保持することが期待できる。

(8) 環境に優しい塗料

　環境に優しい塗料として，VOCを低減した低溶剤形塗料や水性塗料が開発されている。

1) 水性塗料

　水で希釈できる塗料を水性塗料と称しているが，エマルション塗料から水溶性塗料まで種類は多い。VOCを低減する観点からは非常に有利ではあるが防食性能，施工性，経済性から現状では橋における実績が少ない。

2) 無溶剤形塗料

　溶剤を全く含まない塗料で，箱桁や鋼製橋脚等の内面用塗料として実績がある。
　塗料粘度が高いため塗付作業が難しく，作業者によっては硬化剤でかぶれなどの障害を起こすことがあることから，施工時には十分な換気や保護衣，保護眼鏡着用などの安全対策に十分留意する必要がある。

3) 低溶剤形塗料

ハイソリッド塗料とも呼ばれ，溶剤分が少ない塗料を指し，通常は不揮発分（固形分）が70％〜75％以上の塗料をいう。橋用としては超厚膜形塗料などに実績がある。

4) 弱溶剤形塗料

補修や塗替え時に，旧塗膜が長油性フタル酸樹脂系や塩化ゴム系のとき，塗り重ねる塗料の溶剤が旧塗膜を侵して塗膜が浮き上がったり，割れを発生させることがある。弱溶剤形塗料は，主な溶剤がミネラルスピリットであり旧塗膜への溶解性が低いので旧塗膜を侵しにくいだけではなく，溶剤臭が低く光化学スモッグの原因となる揮発性有機化合物の発生が少ない。弱溶剤形塗料には変性エポキシ樹脂塗料下塗，ふっ素樹脂塗料用中塗，ふっ素樹脂塗料上塗などがあるが，近年有機ジンクリッチペイントでも弱溶剤形が開発されつつある。弱溶剤形のエポキシ樹脂塗料，ふっ素樹脂塗料等に用いられる有機溶剤は，フタル酸樹脂塗膜，塩化ゴム系塗膜を溶解若しくは膨潤させにくく，かつ刺激臭が少ない。弱溶剤形塗料とは，第3種有機溶剤を溶剤主成分とし，第2種有機溶剤が5％未満の塗料である。

2.2.3 塗料の組合せ

塗装系における塗料の組合せが適切でないと，塗膜間の密着が不良になったり下層塗膜が膨潤してしわになることがある。

酸化重合反応塗料（鉛・クロムフリーさび止めペイント，長油性フタル酸樹脂塗料など）の塗膜の上に付加重合反応塗料（エポキシ樹脂塗料，ふっ素樹脂塗料など）を塗り重ねると，これらの塗料中の溶剤によって酸化重合反応塗料の塗膜が膨潤することがある。

また，酸化重合反応塗料（鉛・クロムフリーさび止めペイントなど）の塗膜の上に付加重合反応弱溶剤形塗料（弱溶剤形ふっ素樹脂塗料用中塗り，弱溶剤形ふっ素樹脂塗料上塗りなど）を塗り重ねること自体は可能であるが，下塗りの防せい性と上塗りの耐候性の耐久性に関する差異が大きいため，上塗りよりも早く下塗りが劣化することになる。

無機ジンクリッチプライマーや無機ジンクリッチペイントのように，金属亜鉛

を含有する塗料の上に酸化重合反応塗料(鉛・クロムフリーさび止めペイントなど)を塗付すると，金属亜鉛と酸化重合反応塗料の樹脂との鹸化反応によって石鹸が生成され早期に塗膜が剥離する。

この便覧に記載している塗装系については，塗料の組合せについて十分配慮されていることから問題は生じないが，部分的に塗装系を変えて一部材内で塗り分けを行う場合は，塗料の組合せについて十分検討する必要がある。

2.2.4 新設塗装仕様
(1) 一般外面塗装系

一般外面塗装系には，架橋地点の厳しい腐食環境に十分耐えられる防食性能を有していると同時に美観・景観性をできるだけ長期間保つために耐候性の良好な上塗塗料を用いた**表－Ⅱ.2.2**のC-5塗装系を適用するとよい[19) 20)]。

工場塗装した塗膜と現場塗装した塗膜の塗膜間における付着力の低下を防ぎ，均質で良好な塗膜を形成させるため，塗装は上塗りまで橋梁製作工場で塗装する全工場塗装とする。ただし，A-5塗装系の中塗・上塗に用いるフタル酸樹脂塗料は，塗膜が柔らかく運搬・架設時に傷が付きやすいため，橋の架設後，中塗り・上塗りを現場で施工する。

超厚膜形エポキシ樹脂塗料(300 μm，1,000 μmが1回塗りで得られる)やガラスフレーク塗料は，本州四国連絡橋下津井瀬戸大橋，関西空港連絡橋，東京湾横断道路川崎人工島など，海上橋のような厳しい環境や塗替え塗装が困難な部位に適用された実績があり，上塗り塗料としてふっ素樹脂塗料用中塗，ふっ素樹脂塗料上塗を塗り重ねることができる。しかし，超厚膜形塗料は，その優れた遮断性によって高い防せい性が期待できるが，ポットライフが短いことやスプレー詰まりが生じやすいなど施工が難しく，また，仕上がり塗膜に凹凸が目立つことがある。

工場における塗装は，均質で良好な塗膜が得られやすいスプレー塗装を適用する。ただし，連結部や補修部分は，はけ，又はローラーで塗装する。このため，塗装方法によって上塗塗膜の外観が若干異なって見える場合もあるがそれぞれ適切に施工が行われていれば防食上の問題はない。

都市内などで構造物に自動車排ガスなどによる汚れが目立つ場合には，土木用防汚材料を上塗りに適用する。土木用防汚材料Ⅰ種は，防汚材料評価促進試験方法Ⅰ（案）によって，明度差ΔL^*が－7.00以上の性能を有するものである[21]。

飛来塩分の少ない環境に架設する場合で特にライフサイクルコストを考慮する必要のない場合や，20年以内に架け替えが予定されている場合などでは，表－Ⅱ.2.3の鉛・クロムフリーさび止めペイントを使用するA-5塗装系を適用してもよい。しかし，A-5塗装系は，下塗り塗料のさび止めペイントには鉛・クロムが含まれないが，防せいプライマーとして使用されるほとんどの長ばく形エッチングプライマーは鉛・クロムを含むので，その後の塗替え塗装で除去された塗膜には鉛・クロムが含まれていることから，橋周辺への塗膜残さの飛散防止対策と法令に基づいた廃棄物の処理が必要となる。A-5塗装系の場合，耐水性，耐アルカリ性に劣るため鉄筋コンクリート床版桁には適用しないのがよい。また，A-5塗装系は，一般的に下塗りまでを工場塗装し，現場で中塗り，上塗りを塗装する方式である。従来A塗装系で，工場塗装と現場塗装の間隔が6ヶ月以上12ヶ月未満の時に適用していたフェノール樹脂MIO塗料は，下塗りと中塗り塗膜の層間で剥離することが多いので適用しないことがよく，このためA-5塗装系は，工場塗装後6ヶ月以内に現場塗装しなくてはならない。

6ヶ月以上経過し，塗膜劣化がある場合は7.3.2塗替え塗装仕様の表－Ⅱ.7.4 Ra-Ⅲ塗装系を適用するのがよい。

ⅰ）工場塗装と現場塗装の間隔が表に示す間隔を超えた場合は，割れ，はがれ，剥離，さびがない場合は清掃と軽い面粗しを行い鉛・クロムフリーさび止めペイントを1層（140g/m^2，35μm）塗装し，長油性フタル酸樹脂塗料中塗，長油性フタル酸樹脂塗料上塗を塗装する。

ⅱ）摩擦接合面やコンクリート接触面には塗装しない。

ⅲ）使用量は，工場塗装はスプレー塗り，現場塗装ははけ・ローラー塗りの場合を示す。

ⅳ）プライマーの膜厚は総合膜厚に加えない。

ⅴ）隠ぺい性の劣る有機顔料を用いなければならない制限色の例に示されるような塗装色は適用しないことが望ましい。

表-II.2.2　一般外面の塗装仕様　C-5塗装系

塗装工程		塗料名	使用量 (g/m²)	目標膜厚 (μm)	塗装間隔
製鋼工場	素地調整	ブラスト処理　ISO Sa 2 1/2			4時間以内
	プライマー	無機ジンクリッチプライマー	(160)	(15)	6ヶ月以内
橋梁製作工場	2次素地調整	ブラスト処理　ISO Sa 2 1/2			4時間以内
	防食下地	無機ジンクリッチペイント	600	75	2日～10日
	ミストコート	エポキシ樹脂塗料下塗	160	―	1日～10日
	下塗	エポキシ樹脂塗料下塗	540	120	1日～10日
	中塗	ふっ素樹脂塗料用中塗	170	30	1日～10日
	上塗	ふっ素樹脂塗料上塗	140	25	

注)1:使用量はスプレーの場合を示す。
注)2:プライマーの膜厚は総合膜厚に加えない。
注)3:製鋼工場におけるプライマーは膜厚にて管理する。

表-II.2.3　一般外面の塗装仕様　A-5塗装系

塗装工程		塗料名	使用量 (g/m²)	目標膜厚 (μm)	塗装間隔
製鋼工場	素地調整	ブラスト処理　ISO Sa 2 1/2			4時間以内
	プライマー	長ばく形エッチングプライマー	(130)	(15)	3ヶ月以内
橋梁製作工場	2次素地調整	動力工具処理　ISO St 3			4時間以内
	下塗	鉛・クロムフリーさび止めペイント	170	35	1日～10日
	下塗	鉛・クロムフリーさび止めペイント	170	35	～6ヶ月
現場	中塗	長油性フタル酸樹脂塗料中塗	120	30	2日～10日
	上塗	長油性フタル酸樹脂塗料上塗	110	25	

注)1:使用量は,工場塗装はスプレーの場合を,現場塗装は はけ・ローラーの場合を示す。
注)2:プライマーの膜厚は総合膜厚に加えない。
注)3:製鋼工場におけるプライマーは膜厚にて管理する。

(2) 内面塗装系

　箱桁や鋼製橋脚などの閉断面部材内面は外部環境の腐食作用を受けることは少ないが,結露や漏水等によって部材内に滞水した場合は鋼材が腐食しやすい。また,部材内面は塗膜の点検機会が少なく塗替えも容易でないことから,耐水

性に優れた内面用変性エポキシ樹脂塗料を厚く塗付して塗膜の防食効果を長期間維持できる表－Ⅱ.2.4のD-5塗装系を適用するとよい。内面の色相は点検時の照明効果を良くするため淡彩仕上げするとよい。一般外面の塗装系がA-5塗装系の場合には，内面用には表－Ⅱ.2.5のD-6塗装系を適用するとよい。

表－Ⅱ.2.4　内面用塗装仕様　D-5塗装系

	塗装工程	塗料名	使用量 (g/m^2)	目標膜厚 (μm)	塗装間隔
製鋼工場	素地調整	ブラスト処理　ISO　Sa 2$^1/_2$			4時間以内
	プライマー	無機ジンクリッチプライマー	(160)	(15)	6ヶ月以内
橋梁製作工場	2次素地調整	動力工具処理　ISO　St 3			4時間以内
	第1層	変性エポキシ樹脂塗料内面用	410	120	1日～10日
	第2層	変性エポキシ樹脂塗料内面用	410	120	

注）1：プライマーの膜厚は総合膜厚に加えない。
注）2：製鋼工場におけるプライマーは膜厚にて管理する。

表－Ⅱ.2.5　内面用塗装仕様　D-6塗装系

	塗装工程	塗料名	使用量 (g/m^2)	目標膜厚 (μm)	塗装間隔
製鋼工場	素地調整	ブラスト処理　ISO　Sa 2$^1/_2$			4時間以内
	プライマー	長ばく形エッチングプライマー	(130)	(15)	3ヶ月以内
橋梁製作工場	2次素地調整	動力工具処理　ISO　St 3			4時間以内
	第1層	変性エポキシ樹脂塗料内面用	410	120	1日～10日
	第2層	変性エポキシ樹脂塗料内面用	410	120	

注）1：プライマーの膜厚は総合膜厚に加えない。
注）2：製鋼工場におけるプライマーは膜厚にて管理する。

(3) 鋼床版部の塗装

　鋼床版裏面は，舗装時の熱影響を受けるので，耐熱性に優れた塗装系を適用することがよい。鋼床版裏面用塗装の特徴と施工等へ留意点は以下のとおりである。
ⅰ) 鋼床版裏面は，グースアスファルト舗設時に160℃程度まで温度が上昇する

ので，耐熱性に優れている必要がある。

ⅱ）外面には耐熱性に優れている無機ジンクリッチペイント，エポキシ樹脂塗料，ふっ素樹脂塗料を用いた**表－Ⅱ.2.2**の一般外面の塗装仕様を，内面には**表－Ⅱ.2.4**の内面用塗装仕様を適用するとよい。

ⅲ）グースアスファルト舗設時に熱影響を強く受ける鋼床版裏面と腹板上部にのみ耐熱性の良い塗装系を用い，ほかの部分には一般塗装系を用いて塗り分けを行うのは，施工が複雑になり費用が高くなるうえ，塗り分けの境界部で塗料が混じりあって塗膜欠陥を生じるおそれがあるので塗り分けは行わないのがよい。

　なお，鋼床版上面は，原板ブラスト方式の場合，製作過程の溶接・溶断作業でかなりの部分の一次プライマーが損傷するため，そのままでは舗装の施工までにさびが生じることが多い。鋼床版上面にさびを生じると，架設後のさび汁発生の原因となるだけでなく，グースアスファルト舗装面のケレン処理などの際に，付近に粉じんをまき散らすことになり好ましくないので，鋼床版上面には，舗装施工までの防せいのため無機ジンクリッチペイントを30μm塗付する。現場での溶接部や塗膜損傷部で，グースアスファルト舗装施工までに期間があり，発せいを防ぐ場合は有機ジンクリッチペイントを30μm塗付する。グースアスファルト舗装の施工に先立ち，鋼床版上面の有害物を除去する必要がある。また，鋼床版上面の発せい状況を考慮して表面処理を施すことが必要である。

　また，主桁や縦桁上フランジなどのコンクリート接触部は，さび汁による汚れを考慮し無機ジンクリッチペイントを30μm塗付するのがよい。

(4) 摩擦接合部の塗装

　部材製作時に無機ジンクリッチペイントで連結部を塗装することは現場塗装開始前までのさびの発生を防止するとともに，現場塗装時の素地調整作業を容易にする。また，塗膜の防せい効果を格段に向上させることが可能となる。

　したがって，摩擦接合継手の連結部では部材製作時に下記の仕様[22]で無機ジンクリッチペイントを塗装するのがよい。

ⅰ）接触面片面あたりの最小乾燥塗膜厚：50μm
ⅱ）接触面の合計乾燥膜厚　　　　　　：100μm～200μm
ⅲ）乾燥塗膜中の亜鉛含有量　　　　　：80%以上

iv）亜鉛末の粒径（50%平均粒径）　：10μm程度以上

　これらの条件は無機ジンクリッチペイントをC-5塗装系と同じく600g/m^{2}塗付し，塗膜厚のばらつきを管理することによって十分に満たすことができる。

2.2.5　溶融亜鉛めっき面への塗装

（1）溶融亜鉛めっき面塗装

　鋼道路橋では様々な目的から溶融亜鉛めっきを施した上に塗装を施工する場合がある。

1）　景観調和のための塗装

　溶融亜鉛めっき面は，当初金属光沢を持っているが，時間の経過とともに金属光沢が消失して灰色に変わったり，黒変したり白さびが生じたりすることがある。そのため，任意の色彩を与えかつそれを維持することで亜鉛めっき部材の美観性を高めたり，併用されるほかの材料との景観的な違和感をなくしたりすることが求められる場合には溶融亜鉛めっき面に塗装を行うことがある。市街地などでは周囲との色彩調和のため，手すり，高欄，照明柱などが塗装されることが多い。

2）　補修困難な構造物への耐久性の付与

　溶融亜鉛めっきは，それ単独でも鋼材の防食法として用いられるが，溶融亜鉛めっき部材の亜鉛が消耗して鋼材が腐食し始めた場合，再度めっきで補修を行うことは困難なことが多く，適切な時期に塗装で補修する必要がある。この場合，亜鉛めっきと密着性の良い塗料を選択する必要がある。

3）　厳しい腐食環境における長期耐久性の保持

　溶融亜鉛めっき面は化学的に活性であり，しかも両性金属としての性質をもつため酸やアルカリ雰囲気の影響を受けやすい。したがって，このような環境下では亜鉛めっき面に安定した酸化皮膜が形成されにくく，特に，海岸地帯のように飛来塩分の多い厳しい腐食環境では早期に亜鉛が消耗するなど耐久性が確保できない場合がある。このような場合に長期耐久性を保持するため亜鉛めっき面に施す塗装には，耐薬品性があり透水性の小さな塗料を用いる必要がある。

（2）溶融亜鉛めっき面塗装の前処理

　溶融亜鉛めっき面に塗装する場合，塗装前の素地調整は安定した塗膜の密着性

を確保する上で極めて重要である。塗膜の付着を阻害するものとしては，一般的な汚れのほかに白さびやフラックス残さ，油脂類などの様々な付着物や異物及び，溶融亜鉛めっき面の凹凸などの表面性状がある。めっき面の表面性状に影響を及ぼす要因にはスパングル，酸化膜，合金層などがある。

塗装前処理はこれら密着性に影響する付着物等を除去したり，溶融亜鉛めっき面を密着性が得られる安定な形に整えたりする目的で塗装前に行う。

1）研磨処理（パワーツール処理）

溶融亜鉛めっきには，塗膜の密着性に影響する塩化物や白さびが付着していることがある。また，塗装までの取扱いの過程で汚れや油分が付着することもある。研磨処理はこれらを物理的に除去し，安定な下地を確保する方法として最も一般的な方法である。

施工方法としてはワイヤーブラシ，スチールタワシ，サンドペーパー，ケレンタワシなどの手工具を用いてこれら密着性に影響する付着物を除去する。ただし，著しく白さびなどが付着していて手工具での除去が困難な場合は，カップブラシ，ペーパーディスクサンダーなどの電動工具を用いて除去する。この場合，溶融亜鉛めっき皮膜を削りすぎないように注意が必要である。また，油分などの付着物をシンナーやウエスなどを用いて除去する。

研磨処理は，最も安価であり作業性はよい。しかし，塗膜の密着性にばらつきが生じることが多いので十分な処理が必要である。

2）スィープブラスト処理

スィープブラスト処理は，表面の付着物をより高度に除去するとともに，表面粗度を確保することで塗膜の内部応力による付着力の低下を防ぎ，長期の安定した密着性を確保するのに有効な方法である。

スィープブラスト処理は通常，ISO Sa 1 程度の研磨密度で軽く仕上げる方法をいう。ブラスト処理を行う場合は亜鉛皮膜が剥離しないように，また研削し過ぎないように注意する必要がある。

スィープブラスト処理は，研磨処理に比べて一般に高価となるが塗膜の密着性は優れている。

3) りん酸塩処理

　りん酸塩処理は，亜鉛めっき表面に不活性なりん酸塩の緻密な結晶を形成させることで，塗装面をめっき面よりも化学的に安定で，かつ塗膜付着性がよい適度な粗さを得ることができる方法である。

　この処理は管理されたりん酸塩処理液のなかに一定時間浸せきするか，りん酸塩処理液を直接スプレーで吹き付けることで行う。このとき亜鉛めっき面に油類が付着していたり，白さびがあると処理液と亜鉛が反応しないことからりん酸塩皮膜が形成されない。なお，油分は脱脂で除去できるが，白さびは容易に除去できないため，りん酸塩処理は溶融亜鉛めっき後速やかに行う必要がある。

　りん酸塩処理は，塗膜の密着性は優れるが，処理費用は高価で処理できる寸法や重量に制約がある。

(3) 溶融亜鉛めっき面塗装仕様

　新設溶融亜鉛めっき面の塗装仕様は，その目的と周囲の塗装系との調和を考慮して選定する。新設溶融亜鉛めっき面の塗装は，工場塗装とすることがよい。

1) 外面塗装

　外面塗装は，塗替え期間を長くするほど経済性の面からは有利となる。長期の耐久性を確保するためには安定した密着性と高い耐食性が求められ，これらに見合う耐候性も必要となる。

　エポキシ樹脂塗料は強じんで耐薬品性，密着性に優れた塗料である。また，高い耐候性を有する上塗り塗料を選定することで，総合的に優れた性能を確保することができる。

　従来，エポキシ－ふっ素樹脂系の塗装系はこのような優れた性質から，厳しい環境や長期の耐候性を求められる場合に使用されてきたが，この塗装系は内部応力が大きくなりやすく強じんな性質と相まって大きな剥離を発生することがあった。このため，適切な前処理と亜鉛めっき用エポキシ樹脂塗料下塗を組み合わせることで，剥離の起こりにくい塗装系としている。

2) 内面塗装

　内面塗装の場合，その環境は湿度は高いが紫外線などにさらされることはない。また，塗装面が一般の目に触れることが少なく美観などの観点から色彩などに対

して厳しい要求がなされることは少ないが，維持管理性から桁内部を明るくすることが求められる。

したがって，密着性や耐食性及び淡彩仕上げ性並びに経済性を考慮してこれらの要求に適応した変性エポキシ樹脂塗料を適用することがよい。

溶融亜鉛めっき面の外面用塗装仕様ZC-1を表-Ⅱ.2.6に，内面用の塗装仕様ZD-1を表-Ⅱ.2.7に示す。

表-Ⅱ.2.6　新設溶融亜鉛めっき面用外面塗装仕様（ZC-1）

工程	塗料名	塗装方法	使用量(g/m²)	目標膜厚(μm)	塗装間隔
前処理	スィープブラスト処理 ISO Sa1，あるいは，りん酸塩処理				4時間以内
第1層	亜鉛めっき用エポキシ樹脂塗料下塗	スプレー(はけ・ローラー)	200(160)	40	1日～10日
第2層	ふっ素樹脂塗料用中塗	スプレー(はけ・ローラー)	170(140)	30	1日～10日
第3層	ふっ素樹脂塗料上塗	スプレー(はけ・ローラー)	140(120)	25	

注)1:素地調整においてブラスト処理が困難な場合は，りん酸塩処理とし，処理後7日以内に第1層を塗装する。
注)2:塗料使用量の( )内は，はけ・ローラー塗りの使用量を示す。

表-Ⅱ.2.7　新設溶融亜鉛めっき面用内面塗装仕様（ZD-1）

工程	塗料名	塗装方法	使用量(g/m²)	目標膜厚(μm)	塗装間隔
前処理	スィープブラスト処理 ISO Sa1				4時間以内
第1層	亜鉛めっき用エポキシ樹脂塗料下塗	スプレー(はけ・ローラー)	200(160)	40	1日～10日
第2層	変性エポキシ樹脂塗料内面用	スプレー(はけ・ローラー)	210(200)	60	

注):塗料使用量の( )内は，はけ・ローラー塗りの使用量を示す。

2.2.6　金属溶射面への塗装

金属溶射された部材についても，溶融亜鉛めっき部材と同様に様々な目的から溶射を施した上に塗装を施工する場合がある。

例えば，景観上の対策が求められる場合や，飛来塩分が多いような条件では，塗装を併用することによって任意の色彩を付与したり，金属溶射皮膜の長寿命化を図ることができる。金属溶射面に塗装する場合の塗装仕様例を表－Ⅱ.2.8に示す。これは金属溶射皮膜を防食下地と考え下塗り以降をC-5塗装仕様と同等とした仕様であり，一例を示したものである。

金属溶射面は多孔性であるため，塗膜にピンホールが生じやすいので封孔処理を確実に施す必要がある。また，通常塗装表面に凹凸が多くなるため仕上がり外観が劣ることになる。

表－Ⅱ.2.8 金属溶射の塗装仕様の例

工程	作業内容
素地調整	ブラスト処理 ISO Sa $2^{1}/_{2}$以上
	表面粗さ Rz$_{JIS}$ 50μm以上 (又は，粗面化処理 Rz$_{JIS}$ 50μm以上)
	ブラスト処理によって付着油分，水分，じんあい等を除去し，清浄面とする。
金属溶射	最小皮膜厚さ 100μm以上
封孔処理	エポキシ樹脂塗料下塗などを用いる。
塗装	エポキシ樹脂下塗塗料 120μm
	ふっ素樹脂塗料用中塗 30μm
	ふっ素樹脂塗料上塗 25μm
適用箇所	環境調和のため着色する必要がある場合。 海水飛沫帯に該当する場所。 塩分が堆積する場所。
備考	色彩付与が可能
	耐塩性，耐薬品性の向上が可能

2.2.7 コンクリート面への塗装

凍結防止剤が散布される地域や飛来塩分の影響を受ける海浜環境にある鋼道路橋等のコンクリート製の高欄，地覆部，橋台，橋脚などの塩害劣化を防止するため，コンクリート面を塗装することが有効である。また，塗装することによってコンクリート表面が外気と遮断されるため，コンクリートの中性化やアルカリ骨材反応の抑制効果も期待できる。さらに通常コンクリート面の色調は灰白色に限定されるが，景観上の理由などからコンクリート部材に灰白色とは異なる色が要求さ

れる場合にも塗装を行うことで任意の色彩を付与することができる。
　一旦供用を開始すると時間の経過とともにコンクリート表面には様々な付着物が付着し，また内部に塩分や水分等が浸透していく。これらはコンクリート面への塗装施工時の障害になり，現場でこれらを完全に除去することは困難である。したがって，コンクリート面へ塗装する場合は，経済性の観点からも新設時に塗装することが効果的である。

(1) 塗装仕様

　塗装仕様は，「コンクリート橋の塩害対策資料集－実態調査に基づくコンクリート橋の塩害対策の検討－」（国土交通省国土技術政策総合研究所）[23]が参考となる。美観・景観性及び長寿命化の観点から，上塗り塗料は耐侯性に優れたふっ素樹脂塗料とした。塗装仕様は，新設及び塗替えともに共通に適用するのがよい。コンクリート面への塗装仕様を**表－Ⅱ.2.9**，**表－Ⅱ.2.10**に示す。

1) ひび割れ頻度が極めて少ないと考えられるコンクリート部材

　ひび割れ頻度が極めて少ないと考えられるコンクリート部材（PC桁などのPC部材）には，塗膜の耐久性及び遮塩性に優れるエポキシ樹脂塗料を中塗りとして用い，耐久性及び耐候性に優れるふっ素樹脂塗料を上塗りに用いた**表－Ⅱ.2.9**のCC-A塗装系を適用することがよい。プライマーには各種の樹脂の中でも耐アルカリ性に優れるコンクリート塗装用エポキシ樹脂プライマーを用い，中塗りと同系の材料とすることで，コンクリートとの密着性及び塗膜間の付着性を高めている。

2) コンクリート部材に多少のひび割れを生じるおそれのある場合

　コンクリート部材に多少のひび割れを生じるおそれのある場合（橋台，橋脚部などの鉄筋コンクリート部材）には，ひび割れに追従するように塗膜に柔軟性を持たせた柔軟形エポキシ樹脂塗料を中塗りに用い，柔軟性を有しながら耐候性にも優れる柔軟形ふっ素樹脂塗料を上塗りに用いた**表－Ⅱ.2.10**のCC-B塗装系を適用するとよい。

(2) 素地調整

　コンクリート表面にレイタンス，じんあい，油脂類，塩分等が付着していたり，ぜい弱部があると，前処理のプライマーの密着性に悪影響を及ぼすことがあるので，素地調整でこれらの有害物やぜい弱部は確実に除去する。

レイタンスや付着塩分及びぜい弱部の除去は，一般にディスクサンダーなどのパワーツールやブラストで行い，じんあいの除去は圧搾空気で清掃するのが効率的である。油脂類の除去はシンナーで拭き取るのが一般的である。

　コンクリート表面がぬれていたり湿っている場合には，プライマーの密着性に悪影響を及ぼしたり，塗膜の膨れを生じることがあるため，コンクリート表面の含水率は高周波水分計で8%以下であることを確認することが必要である。

表－II.2.9　コンクリート面への塗装仕様　CC-A

工程		塗料名	目標膜厚 (μm)	標準使用量 (g/㎡)	塗装方法	塗装間隔
前処理	プライマー	コンクリート塗装用 エポキシ樹脂プライマー	－	100	スプレー (はけ・ローラー)	1日～10日
	パテ	コンクリート塗装用 エポキシ樹脂パテ	－	300	へら	1日～10日
中塗		コンクリート塗装用 エポキシ樹脂塗料中塗	60	320 (260)	スプレー (はけ・ローラー)	1日～10日
上塗		コンクリート塗装用 ふっ素樹脂塗料上塗	30	150 (120)	スプレー (はけ・ローラー)	

注）：パテの使用量は，コンクリート素地の状態によって増減する場合がある。

表－II.2.10　コンクリート面への塗装仕様　CC-B

工程		塗料名	目標膜厚 (μm)	標準使用量 (g/㎡)	塗装方法	塗装間隔
前処理	プライマー	コンクリート塗装用 エポキシ樹脂プライマー	－	100	スプレー (はけ・ローラー)	1日～10日
	パテ	コンクリート塗装用 エポキシ樹脂パテ	－	300	へら	1日～10日
中塗		コンクリート塗装用 柔軟形エポキシ樹脂塗料中塗	60	320 (260)	スプレー (はけ・ローラー)	1日～10日
上塗		コンクリート塗装用 柔軟形ふっ素樹脂塗料上塗	30	150 (120)	スプレー (はけ・ローラー)	

注）：パテの使用量は，コンクリート素地の状態によって増減する場合がある。

2.2.8 色彩設計上の留意点

(1) 一般

　塗装は，色彩選択の自由度が大きく，景観性の向上など様々な目的から現地環境等に合わせて色彩設計を行うことができる。なお，色彩設計にあたっては，道路橋の存在が周辺の景観や地域住民に与える影響について十分な検討を行い，環境との調和に配慮することが必要である。

　道路橋について景観上及び地域住民への影響の面から一般的に配慮すべき事項の例を表－Ⅱ.2.11に示す。

　なお，景観設計の方法などについては，それらに関する指針等の技術基準類や専門の文献などを参考にするのがよい。都市における橋の景観については，住民に対する心理的調和や効果的な色彩の選定のために，これまでの事例を参考にするのがよい。

表－Ⅱ.2.11　色彩設計において景観と住民への配慮すべき事項

景観への配慮事項	住民への配慮事項
ⅰ）地域の特性を考えた色彩 まちは，気候・風土また歴史・伝統・文化などそれぞれが異なり，長い時間の中で創り出された固有の特徴を持っている。それはまちの個性であり，まちの顔とも言える。そしてこの個性は，地域色と呼ばれる地域固有の色彩にも現れる。橋の色彩は，まちの個性をより印象付けるものが望まれる。 ⅱ）地区の機能を考えた色彩 住宅地区・工業地区・商業地区・行政地区・歴史景観(保存)地区などまちは多くの異なった機能ゾーンで構成され，地区の機能が求めるたたずまいは異なったものになる。 このようなことから，橋は，架設地区に求められる機能を助長する色彩選定が大切である。 ⅲ）自然条件を考えた色彩 自然は建物などの人工物とともに景観を構成する重要な要素である。澄み渡った空のブルー，みずみずしい新芽のグリーン，錦織りなす紅葉，一面の銀世界などなど，これらの自然が美しく映える橋の色彩，自然を引き立てる橋の色彩が求められるケースも少なくない。	ⅰ）公共性を考えた色彩 公共空間と関係する橋は，多くの人たちに受け入れられる色彩でなくてはならない。 ⅱ）美しく調和する色彩 色彩選定は，視覚を通してその受け手側の人間が美しく感じてこそ，その役割をはたす。まち並みとしての統一感や背景となる自然との調和など受け手発想の色彩設計が重要である。 ⅲ）サイン性を活用した色彩 橋はその性格上地域のランドマークとしての付加価値もあわせ持っている。地元の人たちが誇りを持つ，我がまちを代表する顔としてメッセージを発信する橋の色彩も必要な場合がある。 ⅳ）素材・形態とマッチした色彩 色彩の良し悪しは素材との関係を抜きにして評価できない。また形態との関係では，シンプルな鈑桁，優美なアーチ橋などそれぞれの形態に相応しい，しかもそれらのイメージを活かした色彩選定が必要である。 ⅴ）安全性を配慮した色彩

(2) 橋の色彩

　橋は景観を構成する要素として重要な意味を持つ構造物である。橋が景観形成に大きなインパクトを与えることを考え，その色彩計画は細やかな配慮のもとに計画的に実施する必要がある。

　塗装は，色彩選択の自由度が大きく，周辺環境から橋を引き立たせること（強調），周辺環境に橋を溶け込ませること（融和），さらには都市部などで汚れにくい，あるいは汚れを目立たせないようにすること等，橋の置かれた架橋条件やその位置づけに応じて比較的自由に色彩設計を行うことができる。

　なお，次に示す色相及び近似のオレンジ色や黄色の色相は，鉛・クロムを含む着色顔料が使用されるため環境への配慮からその使用が制限される。このため，これらの色相を用いる場合には有機着色顔料を用いなければならない。有機着色顔料は，従来の鉛・クロムを含む着色顔料より隠ぺい力が劣るので，隠ぺい性の劣る有機顔料を用いなければならない制限色の例（**付Ⅱ－8.**）に示されるような塗装色は適用しないことが望ましい。

(3) 色彩設計の手順

　道路橋の色彩設計は，対象となる橋に対する与条件を確認整理することからはじまる。すなわち，はじめにその橋の概要（架設場所，規模，形態等）と橋に求められる機能（目的）について明確にし，色彩設計の計画を立てなければならない。

　以下色彩設計の一般的な手順を示す。

1) 調査解析

　与条件の確認を踏まえて，架設場所の環境特性・施設特性・ヒューマンファクターなど色彩選定に影響すると思われる各種の情報を収集し，その意味合いと橋の色彩との関連性を分析する。

2) 基本方針の立案

　調査・解析結果を総合的に判断して，コンセプトすなわち橋のあるべき姿（方向性，イメージ）を組み立てる。

3) 色彩設計

　コンセプトを色彩の見せ方・調和のさせ方など色彩の知見やセンスを駆使して，カラースキム（色彩，配色）に置き換える。

色彩設計の過程においてカラーシミュレーションが大きな役割を果たす。コンピューターを用いたカラーシミュレーションの方法には多くの種類があるが，橋の色彩計画として実績のあるものを選ぶ必要がある。例えば，国土交通省版景観シミュレーションシステムは，国土交通省国土技術政策総合研究所のホームページ[24]]からダウンロードできる多くの機能を持つ対話型のシステムである。

　色彩設計においては，橋の量感が大きな意味合いをもつ。色彩は塗装面積の大小によりその見え方が異なるため検討段階において，現場に大きな色パネルを展示して関係者で確認するなどの検討も重要である。

(4) 美観の保持

　塗膜の汚れが著しい場合には塗替えまでの間に適宜水洗いを行うことが望ましい。塗膜は通常の場合定期的に水洗いを行うことで長期にわたり色彩の美しさを保つことができる。

　塗膜の汚れには幾つかの種類があり，その特性に応じた洗浄方法を工夫するとよい。なお洗浄にあたっては，洗浄による塗膜への影響，環境への影響から洗浄の時期や排水処理に配慮する必要がある。

　近年，塗装面に対する落書きの被害が多くなっている。これを放置すると美観を損ねるだけでなく，周辺住民からも苦情が寄せられることになる。

　外観上好ましくない落書き対策としては，鋼面及びコンクリート面等の上に塗装して，スプレー塗装やマジックインク等により落書きされても，はじきを生じて均一な絵柄を与えないようにする落書き対策塗料が実用化されている。そのほかにも落書きを容易に除去できる機能を持つ塗料も開発されている。

(5) 塗替え時の色彩計画

　塗替えは塗色を変更する良い機会でもある。新設時に塗り色をよく検討していても，その後周辺の景観が変わったり，住民の要望から塗り色を変更したいことがある。

　塗替えの際には，必要ならば色彩設計を行い上塗り及び中塗り塗料の色は，専門家の意見を聞くなどして決定することが必要である。塗替えの場合には，既にある構造物とその色彩がどのように評価されているかを確認することから，色彩設計をはじめることになる。塗替えの色彩設計は，都市の変貌や周辺環境の変化

をとらえ，住民や都市計画者の希望を考慮する必要がある。
　塗替え時の色彩設計は新設時の色彩計画と同様であるが，色彩を変更する場合や周囲の景観に適合しないと判断された場合は，大規模構造物はもちろん小規模のものでも色彩に関する専門家に相談するのがよい。

第3章 構造設計上の留意点

3.1 一般

　橋に施された塗装では，環境中の種々の因子によって塗膜が劣化するので，周期的に塗替え塗装を行って塗膜の性能を維持する必要がある。したがって，構造物の設計にあたっては，塗膜の点検や塗替え作業が十分に行えるようにするとともに，点検や塗替えを行うために必要な処置を行う必要がある。構造細目の設計においても，塗膜の早期劣化をもたらす漏水や滞水が生じないようにするとともに，塗膜厚不足が生じることなく良好な塗装の施工品質が確保されるようにする必要がある。

3.2 構造細部の留意点

3.2.1 腐食対策

　塗装を施す橋の構造設計に際しては，素地調整及び塗装作業を行うための十分な作業空間の確保，塗装しにくい狭あい部の排除，泥・じんあいの堆積防止及び滞水を防ぐための配慮が必要である。腐食対策として配慮すべき項目の代表的な例を以下に示す。

　なお，この便覧ではあくまで各防食法について標準的な条件下において本来具備する防食性能や耐久性が発揮されるための方法について記述していることから，個々の橋の条件や塗装に要求する性能に対しては必ずしも最適な方法であるとは限らず，場合によっては性能に過不足が生じることもあるので十分注意する必要がある。

　したがって，防食の設計，施工にあたってはこの便覧の内容を参考にするとともに個々の条件に対して合理的となるように十分検討し，適当な方法となるようにすることが重要である。

ⅰ）部材角部の面取りをする。

　　部材の自由縁となる角部は，膜厚の確保がしにくい箇所である。塗装の寿命

を高めるために，部材角部は面取りを行うことが重要である。一般部と同等の塗膜性能を得るためには，半径 2R 以上の曲面仕上げを行うことが望ましい。角部の曲面仕上げの例を図－Ⅱ.3.1 に示す。

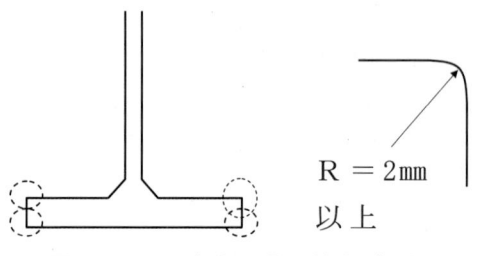

図－Ⅱ.3.1　角部の曲面仕上げの例

ⅱ）ブラストなどの素地調整作業及び塗装作業が容易に行える構造とする。

　溶接部では，ビード表面の不規則な凹凸，アンダーカットやオーバーラップがあると適正な塗膜厚が確保できないおそれがある。溶接部の外観は，疲労耐久性の観点から十分な品質管理が行われるが，防食上も重要である。特に，スカラップ部や溶接線の交差部では溶接形状が不規則になりやすいため注意が必要である。

　ブラスト及び塗装の際，ノズル先端が被塗面に直角になるようにする必要がある。

　エアレススプレーガンは，被塗面に平行に動かし常に被塗面に対し垂直に保つことで周囲への飛散の低減と塗装のむらを少なくすることができる。距離は 30cm 〜 40cm 位が塗着効率が良い。エアレススプレーの施工条件の例を図－Ⅱ.3.2 に示す。

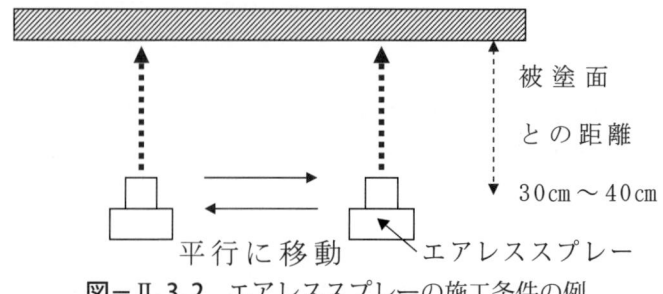

図－Ⅱ.3.2　エアレススプレーの施工条件の例

ⅲ）スカラップ及び切り欠きは薄板の場合 50 mm程度，厚板の場合はそれより大きくすることが望ましい。
ⅳ）狭あい部をなくす。
ⅴ）桁端部の風通しを良くする。
ⅵ）泥，じんあいの堆積及び滞水を防止するとともに，水はけを良くする。
ⅶ）床版，伸縮装置，排水管からの漏水を防止する。
ⅷ）排水管は，排水桝からなるべく鉛直に下ろし鋼部材最下端からの突出長を十分確保する。
ⅸ）横引き構造の排水装置とする場合は，十分な排水勾配を付けて大口径の管を使用し管のジョイントからの漏水対策を行う。
ⅹ）床版に水抜き孔を設ける場合は，ホースなどにより鋼桁に直接排水がかからない位置まで確実に導水する。
ⅺ）非排水型伸縮装置を使用する。
ⅻ）高力ボルト接合継手にトルシア型高力ボルトを用いる場合，ピンテール跡が鋭利な形状をすることが多く，塗装を行う場合そのままでは塗料が十分に付きにくい。この場合にはピンテール跡を**写真－Ⅱ.3.1** に示すようにグラインダーや専用加工機などで平滑に仕上げることで，通常のボルト頭やナット部と同等の塗装品質が確保できる表面性状とすることができる。

仕上前　　　　　　　仕上後

写真－Ⅱ.3.1 専用加工機によるピンテール跡の仕上げの例

3.2.2　作業空間の確保

塗装の作業用足場は，各部の塗装作業がやりやすく良好な施工品質が確保できるように配置する必要がある。

橋の下方や側方に道路，鉄道，建築物などがある場合は，それらの施設の利用形態を損なわずに作業用足場を設置できるだけの空間が確保できるように，平面線形や縦断線形を設定する。

既設の橋では，橋台や橋脚の付近で局部的に部材間隔が狭くなり，片手を挿入して作業することさえできないことがある。構造設計の段階から腹板やフランジを切欠いたり，沓座の高さを大きくするなどして作業空間を確保する必要がある。

箱桁や鋼製橋脚，トラス橋の弦材や斜材，アーチ部材などの閉断面の部材で，部材寸法が小さいため部材内側の作業空間が確保できない箇所が生じた場合には，当該箇所を完全密閉してさびが進行しないようにする必要がある。

3.2.3　部材の角部の処置

部材の角部がガス切断や切削仕上げにより鋭いエッジになっていると，塗料が十分に付着せず塗膜が薄くなることから早期に発せいしやすくなる。そのため，専用加工機やグラインダにより角部の面取りを行うとともにその部分を先行塗装する必要がある。一般部と同等の塗膜性能を得るためには，2R以上の曲面仕上げを行うことが望ましい。部材角部の先行塗装の例を**写真－Ⅱ.3.2**に示す。

写真－Ⅱ.3.2　部材角部の先行塗装の例

3.2.4　漏水や滞水の防止

　塗膜は，水にぬれている時間が長いほど劣化が早くさびが発生しやすくなる。桁端に設置されている伸縮装置からの漏水によって，主桁や横桁，支承が著しく腐食している例が多いことから，二重に止水工を施すなどして伸縮装置からの漏水を完全に防ぐことが必要である。なお伸縮装置には原則として非排水型のものを用いる。

　箱桁や鋼製橋脚などの閉断面部材で完全には密閉できないものについては，できるだけ内部に雨水が入らないように連結部の隙間をシール材などで塞いだり，部材表面を流れる伝い水が連結部などの隙間から浸入しないよう配慮するとともに，結露水や外部から吹き込んだ水などが滞水しないように水抜孔を設ける必要がある。

3.2.5　附属施設の設置

　塗装用作業足場を安全に設置するため，桁や鋼製橋脚の梁に足場の吊り元用のピースを設置しておくなど，塗装の維持管理に必要となる附属施設については設計段階でこれらについて十分な検討を行う必要がある。特に，フランジ幅の広い箱桁や桁高の大きいトラス橋などでは，作業足場の設置作業が容易でないので作業足場の構造を決めたうえで必要な吊り元用ピースを設置しておく必要がある。また，海上長大橋などでは，部材各部に近接する作業が大がかりとなることが多く，塗膜点検時に必要に応じて併せて局部補修塗りを行う場合がある。このような場合には，点検と塗装作業を行える点検作業車等の装置を設置することが望ましい。

　箱桁や鋼製橋脚などの閉断面部材には，内面塗装の塗替えを行うために必要なマンホールや換気孔を適切な位置に設置する必要がある。

第4章　製作・施工上の留意点

4.1　一般

　防食下地に無機ジンクリッチペイントを用いた重防食塗装系は，防食性と耐久性に優れるため鋼道路橋の塗装に関するライフサイクルコストを低減する目的で採用されるが，その性能を確実に発揮させるためには，良好な塗膜の品質が確保されなければならず，このため原則として現場連結部を除く全ての塗装工程を工場で行う全工場塗装方式とするのがよい。全工場塗装で良好な塗膜を得るために必要な計画，施工，出荷・輸送，現場工事，現場補修塗装及び品質管理について留意すべき点を以下に示す[24)][25)]。

　なお，ここでは標準的な条件において一般的に良好な塗装品質が確保できると考えられる方法や留意点について記述していることから，条件によってはこの便覧に示す方法によることが必ずしも最適でないこともある。したがって，個々の橋の製作・施工にあたっては，この便覧の記述を参考にそれぞれの条件に対して十分な検討を行う必要がある。

(1) 施工時期（工期）

i) 塗装は，製作の最終工程であるため，前工程の遅れや輸送・架設工程の制約によって当初予定した工程期間の確保が困難になるなど，工程的な制約を生じやすいが，良好な施工品質を確保するためには適切な塗装間隔や養生期間がとれるように工程計画を作成することが重要である。

　冬期には，気温の低下によって塗装間隔が長くなることも考慮する必要がある。

ii) 長期に工場保管すると現場での架設までに塗膜表面が退色し，連結部の現場塗装部分と色調差が生じる。このような場合には，色によって差が目立ちにくいものと目立つものがあるので，それを踏まえて色調を選定するのが望ましい。

(2) 構造形式

　鉄筋コンクリート床版を有する I 桁橋では通常現場で支保工や手延べ機械などの架設機材を用いて I 桁の組み立てを行うため，現場連結部や支保工の支持点な

ど多数の現場塗装部が生じ，また架設中の塗膜損傷も生じやすい。確実に良好な塗膜品質が得られるよう，部材分割の方法や支保工の工法，形状の工夫など事前に十分な検討が必要である。

　鋼コンクリート合成床版やプレキャストプレストレストコンクリート床版と少数主桁を組み合わせた構造では，現場での型枠設置が不要であり，かつ構造がシンプルで部材数も少ない。これらの形式が採用された場合には，架設時における塗膜損傷の低減に有効である。

(3) 塗装系の選定

ⅰ) 輸送時や架設時の塗膜損傷対策としては，塗膜硬度の高い塗装系（エポキシ・ふっ素系など）を選択する。

ⅱ) 冬期施工では，乾燥性の良い塗料の選択や温風乾燥などによる塗装環境の改善などが必要である。

ⅲ) 高力ボルト接合継手の現場連結部接合面は，摩擦係数を確保するためにも本来塗装をする必要はないが，無塗装のままでは連結完了までにさび汁が周辺の上塗り塗膜を汚すおそれがあるので無機ジンクリッチペイントを塗付する。

　なお，コンクリート床版のジベル部なども同様な配慮が必要であるが，これらの部材は適切なブラスト処理や塗装の品質を確保することは困難であることから，これらの処置は架設までの一時的な防せいが目的である。

(4) 輸送・架設対策

　鋼橋の輸送や架設にあたってはクレーンによる吊上げ作業や，ジャッキによる仮支持，ワイヤーによる引き寄せなどの作業が必要になる。したがって吊り金具の位置や構造の決定にあたっては，輸送・架設計画に合せてできるだけ塗膜損傷の生じないようにしなければならない。

(5) 架設部材などの検討

　型枠支保工や架設足場用の吊り金具，あるいは維持管理設備設置用の金具などは，設置位置によっては塗装作業が困難になることから良好な塗装品質が得られない場合がある。また，架設後に撤去する場合にも撤去跡が平滑でないとその部位の塗膜が弱点となることがある。このように架設部材などの設置にあたっては，その部位が将来の塗替え塗装や塗膜の弱点にならないような検討が必要である。

4.2 罫書き

　部材へのマーキングには，できるだけ油性ペイントの使用を避け，油性ペイントを用いる場合には当該部位の塗装工程前に必ず除去する必要がある。これは，油性ペイントの除去が不完全であると塗膜の膨れ，はがれなどの塗膜欠陥を生じることがあることによる。
　なお，孔あけ後の孔周辺のまくれ（カエリ，バリ）は，適切な下地処理の妨げになったり，塗膜厚の確保が困難になるなど塗装上の弱点となるため，グラインダ等で完全に除去する必要がある。

4.3 溶断・溶接

（1）溶断部の施工
　部材の溶断部では表面が平滑にならず，特に部材縁では鋭いエッジとなりやすい。部材を組み立てた後，溶断部は必要に応じて仕上げを施すなどによって所定の塗装品質が得るために必要な平滑さを確保する必要がある。また，鋭いエッジの角は2R以上の面取りを行う必要がある。
（2）溶接部の施工
　溶接部は一般部に比べて塗膜欠陥が生じやすく早期に発せいする傾向が見られることから，下記事項に注意して適切な処置を施してから塗料を塗付する必要がある。なお，溶接継手の品質は，道示Ⅱ鋼橋編で示されている事項を満たす必要があることに注意する。
ⅰ）溶接部を溶接直後に塗装すると膨れを生じることがある。これは溶接部に溶解した水素が後日ビード表面より放出されることによって生じる水素膨れである。水素膨れを防止するには，溶接直後に塗装することを避け，水素が十分放出されてから塗装を行えばよい。やむを得ず溶接直後に塗装する場合は，溶接部を加熱して水素の拡散放出を早め，溶接部に残存する拡散水素を少なくしてから塗装する必要がある。なお，加熱温度は，鋼材の材質に影響の無いように十分注意して行わなければならない。

本州四国連絡橋公団の「鋼橋等塗装基準（平成2年4月）」では，溶接部の水素放出時間を表-Ⅱ.4.1のように定めている。

表-Ⅱ.4.1 溶接部の水素放出時間

溶接棒の種類	自動放出の場合		加熱による放出の場合（ビード面の加熱）
	油性以外の塗装系	油性塗装系	
低水素系（含自動溶接）	70時間以上	20時間以上	300℃で15分
イルミナイト系	200時間以上	100時間以上	300℃で30分

ⅱ) 補剛材・ガセットなどの隅肉溶接部始終端部のまわし溶接部は，表面に凹凸ができやすいため特に注意し，アンダーカット・オーバーラップなどの溶接傷が生じないようにするとともに，所定の塗装品質を得るのに必要な程度の平滑さを確保する必要がある。

ⅲ) 溶接ビード部に付着した溶接スラグ及びアンダーカット・オーバーラップ・ピットは塗装の不具合の原因となるので，塗装前にビード不整を整形したり，異物や表面の傷を取り除く必要がある。

4.4 工場塗装

工場塗装では，塗膜性能を確実に発揮できる施工品質が確保されるよう，適切な施工と施工管理並びに品質管理・検査を行う必要がある。そのため，塗装施工管理体制，検査などの品質管理体制を十分に整備して施工を行うことが重要である。

(1) 組み立て記号マーキング

架設用組み立て記号を記入する場合はアルミ箔シールに部材名称，方向などを記入したものを貼り付けるとよい。また，状況によって現場架設後に剥がせるように連結部近傍に貼り付けることも考慮する必要がある。

ボルト孔などを利用して針金などでラベルを取り付ける場合があるが，この場合には針金やラベルによって塗膜が損傷することがあるので注意する必要がある。

(2) 仮支持部の接触面対策

　工場で塗装する場合，部材ブロックと仮支持用ばん木が当たる部分の塗装は，ばん木当たり部の塗膜が損傷したり，補修部分とほかの一般部との仕上がりに違和感を生じることもあるため注意が必要である。このばん木当たり部の塗膜損傷を防止するためには，例えば，5mm程度の厚さのゴムシートに0.3mm程度の厚さのポリエチレンシートを重ねて，その上に塗装されたブロックを置くなど，ばん木上に直接部材ブロックが接触しないよう保護シートを置くことが有効である。このように仮支持にあたって接触部を保護する場合の注意事項を下記に記す。

ⅰ）単位面積当たりの荷重を少なくするために，接触面はできるだけ大きくする。

ⅱ）塗膜の強度を確保するために，塗装完了後，ばん木当てまでの乾燥時間はできるだけ長く取る（1週間程度が望ましい）。

ⅲ）塗装が完了した部材ブロック面に，雨水などが浸入すると，ばん木当たり部に雨水が長時間滞留する可能性があり，塗膜に膨れなどが生じることがあるので十分な注意が必要である。

ⅳ）合成樹脂シートには可塑剤が多く含まれるものがあり，保護シートにこれを使用すると塗膜に可塑剤が移行する場合がある。可塑剤が塗膜に移行すると，塗膜がもろくなったり，耐候性が低下したり，つや引けや膨れなどが生じやすくなることから可塑剤を使用したシートを塗膜に接触させてはならない。

4.5　摩擦接合部の処理

　高力ボルト継手の摩擦接合部は，従来無塗装であったが全工場塗装方式では，工場保管，架設中のさび汁による塗装面の汚れを防止するため，連結板，母材，フィラープレートは無機ジンクリッチペイントを塗装する。

　無機ジンクリッチペイントのみでは長期の防食性は確保できないため，摩擦接合部の無機ジンクリッチペイントを施工する工場塗装から現場での塗装までの塗装間隔は1年以内とする。工場塗装と現場塗装までの間隔が長くなる場合には工程を調整して塗装間隔が1年を越えないようにする必要がある。やむを得ず現場塗装までの期間が1年以上となる場合は，無機ジンクリッチペイント塗膜を保護

するためにシート養生などを行うなどを検討する必要がある。

4.6 輸送・架設

4.6.1 保管・輸送
(1) 保管

　塗装後の部材を保管する場合は屋内で保管するのがよいが，多くの場合，屋内で十分なスペースが確保できないため屋外保管となる。屋外での長期保管は，塗膜表面が退色し，連結部の現場塗装部分と色調差が生じることもある。また，変性エポキシ樹脂塗料内面用を，直射日光にさらされる部位に適用する場合，紫外線によって変色することがある。変色は塗膜の表層のみのため，通常は塗膜性能には影響しないが，塗膜損傷を防止する観点からも工場塗装後，架設までの期間はできるだけ短くするように計画する必要がある。

1) 養生

　塗装後の部材保管では塗膜保護のためにシートによる養生を行う場合があるが，その方法については部材の大きさや形状・範囲について，工程なども考慮して事前に十分な検討が必要である。屋外保管の場合には，もらいさび，スプレーダスト，粉じん及び飛来塩分などの付着を防止するためシート養生を行うことがあるが，部材とシートとの摩擦による塗膜損傷，水分のこもりによる塗膜変状に注意が必要である。

　塗装部材では，塗装の施工後，輸送に耐える塗膜の硬さが確保できるまで乾燥養生する必要がある。

2) 保管架台

　屋外での保管では，架台に段差を付けて部材に勾配がつくようにするなどによって，雨水，土砂，ほこり等が，できるだけたまらないように配慮しなければならない。保管架台は，部材が泥の跳ね返りや地面からの水分の影響を受けないような高さとする必要がある。なお，大形部材の保管架台では，特に安全性に配慮してその配置や高さを計画しなくてはならない。

3) ばん木

　保管架台上にばん木を用いる場合は，塗装が完了した部材ブロック面に，雨水などが浸入すると，ばん木当たり部に雨水が長時間滞留する可能性があり，塗膜に膨れなどが生じることがあるので十分な注意が必要である。

4) 小物部材の保管等

　横桁，対傾構等小物部材を段積み保管する場合，部材間で塗装部が相互に直接接触しないように支持し，支持部では緩衝材によって塗膜を保護する必要がある。また積み重ね段数は，支持点の荷重によって塗膜が損傷しないように設定しなければならない。さらに荷崩れなどによる塗膜の損傷防止のために適当な重量で結束する必要がある。パレットに搭載する場合も同様である。

(2) 輸送

1) 部材清掃

　工場内に塗装した部材を保管していて汚れが目立つ場合，現地への輸送に先だって設備的にも有利で作業性もよい工場において水洗いなどによって清浄な状態にしておくのがよい。

2) 付着塩分

　現場塗装部に塩分が付着していると塗膜の層間付着性が低下するため，海岸地域に保管してあった場合や海上輸送を行った場合，その他臨海地域を長距離輸送した場合など部材に塩分の付着が懸念される場合には，付着塩分量の測定（**付Ⅱ－1.**）を行い NaCl が $50mg/m^2$ 以上のときは水洗いする必要がある。

3) 積載

　部材は，振動や衝撃によって塗膜が損傷を受けないよう安定して積み込み，部材同士や部材と緩衝材とがこすり合わないように固縛する必要がある。ロープ，ワイヤーなどで固縛する場合は，緩衝材を用いて塗膜の損傷を防がなければならない。

4) シート養生

　トレーラーを使用して輸送する場合において輸送中に泥跳ねが生じるおそれがあるときには，輸送車輌の車輪部分をシート養生する（**写真－Ⅱ.4.1**）必要がある。また海上輸送を行う場合には，少なくとも輸送後水洗いなどによる付着塩分の除

去が困難な部位はシート養生を行い塩分の付着を防止する。例えば鋼桁のボルト継手部や箱桁内部は清掃がしにくいため輸送中に塩分が付着しないように養生するのがよい（**写真－Ⅱ.4.2**）。

写真－Ⅱ.4.1　トレーラーのシート養生　　**写真－Ⅱ.4.2　箱桁開口部のシート養生**

5）荷積み・荷降ろし

　荷積み・荷降ろしは，主桁吊りピースなど所定の位置で玉掛けするなどあらかじめ定めておいた方法によって行い，塗膜に損傷が生じないようにしなければならない。玉掛けワイヤーの取り付け撤去時は，塗膜を傷つけやすいため特に細心の注意をする必要がある。

　専用の吊り金具によらず部材の吊上げ作業を行う場合には，ナイロンスリングを用いるか，やわらを用いて塗膜に損傷を与えないようにする。このことは保管，輸送，架設など全ての工程における部材のハンドリングに共通するのでこれらに留意して作業を行う必要がある。

4.6.2　架設時の養生

　架設中は塗膜に傷がつきやすいので，下記に示す傷を付けない工夫や段取りなどの配慮が必要である。

（1）仮置

　部材支持は，可能な限り連結部などジンクリッチペイント部分とするが，塗膜面で支持する場合を含めて緩衝材を用いる。

(2) さび汁対策

　仮止めボルト，ドリフトピンは溶融亜鉛めっき処理したものを使用する。また，仮設機材を点検してさび汁発生要因を事前に排除する。

(3) 油対策

　架設時には油圧機械や燃料油・潤滑油などに起因する油が塗膜に付着する可能性がある。架設にあたっては仮設機材などの点検を励行して，油漏れを防止する。また，もし塗装面に油が付着した場合には速やかにこれを除去する。

(4) 緩衝材

　足場チェーン，グリップ，バイス，ワイヤーなどと部材との接点には，緩衝材を挿入して塗膜損傷を避ける。支保工の部材との接点には緩衝材を挿入する。

(5) コンクリート打設時の注意

　現場打ちコンクリート床版の打設時などに，型枠から漏れ出すセメントミルクが塗装にかかることが予想される場合は，あらかじめテーピングによりセメントミルクの漏出防止を図る。施工中にセメントミルク流出が確認された場合は塗装に付着しないよう速やかに拭き取り又は洗浄する。

4.6.3　連結部の塗装仕様

(1) 現場ボルト接合部の塗装

　外面及び内面の現場ボルト接合部には，**表－Ⅱ.4.2**，**表－Ⅱ.4.3** に示す塗装系 F-11, F-12 を適用するのがよい。

ⅰ) C-5 塗装系の場合には本締め後，現場塗装までの間にさびが発生するのを防ぐため防せい処理ボルトを使用するのがよい。トルシア型高力ボルトを用いる場合，ピンテール跡が鋭利な形状となることが多く塗膜が十分に付きにくいので，ピンテール跡はグラインダで平滑にする必要がある。最近では鉄粉を吸引して飛散を防止するピンテール破断面の専用工具が実用化されている（**写真－Ⅱ.4.3**）ので参考にするとよい。

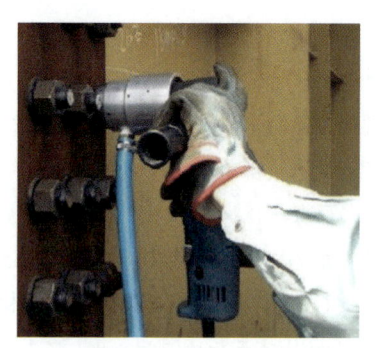

写真－Ⅱ.4.3　ピンテール破断面処理状況

ⅱ）部材を高力ボルトで接合する継手部は，架設現場で部材の接合後に素地調整を行って塗装する。素地調整は動力工具処理（ISO St 3）とし，主に高力ボルト部・損傷部・発せい部を対象とする。無機ジンクリッチペイントが塗装された連結板は，汚れの除去と表面の活性化を行う程度とする。長期間暴露された場合，塩分など付着物を水洗いやシンナー拭きで除去した後，サンドペーパーで軽く面粗しする必要がある。

ⅲ）現場連結部は，塗料が付きにくく一般部に比べ塗膜の弱点となりやすい。このため，現場接合の後の塗装には，塗装作業の不十分さを補う意味や，長期耐久性に必要な膜厚確保のため超厚膜形エポキシ樹脂塗料を塗装する必要がある。
　高力ボルトは形状自体に凹凸が多いうえにボルト間隔が狭いのでネジ部に生じたピンホールや，膜厚確保が難しいナット角部などからさびが生じるケースが見られる。高力ボルトは小ばけを用いて細部まで十分に塗料を塗りつける必要がある。塗装作業（塗装作業時の気温，湿度の制限・塗料の準備・塗装時における被塗面の状態の制限と処置を含めた作業手順）は工場塗装に準じて行う。ミストコートは，添接板のみでなくボルトにも塗装する必要がある。
　内外面に超厚膜形エポキシ樹脂塗料を適用することで防食性の向上と工程短縮を図ることができる。

ⅳ）現場塗装は，十分な養生を行いスプレー塗装が望ましい。施工の制約がありスプレー塗装ができない場合は，はけ塗り又はローラー塗りとする。下塗りの超厚膜形エポキシ樹脂塗料は，はけ塗りの場合必要膜厚が1回では得られない

ので2回塗りする必要がある。また，はけ又はローラー塗りでの塗膜外観は凹凸が著しく劣るが，膜厚が確保されていれば問題はない。

v）現場継手部の部材端（こば）は，工場塗装が十分に行われなかった場合や架設時の損傷等によって，架設後部材の突き合わせ部に生じる隙間のうち添接板に覆われない部分から，**写真－Ⅱ.4.4**にようなさびを発生することがある。このようなさび発生を防ぐためにも継手部の部材端（こば）には工場塗装時に塗装をしておくことが望ましい。特に箱桁等の閉断面部材のボルト継手部に生じた隙間は，内部への漏水を防止するためにシールしておくことが望ましい。シール材を使用する場合は，耐久性や塗料との密着性に配慮し材料を選定する必要がある。

写真－Ⅱ.4.4　現場継手部のさび

(2) 現場溶接部の塗装

外面及び内面の現場溶接部には，**表－Ⅱ.4.4**，**表－Ⅱ.4.5**に示す塗装系 F-13，F-14 を適用するのがよい。

ⅰ）現場溶接部は，一般部と比べて劣化が早い事例が多く見られる。これは動力工具処理では十分な素地調整が行えないためと考えられ，素地調整はブラスト処理を原則とした。最近では，ブラスト処理と同等の除せい度が得られるブラスト面形成動力工具も開発されている。施工面積が小さい場合は，このような工具の適用を検討するとよい（**写真－Ⅱ.4.5**）。

写真−Ⅱ.4.5　ブラスト面形成動力工具の施工状況

ⅱ）現場溶接部近傍は，溶接や予熱による熱影響で塗膜劣化する可能性があるので未塗装とする。未塗装範囲は熱影響部のほか，自動溶接機の取り付けや超音波探傷の施工などを考慮して決定する。また未塗装範囲は発せい対策のため無機ジンクリッチプライマー又は無機ジンクリッチペイント塗付することが望ましい。

ⅲ）現場溶接部の塗装はスプレー塗装が望ましい。スプレー塗装にあたっては十分な換気が必要である。

　　施工上の制約があり，スプレー塗装ができない場合は，はけ塗り又はローラー塗りとする。なお，防食下地の有機ジンクリッチペイントや下塗の超厚膜形エポキシ樹脂塗料は，はけ塗りやローラー塗りでは必要膜厚が1回で得られないので2回塗りとする。

(3) A塗装系の現場連結部の塗装

　A塗装系の現場連結部には，表−Ⅱ.4.6，表−Ⅱ.4.7に示す塗装系F-15，F-16を適用するのがよい。

表-II.4.2　高力ボルト連結部の塗装仕様　F-11（一般部塗装系C-5）

	塗装工程	塗料名	塗装方法	使用量（g/m²）	目標膜厚（μm）	塗装間隔
製鋼工場	1次素地調整	ブラスト処理　ISO Sa 2 1/2				4時間以内
	プライマー	無機ジンクリッチプライマー	スプレー	（160）	（15）	6ヶ月以内
製作工場	2次素地調整	ブラスト処理　ISO Sa 2 1/2				4時間以内
	防食下地	無機ジンクリッチペイント	スプレー	600	75	1年以内
現場	素地調整	動力工具処理　ISO St 3				4時間以内
	ミストコート	変性エポキシ樹脂塗料下塗	スプレー（はけ・ローラー）	160（130）	—	1日〜10日
	下塗り	超厚膜形エポキシ樹脂塗料	スプレー（はけ・ローラー）	1100（500×2）	300	1日〜10日
	中塗り	ふっ素樹脂塗料用中塗	スプレー（はけ・ローラー）	170（140）	30	1日〜10日
	上塗り	ふっ素樹脂塗料上塗	スプレー（はけ・ローラー）	140（120）	25	

注）1：塗料使用量：スプレーとし，（＊＊＊）ははけ・ローラー塗りの場合を示す。
注）2：プライマーの膜厚は総合膜厚に加えない。
注）3：製鋼工場におけるプライマーは膜厚にて管理する。
注）4：母材と添接板の接触面は，製作工場の無機ジンクリッチペイントまで塗付する。
注）5：超厚膜形エポキシ樹脂塗料を適用することで防食性の向上と工程短縮を図ることが出来るが，一般面と比べて仕上がり外観は劣る。
注）6：防せい処理ボルトの場合は，添接板も含め高力ボルト頭部にミストコートから塗装する。
注）7：防せい処理ボルトを使用しない場合は，高力ボルト頭部に素地調整後，有機ジンクリッチペイント240g/m²×2回（はけ塗り，塗装間隔は1日〜10日）を塗装した後，添接板も含め，ミストコートから塗装する。

表−Ⅱ.4.3　高力ボルト連結部の塗装仕様　F-12（一般部塗装系 D-5）

塗装工程		塗料名	塗装方法	使用量 (g/m²)	目標膜厚(μm)	塗装間隔
製鋼工場	1次素地調整	ブラスト処理　ISO Sa 2 1/2				4時間以内
	プライマー	無機ジンクリッチプライマー	スプレー	(160)	(15)	6ヶ月以内
製作工場	2次素地調整	ブラスト処理　ISO Sa 2 1/2				4時間以内
	防食下地	無機ジンクリッチペイント	スプレー	600	75	1年以内
現場	素地調整	動力工具処理　ISO St 3				4時間以内
	ミストコート	変性エポキシ樹脂塗料下塗	スプレー（はけ・ローラー）	160 (130)	−	1日〜10日
	下塗り	超厚膜形エポキシ樹脂塗料	スプレー（はけ・ローラー）	1100 (500×2)	300	1日〜10日

注)1：塗料使用量：スプレーとし，（＊＊＊）ははけ・ローラー塗りの場合を示す。
注)2：プライマーの膜厚は総合膜厚に加えない。
注)3：製鋼工場におけるプライマーは膜厚にて管理する。
注)4：母材と添接板の接触面は，工場塗装の無機ジンクリッチペイントまで塗付する。
注)5：超厚膜形エポキシ樹脂塗料を適用することで防食性の向上と工程短縮を図ることが出来るが，一般面と比べて仕上がり外観は劣る。
注)6：防せい処理ボルトの場合は，添接板も含め高力ボルト頭部にミストコートから塗装する。

表−Ⅱ.4.4　溶接部の塗装仕様　F-13（一般部塗装系 C-5）

塗装工程		塗料名	塗装方法	使用量 (g/m²)	目標膜厚(μm)	塗装間隔
現場	素地調整	ブラスト処理　ISO Sa 2 1/2				4時間以内
	防食下地	有機ジンクリッチペイント	スプレー（はけ・ローラー）	600 (300×2)	75	1日〜10日
	下塗り	変性エポキシ樹脂塗料下塗	スプレー（はけ・ローラー）	240 (200)	60	1日〜10日
	下塗り	変性エポキシ樹脂塗料下塗	スプレー（はけ・ローラー）	240 (200)	60	1日〜10日
	中塗り	ふっ素樹脂塗料用中塗	スプレー（はけ・ローラー）	170 (140)	30	1日〜10日
	上塗り	ふっ素樹脂塗料上塗	スプレー（はけ・ローラー）	140 (120)	25	

注)1：塗料使用量：スプレーとし，（＊＊＊）ははけ・ローラー塗りの場合を示す。

表－II.4.5 溶接部の塗装仕様 F-14（一般部塗装系 D-5）

	塗装工程	塗料名	塗装方法	使用量（g/m²）	目標膜厚(μm)	塗装間隔
現場	素地調整	ブラスト処理 ISO Sa 2 1/2				4時間以内
	防食下地	有機ジンクリッチペイント	スプレー（はけ・ローラー）	600（300×2）	75	
	下塗り	超厚膜形エポキシ樹脂塗料	スプレー（はけ・ローラー）	1100（500×2）	300	1日～10日

注)1：塗料使用量：スプレーとし，（＊＊＊）ははけ・ローラー塗りの場合を示す。
注)2：超厚膜形エポキシ樹脂塗料を適用することで防食性の向上と工程短縮を図ることが出来るが，一般面と比べて仕上がり外観は劣る。

表－II.4.6 A塗装系の現場連結部の塗装仕様 F-15（一般部塗装系 A-5）

	塗装工程	塗料名	塗装方法	使用量（g/m²）	目標膜厚(μm)	塗装間隔
現場	素地調整	動力工具処理 ISO St 3				4時間以内
	下塗り	鉛・クロムフリーさび止めペイント	はけ・ローラー	140	35	1日～10日
	下塗り	鉛・クロムフリーさび止めペイント	はけ・ローラー	140	35	1日～10日
	下塗り	鉛・クロムフリーさび止めペイント	はけ・ローラー	140	35	1日～10日
	中塗り	長油性フタル酸樹脂塗料中塗	はけ・ローラー	120	30	2日～10日
	上塗り	長油性フタル酸樹脂塗料上塗	はけ・ローラー	110	25	

表－II.4.7 A塗装系の現場連結部の塗装仕様 F-16（一般部塗装系 D-6）

	塗装工程	塗料名	塗装方法	使用量（g/m²）	目標膜厚(μm)	塗装間隔
現場	素地調整	動力工具処理 ISO St 3				4時間以内
	下塗り	変性エポキシ樹脂塗料下塗	スプレー（はけ・ローラー）	240（200）	60	1日～10日
	下塗り	超厚膜形エポキシ樹脂塗料	スプレー（はけ・ローラー）	1100（500×2）	300	

注)1：塗料使用量：スプレーとし，（＊＊＊）ははけ・ローラー塗りの場合を示す。
注)2：超厚膜形エポキシ樹脂塗料を適用することで防食性の向上と工程短縮を図ることが出来るが，一般面と比べて仕上がり外観は劣る。

4.6.4 架設後の補修塗装

　塗膜が部材の運搬，架設の過程で局部的に損傷することは避けられない。また現地での塗装に際し作業足場の設置撤去時にも損傷することが多い。これらの損傷部には適宜はけ塗りの補修を行うが，この局部的な補修塗りを一般にはタッチアップ塗装と呼んでいる。

　輸送，架設中に発生した塗膜損傷部は，点検漏れが生じないよう十分な調査を行い，マーキングテープなどで識別しておく必要がある。塗膜損傷部のじんあい，汚れの付着はウェス等で拭き取る。補修塗装は損傷程度に応じて異なるが，補修塗装した部分と既存塗膜との間に段差が生じやすいので補修部分の周辺をサンドペーパーがけすることにより段差をなくすよう配慮する必要がある。また，塗装面積は最小となるよう心がける必要がある。補修塗装により工場塗装部と現場塗装部（連結部及び塗膜損傷部）との色調差が生じることがあるが防せい上は問題ない。美観上，外桁外面を補修塗装する場合には工夫が必要である。

　塗膜損傷は，引っかき傷，擦り傷，圧着傷，打ち傷に分類できるが，その補修は傷の深さにより対応は異なる。傷の深さによる補修方法施工例を図－Ⅱ.4.1に示す。

　箱断面部材の外面にやむを得ず現場溶接で排水金具や吊りピースを取り付けたり，吊りピースをガス切断した場合は，内面の塗膜が損傷していることが多いので注意を要する。

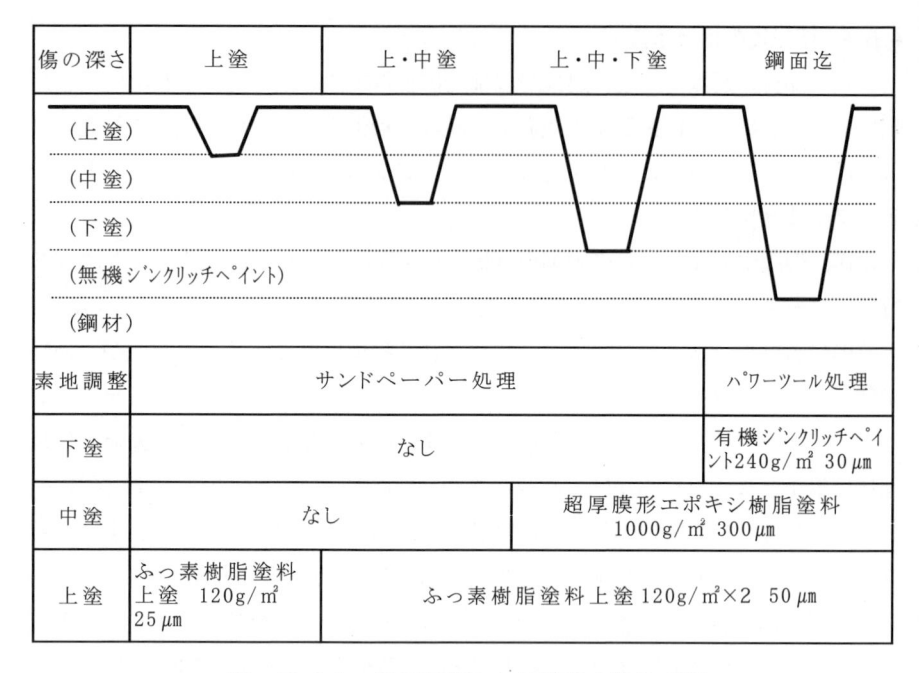

傷の深さ	上塗	上・中塗	上・中・下塗	鋼面迄
(上塗) (中塗) (下塗) (無機ジンクリッチペイント) (鋼材)				
素地調整	サンドペーパー処理			パワーツール処理
下塗	なし			有機ジンクリッチペイント240g/㎡ 30μm
中塗	なし		超厚膜形エポキシ樹脂塗料 1000g/㎡ 300μm	
上塗	ふっ素樹脂塗料 上塗 120g/㎡ 25μm	ふっ素樹脂塗料上塗120g/㎡×2 50μm		

図－Ⅱ.4.1 傷の深さによる補修方法施工例

第5章　新設塗装

5.1　一般

　鋼道路橋塗装の防食効果，外観，耐久性は施工の良否に負うところが大きい。したがって，施工は十分な管理の下で行う必要がある。

　施工に先立って施工計画書を作成し，作業内容を確認するとともに管理項目及び管理基準を明確に定め，施工中は記録や現場確認によって所定の品質，施工状態を保持するよう管理することが必要である。また，工程や安全にも十分配慮する必要がある。

5.2　新設塗装の施工

5.2.1　塗装工程

　新設する橋の塗装工程は，部材加工後の二次素地調整の方法により**図－Ⅱ.5.1**に示すⅠ型とⅡ型に大別される。

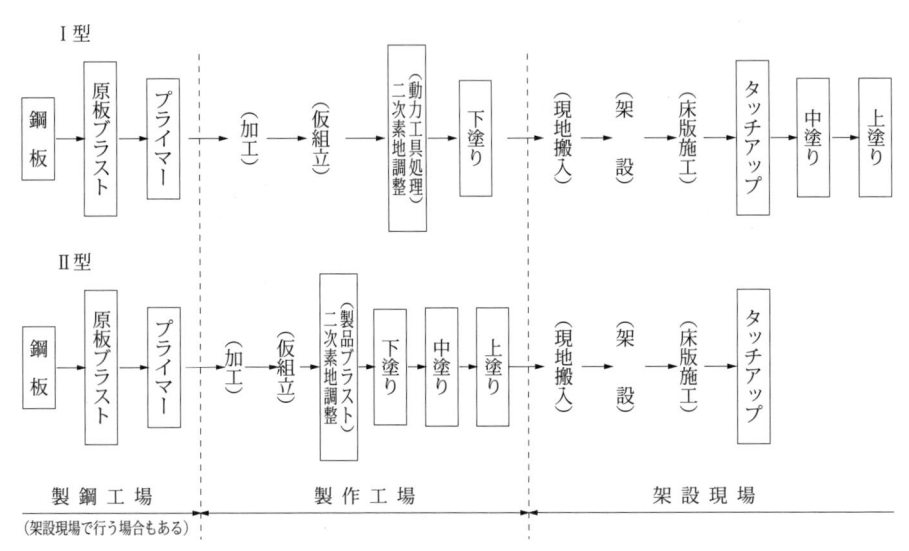

Ⅰ型

鋼板 → 原板ブラスト → プライマー → (加工) → (仮組立) → (動力工具処理)二次素地調整 → 下塗り → (現地搬入) → (架設) → (床版施工) → タッチアップ → 中塗り → 上塗り

Ⅱ型

鋼板 → 原板ブラスト → プライマー → (加工) → (仮組立) → (製品ブラスト)二次素地調整 → 下塗り → 中塗り → 上塗り → (現地搬入) → (架設) → (床版施工) → タッチアップ

製鋼工場　|　製作工場　|　架設現場
(架設現場で行う場合もある)

図－Ⅱ.5.1　塗装工程

Ⅰ型は原板ブラスト方式とも呼ばれ,主としてA-5,D-5,D-6塗装系に適用し次のように塗装作業を進める。
① 製鋼工場において原板ブラストを行って黒皮を除去し,長ばく形エッチングプライマーや無機ジンクリッチプライマーを塗付する。
② 製作工場において部材に加工した後,動力工具や手工具による二次素地調整を行い,下塗り塗料を塗付する。
③ 架設現場に部材を搬入し架設やコンクリート床版の施工を行った後,塗膜損傷部のタッチアップを行い中塗りと上塗りの塗料を塗付する。

Ⅱ型は製品ブラスト方式とも呼ばれ,主として下塗りに無機ジンクリッチペイントを用いるC-5塗装系に適用され,次のように塗装作業を進める。
① 製鋼工場において原板にブラストを行って黒皮を除去し,無機ジンクリッチプライマーを塗付する。
② 製作工場において部材加工を行った後,製品ブラストによる二次素地調整を行い防食下地から上塗り塗料までを塗付する。
③ 架設現場に部材を搬入し,架設やコンクリート床版の施工を行った後,塗膜損傷部を補修塗装する。

5.2.2 素地調整

塗膜性能を十分に発揮させるためには,塗装面に適切な素地調整を行う必要がある。

新設塗装時の素地調整の内容を**表-Ⅱ.5.1**に示す。

ブラスト処理は,主として原板処理や新設の工場塗装に適用される。仕上がりは,黒皮,さびなどは完全に除去されていることから,塗装下地として優れている。

工場塗装のブラストには,次の2種類がある。
ⅰ）工場製作前の原板に施工（原板ブラスト法）
ⅱ）工場製作後の部材に施工（製品ブラスト法）

ブラスト処理に用いる研削材は金属系研削材と非金属研削材に大別され,それぞれJIS Z 0311 ブラスト処理用金属系研削材,JIS Z 0312 ブラスト処理用非金属系研削材に規定されている。金属系研削材は主に工場施工で使用され,スチール

ショット，スチールグリットなどがある。非金属研削材にはガーネット・溶融アルミナ・銅スラグなどがあり主に現場で使用される。非金属系研削材の中で，従来多く使用されてきたけい砂は，けい肺など作業者の安全衛生上の理由によって2007年（平成19年）4月にJISから除外された。施工にあたっては，JIS規格品を使用するのが望ましい。

　研削材粒子の大きさと仕上がりの表面粗さとは関係があり，粒子が大きいと粗さは大きくなる。粗さが大きすぎると，その上に塗られる塗膜の膜厚が不十分になるおそれがあるので表面粗さは $80\,\mu m\ Rz_{JIS}$ 以下にすることが望ましい。

　ブラスト時の相対湿度が高く，鋼材と気温の温度差が大きいとブラスト処理した鋼材表面に赤さびが浮き出るターニング現象が生じる。このため，湿度が高いときはブラストを行わない。

　ブラスト加工された鋼材面は，さびの発生が早いのでブラスト後はできるだけ速やかに塗料を塗付する必要がある。屋根のある塗装室を設けブラストから塗装まで連続して作業ができるようにするのが望ましい。

　ターニングを防止するため，ブラスト施工時の環境湿度を85％未満，かつブラスト施工後から第1層の塗付作業を4時間以内とする管理を行う必要がある。ただし，大ブロックの施工や塗替え塗装などで処理面積が多く4時間以内の施工が困難な場合は，ブラスト施工を二回に分けて行うとよい。この場合，1次ブラストを施工したのち，全体に2次ブラスト（仕上げブラスト）を行い2次ブラストから4時間以内に第1層の塗装を行う。

　事前に現場の諸条件を十分に検討し施工計画を行い，ブラスト施工開始から連続的に湿度等の施工環境の管理を行い結露が生じないことを確実とし，見本帳との対比などでターニングしていないことを確認しながら施工を行う場合は，必ずしも4時間以内に作業を完了しなくてもよいが，その日の内に作業を完了する必要がある。

　ブラスト処理された鋼材表面には，研削材が食い込んでいることがあるので，圧縮空気やワイヤーブラシなどを併用して清掃し除去する。また，ブラスト後塗装前に赤さびが発生した鋼材は，ブラストをやり直さなければならない。

表−Ⅱ.5.1　新設時の素地調整

素地調整 の種類	方　　法	除せい程度 のISO規格	備　　考
1次素地調整	ブラスト処理 (原板ブラスト)	Sa 2 1/2	ブラスト後は直ちにプライマーを塗付*
2次素地調整	ブラスト処理 (製品ブラスト)	Sa 2 1/2	防食下地に無機ジンクリッチペイントを用いる場合に適用
加工後の部材の 素地調整	動力工具処理	St 3	A-5・D-5・D-6塗装系の場合，プライマーの損傷部と発せい部に適用 防食下地に無機ジンクリッチペイントを用いる場合は適用不可
スィープブラスト処理 (亜鉛めっき面用ブラスト)		Sa 1 程度	亜鉛めっきに塗装するための素地調整

＊：形鋼等は，製鋼工場での1次ブラスト・1次プライマーの施工ができないので製作・加工後に製品ブラスト後，防食下地を塗装する。

5.2.3　塗付作業

（1）塗料品質の確認

　塗装の開始前に使用する塗料の品質を確認する必要がある。

ⅰ）塗料は，製造後長期間経過すると密封した缶内でも品質に変化が生じることになるので，開缶時に皮張り，色分れ，固化などの変状の有無を確認する。

ⅱ）皮張りは，塗料の表層が乾燥膜となり皮が張った状態である。表面のみの薄い皮張り状態の場合は，皮を丁寧に取り除いた後に金網でろ過して使用する。著しく厚膜の皮張り状態の場合は使用を避ける。

ⅲ）色分れは，着色顔料が表面に浮くように分離している状態である。色分れは十分かくはんすることによって一応解消するが，1〜2時間後に再分離したり，塗付後に色分れが生じることもあるので，かくはん後の再確認や試験塗りによって使用の可否を判定する。

ⅳ）固化（ゲル化）は，塗料が流動性を失ってぼてぼてした状態やこんにゃく状に固まっている状態であり，このような状態になった塗料は使用できない。

（2）塗料のかくはん

　塗料を使用する際は，かくはん機やかくはん棒を用いて十分にかくはんして，缶内の塗料を均一な状態にする必要がある。

　多液形塗料や高粘度塗料のかくはんは，塗料を均一化させ乾きむらを防止するためかくはん機を用いることが望ましい。

(3) 可使時間

　塗料は，可使時間を過ぎると性能が十分でないばかりか欠陥となりやすいので，可使時間を守る必要がある。

ⅰ) 多液形塗料は，使用直前に主剤，硬化剤，金属粉などを混合して用いるが，混合後は徐々に反応が進行して固化するので可使時間内に使用しなければならない。

ⅱ) 可使時間は塗料の種類や温度によって異なるので，混合後の使用時間に十分注意する。表－Ⅱ.5.2に多液形塗料の可使時間を示す。

表－Ⅱ.5.2　多液形塗料の可使時間

塗料名	可使時間(時間)
長ばく形エッチングプライマー	20℃，8以内
無機ジンクリッチプライマー 無機ジンクリッチペイント 有機ジンクリッチペイント	20℃，5以内
エポキシ樹脂塗料下塗 変性エポキシ樹脂塗料下塗 亜鉛めっき用エポキシ樹脂塗料下塗 弱溶剤形変性エポキシ樹脂塗料下塗	10℃，8以内 20℃，5以内 30℃，3以内
変性エポキシ樹脂塗料内面用	20℃，5以内 30℃，3以内
超厚膜形エポキシ樹脂塗料	20℃，3以内
エポキシ樹脂塗料下塗(低温用) 変性エポキシ樹脂塗料下塗(低温用) 変性エポキシ樹脂塗料内面用(低温用)	5℃，5以内 10℃，3以内
無溶剤形変性エポキシ樹脂塗料	20℃，1以内
無溶剤形変性エポキシ樹脂塗料(低温用)	10℃，1以内
コンクリート塗装用エポキシ樹脂プライマー	20℃，5以内
ふっ素樹脂塗料用中塗 ふっ素樹脂塗料上塗 弱溶剤形ふっ素樹脂塗料用中塗 弱溶剤形ふっ素樹脂塗料上塗	20℃，5以内
コンクリート塗装用エポキシ樹脂塗料中塗 コンクリート塗装用柔軟形エポキシ樹脂塗料中塗 コンクリート塗装用ふっ素樹脂塗料上塗 コンクリート塗装用柔軟形ふっ素樹脂塗料上塗	30℃，3以内

ⅲ）多液形塗料の中には，混合後一定の熟成時間をおいて塗料を熟成させてから使用するものがある。ただしこの便覧で扱う多液形塗料では，配合技術などの進歩により十分な混合がされれば，熟成時間をとらなくても粘度が安定し塗装作業に問題がなく，塗膜性能に影響がないことが確認されたため熟成時間の管理は特に行わないこととした。

(4) 粘度と希釈

塗料を，塗装作業時の気温，塗付方法，塗付面の状態に適した塗料粘度に調整する場合は，塗料に適したシンナーで適切に希釈する必要がある。

塗料ごとに適正なシンナーは異なる。適正でないシンナーを使用すると粘度が下がらないだけでなく，著しい場合にはゲル化したり樹脂が析出して使用できなくなる場合があるので，塗料と同一メーカーの指定されたシンナーを使用することが望ましい。また，シンナーでの希釈は定められた希釈率以上に希釈してはならない。

なお，無溶剤形変性エポキシ樹脂塗料は希釈しない。各塗料のシンナーによる希釈率を表－Ⅱ.5.3に示す。

塗料は一般に既調合形，多液形とも液温が約23℃のとき無希釈で塗装できる粘度に製造管理されている。実際に塗装を行う場合は，その時の温度及び塗装方法に応じて表－Ⅱ.5.3を参考に希釈する。塗料によっては季節用のシンナーがある。塗料の粘度が高すぎると，乾燥不良によるしわや膜厚の不均一を生じやすくなるので注意が必要である。一方，シンナーで過剰に希釈して粘度が低くなりすぎると塗膜が薄くなって付着力低下や隠ぺい力不足の原因となる。

表-Ⅱ.5.3　シンナーによる希釈率（23℃の場合の参考値）

塗料の種類	シンナーの種類	希釈率（重量%）	
		はけローラー	エアレススプレー
長ばく形エッチングプライマー	エッチングプライマー用シンナー	10以下	20以下
無機ジンクリッチプライマー	無機ジンクリッチ用シンナー	−	10以下
無機ジンクリッチペイント			
有機ジンクリッチペイント	エポキシ樹脂塗料用シンナー	5以下	10以下
エポキシ樹脂塗料下塗	エポキシ樹脂塗料用シンナー	10以下	20以下
変性エポキシ樹脂塗料下塗			
変性エポキシ樹脂塗料内面用			
亜鉛めっき用エポキシ樹脂塗料下塗			
超厚膜形エポキシ樹脂塗料	エポキシ樹脂塗料用シンナー	10以下	20以下
コンクリート塗装用エポキシ樹脂プライマー	エポキシ樹脂塗料用シンナー	20以下	20以下
ふっ素樹脂塗料用中塗	ふっ素樹脂塗料用中塗用シンナー	10以下	20以下
コンクリート塗装用エポキシ樹脂塗料中塗			
コンクリート塗装用柔軟形エポキシ樹脂塗料中塗			
ふっ素樹脂塗料上塗	ふっ素樹脂塗料上塗用シンナー	10以下	20以下
コンクリート塗装用ふっ素樹脂塗料上塗			
コンクリート塗装用柔軟形ふっ素樹脂塗料上塗			
弱溶剤形変性エポキシ樹脂塗料下塗	弱溶剤形塗料用シンナー	10以下	20以下
弱溶剤形ふっ素樹脂塗料用中塗			
弱溶剤形ふっ素樹脂塗料上塗			
鉛・クロムフリーさび止めペイント	塗料用シンナー	10以下	20以下
長油性フタル酸樹脂塗料中塗			
長油性フタル酸樹脂塗料上塗			

(5) 塗付方法

　鋼道路橋塗装の塗付作業にはスプレー塗り，はけ塗り，ローラーブラシ塗りの3種類の方法がある。スプレー塗装にはエアースプレー塗装とエアレススプレー塗装があるが，道路橋の場合は厚膜塗装が可能なエアレススプレー塗装が主として用いられる。塗付作業に際しては，各塗付方法の特徴を理解して，塗り残し，むら，透け等の欠陥を生じることなく均一な厚さに塗付する必要がある。

　工場塗装ではエアレススプレー塗装が原則であるが，小物部材や部材の凹凸部，エッジ部等で塗料の飛散が多く塗膜が薄くなりやすいので，これらの部分にははけで先行塗装することがよい。

　現場塗装で広い平滑面をはけ塗りする場合には，ローラーブラシを併用しても

よいが，この場合塗料によってはローラー目や泡などを生じやすいので，ローラーの選定や施工に十分注意する必要がある。

(6) 塗り重ね間隔

　塗装を塗り重ねる場合の塗装間隔は，付着性を良くし良好な塗膜を得るために重要な要素であることから，塗料ごとに定められた間隔を守る必要がある。

　塗装間隔が短いと下層の未乾燥塗膜は，塗り重ねた塗料の溶剤によって膨潤してしわを生じやすくなる。また，塗料の乾燥が不十分のうちに次層の塗料を塗り重ねると，下層の塗膜の乾燥が阻害されたり，下層塗膜中の溶剤の蒸発によって上層塗膜に泡や膨れが生じることがある。

　逆に，塗装間隔が長いと下層塗膜の乾燥硬化が進み，上に塗り重ねる塗料との密着性が低下し，後日塗膜間で層間剥離が生じやすくなる。やむを得ず塗装間隔が超過した場合は，サンドペーパーによる目粗しを行って付着性を確保する方法があるが，その場合は事前に付着力の確認が必要である。

(7) 気象条件

　下記のような条件の場合，塗装は行わない。ただし，塗装作業場所が屋内で，しかも温度，湿度が調節されているときは，屋外の気象条件に関係なく塗装してもよい。

　各塗料の温度，湿度の塗装禁止条件を表−Ⅱ.5.4に示す。また，塗装禁止条件で塗装を行った場合の現象を以下に示す。

ⅰ) 気温が低い場合は，乾燥が遅くなり，じんあいや腐食性物質の付着あるいは気象の急変などによる悪影響を受けやすくなる。また，塗料の粘度が増大して作業性も悪くなる。

ⅱ) 気温が高いときは，乾燥が早くなり，多液形塗料では可使時間が短くなる。炎天下では泡の発生が認められる場合には塗装を行わない。

ⅲ) 湿度が高い場合は，結露が生じやすく，結露した面に塗料を塗装すると塗膜剥離の原因になったり，水分が塗料中に混入するとはじきの原因となる。また，溶剤の蒸発に伴う表面温度の降下によって，大気中の水分が塗膜面に凝縮し白化現象が生じることがある。

ⅳ) 結露は，気温，湿度，塗付面の関係が露点条件を満たすときに生じるので，

塗付作業中もこれらの測定を行い結露の可能性を予知する必要がある。相対湿度が85％以上のときは塗装を行ってはならない。ただし，無機ジンクリッチプライマーや無機ジンクリッチペイントのように樹脂の加水分解によって乾燥するタイプの塗料は，相対湿度が低すぎると硬化不良を生じるため，相対湿度が50％以下での塗装作業は避ける必要がある。

v）塗装した塗料が十分乾燥する前に，降雨，降雪，降霜があると，その乾燥程度にもよるが，塗料が流されたり塗膜にクレーター状の凹凸や水膨れを生じたり，光沢が低下したり白亜化を生じることがある。

vi）風の強い場合は，塗料が飛散して周囲を汚染したり，砂じん，海塩粒子，ヒュームなどが飛来して未乾燥塗膜に付着するので好ましくない。

表－Ⅱ.5.4　塗装禁止条件

塗料の種類	気温(℃)	湿度(RH％)
長ばく形エッチングプライマー	5以下	85以上
無機ジンクリッチプライマー 無機ジンクリッチペイント	0以下	50以下
有機ジンクリッチペイント	5以下	85以上
エポキシ樹脂塗料下塗 変性エポキシ樹脂塗料下塗 変性エポキシ樹脂塗料内面用	10以下	85以上
亜鉛めっき用エポキシ樹脂塗料下塗 弱溶剤形変性エポキシ樹脂塗料下塗	5以下	85以上
超厚膜形エポキシ樹脂塗料	5以下	85以上
エポキシ樹脂塗料下塗(低温用) 変性エポキシ樹脂塗料下塗(低温用) 変性エポキシ樹脂塗料内面用(低温用)	5以下，20以上	85以上
無溶剤形変性エポキシ樹脂塗料	10以下，30以上	85以上
無溶剤形変性エポキシ樹脂塗料(低温用)	5以下，20以上	85以上
コンクリート塗装用エポキシ樹脂プライマー	5以下	85以上
ふっ素樹脂塗料用中塗 弱溶剤形ふっ素樹脂塗料用中塗 コンクリート塗装用エポキシ樹脂塗料中塗 コンクリート塗装用柔軟形エポキシ樹脂塗料中塗	5以下	85以上
ふっ素樹脂塗料上塗 弱溶剤形ふっ素樹脂塗料上塗 コンクリート塗装用ふっ素樹脂塗料上塗 コンクリート塗装用柔軟形ふっ素樹脂塗料上塗	0以下	85以上
鉛・クロムフリーさび止めペイント 長油性フタル酸樹脂塗料中塗 長油性フタル酸樹脂塗料上塗	5以下	85以上

5.3 施工管理

5.3.1 施工計画書
　施工が円滑に行われ良好な施工品質が確実に得られるように，施工に先立って必要かつ十分な施工計画を立案する必要がある。施工計画書には，一般に次の事項が記載される。
1) 工事概要
　　件名，工期，路線名，工事箇所，位置図，一般図，施工内容及び準拠すべき基準並びに仕様書
2) 工程表
3) 現場組織
　　現場組織図
　　作業者名簿（経験年数，取得資格を付記する）
4) 使用塗料
　　品名，規格，色，製造会社名，使用量
5) 使用機器
　　素地調整及び塗付作業に使用する機器の名称，規格，形状，性能，台数
6) 安全管理
　　現場の安全管理組織
　　緊急時の連絡体制
　　酸欠，溶剤蒸気中毒対策
　　火災，地震対策
　　安全会議，安全パトロール
7) 交通対策
　　規制方法（図示）
8) 環境対策
　　周辺地域に対する汚染，騒音防止対策
　　現場作業環境の整備
　　再生資源の利用の促進と建設副産物の適正処理方法

9) 仮設備計画

　　現場事務所や倉庫などの位置図，構造略図，施工者の電話番号

10) 施工方法

　　一般事項：施工順序，気象条件，昼夜間の別

　　素地調整：素地調整の方法，程度

　　塗付作業：塗付方法，タッチアップ方法

　　足場工：足場構造，設置方法

　　照明・換気：照明，換気方法

11) 施工管理計画

　　工程管理：日（週，月）報，進捗度管理図

　　品質管理：塗料の希釈率，塗付回数，塗膜厚，乾燥状態（塗り重ね間隔），塗膜外観

　　写真管理：工程写真，作業写真

12) 管理用器具

　　温度計，湿度計，風向風速計，表面温度計，粘度計，膜厚計，付着塩分量測定機器

13) その他

　　必要に応じて，標準足場架設図，足場強度計算書，標準交通規制図，塗膜厚測定箇所図等

　施工計画書は，構造物の形状，施工時期，作業環境，他工種との調整など，当該工事の実状に合うように作成する必要がある。

　工場製作の製作要領書や架設計画書の中で塗装の施工計画を示す場合は，上記の項目の中から必要なものを記載するとともに，塗装後の部材の保管方法や運搬時の養生方法を明記する必要がある。

5.3.2 施工記録

　施工記録は，塗装作業が良好な状態で行われていることを確認するとともに，事後に塗膜に変状が生じた場合の原因調査，対策検討にあたって役立つ施工状況に関する情報を提供することになるため，適切に行う必要がある。

施工記録には，以下に示す塗装作業の主要項目についてその施工状態を記録しておくことが望ましい．
ⅰ）使用材料
ⅱ）塗料の調合
ⅲ）気象状態
ⅳ）素地調整
ⅴ）塗付作業
ⅵ）塗り重ね間隔

5.3.3　素地調整の管理
　素地調整は，塗装作業の中で性能保持において最も重要な工程であることから，適切に管理する必要がある．塗料を塗付する面にさび，黒皮，付着物などがあると，塗料の付着が阻害されたり，塗膜欠陥を生じさせたりするおそれがあるので，塗装作業の前に素地調整が適切に行われていることを確認する必要がある．
　ブラスト法によって素地調整を行う場合は，黒皮やさびが完全に除去され鋼材面が露出した状態になっていることを確認し，動力工具や手工具によって素地調整を行う場合は，くぼみ部分や狭あい部分以外の鋼材面のさびや劣化塗膜が完全に除去されていることを確認する必要がある．

5.3.4　塗料の管理
（1）塗料品質
　塗料品質の確認は，塗料製造業者の規格試験成績書によって行うことができる．なお，使用する塗料が複数の製造ロットにわたる場合は，製造ロットごとに規格試験成績書が必要である．また品質確認を抜き取り試験で直接行う場合は，試験に要する時間を考慮して工程をたてる必要がある．
　塗料は，塗料缶内に密封されているので品質の変化は生じ難いが，保管期間が長期にわたる場合は品質の変化が生じるおそれがあるので注意が必要である．
　ジンクリッチペイントは6ヶ月，その他の塗料は12ヶ月を超えないうちに使い切るようにしなければならない．工期の長期化等やむを得ない理由によって使

用期間が，ジンクリッチペイントは6ヶ月を超えた場合，その他の塗料は12ヶ月を超えた場合は，抜き取り試験を行って品質を確認し，正常の場合使用することができる。

　塗付作業中の塗料に異常がみられる場合は，それと同一製造ロットの塗料の使用を中止して原因を究明し，塗料品質に異常がある場合にそれと同一製造ロットの塗料を使用してはならない。

(2) 塗料の搬入量

　塗料の必要量は，塗装系で指示される標準使用量と塗装面積の積として与えられる。**表-Ⅱ.5.5**に示す標準使用量は，塗付作業にともなう塗料のロス分や，良好な塗付作業下での塗膜厚のばらつきを考慮して，標準膜厚（平均膜厚及び最小膜厚）が得られるように定めている。塗装系ごとの塗装面積を算出・照査して，各塗料の必要量を求め，塗付作業の開始前に必要量以上の搬入量（充缶数）であることを確認することが望ましい。充缶検査時の塗料缶の数量確認方法を，**表-Ⅱ.5.6**に示す。

表-Ⅱ.5.5 各塗料の標準使用量と標準膜厚

塗料の種類	標準使用量(g/m²) はけ・ローラー	標準使用量(g/m²) エアレススプレー	標準膜厚 (μm)
長ばく形エッチングプライマー	−	130	15
無機ジンクリッチプライマー	−	160	15
無機ジンクリッチペイント	−	300	30
	−	600	75
有機ジンクリッチペイント	240	−	30
	300×2	600	75
鉛・クロムフリーさび止めペイント	140	170	35
エポキシ樹脂塗料下塗	−	540	120
変性エポキシ樹脂塗料下塗	200	240	60
弱溶剤形変性エポキシ樹脂塗料下塗	200	240	60
亜鉛めっき用エポキシ樹脂塗料下塗	160	200	40
超厚膜形エポキシ樹脂塗料	500	−	150
	−	1,100	300
変性エポキシ樹脂塗料内面用	200	210	60
	−	410	120
無溶剤形変性エポキシ樹脂塗料	300	−	120
長油性フタル酸樹脂塗料中塗	120	−	30
長油性フタル酸樹脂塗料上塗	110	−	25
ふっ素樹脂塗料用中塗	140	170	30
ふっ素樹脂塗料上塗	120	140	25
弱溶剤形ふっ素樹脂塗料用中塗	140	170	30
弱溶剤形ふっ素樹脂塗料上塗	120	140	25
コンクリート塗装用エポキシ樹脂プライマー	100	100	−
コンクリート塗装用エポキシ樹脂塗料中塗	260	320	60
コンクリート塗装用柔軟形エポキシ樹脂塗料中塗	260	320	60
コンクリート塗装用ふっ素樹脂塗料上塗	120	150	30
コンクリート塗装用柔軟形ふっ素樹脂塗料上塗	120	150	30

表−Ⅱ.5.6 塗料缶の数量確認方法 [26]

(1) 方法	一列屏風並べ	パレット積み
(2) 選択要因 　①場所 　②数量 　③運搬設備 　　（フォークリフトなど）	塗装現場 少ない （石油缶 30 缶未満） なし	工場・倉庫 多い （石油缶 30 缶以上） あり
(3) 並べ方及び 　　写真の撮り方	↑ 写真（正面）	写真（横上） ↗ 写真（正面） 写真（横上） ↘ 写真（正面） ↗

(3) 塗料の保管

塗料及びシンナーは引火の危険性があり，またこれらからの発生ガスはある濃度以上になると人体に有害であることから，保管や取扱いには特に注意する必要がある。保管する数量や貯蔵所については関連する法令の規定を遵守し，担当者以外の者が取り扱わないようにする必要がある。

塗料は，消防法により第四類危険物として現場での保管数量が**表-Ⅱ.5.7**のように指定されている（第1条-11別表-3.第1条-12別表4）。

表-Ⅱ.5.7　塗料の保管数量

塗料の種類	危険物表示	指定数量
長ばく形エッチングプライマー	主剤：第1石油類	200ℓ
	添加剤：第1石油類(水溶性)	400ℓ
無機ジンクリッチプライマー	液：第2石油類	1,000ℓ
	粉末：非危険物	―
無機ジンクリッチペイント	液：第2石油類	1,000ℓ
	粉末：非危険物	―
有機ジンクリッチペイント	第1石油類	200ℓ
鉛・クロムフリーさび止めペイント	指定可燃物	2,000ℓ
エポキシ樹脂塗料下塗	第1石油類	200ℓ
変性エポキシ樹脂塗料下塗	第1石油類	200ℓ
弱溶剤形変性エポキシ樹脂塗料下塗	第2石油類	1,000ℓ
超厚膜形エポキシ樹脂塗料	第2石油類	1,000ℓ
亜鉛めっき用エポキシ樹脂塗料下塗	第1石油類	200ℓ
変性エポキシ樹脂塗料内面用	第1石油類	200ℓ
無溶剤形変性エポキシ樹脂塗料	指定可燃物	2,000ℓ
長油性フタル酸樹脂塗料中塗	指定可燃物	2,000ℓ
ふっ素樹脂塗料用中塗	第1石油類	200ℓ
弱溶剤形ふっ素樹脂塗料用中塗	第2石油類	1,000ℓ
長油性フタル酸樹脂塗料上塗	指定可燃物	2,000ℓ
ふっ素樹脂塗料上塗	第1石油類	200ℓ
弱溶剤形ふっ素樹脂塗料上塗	第2石油類	1,000ℓ
コンクリート塗装用エポキシ樹脂プライマー	第1石油類	200ℓ
コンクリート塗装用エポキシ樹脂塗料中塗	第1石油類	200ℓ
コンクリート塗装用柔軟形エポキシ樹脂塗料中塗	第1石油類	200ℓ
コンクリート塗装用ふっ素樹脂塗料上塗	第1石油類	200ℓ
コンクリート塗装用柔軟形ふっ素樹脂塗料上塗	第1石油類	200ℓ

（危険物表示は一般的な例を示す）

5.3.5 塗膜外観

　目視によって塗膜欠陥の有無を調査し，欠陥が見られる場合は施工記録などを参考に原因を究明し措置を講じるとともに，以後の塗装では防止策を講じて施工する必要がある。しかし，希釈率や粘度を適正に管理しても複雑な形状の部位で施工がしにくい場合などでは，膜厚確保を優先するためにながれ（たれ）などの外観不良が生じる場合がある。これらの軽微な外観不良は，品質に与える影響が小さい。そのため補修を行うことで，より外観が悪化するおそれがあることなどを考慮して補修の可否を判断するとよい。

　一般的な塗装時の塗膜欠陥について，塗膜状態，原因，防止策，処置方法を**表－Ⅱ.5.8**に示す。また，塗装時の塗膜欠陥写真を**付Ⅱ－6.(1)**に示す。

表-Ⅱ.5.8 塗装時の塗膜欠陥

塗膜欠陥	塗膜状態	原因	防止策	処置方法
たるみたれ	垂直又は傾斜面に塗装したとき乾燥までの間に塗料が下方に移動し、膜厚が不均一になる	・過膜厚塗装 ・過剰希釈 ・低温時の塗装 ・使用有効期限の超過	・厚塗りを避ける ・粘度管理を適切に行う ・塗料の有効期限管理を適切に行う	外観に著しい支障がある場合のみサンドペーパーなどで塗膜を除去し塗り直す
しわ	塗膜にしわができる	・塗膜表層の表面乾燥（上乾き） ・下層塗膜の硬化不良	・厚塗りを避ける ・下層塗膜が十分硬化してから塗り重ねる	・サンドペーパーなどで塗膜を除去し塗り直す ・下層塗膜まで完全に除去して再塗装
かぶり	塗料の乾燥過程で起こる塗膜の白化現象	未乾燥における雨や結露の影響	塗装後に結露や雨の影響を受けるおそれがある場合は塗装しない	サンドペーパーなどで面粗しを行い塗り直す
はじき	塗膜の表面が不均一で、付着しない部分が生じる現象	・塗装面に水分や油が残存 ・塗料の熟成不足	塗装面の清掃を確実に行う はけ使いを十分に行う	サンドペーパーなどで塗膜を除去し塗り直す
にじみ	下層塗膜から着色物質が拡散して変色を起こす現象	瀝青系塗料などの上に塗り重ねた場合などに生じる	塗り重ね塗料の適合性を考慮して選定する	欠陥塗膜を剥離して再塗装する
まだらむら	色やつやが部分的に異なる現象	・清掃不良による吸い込み ・塗料のかくはん不足 ・膜厚が不均一	・塗装面の清掃 ・塗料のかくはんを十分に行う ・均一な塗装を行う	外観に著しい支障がある場合のみサンドペーパーなどで目粗しを行い塗り直す
ピンホール	塗膜に針で作ったような小さなあな（孔）がある状態	・スプレーによる空気の巻き込み ・無機ジンクリッチペイントに対するミストコート不良	・塗料粘度，エアレススプレーの圧力，チップの選定などを適切に管理する ・ミストコートを適正に施工する	サンドペーパーなどで面粗しを行い補修塗装する
透け	下地が透けて見える現象	・下塗りと上塗りとの色差が適切でない ・膜厚不足 ・過剰希釈	・色差を小さくする ・膜厚を確保する ・希釈し過ぎない	サンドペーパーなどで面粗しを行い補修塗装する
膨れ	塗膜に泡が生成する現象	・水分などを含む面に塗装 ・成膜後にガスや水分が発生又は浸入	・清掃を確実に行う ・結露のおそれがある場合は塗装しない	サンドペーパーなどで塗膜を除去し塗り直す
割れ（造膜過程で生じる割れ）	塗膜に亀裂が入り連続性が失われる現象。無機ジンクリッチペイントに生じやすい	無機ジンクリッチペイント塗膜は可とう性が低く、収縮ひずみも大きいため厚く塗ると割れやすい	過剰膜厚にならないようにする	・割れが広範囲な場合は、ブラストから再施行する ・割れが局部的な場合は、動力工具で不良塗膜を除去し有機ジンクリッチペイントで補修する

5.3.6　塗膜厚

　塗膜厚は，塗装の防せい効果と耐久性に大きく影響するので適切な膜厚となるよう十分管理する必要がある。

　塗膜厚が不足している場合は，塗料を増し塗りして厚さを増さなければならないが，費用がかさむだけでなく工程も大きく遅延する。また，塗膜厚が大きすぎても乾燥不良や割れなどの発生原因となる。塗膜厚のばらつきが極力少なくなるように，塗料の使用量，隠ぺい力，塗膜状態，作業性などに十分注意して塗付作業を行うとともに，乾燥後の塗膜厚を測定する必要がある。

　ウェット状態での塗膜厚の測定値と乾燥後の塗膜厚の測定値との関係は，塗料の乾燥機構，希釈率，塗付面の粗さ等によって異なるため，ウェット塗膜厚から乾燥塗膜厚を正確に推定することは難しいが，ウェット膜厚を測定することによって乾燥塗膜厚に対する目安を得ることは可能である。

(1) 乾燥塗膜厚の測定

　乾燥塗膜厚の測定方式には，マイクロメーター，永久磁石式，光学式，渦電流式，静電容量式などがある。鋼道路橋塗装での膜厚測定には，電磁式の二点調整形電磁微厚計が一般的に用いられている。二点調整形電磁微厚計は，ゼロ点と測定する塗膜の目標膜厚の二点で目盛調整を行ってから測定を行う必要がある。ゼロ点の調整は，厚さ 6 mm 以上，表面粗さ 6 μm Rz_{JIS} 以下の測定面と同質の鋼板上で行い，目標膜厚に対する調整は，ゼロ点調整に用いた鋼板上に，目標膜厚と近似の厚み調整板（非磁性材料）を置いて行う。

　この測定器には，測定面に押し当てるプローブの形状によって一極式と二極式とがある。

　一極式は，プローブが1個で外筒中に組み込まれており，押し当てるとスプリングで押されていた内蔵プローブが測定面に当たり塗膜厚を測定する。

　二極式は，プローブが2個並列に取り付けられ，三角形の頂点に1個の安定脚がある構造で，測定は安定脚を支点として90度ずつ2～4回転させて行う（一極式はその必要はない）。

　測定上の注意事項としては，次のことが挙げられる。

ⅰ）測定面が小さくて，プローブを所定の要領どおり押し当てることができない

場合は測定できない。
ⅱ）プローブの押し当て方が不適切な場合は，測定値がばらつく。
ⅲ）プローブの押し当て位置は，毎回ほぼ同一位置とする。
ⅳ）孔やエッジの付近で測定した場合は，測定値の信頼性が低い。
ⅴ）測定面にさびが存在している場合は，測定値に信頼性がない。
ⅵ）測定面の表面粗さが大きい場合は，測定値は小さい値を示す。
ⅶ）一次プライマーのように塗膜厚が薄い塗膜の塗膜厚を測定するときは，鋼材面の表面粗さの影響を受けて正しい測定値を得られないので，同時に磨き軟鋼板に塗装して，その塗膜厚を測定することで測定値とする。
ⅷ）塗膜が十分乾燥していない場合は，測定値は小さい値を示す。
ⅸ）測定器は，使用中に衝撃を受けるなどして測定精度が低下することがあるので，年1回程度は測定精度を検定する必要がある。

(2) 乾燥塗膜厚の評価

　鋼道路橋のような複雑な形状の大型構造物の塗装をはけやスプレー塗装機によって行う場合は，塗付作業を良好に行っても塗料を均一な厚さに塗付することは難しい。また，鋼材面には50〜80 $\mu m Rz_{JIS}$ 程度の粗さがあり，塗膜厚の測定精度も測定のやり方や測定箇所の形状などによってばらつく。したがって，塗膜厚の測定値は1点ごとに異なることが多いので，塗膜厚の評価は多くの測定値を統計処理して行う必要がある。一般には次のような評価方法が用いられている。膜厚の測定状況を**写真−Ⅱ.5.1**に示す。

写真−Ⅱ.5.1　乾燥膜厚の測定状況

1) ロットの大きさ

　測定ロットは，塗装系別，塗付方法別，部材の種類別に設定する必要がある。作業姿勢による塗膜厚のばらつきを評価したい場合は，作業姿勢別に設定することもある（例：桁のフランジ下面と腹板面を別のロットにする）。なお，1ロットの大きさは $200m^2 \sim 500m^2$ 程度とする。

2) 測定数

　1ロット当たりの測定数は25点以上とする。ただし，1ロットの面積が $200m^2$ に満たない場合は $10m^2$ ごとに1点とする。各点の測定は5回行い，その平均値をその点の測定値とする。ロットを作業姿勢別に設定しない場合は，測定位置は作業姿勢ごとの点数が等しくなるように選定する必要がある。

3) 測定時期

　外面塗装では無機ジンクリッチペイントの塗付後と上塗り終了時に測定し，内面塗装では内面塗装終了時に測定する必要がある。

4) 管理基準値

　塗膜厚の管理基準値は，下記の条件を満たす必要がある。

ⅰ）ロットの塗膜厚平均値は，目標塗膜厚合計値の90％以上であること。

ⅱ）測定値の最小値は，目標塗膜厚合計値の70％以上であること。

ⅲ）測定値の分布の標準偏差は，目標塗膜厚合計値の20％を超えないこと。

　ただし，標準偏差が20％を超えた場合，測定値の平均値が目標塗膜厚合計値より大きい場合は合格とする。

　なお，1層当たりの乾燥塗膜厚を直接測定することは不可能であるので，乾燥塗膜厚の管理は，基本的には測定時の塗膜全厚に対して行う。塗膜厚平均値の差をとって1層当たりの塗膜厚平均値と見なすことも行われているが，最小値と標準偏差については測定時の塗膜全厚に対する値しか知りえず，塗膜厚の管理方法としては不十分であることに留意する必要がある。

5) 不合格ロットの処理

　不合格になったロットについてはさらに同数の測定を行い，当初の測定値と合わせて計算した結果が管理基準値を満たしていれば合格とする。不合格となったロットは，最上層の塗料を増し塗りして測定をやり直さなければならない。

塗膜厚測定表の例を，**表-Ⅱ.5.9**に示す。

表-Ⅱ.5.9　塗膜厚測定表の例

塗 膜 厚 測 定 表

工　事　名	事						
ロット番号					塗装系		
対　象　部　材					対象面積		m²
測　定　時　点					基準膜厚		μm
測　定　年　月	年			月	測定者		

測定位置	測　　定　　値					平均 Xi
	1	2	3	4	5	
1						
2						
3						
4						
5						
6						
7						
8						
9						
10						
11						
12						
13						
14						
15						
16						
17						
18						
19						
20						
21						
22						
23						
24						
25						
合　　　計						

平均値及び標準偏差	平均　　　$\bar{X} = \dfrac{1}{N}\sum_{i=1}^{N} X_i$	=	μm	判　定
	標準偏差　$S = \sqrt{\dfrac{1}{N-1}\sum_{i=1}^{N}(\bar{X}-X_i)^2}$	=	μm	

管　　理	平均値（$\bar{X}$）　　　　= 　　　＞ 基準塗膜厚 × 0.90 = 測定最小値（Xi）= 　　　＞ 基準塗膜厚 × 0.70 = 標準偏差（S）　　　= 　　　＜ 基準塗膜厚 × 0.20 = （基準塗膜厚　　　= 　　　） ただし平均値（$\bar{X}$）が基準塗膜厚の１００％以上の場合は標準偏差（S）が２０％を越えても良い。

※基準塗膜厚とは，目標膜厚合計値をいう。

(3) ウェット塗膜厚の測定

　ウェット膜厚計には，**写真－Ⅱ.5.2**に示すようなくし形などがあり，いずれも長さの異なる歯が付いていることから，これをウェット塗膜に押し当て，塗料の付着しなかった歯の長さによって塗膜厚を測定する。

　ウェット塗膜厚を測定する場合は，ウェット塗膜厚と乾燥塗膜厚との関係を知っておく必要がある。

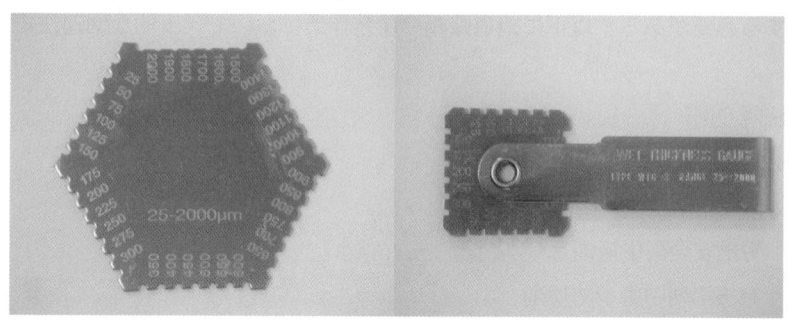

写真－Ⅱ.5.2　くし形ウェットフィルム膜厚計の例

5.3.7　工程管理

　目的とする塗膜を所要の良好な品質となるようにするだけでなく，より早く，より経済的に，より安全に施工するために工程管理を行う。

　適切な工程管理を行うためには，工事着手前に現地の状況を十分調査し，きめ細かな管理計画を立案することが望ましい。

　工事に関連する諸官庁等とは，実工事の準備段階で十分な調整を行い，必要な諸手続が工程に支障のないよう滞りなく行われることが重要である。また，塗料及び作業員や工事に使用する資機材の手配が，各層ごとの塗り重ね間隔を十分配慮した塗装工程に合わせて確実に行われるよう工事の進捗状態を管理する必要がある。

　このように工程管理は，単に工期内に塗装を完成するだけでなく，経済的に高品質な塗膜を得るためや安全に施工を行うためにも欠くことのできない管理項目である。

5.3.8 安全管理

鋼道路橋の塗装作業は，安全及び衛生に関する法規の規定を遵守しなければならない。

塗料は引火性の液体であることから消防法で危険物に指定されている。また，塗料には有害な有機溶剤や重金属等が含まれていることから，それらが高濃度で人体に作用する場合は健康上有害である。したがって，塗料の運搬，保管，塗付の各段階では，関係法規の規定を遵守して爆発や中毒を発生させることのないようにする必要がある。以下に鋼道路橋の塗装作業において代表的な関連法規を挙げる。

関係法規の例

ⅰ）消防法
ⅱ）労働安全衛生法
　a）　労働安全衛生規則
　b）　有機溶剤中毒予防規則
　c）　鉛中毒予防規則
　d）　特定化学物質等障害予防規則
　e）　酸素欠乏症防止規則
ⅲ）毒物及び劇物取締法
ⅳ）公害対策基本法
ⅴ）大気汚染防止法，大気汚染防止法施工令，大気汚染防止法施工規則
ⅵ）悪臭防止法
ⅶ）土壌汚染防止法
ⅷ）自然公園法
ⅸ）廃棄物の処理及び清掃に関する法律
ⅹ）特定化学物質の環境への排出量の把握等及び管理の改善に関する法律

鋼道路橋の現場塗装作業は地上で行うことはまれで，ほとんどは足場上の作業となることから，作業員の墜落や工具及び塗料の落下，飛散による第三者被害が発生しやすい。特に，仮設足場の解体撤去作業は危険度が高いので注意を要する。道路上や鉄道上で作業する場合は，各管理者と施工時間，施工範囲，保安設備，

連絡体制等を事前に十分協議し，その内容を施工計画書に明記するとともに関係者間で周知徹底して施工を実施する必要がある。

　鋼製橋脚の内部や箱桁の内部などのような閉鎖した空間で作業する場合は，十分な照明と換気を行う必要がある。

5.3.9　塗装記録表

　合理的な維持管理を行うためには，調査，設計，施工，品質管理等の当該橋に関わるあらゆる段階の情報が確実に記録され，維持管理に活かされるように適切に引き継がれる必要がある。鋼道路橋の維持管理において，とりわけ重要な防食に関する情報である塗装系，塗料名称，塗装時期が明確にされている塗装記録に加え，塗装に関わる品質記録や施工記録ついてもデータベース化して保存することが望ましい。

　また，塗装記録表を維持管理等のために構造物に記載する必要がある。

　塗膜調査や塗替え塗装を行う際には，塗装系，塗料名称，塗装時期が明確にされている必要がある。塗装記録は竣工図書や管理台帳として保管すべきものであり，塗替え時にはそれらにより塗装内容を確認する必要がある。竣工図書や管理台帳の紛失，記載漏れ，誤記等の事故に備えて，構造物に塗装記録表を記入することも多いが，記載内容を多くできないため概要を示す程度であり，現場での確認行為に用いられる。

　塗装記録表は，図－Ⅱ.5.2に示すような桁端部の腹板に退色の生じにくい白色あるいは黒色で，塗装時期，使用塗料名，塗料製造会社名，塗装施工会社名等を表示する例が多い。表示は塗料で上塗り塗膜の表面に筆等で書き入れるほか，耐候性に優れたフィルム状の粘着シートに同様の内容を印刷し，所定の位置に貼り付ける場合もある。塗装記録表の例を，図－Ⅱ.5.3に示す。

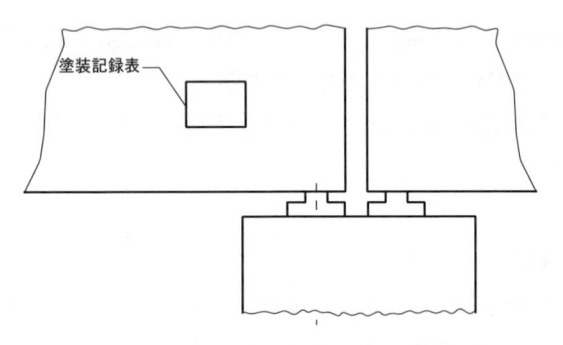

図－II.5.2 塗装記録表の表示位置の例

図－II.5.3 塗装記録表の例

第6章　維持管理

6.1　一般

　塗膜は，年月の経過とともに徐々に劣化が進むため，外観は悪化し防せい効果も低下する。塗装の塗替えでは，一般に塗膜の劣化程度が，塗替え塗装の費用や塗替え塗膜の防せい効果に対して大きな影響を与える。劣化が著しい場合には，素地調整に多大な費用と時間を要し，そのうえ確実に良好な施工品質を確保することが困難となる場合が多く，再び塗替えが必要となるまでの間隔が短くなることが懸念されるので，塗膜の劣化が著しくなる前に塗替えることが望ましい。

　また，個々の橋でその架設環境や塗装履歴が異なるため塗膜の寿命は異なってくる。したがって，塗替え周期を一律に設定してそれを前提とした維持管理を行っていると適切な塗替え時期を逃す危険性があるだけでなく，塗膜劣化が塗替えに適当な段階よりも進展してからの塗り替えでは，所定の塗膜性能が得られないこともありかえって不経済となる場合がある。こうした理由から，塗膜の防せい効果を合理的かつ経済的に維持するためには，塗膜点検を定期的に行いその劣化状態を的確に把握して塗替え計画を立て合理的，効率的な塗膜の維持管理を行うことが重要である。

6.2　塗膜劣化

　塗膜は，日射，降雨や鋼材の腐食因子である飛来塩分やNOx, SOx等の作用によって徐々に劣化する。また，塗膜劣化は塗装系や橋の架設環境などによってその形態や進行の程度が異なる。

　一般に，環境条件に応じた適切な塗装系を採用し，十分な管理下での施工が行われ，さらに塗膜劣化を促進する因子が排除できれば，十分に長期の耐久性を実現できる。しかし，塗装の経時的な劣化現象は避けられず，腐食環境が厳しくない環境下で良好な施工が行われた場合でも，経年とともに塗膜の劣化が進行し，防食機能の確保のためには塗替え塗装が必要となる。いずれにしても，塗膜の耐

久性は橋の耐久年数より短いのは明らかであることから，点検と適切な時期における塗替え塗装は避けられない。

写真－Ⅱ.6.1，写真－Ⅱ.6.2（1）（2）に代表的な塗装系の経年による塗膜の状態を示す。

構造部位：Ⅰ桁腹板，下フランジ面
　　　　　（日射あり）
架橋地点：積雪地域，山間部
塗 装 系：A（フタル酸）
経 過 年：16年

構造部位：Ⅰ桁腹板（日射あり）
架橋地点：田園部
塗 装 系：A（フタル酸）
経 過 年：16年

写真－Ⅱ.6.1　塗膜の状態（一般塗装系）

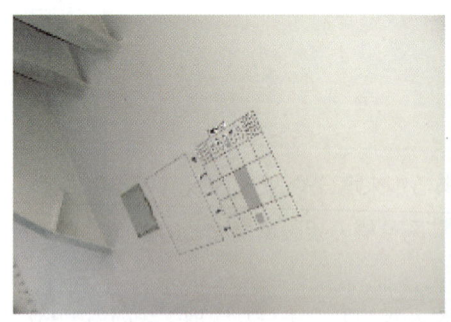

構造部位：箱桁腹板（日射あり）
架橋地点：海上部
塗 装 系：C-2
　　　　　（無機ジンク，ポリウレタン）
経 過 年：12年

構造部位：Ⅰ桁腹板（日射あり）
架橋地点：積雪地域，山間部
塗 装 系：C-2
　　　　　（無機ジンク，ポリウレタン）
経 過 年：12年

写真－Ⅱ.6.2（1）　塗膜の状態（重防食塗装系）

構造部位：箱桁腹板，下フランジ面　　　構造部位：箱桁腹板，下フランジ面
架橋地点：積雪地域，山間部　　　　　　架橋地点：海上部
塗 装 系：C-3（無機ジンク，ふっ素）　　塗 装 系：C-4（無機ジンク，ふっ素）
経 過 年：13年　　　　　　　　　　　　年経過年：4年

写真－Ⅱ.6.2（2）　塗膜の状態（重防食塗装系）

6.2.1　主に一般塗装系に発生する塗膜変状

塗膜には橋の架設環境や塗装系によって，時間の経過とともに様々な塗膜劣化現象が見られる。特に一般塗装系において塗装後比較的短期間に発生する塗膜変状としては，付Ⅱ－6.（2）1）に示すさび，はがれ，割れ，膨れなどがある。

(1) さび

さびは，塗膜劣化の中で最も重要な劣化指標となるものである。さびには膨れを伴わないさびと，膨れが破れて発生する膨れさびがある。その分布状態も全面的に均等に分布している場合や，部分的に密集している場合や，糸状に密集している場合などがある。

(2) はがれ

はがれは，塗膜と鋼材面又は塗膜と塗膜間の付着力が低下したときに生じ，塗膜が欠損している状態である。通常，結露の生じやすい下フランジ下面などに多く見られるが，被塗面への塩分の付着が原因となることもある。

(3) 割れ

塗膜の割れ（チェッキング，クラッキング）は，塗膜内部のひずみによって生じる。チェッキングは塗膜の表層に生じる比較的軽度の割れで，近接目視で確認ができる程度であるが，クラッキングは塗膜の内部深く又は鋼材面まで達する割れを指

し，目視での確認が容易である。
(4) 膨れ
　膨れは，塗膜の層間や鋼材面と塗膜の間に発生する気体又は液体による圧力が，塗膜の付着力や凝集力より大きくなった場合に発生し，膜内への浸水又は高湿度条件で起きやすい。

6.2.2　主に重防食塗装系に発生する塗膜変状

　この便覧で基本としている重防食塗装系（C-5塗装系）は，防食下地として無機ジンクリッチペイントを採用し，さらに上塗り塗膜として耐候性の優れたふっ素樹脂を採用しているため，従来のA塗装系，B塗装系などとは塗膜劣化の傾向が異なる。ただし，施工されてからの経過年数が短いため，塗膜の劣化特性が十分に解明されているとはいえないのが現状である。

　しかし，重防食塗装系の塗膜劣化，膜厚，光沢度の変化などについて調査が行われ，塗膜劣化のモデルは，図－Ⅱ.6.1に示すように，①光沢度の低下，②樹脂成分の劣化に伴う白亜化（チョーキング），③上塗り，中塗り，下塗りの膜厚の減少の順に進展する劣化モデル以外に，点さびや当て傷の発生に起因して局部的にさびが進行する孔食型腐食の劣化モデルが示されている[27]。ただし，上記は数少ない事例をもとに想定した結果であることから，劣化判断には調査データの蓄積を図りながら重防食塗装系の劣化現象に対応した評価が必要となる。

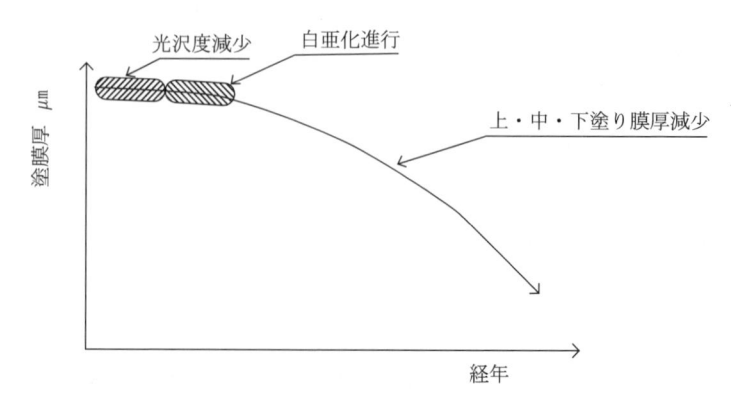

図－Ⅱ.6.1　重防食塗装系の塗膜劣化モデルの例[27]

重防食塗装系に発生する代表的な塗膜変状は，主として付Ⅱ－6.（2）2）に示す光沢低下，上塗り塗膜の白亜化，変退色，塗膜の消耗及び孔食型腐食である。

　なお，塗膜変状の発生部位は，部材の角部（**写真－Ⅱ.6.3**）や高力ボルト連結部（**写真－Ⅱ.6.4**）などで生じやすく，その傾向はA塗装系あるいはB塗装系と同じである。

写真－Ⅱ.6.3　部材の角部のさび　　**写真－Ⅱ.6.4　高力ボルト連結部のさび**

(1) 光沢低下

　塗膜の劣化にともなって光沢は次第に減少する。白亜化による光沢の低下が最も一般的であるが，塗膜表面の凹凸，しわ，亀裂，汚れなどによっても光沢は低下する[28)][29)][30)]。

(2) 白亜化（チョーキング）

　白亜化は，塗膜の表面が粉化して次第に消耗していく現象で，塗膜の変退色と密接な関係がある。

(3) 変退色

　塗膜中の着色顔料が紫外線などによって変質したり，塗膜中の特定顔料の脱落などによって着色度合のバランスが崩れるなどして，塗膜の色調が変化することを変色という。退色とは，紫外線などにより塗膜表面が分解して粉状になる白亜化を起こしたり，塗膜中の顔料の性能が低下するなどして，塗膜の色が薄れることをいう。これらの変退色は主として顔料の安定性に起因し，使用する顔料の紫外線，熱，酸やアルカリなどに対する耐久性によって左右されるが，ビヒクルの種類によっても異なる[31)]。

(4) 塗膜の消耗

塗膜の白亜化の進行によって塗膜がなくなる現象で，重防食塗装系の標準的な塗膜劣化形態である。塗膜厚消耗状況（上塗り塗膜の消耗）の例を，**写真－Ⅱ.6.5** に示す。

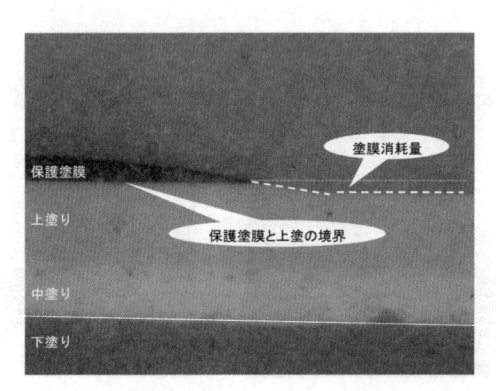

写真－Ⅱ.6.5 塗膜厚消耗状況（上塗り塗膜の消耗）[32]

(5) 孔食型腐食

厳しい腐食環境下では，塗膜の変状部において点さびが生じた場合には，局所的にさびが進行する孔食型が一般的に見られる。孔食型は，腐食が金属表面の局部だけに集中して起こり，内部に向かって進行速度が大きい劣化現象である。

6.3 塗膜点検

塗膜劣化は橋全体に一様に進行することはまれであり，水，土砂などの腐食因子の影響度によって構造部位ごとに異なるのが一般的である。

橋の橋軸方向に着目した場合，これまでの調査によると桁端部の塗膜劣化，腐食が進行している事例が多い。これは桁端部に設置される伸縮装置部からの雨水の浸入によるほか，橋台部の雨水，土砂等の浸入や滞留，桁下空間が小さく風通しが悪い等の腐食環境が一般部より厳しいことに起因している。桁端部の塗膜損傷，腐食事例を，**写真－Ⅱ.6.6** に示す。

一方，橋軸直角方向に着目した場合は，外桁の外面は日射の影響によって光沢

度の低下や白亜化が促進されるが，さびの発生の程度は，主桁と主桁の間や下フランジ下面に比べて小さい場合が多いなど，箇所によって塗膜劣化が異なっている。部材細部に着目した場合，部材エッジ部，現場溶接部，高力ボルト連結部さらにコンクリート部材との接触部等で塗膜の劣化が進行している事例が多い。

上記のように塗膜劣化は，橋での部位ごとに異なっていることから，目視点検において塗膜劣化，腐食を判断する場合には注意が必要である。桁の外面のみの遠望目視調査では，橋全体の塗膜劣化の進行度の判断を誤る危険性があることから，点検時には，橋下面からの近接による点検を行うなど，橋全体の調査を基本とすることが重要である。

(a) 桁端部の塗膜損傷，腐食（1）　　(b) 桁端部及び支承部の塗膜損傷，腐食（2）

写真－Ⅱ.6.6　桁端部の塗膜損傷，腐食

6.3.1　点検の種類

塗膜の点検には，定期点検と詳細点検がある。

(1) 定期点検

多数の橋の塗膜を効率的に維持管理するには，適切な塗替え時期の範囲を逸脱せず，かつ塗替えが一時期に集中しないように全体の維持管理計画を策定することが望ましい。このため定期的に管理する鋼道路橋の塗膜劣化状況を点検し，補修などの適切な処置が行われるようにするとともに，塗膜劣化程度を把握し，適切な塗替え計画の策定に必要なデータを取得する必要がある。なお，定期点検結果は，データベース化して管理する橋の塗膜劣化状況と個々の橋の塗膜の劣化傾

向を把握することに活用することが重要である。

(2) 詳細点検

過去の管理実績から，鋼道路橋の架設環境ごとにおよその塗膜寿命は推定できるが，塗膜の早期劣化が発見された場合や特異な変状が現れた場合にはその原因を明らかにし，補修の要否や補修する場合の塗替え塗装系や素地調整方法を検討するために詳細な点検を実施する必要がある。詳細調査には，高度な専門的知識や経験に基づく判断が必要となるため，塗装の専門技術者が行うことが望ましい。

6.3.2 点検時期

塗膜の定期点検は，橋の定期点検時に併せて行うことが多いが，橋の定期点検頻度や方法に関わらず，塗替え計画を合理的に策定するためには，2～5年に1回程度の頻度で塗膜点検を実施することで塗膜劣化の傾向を適切に把握することができる。

なお，施工不良や構造的な影響や漏水，滞水などによって塗膜が早期劣化することがあるので，現場塗装後の2年目を目安に初期点検を行うことが望ましい。

6.3.3 点検方法

(1) 定期点検

定期点検では，できるだけ全ての塗装部位に近接し，橋全体及び各部材の塗膜劣化程度を把握することが望ましいが，橋の規模や架設状況などによって橋の全体の点検を行うことが困難な場合は，少なくとも塗膜劣化を代表する箇所の塗膜劣化程度を正しく把握する必要がある。点検では目視あるいは双眼鏡を用いた塗膜外観調査（さび，はがれ，割れ，膨れ，変退色，汚れ），及び漏水や滞水など塗装に影響を及ぼす可能性のある要因の有無，あるいはその状況の確認を行う必要がある。

塗膜劣化は，橋の形式，部材形状，架設地点の環境などによってその進行程度が異なるので，塗膜点検に際しては，**表－Ⅱ.6.1及び図－Ⅱ.6.2**に示すような構造や環境条件などからさびの発生しやすい箇所は確実に点検し，見落としのないようにする必要がある。特に，伸縮装置や支承がある桁端部は，雨水が滞留し

土砂やほこりが堆積しやすく湿潤な環境にあるので，塗膜の劣化や鋼材の腐食が発生しやすいこと，また橋の構造上重要な部分であることから，必ず点検しなければならない。

塗膜の点検方法としてデジタル画像をコンピュータで処理して診断する方法が開発されているので参考にするとよい[33]。

表－Ⅱ.6.1 塗膜劣化が生じやすい箇所とその原因

塗膜劣化が生じしやすい箇所	考えられる原因
部材の鋭角部 フランジ下面	塗膜厚不足
ボルト継手部 添接部	素地調整が不十分 塗膜厚が不均一
溶接部	アルカリ性スラグやスパッタの付着
伸縮装置周辺部，支承 桁の架け違い部 床版の陰の部分 箱桁の内部	雨水やほこりがたまりやすい 湿気がこもりやすい

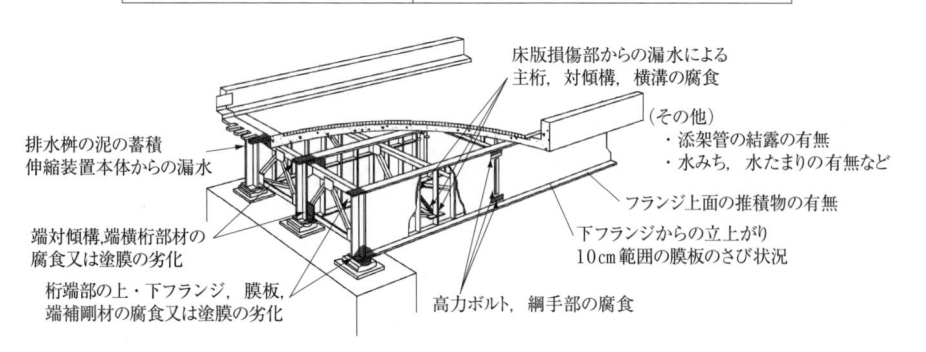

図－Ⅱ.6.2 重点点検箇所[34]

(2) 詳細点検

詳細点検では，塗膜の早期劣化や特異な変状が現れた場合にその原因を究明するため，検査路，点検車，簡易な足場等を用いて塗膜に接近し，橋の各部位の詳細な塗膜劣化状況を調査する必要がある。点検では，目視あるいは双眼鏡を用いた塗膜外観調査（さび，はがれ，割れ，膨れ，変退色，汚れ等）と，架設環境の変化，漏水や滞水など塗装に影響を及ぼす可能性のある要因の有無等の確認を主

として行い，必要に応じて機器を用いて付着力，光沢，白亜化及び付着塩分量等を測定することが望ましい．

6.3.4 評価方法

定期点検では，塗膜外観を調査し塗膜の状態を標準写真等と対比して4段階（1：健全，2：ほぼ健全，3：劣化している，4：劣化が著しい）に評価するのがよい．

(1) 一般塗装系

1) さび

さびは，標準写真との対比及び**表－Ⅱ.6.2**さびの評価，**図－Ⅱ.6.3**さび発生限度標準図によって4段階に評価する．さびの発生形態（点さび，糸状さび，膨れさび，割れさび）や分布状態（全面的，部分的，局部的）が分類できるものについては備考欄に記入するとよい．また，外部から飛来し塗膜表面に付着したいわゆるもらいさびはさびと評価せずに汚れとして評価するが，目視による外観観察ではもらいさびであるか否かの判断が困難な場合はさびとして評価する．塗膜表面がさび汁で汚れている場合には，さびの評価が過大になりやすいのでさび汁の発生箇所とその周辺状況をよく確認する必要がある．なお，さび汁自体は汚れとして評価する．

付Ⅱ－7.(2) 1)に一般塗装系の塗膜劣化程度さびの標準写真を示す．

表-Ⅱ.6.2　さびの評価

評価	発生状態 発生面積（％）	発生状態 外観状態	JIS K 5600-8-3 さびの等級（さびの面積％）
1	X＜0.05	さびが認められず，塗膜は健全な状態	Ri1（0.05％）
2	0.05≦X＜0.5	さびが僅かに認められるが，塗膜は防食機能を維持している状態	Ri2（0.5％）
3	0.5≦X＜8.0	さびが顕在化し，塗膜は一部防食機能が損なわれている状態	Ri3，Ri4（1.0％，8.0％）
4	8.0≦X	さびが進行し，塗膜は防食機能が失われている状態	Ri4以上（8.0％以上）

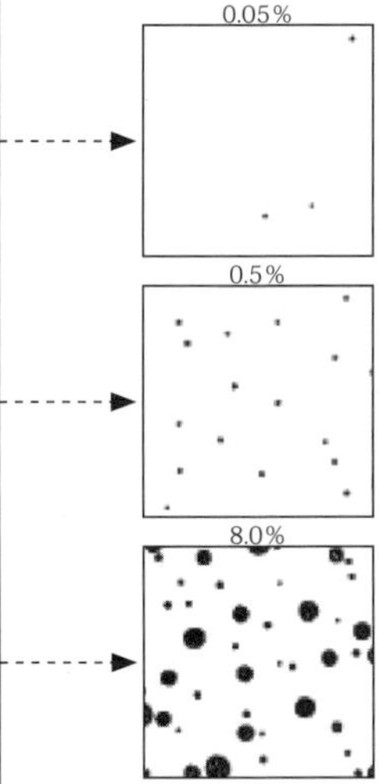

図-Ⅱ.6.3　さび発生限度標準図[35]

2）はがれ

　はがれは，塗膜にとっては重大な欠陥であることから，塗膜の外観上の問題に止まらず塗膜の防せい性能の低下に直結することになる。標準写真との対比及び**表-Ⅱ.6.3**はがれの評価，**図-Ⅱ.6.4**はがれの標準図によって4段階に評価する必要がある。また，はがれの生じた層，はがれの大きさ（面積），はがれの状態（連続したはがれ，点状はがれ）等を記録する。はがれが鋼材面から生じている場合には，さびとして評価する。

　付Ⅱ-7.（2）2）に一般塗装系の塗膜劣化程度はがれの標準写真を示す。

表-II.6.3 はがれの評価

評価	JIS K 5600-8-5：1999 はがれの量の等級	はがれの面積（％）
1	0	0
2	3	1
3	4	3
4	5	15

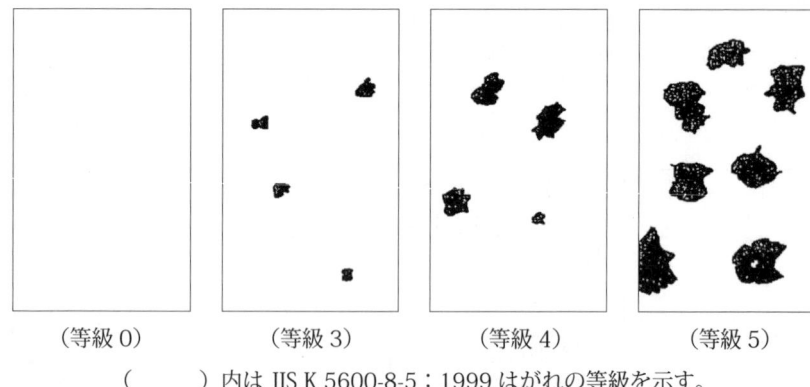

（等級0）　　（等級3）　　（等級4）　　（等級5）

（　）内は JIS K 5600-8-5：1999 はがれの等級を示す。

図-II.6.4　はがれの標準図

3) 変退色

　塗膜の変退色は，塗膜の防せい性能の低下を直接示すものではないが，景観が重視される国立公園内や都市部の橋では重要な点検項目である。変退色は時間の経過とともに徐々に進行するものであるが，塗装後1～2年程度で生じる早期の変退色はその原因を十分に調査する必要がある。

　なお，変退色は部材の日射の受け具合や汚れ具合によって大きく異なるので，点検時にはこれらの点を考慮する必要がある。

　変退色は標準塗板又は標準色見本と対比して評価することが望ましく，それができない場合は，橋で最も変退色の少ない上フランジ下面など，直接日射を受けない箇所と比較して判定する。塗膜の劣化に伴い塗膜がチョーキングしたり，塗膜の表面に粉じんが付着して表面が白っぽく変色したように見えることがあるの

で，塗装後かなり経過した塗膜を調査する場合はあらかじめ表面を水洗いしてから判定する必要がある。また，塗膜に手が届く場合には，色差や光沢を測定する。

4) 汚れ

汚れは，変退色と同じく塗膜の防せい性能の低下を直接示すものではないが，景観・美観が重視される国立公園内や都市部の橋では重要な点検項目の一つである。塗膜の汚れは，橋が設置されている環境や交通量に大きく左右される。汚れには砂じんやもらいさび等による非油性の汚れと，自動車排気ガス等による油性の汚れとがある。前者は施工条件さえ整えば水で容易に洗い落とすことができるが，後者は水洗いのみでは容易に洗い落とすことができないため，景観・美観上問題となる場合には，上塗りに防汚性能を有する塗料等を用いた塗替えが必要となる。

5) 割れ，膨れ

割れ，膨れは，遠くからの目視では，4段階に評価することが難しいので橋に近寄って発生状況を記録し塗替え時期判定の参考にする。

(2) 重防食塗装系

重防食塗装系塗膜は，一般塗装系塗膜に比べて塗膜性能が格段に高く，現在までに一般的な条件下で重防食塗装系塗膜の防食機能が失われた事例はほとんどない。このため一般塗装系での塗膜の劣化度を把握する指標であるさびやはがれの評価では，重防食塗装系塗膜の状態を的確に把握することはできない。

現時点でわかっている重防食塗装系塗膜を維持するうえで最も重要なことは，防食下地であるジンクリッチペイントを健全に保つことである。環境遮断機能を持つエポキシ樹脂塗料下塗塗膜は防食下地を保護する役割を持つが，エポキシ樹脂塗料は紫外線等により劣化し塗膜が消耗しやすいので，これを保護するために耐侯性に優れる上塗り塗料が必要とされる。もし経年で上塗り塗膜の劣化（消耗）が進行すれば，下塗り塗膜に影響を及ぼし，環境遮断機能が低下する可能性があり，さらに防食下地の無機ジンクリッチペイントに悪影響を与える危険性がある。したがって重防食塗装系においては，防食下地のジンクリッチペイントの健全性と上塗り塗膜の状態を把握することが重要である。

ジンクリッチペイントの健全性を評価する方法としては，塗膜を一部採取して

塗膜中の亜鉛末の状態（活性度）を観察する方法等が検討されている。目視調査では，さび評価により塗膜にさびの発生がなければ防食下地のジンクリッチペイントは健全であると推定できる。

上塗り塗膜の状態は，変退色や白亜化などの景観機能で評価することが普通であるが，重防食塗装系の上塗り塗膜の状態を防食視点から把握するには，変退色や白亜化などだけでは的確でない。重防食塗装系の塗膜状態を防食視点から把握するには，下塗り塗膜を保護する効果に着目した上塗り塗膜の消耗（中塗り塗膜の露出）の評価が必要である。

表-Ⅱ.6.4に上塗り塗膜の消耗（中塗り塗膜の露出）の評価を**図-Ⅱ.6.5**に上塗り塗膜の消耗の標準図を示す。

表-Ⅱ.6.4 上塗り塗膜の消耗（中塗り塗膜の露出）の評価

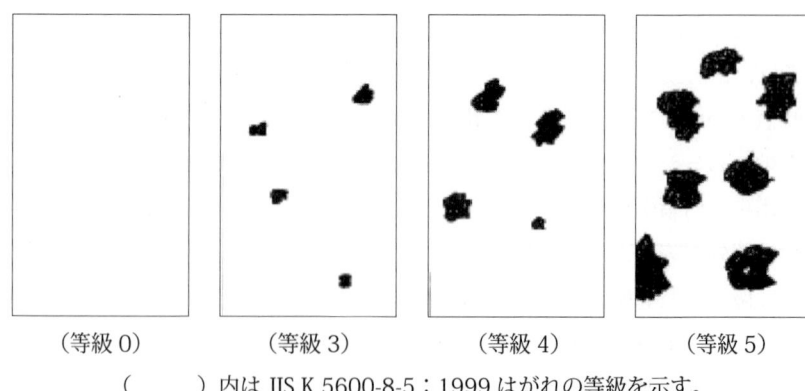

評価	JIS K 5600-8-5：1999 はがれの量の等級	上塗り塗膜の消耗 （中塗り塗膜の露出の面積％）
1	0	0
2	3	1
3	4	3
4	5	15

（等級0）　（等級3）　（等級4）　（等級5）

（　）内は JIS K 5600-8-5：1999 はがれの等級を示す。

図-Ⅱ.6.5　上塗り塗膜の消耗の標準図[35]

(3) 内面用塗装系

　内面用塗装系塗膜では，一般的な条件では塗膜の異常が確認される場合は少ない。内面用塗装系塗膜は紫外線を受けない部位に使用されており，また景観機能を求められることも少なく，防食機能のみが期待されている。

　一般的に内面用塗装系塗膜は膨れが発生する事例が多く，膨れからさびやはがれへと塗膜劣化が進行する可能性が高い。膨れも内面用塗装系塗膜の状態を推定する重要因子であるが，至近距離からの塗膜調査でないと確認が難しい。箱桁内面は照明を用いても塗膜調査を行うには暗い場合が多く，さび，はがれ，膨れなどの塗膜異常を見落とす可能性があるので入念な調査が必要である。**表－Ⅱ.6.5**に膨れの評価を示す。

　内面用塗装系塗膜の状態は，さびの評価から一般塗装系塗膜と同様（**表－Ⅱ.6.2** さびの評価，**表－Ⅱ.6.3** はがれの評価）に推定する場合もある。

表－Ⅱ.6.5　膨れの評価

評価	発 生 面 積（％）
1	$X < 0.05$
2	$0.05 \leqq X < 0.5$
3	$0.5 \leqq X < 8.0$
4	$8.0 \leqq X$

6.3.5　点検記録

　点検記録は，塗膜を適切に維持管理するうえで重要なデータであることから，塗替え台帳とともに保存して活用することが望ましい。点検記録のデータは記載様式を定めてデータベースとして保存するとよい。**表－Ⅱ.6.6**に塗膜定期点検票の例を示す。

表-II.6.6 塗膜定期点検票の例

橋梁名			路線名			工事事務所		出張所		調査日	
所在地						架設環境	海岸部　都市部　田園部　山間部			調査日	
橋梁形式		I桁　箱桁　トラス　その他（　　　）				環境条件	一般環境　　やや厳しい腐食環境 厳しい腐食環境　景観を考慮する			調査日	
架設年		年	塗装経過年数	年	前回調査結果						
塗装系		外面（　　　　　　），鋼床版裏面（　　　　　　　　　），現場継手部（　　　　　　　　　），その他									
総合評価		さび（　），はがれ（　），変退色（　），汚れ（　）：当面塗替えの必要はない，数年後に塗替えを計画する，早い時期の塗替えを検討する，部分塗替えを検討する									

項目	部位	腹板	下フランジ下面	対傾構	継手部	桁端部	支承	鋼床版裏面	水平材	垂直材	合計	平均	備考
第一径間	さび												
	はがれ												
	変退色												
	汚れ												
第二径間	さび												
	はがれ												
	変退色												
	汚れ												

6.3.6 漏水，滞水の処置

　漏水や滞水は，塗膜の劣化に大きな影響を与えるので，その現象を発見した場合はできるだけ速やかに対処するとよい。

　桁端及びその周辺部での漏水や滞水は，塗膜の急速な劣化や鋼材の腐食を招くので注意が必要である。特に床版，伸縮装置部，排水管等からの漏水や，箱桁内部，橋台橋脚上の土砂の堆積による滞水，雨水等の橋台上面やパラペット部からの跳ね返りによる影響が多く見られるので塗膜点検時などの機会に清掃したり，必要に応じて構造を改善するなど速やかに原因を取り除くことが望ましい。

　景観への配慮などから箱桁内部に給排水管を配置する場合があるが，管路の不具合（継ぎ手部からの漏水，管路の破損）によって漏水が生じると，桁内に大量の滞水が生じて著しく塗装が劣化することになるため注意が必要である。

　また，橋台橋脚上や下フランジ上面などに堆積した鳥のふんも塗膜劣化の原因となるので適宜排除することが望ましい。

第7章　塗替え塗装

7.1　塗替え時期

　管理者は，定期点検や詳細点検などの結果に基づいて，防食機能が合理的に維持されるよう塗替え時期や塗装仕様を決定する必要がある。なお，防食機能以外に景観・美観上の配慮を特に必要とする場合には，変退色や汚れの程度も考慮するなど，必要に応じて防食機能に限らずその橋の塗装に要求された性能の劣化の観点から塗替え時期や塗装仕様を検討する必要がある。

　旧塗膜が一般塗装系である場合は，定期点検の結果のうち，さびとはがれの4段階評価に基づいて，①当面塗替える必要はない，②数年後に塗替えを計画する，③早い時期に塗替えを検討する，の3段階に塗替えの必要性を判定する。塗替えの実施時期や塗替え順序は，上記の判定に塗装後の経過年数や橋の架設環境等を考慮して決定する。

　さびとはがれの点検結果から塗替えの必要性を判定する場合は，**表－Ⅱ.7.1**に示すようにさびの発生状況を重視して3段階に判定するのが一般的である。なお，さびが生じて長時間経過しても腐食の進展が遅い場合があることから，そのような環境条件の場合は，当面塗替えを行わず経過観察することも検討する必要がある。

表－Ⅱ.7.1　塗替え時期の判定

		はがれの程度			
		1	2	3	4
さびの程度	1	①	①	②	②
	2	①	①	②	②
	3	②	②	③	③
	4	②	②	③	③

① 当面塗替えの必要性はない。
　さびとはがれが共に1又は2の場合は，塗膜は良好な状態にあると判断される

ので当面塗替えの必要性はない。
② 数年後に塗替えを計画する。
　さびが1又は2で，はがれが3又は4の場合と，さびが3ではがれが1又は2の場合は，塗膜劣化の進行が今後早まることが考えられるので数年後に塗替えを計画する。
③ 早い時期の塗替えを検討する。
　さびが3で，はがれが3又は4の場合と，さびが4の場合は放置すると塗替え時に多額の素地調整費用を要することが予想されるので，早い時期に塗替えを検討する。景観上の配慮を特に必要とする地域では，表-Ⅱ.7.1で①又は②の場合であっても，変退色が著しい場合は早い時期に塗替えを検討する。

7.2　塗替え方式

7.2.1　全面塗替え
　鋼道路橋の塗膜は，一様に劣化することはなく部位によって塗膜劣化程度が異なるのが一般的である。塗膜に劣化が見られた時点で直ちにその部分を塗替えることが理想的であるが，作業足場の架設や塗装効率など経済性や作業条件など種々の制約があるため，橋の機能に影響がないことが明らかな場合は，部分的な塗膜劣化を許容し，適切な時点で全面塗替えによって対処する方法もあるので検討するとよい。

7.2.2　部分塗替え
　鋼道路橋の塗膜は，桁端部，連結部，下フランジ下面など，特定の部位の塗膜がほかの部位に比べて劣化が著しくなる傾向があるので，この部分を適切に維持管理することによって，橋全体の健全性を平準化し，全面塗替え時期を延ばすことが可能となる。また，部分的な劣化や腐食を全面塗替えを行うべき状態まで放置されることで，その限られた範囲で集中して腐食が著しく進行し，橋の安全性に影響を与える損傷につながることもあるので適切に補修をする必要がある。
　隙間や開口部から入ってくる水が滞水する部分，あるいは素地調整や塗付作業

が行いにくく塗膜品質が低下しやすい部分，結露や漏水等によって水にぬれている時間が長い部分などで早期に発せいする．

　また，箱桁や橋脚などの閉断面部材の内面部などの塗装は景観上の配慮が必要なく，また，初期に発せいする箇所が，継手部あるいは施工不良箇所に限定されるので，これらの箇所については定期点検を行って発せい箇所に対して部分塗替えを行うことが合理的である．

　したがって，一般部の塗膜が健全でも，桁端部，連結部，下フランジ下面など特定の部位の劣化が著しい場合には，塗膜劣化の著しい箇所の部分塗替えを行う方法もある．このような場合には，部分塗替えと全面塗替えの両者について，足場費も含めた長期的な維持管理費用を算出し，いずれの塗替え方式が経済的であるかを検討したうえで判断する必要がある．

　なお，部分塗替えを採用する場合には足場費用の軽減を図るため，点検車の利用や簡易な移動足場の適用なども検討するとよい．また，部分的に塗替え塗装を行うと塗替えた部分と塗替えない部分とで色調や光沢，汚れの程度などに相違が生じるため，特に景観や美観上の要求がある橋では部分的な塗替えを検討する場合，この点についても十分に考慮する必要がある．

　支承本体やケーブル定着部など橋にとって構造的に重要な部材や部位に対しては，さびが生じた時点で随時塗替えを行うことが望ましいが，このとき劣化の傾向や将来の維持管理費用についても検討し，必要に応じてより耐久性のある塗装系へ変更する．

　なお，国土交通省では，「鋼道路橋の部分塗替え塗装要領（案）」[36] が 2009 年（平成 21 年）9 月に策定され試行運用しているので参考にするとよい．

7.2.3　局部補修

　ジンクリッチペイントを防食下地に用いる重防食塗装系は，耐久性に優れている．重防食塗装系を適用した橋では，塗膜厚の不均一になりやすい連結部のボルト頭や，部材の運搬や架設の過程で塗膜が損傷した箇所，当て傷による塗膜欠陥の生じた部材角部等の点さびを局部的に補修塗装することによって，長期間にわたり全面塗替えを行うことなしに塗膜の防せい性能を維持することができる．海

上など厳しい環境に架設される長大橋では，塗替え用の足場を全面に設置して全面塗替えを行うことは容易でない．防せい性能の優れた塗装系を適用して塗替え間隔の長期化を図るとともに，一般の橋より短い間隔で定期的に塗膜点検を行い，軽微なさびが局部的に生じている段階で局部的な補修塗りを行い，部分塗替えや全面塗替えの延命を図ることも行われているので参考にするとよい．大規模道路橋では，点検や塗替え作業が行える点検車や移動足場などを設置しておくことによって，点検時に局部補修を行って全面塗替えの間隔を大幅に延ばすことが可能である．局部補修は，塗膜損傷の深さにより対応が異なる．図－Ⅱ.4.1に傷の深さによる補修方法施工例を示す．

7.3 塗替え塗装仕様

7.3.1 一般

塗膜は環境中に暴露されると徐々に劣化し，防せい性能や美観性能も徐々に低下する．鋼道路橋塗装の機能を維持するには，塗膜の性能が管理上必要な水準以下に低下してしまう前に塗替え塗装を行うことで塗装の機能を回復させる必要がある．

鋼道路橋は，塗膜の暴露される環境が塗替え後も変わらないと判断し，従来の塗替え塗装は旧塗装と同じ性能を有する塗装系を一般的に選定していた．しかし，その後の調査によると塗装のライフサイクルコスト，環境対策，景観上の配慮などの観点から，より耐久性の優れた塗装系にする方が有利かつ合理的と考えられるため，塗替え塗装仕様は従来よりも耐久性に優れる重防食塗装系を基本としている．

塗替え塗装に適用する塗装系を選定する場合の一般的な手順を，図－Ⅱ.7.1に示す．塗替え塗装系の選定にあたっては，点検による塗膜劣化状態の正確な把握に基づいて適切に判断することが重要である．

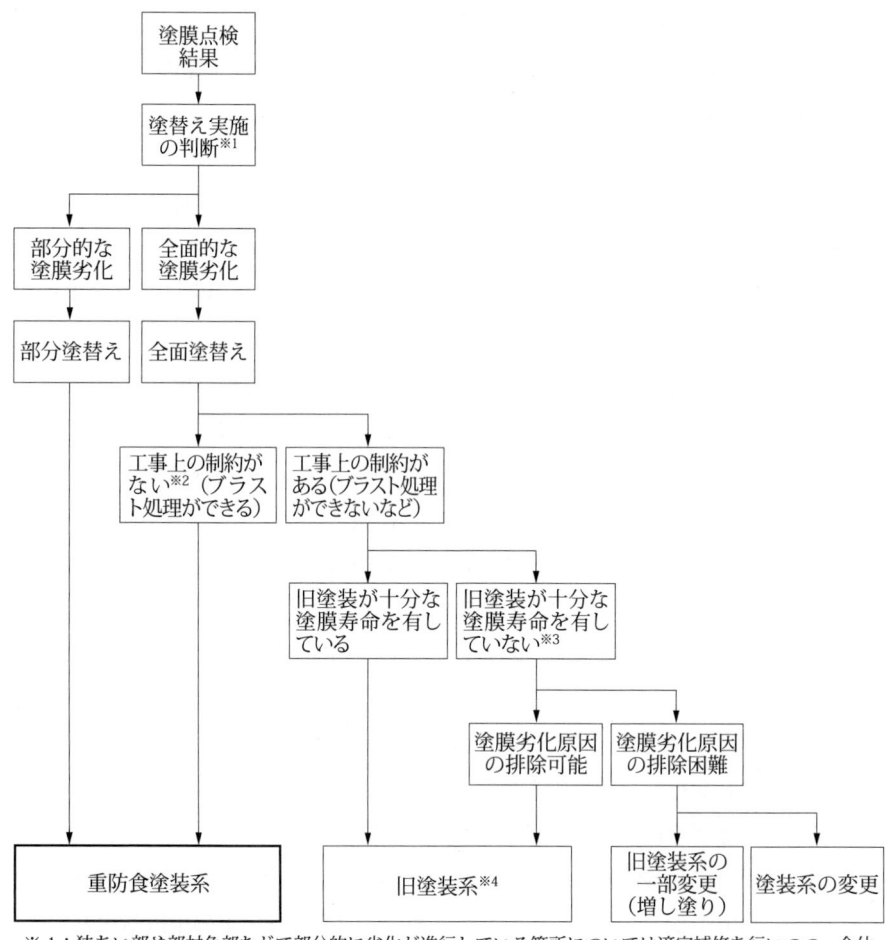

```
                    ┌──────────┐
                    │ 塗膜点検 │
                    │   結果   │
                    └────┬─────┘
                         │
                    ┌────┴─────┐
                    │塗替え実施│
                    │の判断※1 │
                    └────┬─────┘
              ┌──────────┴──────────┐
         ┌────┴────┐           ┌────┴────┐
         │部分的な │           │全面的な │
         │塗膜劣化 │           │塗膜劣化 │
         └────┬────┘           └────┬────┘
         ┌────┴────┐           ┌────┴────┐
         │部分塗替え│          │全面塗替え│
         └────┬────┘           └────┬────┘
                        ┌───────────┴───────────┐
                   ┌────┴─────┐           ┌─────┴────┐
                   │工事上の制約が│       │工事上の制約が│
                   │ない※2(ブラス│       │ある(ブラスト│
                   │ト処理ができる)│      │処理ができない│
                   │          │           │など)       │
                   └────┬─────┘           └─────┬────┘
                                   ┌────────────┴────────┐
                              ┌────┴─────┐         ┌─────┴────┐
                              │旧塗装が十分な│     │旧塗装が十分な│
                              │塗膜寿命を有し│     │塗膜寿命を有し│
                              │ている      │       │ていない※3 │
                              └────┬─────┘         └─────┬────┘
                                               ┌─────────┴─────────┐
                                          ┌────┴─────┐       ┌─────┴────┐
                                          │塗膜劣化原因│     │塗膜劣化原因│
                                          │の排除可能 │      │の排除困難 │
                                          └────┬─────┘       └─────┬────┘
```

|重防食塗装系| |旧塗装系※4| |旧塗装系の一部変更(増し塗り)| |塗装系の変更|

※1：狭あい部や部材角部などで部分的に劣化が進行している箇所については適宜補修を行いつつ，全体としては上塗り，中塗りの消耗を目安にして，防食下地が健全な段階で早期に塗替えを行うのが，重防食塗装系塗膜の維持管理の基本である。
　　なお，局部的に塗膜の損傷やさびが発生した場合には，**図－Ⅱ.4.1**を参考に補修を行うとよい。
※2：旧塗膜のA, a塗装系が十分な塗膜寿命を有しており，適切な塗膜の維持管理体制がある場合や，橋の残存寿命が20年程度の場合には，工事上の制約の有無にかかわらず素地調整程度3種での塗替え塗装を適用しても良い。
※3：旧塗膜がB, b塗装系である場合には，素地調整程度2種で旧塗膜を全面除去して塗替え塗装を行う。
※4：ここでいう「旧塗装系」とは，直近の塗替え塗装において採用された塗装系である。

図－Ⅱ.7.1　塗替え塗装系選定手順

7.3.2 塗替え塗装仕様

塗替え塗装系は，表－Ⅱ.7.2～表－Ⅱ.7.8による。また，旧塗膜と塗替え塗装系の組合せは，表－Ⅱ.7.9による。

(1) Rc-Ⅰ塗装系

塗膜の寿命をより長くするためには，ブラスト工法による素地調整程度1種で旧塗膜を完全に除去したうえで塗装系を変更することが必要である。ただし，ブラスト工法は研削材や塗膜のケレンダストの飛散が伴うので飛散防止ネットや板張り防護などによる養生を行う必要がある。

旧塗膜に鉛化合物，六価クロム化合物及びPCB等の有害物質を含む場合には，旧塗膜を飛散させずに除去する方法として従来の塩化メチレン系ではなく，作業者に優しく安全に塗膜除去作業ができる高級アルコール系の塗膜剥離剤を用いるのがよい。なお，塗膜剥離剤によって除去した後は，ブラスト工法による素地調整を行うとよい。素地調整面積が比較的小さい場合には，素地調整程度1種相当を確保できるブラスト面形成動力工具などが開発されている。

塗膜剥離剤については，塗装・防食便覧資料集付Ⅱ－1.(3) 1)に詳細を紹介している。

素地調整程度1種を行って全面の塗膜を除去した場合は，下塗りから上塗りまでスプレー塗装を行う。その際も塗料の飛散によって周辺を汚染しないように十分に飛散防止処置を行う必要がある。低飛散型スプレーや，スプレー流に静電気を帯びさせ吸着させる静電スプレーなどは，飛散防止効果や塗装性能などを確認したうえで適用する。また，ケレンダスト及びスプレーミストの飛散対策として，飛散防護シートもその効果を確認したうえで十分な養生と換気に注意して適用する。

(2) Rc-Ⅲ塗装系

狭あい部の施工の場合や第三者によってブラストの使用が容認されない場合など，工事上の制約によってRc-Ⅰ塗装系ができない場合には，Rc-Ⅲ塗装系による塗替えを行ってもよい。ただしこの場合は，Rc-Ⅰ塗装系の塗替えに比べて塗膜の耐久性は大幅に劣るので注意が必要である。

(3) Rc-Ⅳ塗装系

　旧塗膜がC及びc塗装系の塗替えは，防食下地が劣化していない状態が多いことから，素地調整程度4種で下塗り・中塗り・上塗りを行うRc-Ⅳを適用する。ただし腐食が生じている箇所はRc-Ⅱで局部補修を行う。

(4) Rc-Ⅱ塗装系

　素地調整程度2種は，効率が悪く大面積の施工には不向きであることから，素地調整程度2種による塗替え塗装は行わないのがよい。ただし，B-2塗装系（鋼道路橋塗装便覧，昭和54年）のようにジンクリッチプライマーやジンクリッチペイントが下塗りに使用された旧塗膜で，これらの塗膜に劣化がないことが確認できたときは，ジンクリッチプライマーやジンクリッチペイントを残し，ほかの旧塗膜を全面除去して，塗替え塗装系Rc-Ⅱを適用してもよい。この場合，素地調整に伴う粉じんや騒音が問題となる場合は，剥離剤の併用も検討するとよい。

　しかしながら，旧塗膜が塗装便覧の塩化ゴム塗装系B，b塗装系からc塗装系へと塗替えられた塗膜である場合には，旧塗膜にさびがほとんどなくても割れ，はがれ，膨れ等の欠陥が見受けられることがあるので，この場合は素地調整程度1種を行うとよい。

(5) Ra-Ⅲ塗装系

　現在施工されている旧塗膜のA，a塗装系が十分な塗膜寿命を有しており，適切な塗膜の維持管理体制がある場合や橋の残存寿命が20年程度の場合には，素地調整程度3種を行い，鉛・クロムフリーさび止めペイントに替えた塗装仕様（Ra-Ⅲ）を適用してもよい。

　このとき，素地調整や塗装は極力機械化して良好な塗膜を形成することが重要である。

(6) Rd-Ⅲ塗装系

　箱桁や鋼製橋脚内面などの閉鎖した空間での塗替え塗装では，塗装作業中の安全確保及び硬化促進の観点から必ず強制換気を行い，無溶剤形変性エポキシ樹脂塗料を適用するのがよい。旧塗膜がタール系塗膜の場合は，ブリードが生じ，美観上劣る場合があるが，塗膜性能上問題とはならない。

(7) Rzc-Ⅰ塗装系

　赤さびが発生した溶融亜鉛めっき鋼材の防食方法を塗装に変更する場合は，Rc-Ⅰ塗装系を適用する。部分的な補修塗装の場合には，素地調整程度1種で鋼材素地を露出させ，亜鉛めっき用エポキシ樹脂塗料下塗を用いた Rzc-Ⅰ塗装系を適用する[37)][38)][39)]。

(8) 金属溶射皮膜が剥がれたり，赤さびが発生した金属溶射鋼材の補修を塗装で行う場合は，Rc-Ⅰ塗装系を適用する。

表－Ⅱ.7.2　Rc-Ⅰ塗装系（スプレー[*1]）

塗装工程	塗料名	使用量 (g/m²)	塗装間隔
素地調整	1 種[*3]		4 時間以内
防食下地	有機ジンクリッチペイント	600	1 日～10 日[*2]
下塗	弱溶剤形変性エポキシ樹脂塗料下塗	240	1 日～10 日
下塗	弱溶剤形変性エポキシ樹脂塗料下塗	240	1 日～10 日
中塗	弱溶剤形ふっ素樹脂塗料用中塗	170	1 日～10 日
上塗	弱溶剤形ふっ素樹脂塗料上塗	140	

*1：原則はスプレー塗装とするが，発注者との協議の上で，はけ，ローラーに変更もできる。
*2：現場の施工条件に応じて塗装間隔を別途取り決める場合もある。
*3：ブラスト処理による除せい度は ISO Sa 2 1/2 とする。

表－Ⅱ.7.3　Rc-Ⅲ塗装系（はけ，ローラー）

塗装工程	塗料名	使用量 (g/m²)	塗装間隔
素地調整	3 種		4 時間以内
下塗	弱溶剤形変性エポキシ樹脂塗料下塗 (鋼材露出部のみ)	(200)	1 日～10 日
下塗	弱溶剤形変性エポキシ樹脂塗料下塗	200	1 日～10 日
下塗	弱溶剤形変性エポキシ樹脂塗料下塗	200	1 日～10 日
中塗	弱溶剤形ふっ素樹脂塗料用中塗	140	1 日～10 日
上塗	弱溶剤形ふっ素樹脂塗料上塗	120	

表-Ⅱ.7.4　Rc-Ⅳ塗装系（はけ，ローラー）

塗装工程	塗料名	使用量 (g/m²)	塗装間隔
素地調整	4 種		4 時間以内
下塗	弱溶剤形変性エポキシ樹脂塗料下塗	200	
中塗	弱溶剤形ふっ素樹脂塗料用中塗	140	1 日〜10 日
上塗	弱溶剤形ふっ素樹脂塗料上塗	120	1 日〜10 日

表-Ⅱ.7.5　Rc-Ⅱ塗装系（はけ，ローラー）

塗装工程	塗料名	使用量 (g/m²)	塗装間隔
素地調整	2 種		4 時間以内
防食下地	有機ジンクリッチペイント*1	(240)	1 日〜10 日*2
下塗	弱溶剤形変性エポキシ樹脂塗料下塗	200	1 日〜10 日
下塗	弱溶剤形変性エポキシ樹脂塗料下塗	200	1 日〜10 日
中塗	弱溶剤形ふっ素樹脂塗料用中塗	140	1 日〜10 日
上塗	弱溶剤形ふっ素樹脂塗料上塗	120	

*1：素地調整程度2種ではあるが，健全なジンクリッチプライマーやジンクリッチペイントを残し，ほかの旧塗膜を全面除去した場合は，鋼材露出部のみ有機ジンクリッチペイントを塗付する．この際，使用量の目安は240g/m²程度とする．素地調整程度2種で旧塗膜を全面除去した場合は，有機ジンクリッチペイントの使用量が600g/m²とする．
*2：現場の施工条件に応じて塗装間隔を別途取り決める場合もある．

表-Ⅱ.7.6　Ra-Ⅲ塗装系（はけ，ローラー）

塗装工程	塗料名	使用量 (g/m²)	塗装間隔
素地調整	3 種		4 時間以内
下塗	鉛・クロムフリーさび止めペイント (鋼材露出部のみ)	(140)	1 日〜10 日
下塗	鉛・クロムフリーさび止めペイント	140	1 日〜10 日
下塗	鉛・クロムフリーさび止めペイント	140	1 日〜10 日
中塗	長油性フタル酸樹脂塗料用中塗	120	2 日〜10 日
上塗	長油性フタル酸樹脂塗料上塗	110	

表-Ⅱ.7.7 Rd-Ⅲ塗装系（はけ，ローラー）

塗装工程	塗料名	使用量 (g/m²)	塗装間隔
素地調整	3種		4時間以内
第1層	無溶剤形変性エポキシ樹脂塗料	300	
第2層	無溶剤形変性エポキシ樹脂塗料*	300	2日～10日

*：旧塗膜がタールエポキシ樹脂塗料である場合，タールのブリードによる変色むらが生じることがあるが，塗膜性能上問題とならない。

表-Ⅱ.7.8 Rzc-Ⅰ塗装系（スプレー）

塗装工程	塗料名	使用量 (g/m²)	塗装間隔
素地調整	1種*		4時間以内
下塗	亜鉛めっき用エポキシ樹脂塗料下塗	200	
中塗	弱溶剤形ふっ素樹脂塗料用中塗	170	1日～10日
上塗	弱溶剤形ふっ素樹脂塗料上塗	140	1日～10日

*：素地調整程度1種であるがブラストグレードは，ISO Sa 1 程度とする。

表-Ⅱ.7.9 旧塗膜と塗替え塗装系の組合せ

塗替え塗装系	旧塗膜塗装系*	素地調整	特徴
Rc-Ⅰ	A, B a, b, c	1種	ブラスト工法により旧塗膜を除去し，スプレー塗装する。
Rc-Ⅲ	A, B, C a, b, c	3種	工事上の制約によってブラストできない場合に適用する。耐久性は Rc-Ⅰ塗装系に比べて著しく劣る。
Rc-Ⅳ	C c	4種	C塗装系の塗替えで下塗には劣化がおよんでない場合に適用する。
Rc-Ⅱ	B b,c	2種	工事上の制約によってブラストできなく，かつ，ジンクリッチプライマーを用いたB塗装系の旧塗膜，又はC塗装系の局部補修に適用する。
Ra-Ⅲ	A a	3種	A塗装系の塗替えで十分塗膜寿命を有していて，適切な維持管理体制がある場合や橋の残存寿命が20年程度の場合に適用する。
Rd-Ⅲ	D d	3種	暗く換気が十分に確保されにくい環境の内面塗装に適用する。

*：旧塗膜の塗装仕様について塗装・防食便覧資料集付Ⅱ-2.を参考にするのがよい。

7.4 塗替え塗装の施工

7.4.1 一般

　鋼道路橋塗装の防食性能，外観，耐久性は，施工の良否に負うところが大きいため施工に先立ち施工計画書を作成し作業内容を確認する必要がある。
　施工は施工計画書に従い，信頼できる品質が確保できる体制を保ち必要な技術力を有する土木塗装工事業者による施工を行う。また施工中は記録や現場確認により所定の品質，施工状態を管理し工程や安全にも十分に配慮する必要がある。

7.4.2 施工計画書

　施工にあたっては，あらかじめ施工計画書を作成しそれに従って施工する。施工計画書作成時には，作業内容を確認するとともに管理項目及び管理基準を明確に定めておき，施工中は記録や現場確認により所定の品質，施工状態を保持するよう管理する必要がある。また，工程や安全にも十分に配慮する必要がある。
　施工計画の前提として，まず関連する契約行為の条件及び現場諸条件を十分に把握するために事前調査を行う。その際，塗替え塗装が過去数回にわたって実施され，過剰な膜厚となっている場合や，MIO塗膜が介在している旧塗膜の場合は，素地調整の施工計画に大きく影響することがある。旧塗膜の塗膜厚，層間付着性の程度，膨れ，割れ，はがれの有無などに注意する必要がある。
　施工の順序及び施工方法について，技術的検討と経済的比較を行い施工方法の基本方針を決定する。施工方法の基本方針に従って，機械の選定，作業員の配置，1日の作業量の決定，及び各工事の作業順序など，工事の詳細な作業計画を立てる必要がある。作業計画の内容を分析して労務，機械など諸資源の配置計画も考慮の上，最適工程をPERT（Program Evaluation and Review Technique）分析などの手法によって作成する。施工計画書作成のフローの例を，図－II.7.2に示す。

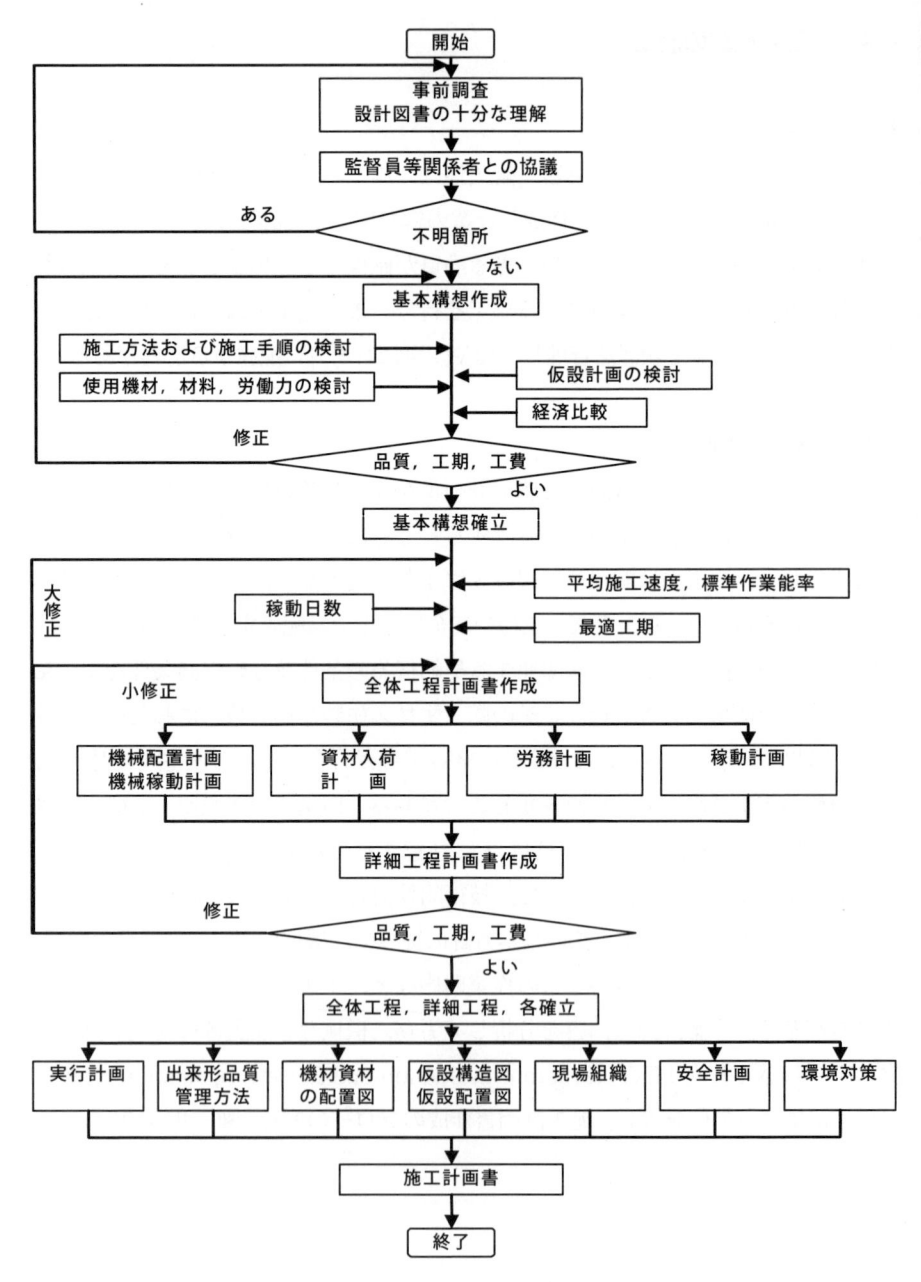

図−II.7.2　施工計画書作成のフローの例

施工計画書には，一般に以下の事項が記載される。
1) 工事概要
　件名，工期，路線名，工事箇所，位置図，一般図，施工内容及び準拠すべき基準並びに仕様書
2) 工程表
3) 現場組織
　現場組織図，作業者名簿（経験年数，取得資格を付記する）
4) 使用塗料
　品名，規格，色，製造会社，使用量
5) 使用機器
　素地調整及び塗装作業に使用する機器の名称，規格，形状，性能，台数
6) 安全管理
　現場の安全管理組織，緊急時の連絡体制，酸欠や溶剤中毒対策，火災や地震対策，安全会議，安全パトロール
7) 交通管理
　規制方法（図示）
8) 環境対策
　周辺地域に対する汚染や騒音防止対策
　現場作業環境の整備
　再生資源の利用の促進と建設副産物の適正処理方法
9) 仮設備計画
　足場，荷重計算，構造略図
　現場事務所や倉庫などの位置図，構造略図，電話番号
10) 施工方法
　一般事項：施工順序，気象条件，昼夜間の別
　素地調整：素地調整の方法と程度
　塗装作業：塗装方法，タッチアップ方法
　足場工：足場構造，設置方法
　照明・換気：照明や換気の方法

11) 施工管理

　工程管理：日（週，月）報，進捗度管理図

　品質管理：塗料の希釈率，塗装回数，塗膜厚，乾燥状態（塗り重ね間隔），塗膜外観

　写真管理：工程写真，作業写真

12) 管理用器具

　温度計，湿度計，風向風速計，表面温度計，粘度計，膜厚計，付着塩分量測定機器など

13) 廃棄物処理

　塗替え塗装工事において発生する塗膜くずには，鉛化合物や六価クロム化合物などの有害物質を含むものもあるので，廃棄物の処理及び清掃に関する法律など関係法令を遵守して適切に処分・処理しなければならない。

14) その他

　必要に応じて，標準足場架設図，足場強度計算書，標準交通規制図，塗膜厚測定箇所図など

　施工計画書は，構造物の形状，施工時期，作業環境，他工種との調整など，当該工事の実状に合うように作成する。

　安全については塗装工事の安全基準に準拠して作成する必要がある。

7.4.3　塗替え塗装用作業足場

(1) 足場一般

　塗装用の作業足場は，作業者が安全に作業を行えるとともに塗装面にできるだけ接触しないように架設する。作業足場は，労働安全衛生規則（昭和47年制定，平成25年4月改正）第2編第9章及び第10章の規定に従って作業が安全に行えるように設置するが，突風や振動によって作業姿勢が崩れないように足元の安定には特に注意して作ることが重要である。吊り足場，張出し足場及び高さ5m以上の足場の組立，解体，変更の作業には，足場作業主任者を選任して作業を行うことが上記の規則で定められている。

　橋の形式や部材の形状によっては，道路の建築限界を確保するために必ずしも

塗装作業に適した形状に足場を設置することができないこともある。また，設置作業に際して交通を確保するために設置時間や設置方法が大きく制約されることもあるため，足場の計画を立てるにあたっては，現地の施工条件について事前に十分な調査をして適切な施工が行えるようにしなければならない。**図−Ⅱ.7.3**に足場工，防護工の種類を示す。

　道路，河川等の管理者及び所轄警察署の許可条件にもとづき，交通を阻害しないように足場の構造及び施工方法を決める必要がある。現場塗装は，街路上の高所作業となることが多いので，道路の占用条件に従い作業員の安全確保はもちろんのこと，桁下の歩行者，車両に危害を与えないよう万全を期すとともに，その架設，撤去に当たっても十分注意する必要がある。作業足場や防護設備の設置，撤去作業を夜間に行う場合は，工事騒音を極力発生させないよう単管等の足場材の取扱いに注意する。

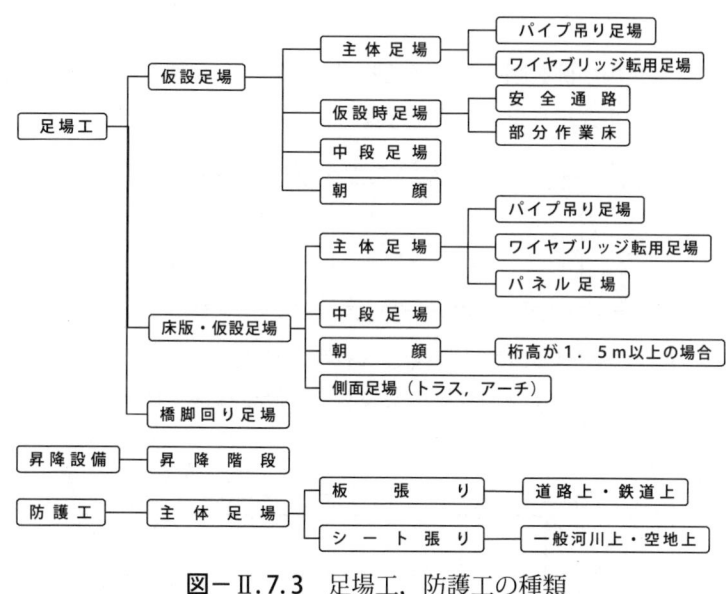

図−Ⅱ.7.3　足場工，防護工の種類

(2) 足場の種類

　足場には多くの種類があるが，塗装足場は架設足場や建築施工用足場と異なって，吊り足場となる場合が多い。これ以外にも多くの種類の足場が用いられ，し

かも吊り元の強度や足場板の配置に塗装作業用として特殊な配慮を必要とする足場でもある。

1) パイプ吊り足場

　鋼管や丸太材等を用いて格子状に組んだ骨組（橋軸方向に並べたものをおやごといい，その上に橋軸直角方向に並べたものをころばしという）の上に足場板を並べた作業床を，吊りチェーンやワイヤロープ等の吊り材で吊り下げた足場である。吊り元としては，高欄，横構，対傾構などの構造部材を利用できるが，近年は吊り元用のピースを構造部材に設置することが多くなっている。特に既設の吊りピースを利用して足場を設置する場合には，吊りピースの適用条件や健全性を確認した上で安全となるよう足場を計画しなければならない。作業床の安定を図るため，おやごのパイプの吊り間隔は1.8m以内とし，ころばしパイプは0.9m程度の間隔で配置する。腹板高（桁高）が1.5m以上の場合は必要に応じて二段吊り足場とする。

　一般的な吊り足場の例を**図－Ⅱ.7.4**，**図－Ⅱ.7.5**に，足場架設の具体例を**図－Ⅱ.7.6**に示す。パネル式吊り足場の例を**写真－Ⅱ.7.1**に示す。

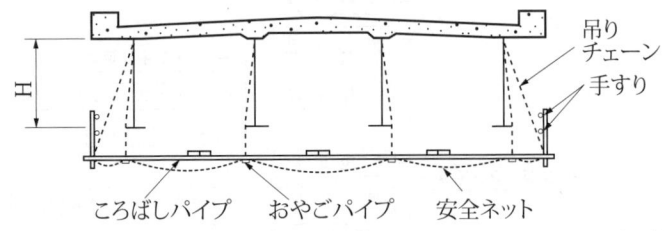

図－Ⅱ.7.4　パイプ吊り足場架設例（腹板高 H ≦ 1.5m の場合）

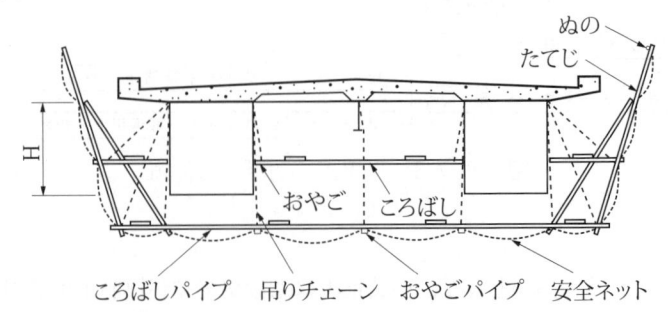

図－Ⅱ.7.5　パイプ二段吊り足場架設例（腹板高 H ＞ 1.5m の場合）

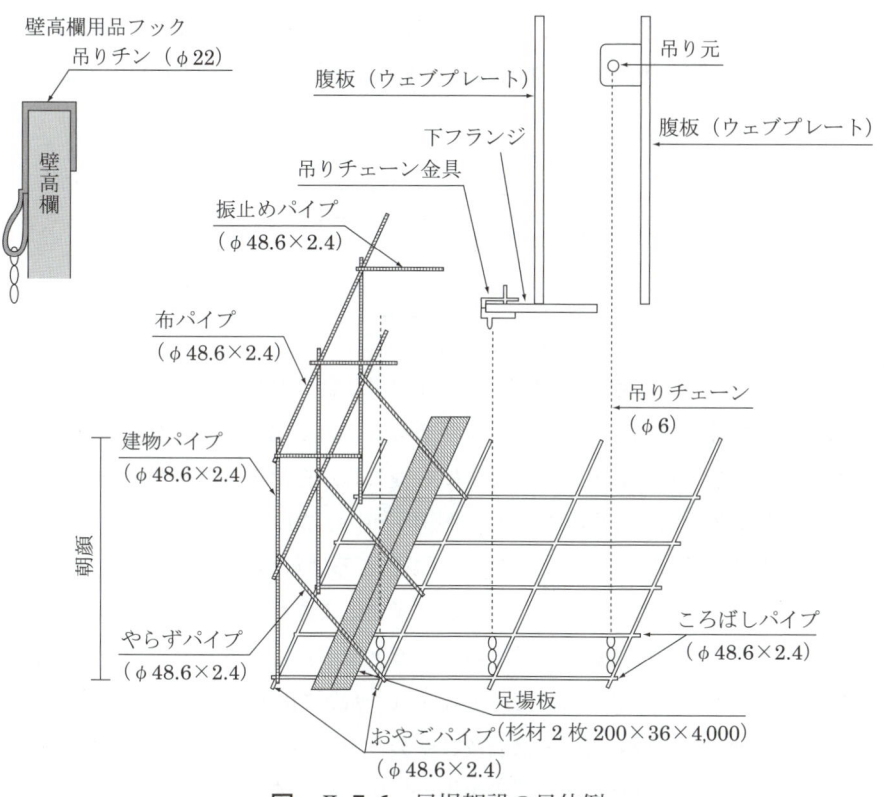

図−Ⅱ.7.6　足場架設の具体例

写真−Ⅱ.7.1　パネル式吊り足場

なお，壁高欄を吊り元として利用する場合は，壁高欄をさび汁等で汚さぬよう金具に塗装等で防食処置をしておくなどの配慮が必要である（**図－Ⅱ.7.7**）。

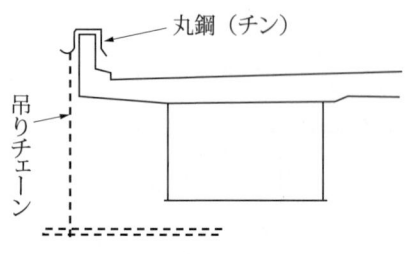

図－Ⅱ.7.7 壁高欄用吊り金具の例

吊り足場の種類にパネル式吊り足場がある。この足場は，より安全で迅速な架設と解体が可能であること，及び外観にも優れしかも足場の形状が工夫され塗装作業時の落下物が生じにくいことから都市内を中心に広く使われている。

パネル式吊り足場は，従来のおやごパイプ，ころばしパイプ，足場板，安全ネットなどを一体化したものであり，おやごパイプにまたがってころばしパイプを取り付けるなど，危険度の高い作業工程が不要となっただけでなく，全ての作業が架設されたパネルの上で行われるので安全性が飛躍的に向上している。種々の制約がある現地での足場の設置・撤去及び塗装作業における安全性の確保と効率化のためには，このようなパネル式の足場の採用も検討するのがよい。従来の吊り足場とパネル式吊り足場の架設手順を**表－Ⅱ.7.10**に示す。

表－Ⅱ.7.10 吊り足場の架設手順

従来の吊り足場の架設手順	パネル式吊り足場の架設手順
①吊りチェーンをかける。 ②おやごパイプを流す。 ③ころばしパイプを取り付ける。 ④足場板を敷く。 ⑤安全ネット，養生ネットを張る。	①吊りチェーンをかける。 ②パネル吊り足場を取り付ける。 ③安全ネット，養生ネットを張る。

2) 本足場

本足場は，部材の周囲を取り囲むように直接部材に取り付けて設置される足場であり，例えばトラスの弦材を挟んで両側に足場を組むような場合がある。橋脚の場合はその周囲に設置する。その構造は鋼管や丸太材などを用いて格子状に組

んだ骨組（鉛直方向に建てたもの建地材，それを水平方向に結んでいるものを布材という）を塗装する部材を挟んで両側に建て，両者を腕木で連結したものである。本足場の例を**写真－Ⅱ.7.2**に示す。

写真－Ⅱ.7.2　本足場

3）張出し足場（朝顔）

　足場上からの作業員や工具類の落下を防止したり，塗料飛散防止用シートを取り付けるため防護用張り出し足場を設置する。**図－Ⅱ.7.8**に示すように吊り足場などから防護用として中空に斜めに張り出すもので，構造は吊り足場とほぼ同じものである。

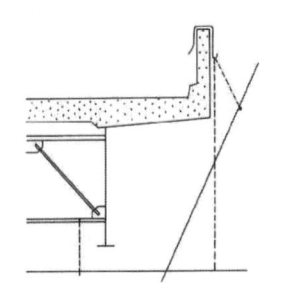

図－Ⅱ.7.8　張出し足場設置の例

4）枠組足場

　橋脚など背の高い構造物の塗装を行う場合には，**写真―Ⅱ.7.3**に示すように規

格化された部材を組立てる枠組足場を用いることが多い。

写真－Ⅱ.7.3　足場設置の例

5）　脚立足場，うま足場，ローリングタワー足場

　これらの足場は，塗装面までの高さが比較的低い平坦な場所で，これらの足場を設置しても十分な作業空間が確保できる場合に使用する。

　脚立足場，うま足場は，脚立あるいはうまを支柱がわりにして並べて固定し，その上に足場板を掛け渡して作業床とする足場である。作業床が高くなると不安定になるので，高さが 2m 以上になるときは命綱の使用が義務づけられている。

　ローリングタワー足場は，枠組支保工や単管パイプを用いてやぐら状に組立てた移動式足場である（**図－Ⅱ.7.9**）。頂部に作業床と手すりを設け，脚部には移動のための自在車輪（ストッパ付）を取り付けたもので，高さは枠組支保工や単管パイプを継ぎ足すことによって調整できる。作業員の安全を確保するため，作業中はストッパを確実にかけ，また作業員が搭乗したままでの移動は避ける。

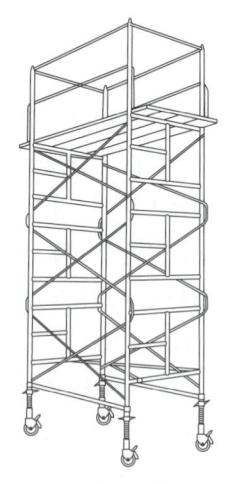

図−Ⅱ.7.9　ローリングタワー足場の例

6) 機械足場（リフト車，タワー車，オーバーフェンス車）

　リフト車，タワー車は，陸上高架橋などにおいて機械を地上に設置して油圧によりゴンドラを昇降，移動させて塗装作業を行うものである。オーバーフェンス車は，アームの先に取り付けたゴンドラを橋面上から油圧により操作して，高欄を越えて塗装作業を行うものである。これらの足場は広い面積を塗装するには適していないが，足場を解体した後の塗り残し部の補修塗装作業などに用いられる。リフト車の例を**写真−Ⅱ.7.4**に示す。

写真−Ⅱ.7.4　リフト車

7) 装置足場
ⅰ) ゴンドラ足場
　高所の垂直材, 斜材, 吊橋の主塔, 吊り材等を上下方向に移動しながら塗装する場合に用いられる。作業籠と昇降装置とで構成され, ワイヤロープに吊られた作業籠が電動又は手動の昇降装置により上下するものである。構造上風による影響を受けやすく, 作業計画の立案には作業可能な気象条件と現地の条件を十分に考慮する必要がある。また, 作業時にゴンドラが部材と干渉して塗膜を損傷することのないように注意する必要がある。
　なお, この足場を設置するときは, 労働基準監督署に設置届を提出しなければならない。また使用するときは命綱取付け用の親綱の設置が必要である。
ⅱ) 移動足場
　移動足場は, 橋に取り付けられているレールあるいはガイドに沿って電動又は手動の駆動装置で移動する足場である。仮設足場やゴンドラ足場とは異なり, 設置する橋ごとに専用のものを製作して常設しておき, 塗替えだけでなく点検や補修工事にも使用するのが一般的である。常設の移動足場は, ほかの足場の使用が容易でない長大橋に多く用いられており, 橋の形状に則した構造となっている。移動足場の例を**写真－Ⅱ.7.5**に示す。

写真－Ⅱ.7.5　移動足場

(3) 防護
　素地調整によって発生するさび粉や塗膜くずを含むダストや塗料を飛散させないように防護設備を設置し, 防護設備上に落下したダスト等は迅速に回収する。

一般には吊り足場の下面にシートを取り付けて張るが，道路上や建造物が接近している場合には，下面と両側面の三面防護が必要である。道路上のトラスや橋脚では，本足場の建地材に取付け周囲を包む方法が取られている。河川上や水路上でも塗料が落下し水面を汚すのでシート防護を施す必要がある。シート防護を取り付けた足場は，地形や橋の構造によっては強風時に足場に大きな風圧がかかる危険性があるので，風の影響には十分注意しなければならない。強い風を受けやすい橋脚やトラスの側面部の防護には，シートに代えて細かい網目のメッシュシートを用いることが多い。

　道路橋の塗替え塗装は，橋上の交通を極力妨げないように作業足場や防護設備を設置して行う。また，橋の下方や側方に道路，鉄道，航路，公園等がある場合は，それらの利用形態を極力損なわないように作業足場や防護設備を設置して施工する。作業足場や防護設備の形状及びそれらを設置撤去する方法，作業時間帯について，各管理者あるいは利用者と十分協議を行う。

　作業足場や防護設備の設置，撤去作業を夜間に行う場合は，工事騒音を極力発生させないよう，単管等の足場材の取扱いには十分注意する。

　シートを使用する場合には下記事項に注意する必要がある。

① 足場下面に張るシートは，雨水のたまりを防ぐよう考慮して使用する。
② シートは，縁辺，隅角部，取付穴などを布や鳩目打ちなどにより補強したもので，織りむらや著しい材質劣化などの欠陥のないものを使用する。
③ シートの継ぎ合せ部分は，隙間が生じないようにして足場に緊結する。
④ シートの取付け後強風や大雨が予想されるときは，必要に応じてシートを取り外すなどの措置をとる。

　塗装工事に用いられる工具類は軽量であり，ほとんどの場合はシート防護のみで落下を防止できるが，工事ごとに足場上に置かれる資機材は異なるため，あらかじめ持ち込むことが想定される資機材に対して適切な防護対策を計画し，シート防護のみでは危険度が高いときはキャッチングネット（通常グリーンネット）を張って安全を図るとよいが，使用するネットは網目の不揃い，破れ，織り外れ，腐食などの欠陥がないものを用いる。

　ブラスト工法によって素地調整を行う場合には，研削材の飛散，落下を防止す

るため板を用いて防護する。例えば，塗替え塗装のブラスト工法で使用される研削材の量は，一般には$1m^2$当たり40kg以上を要するが，腐食の程度，塗膜厚，研削材の種類，作業姿勢などによって異なる。また，施工時間が長引いたり使用済み研削材の回収が遅れると，その分作業床へかかる総重量が増加することになるので，吊り足場や張出し足場などの下面の防護は板張りとするとともに強度は十分余裕をみておく必要がある。

　跨道橋や跨線橋などで，吊り足場下の余裕が少なくシートやキャッチングネットなどのたるみが建築限界に影響を及ぼす場合には，それらに代えて板を用いて防護することがある。安全ネットは吊り足場の下面や，作業床の端部などに張られる。材質は合成繊維質のものがほとんどであるが，ネットの強さにより高所用（6m以上の落差に耐えるもの）と低所用（6m以下の落差に耐えるもの）とがある。この墜落防止用安全ネットは，取り付け位置や張り方によってはその効果が減少するので，取り付けに際しては，厚生労働大臣より公布されている技術上の指針公示第8号「墜落災害による危険を防止するためのネットの構造等の安全基準に関する技術上の指針」（昭和51年8月制定）を遵守しなければならない。防護工の具体例を**図－Ⅱ.7.10**に示す。

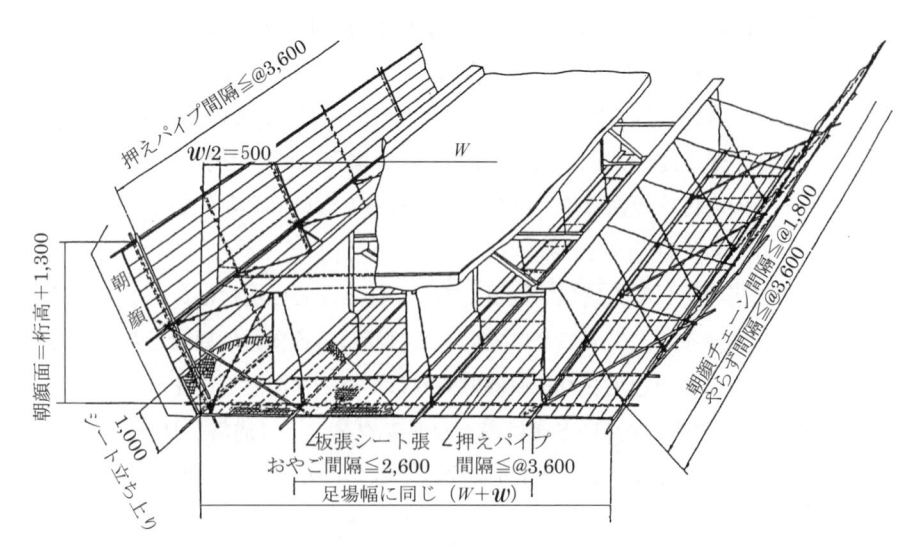

図－Ⅱ.7.10　防護工の具体例

(4) 照明，換気設備

　箱桁などの閉断面部材の内側や，鋼製橋脚の内側など部材がふくそうして暗くなったり，蒸発した溶剤がこもりやすくなっている箇所における塗装作業においては，照明設備や換気設備を適切に設けて安全な環境で作業が行えるようにする。

　なお，塗料によっては引火性ガスが発生するので，照明設備に防爆型照明灯やゴム被覆のキャプタイヤコードを使用して，引火爆発と漏電の災害を防止する。

　箱桁内はリブやダイアフラムがあるため歩行時の安全性が損なわれることがあるので，照明を通路用と作業用に分け，作業員にヘッドランプを着用させることが望ましい。照明は明るいほどよいが，ヘッドランプを併用する場合は70ルックス以上の明るさがあれば概ね作業に支障をきたさない。通路用の照明は，マグネット式コードハンガーを用いてコードを上フランジ下面又は腹板上部に配線し，照明灯の位置を固定する。作業用の照明は部材による陰影部分を照らせるように，ハンドランプとヘッドランプを併用する。ハンドランプの例を図－Ⅱ.7.11，図－Ⅱ.7.12に，ヘッドランプの一例を図－Ⅱ.7.13に示す。また，換気装置の例を**写真**－Ⅱ.7.6に示す。

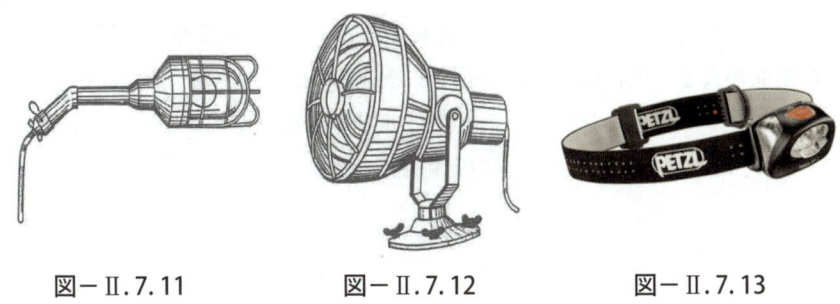

図－Ⅱ.7.11　耐圧防爆型ハンドランプ

図－Ⅱ.7.12　耐圧防爆型可搬式ランプ

図－Ⅱ.7.13　作業用ヘッドランプ

写真-Ⅱ.7.6　可搬型換気装置の例

　閉断面部材の内部や完全養生した足場内では空気の流通が悪く，塗膜の乾燥が遅くなるだけでなく，塗料によっては有機溶剤による作業員の有機溶剤中毒や引火性ガスの爆発の危険があるので注意が必要である。このような状態が想定される場合は作業員に防毒マスクを着用させるとともに，ガス濃度を低くするために送風機，排風機を用いて強制換気を行いガス濃度を測定する。送風機だけあるいは排風機だけを設置する方法は，マンホールの数が少ないために換気が不十分になりやすい。換気が不十分となる場合は，コンプレッサーによる送風と排風機による排風を併用して強制換気を行う必要がある。マンホールやダイアフラム開口部の断面が大きい場合は作業員の近くまで送風管を持ち込み，断面が小さい場合でもコンプレッサーと送風ホースを用いてできるだけ作業員の近くへ送風する。表-Ⅱ.7.11に主要な有機溶剤の爆発範囲，管理濃度，引火点を示す。

表-Ⅱ.7.11　主要な有機溶剤の爆発範囲,管理濃度,引火点

項目 溶剤名	爆発範囲 (容量%)	管理濃度 (ppm)	引火点 (℃)
トルエン	1.1～7.1	20	4
o－キシレン	0.9～6.7	50	32
m－キシレン	1.1～70	50	27
p－キシレン	1.1～7.0	50	27
エルベンゼン	1.0～6.7	20	18
ミネラルスピリット	1～7*	－	43*
酢酸メチル	3.1～16	200	－13
酢酸エチル	2.2～11.5	200	－4
酢酸ブチル	1.2～7.6	150	22
アセトン	2.2～13	500	－20
メタノール	6.0～36.5	200	12
エタノール	3.3～19	－	13
1－ブタノール	1.4～11.3	25	29
2－ブタノール	1.7～9.0	100	24
イソプロピルアルコール	2～12	200	12

出典；安全データシート（Safety Data Sheet: SDS）
＊：構成成分によって引火点は変わる

7.4.4　素地調整

(1) 素地調整の重要性

　素地調整は，塗料を塗付する面を清浄にし適度に粗にすることにより，塗料の密着を良くし塗膜の防せい効果を高めるために行うものである。塗替えでは，旧塗膜の硬化が進み塗料が付着しにくくなることから，さび，割れ，はがれ，膨れ等の劣化現象が広範囲に発生していることがあるため，素地調整程度及びその品質が塗替え塗膜の防食性能に大きいことを認識しておく必要がある。

　この編では，現場における塗替え塗装においてブラスト処理（素地調整程度1種）を基本としているが，素地調整の重要性について塗装・防食便覧資料集2.2.1（1）に記述し，併せて参考文献を記載しているので参照するとよい。

(2) 素地調整程度

　塗替え時の素地調整程度は，作業内容によって1種～4種の4種類に区分され

ており，塗膜の劣化状態に応じて**表－Ⅱ.7.12**から適正な素地調整方法を選択して行う．

なお，素地調整程度1種～素地調整程度4種の例について，**写真－Ⅱ.7.8**～**写真－Ⅱ.7.15**に示す．

表－Ⅱ.7.12 素地調整程度と作業内容

素地調整程度	さび面積[*1]	塗膜異常面積[*2]	作業内容	作業方法
1種	—	—	さび，旧塗膜を全て除去し鋼材面を露出させる．	ブラスト法
2種	30%以上	—	旧塗膜，さびを除去し鋼材面を露出させる．ただし，さび面積30%以下で旧塗膜がB，b塗装系の場合はジンクリッチプライマーやジンクリッチペイントを残し，ほかの旧塗膜を全面除去する．	ディスクサンダー，ワイヤホイルなどの動力工具と手工具との併用
3種A	15～30%	30%以上	活膜は残すが，それ以外の不良部（さび，割れ，膨れ）は除去する．	同上
3種B	5～15%	15～30%	同上	同上
3種C	5%以下	5～15%	同上	同上
4種	—	5%以下	粉化物，汚れなどを除去する．	同上

*1：さびが発生している場合
*2：さびがなく，割れ，はがれ，膨れ等の塗膜異常がある場合

ⅰ）素地調整程度1種は，ブラスト法によるもので素地調整の効果は最も優れている．ただし，周辺を粉じん等で汚すことのないように養生等を十分に行う．

なお，ブラスト法（素地調整程度1種）について，素地調整の作業手順，素地調整の種類と特徴，現場ブラスト作業（**写真－Ⅱ.7.7**），塗替え塗装の施工における留意事項，品質管理について，塗装・防食便覧資料集**2.2.1（2）～2.3**に記述しているので参照するとよい．

|(a) 主桁外面|(b) 主桁内面|

写真−Ⅱ.7.7 ブラスト作業状況

ⅱ) 素地調整程度2種は，動力工具で塗膜及びさびを全面除去して鋼材面を露出させるものであるが，さびが多少残存したり，作業に要する時間が長く費用も高くなるので実用的でない。

ⅲ) 素地調整程度3種は，さび，割れ，はがれ，膨れ等によって死膜部分（塗膜の防せい効果が失われた部分）については劣化塗膜やさびを除去して鋼材面を露出させ，それ以外の活膜部分については，塗膜表面の粉化物や付着物を除去し活膜全体を軽く面粗しするものである。3種は死膜部分の発生比率により作業時間と費用が大きく異なるので，作業内容は同一であるが実用上3段階に細分することが多い。また，3種と2種，4種との区分けを塗膜の劣化面積あるいは発せい面積によって示すことも実用上必要である。

ⅳ) 素地調整程度4種は，除せい作業を必要とせず面粗しや清掃を行うものである。塗膜の防せい効果を良好に維持するには，素地調整程度4種が適用できる程度の劣化状態で塗替えを行うことが望ましい。

Grade D : Steel surface on which the mill scale has rusted away and on which general pitting is visible under normal vision（全面がさびに覆われるとともに，鋼材素地面にかなりの孔食が認められる）

写真－Ⅱ.7.8 素地調整程度1種（素地調整前：Grade D）

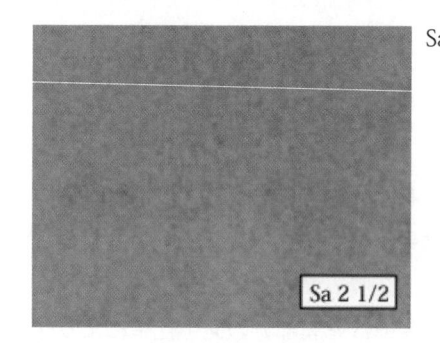

Sa 2 1/2 : Very thorough blast-cleaning（JIS Z 0313：1998「素地調整用ブラスト処理面の試験及び評価方法」では，除せい度とそれに対する鋼材表面の状態を次のように定義している。「Sa 2 1/2：拡大鏡なしで，表面には目に見えるミルスケール，さび，塗膜，異物，目に見える油，グリースおよび泥土がない。残存するすべての汚れは，その痕跡が斑点またはすじ状のわずかな染みだけとなって認められる程度である。」）

写真－Ⅱ.7.9 素地調整程度1種（素地調整後：Sa 2 1/2）

主として動力工具を用いて，さびや旧塗膜を除去した程度。
（白い部分は鉄の金属光沢，かっ色部分は素地鉄，赤色部分は塗膜の残さい）

写真－Ⅱ.7.10 素地調整程度2種の例

写真−II.7.11　素地調整程度2種の例

主として手工具を用いて，さびや旧塗膜を除去した程度。(白い部分は金属光沢，青色部分は素地鉄，赤色部分は残存塗膜)

写真−II.7.12　素地調整程度3種の例

手工具を主として劣化膜やさびを除去した程度。素地調整程度2種に近い状態。(黒部分は素地鉄，赤色部分は下塗り残存塗膜，茶色部分は上塗り残存塗膜)

写真−II.7.13　素地調整程度3種の例

動力工具と手工具を併用して劣化塗膜やさびを除去した程度。素地調整程度2種に近い状態。(白い部分は金属光沢。青黒い部分は素地鉄，赤かっ色は下塗塗膜，ねずみ色は上塗り残存塗膜)

写真−Ⅱ.7.14　素地調整程度3種の例

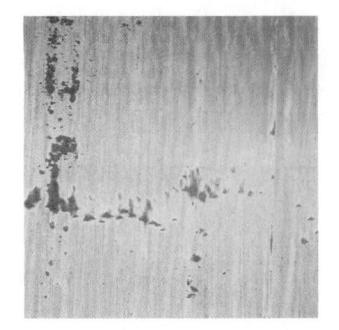

塗膜は表層を清浄にし，劣化塗膜や点さびを除去した程度。素地調整程度4種に近い状態。（黒部分は素地鉄，赤色部分は下塗り塗膜，あずき色は上塗り残存塗膜）

写真−Ⅱ.7.15　素地調整程度4種の例

全面にワイヤブラシがけを施して清掃した程度。（赤色部分は下塗り塗膜，青色部分は上塗り塗膜，暗青色部分は未処理上塗り塗膜）

(2) 素地調整用工具
1) 動力工具

　動力工具には，電気あるいは圧縮空気を動力源として駆動させるものがあり目的によって種々のものがある。ただし，鋼材面を著しく傷つけるものは使用できない。

　主な動力工具の形状を図−Ⅱ.7.14に示す。

　ディスクサンダーは，動力により回転する円板にサンドペーパーを取り付け，その回転研磨力によって素地調整を行う工具である。サンドペーパーの粗さはサンド粒子の大きさによって異なり，さび落しには粒子の粗いもの，面粗しや清掃には粒子の細かいものを用いる。比較的広い面の素地調整には適するが，隅角部や部材の合せ部などには適用が困難である。エアーハンマーは動力によってハンマーを作動させる工具で，深さびの粗落としとして使用する。

図−Ⅱ.7.14　素地調整用動力工具の例

　カップワイヤホイルは，カップ形あるいは円板形のワイヤブラシを溶接ビードやリベット頭部に被せ回転させる工具である。回転に伴う衝撃力によって処理面を清掃する。

　スケーリングマシンは，フレキシブルシャフトの先端にカッターが取り付けられ，それが動力により作動する工具である。腐食の著しい面の粗落とし用に用いる。素地調整程度1種相当を得られるブラスト面形成動力工具を**写真−Ⅱ.7.16**に示す。

写真−Ⅱ.7.16　ブラスト面形成動力工具

住宅密集地における素地調整や箱桁内のように狭い空間における素地調整で，ダストの飛散を防止する必要がある場合は，電気掃除機を用いてダストを清掃する。工業用電気掃除機には，種々の形状があり現場に適したものを選定する。
2) 手工具

　手工具の例を**図－Ⅱ.7.15**に示す。

1) 力棒（スクレーパー）は，刃先が超硬合金製で，柄を両手で握り刃先を処理面に約30度の角度で当て，上から下へと動かし，さび・旧塗膜などを削り落とす。隅角部の場合は角辺に沿って突くように操作する。
2) 細のみは，力棒の細形構造のもので，ボルトやリベットの間，鋼材合せ部，溝部分等に用いる。
3) 鋲かきは，一端は曲がった刃先，一端は棒状で先端がとがった構造のもので，曲がった刃先で鋲頭を引っかき，とがった先端で鋲の付根部を突く工具である。
4) ハンマーは，頭部の一端が幅の広い刃先構造で，ほかの一端はとがっており，層状さび，深さびをたたいて落とす。
5) ワイヤブラシは，鋼線を束ねブラシ状としたものを木板に植えつけたもので，くぼみ部のさび落としや清掃用に使用する。
6) ダスタばけは，清掃に用いる。ただし，油脂類は溶剤で拭き取る（シンナー拭き）。

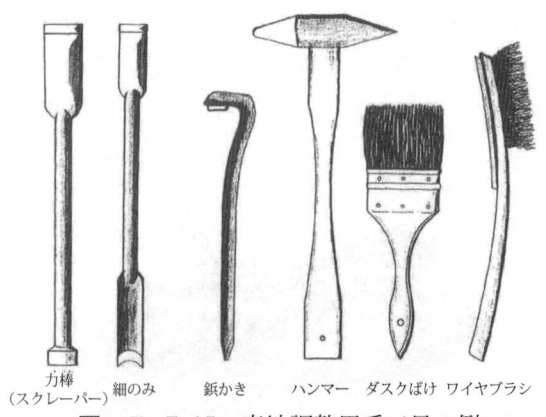

図－Ⅱ.7.15　素地調整用手工具の例

(3) 水洗い

一般に旧塗膜上には 50mg/m² 以上の塩分が付着していると塗装後早期に塗膜欠陥を生じやすい。このような場合には，高圧水洗い等によって塩分が 50mg/m² 以下になるまで除去する必要がある。このとき，スチームを用いると効率的に塩分を除去できる[40]。ただし，水洗い時には排出水による環境汚染対策などの注意が必要である。

水洗いが不可能な場所では，効果は落ちるが動力工具やウェス拭きにより除去する方法でもよい。処理方法別に塩分除去効果を調べた例を表-Ⅱ.7.13に示す。

表-Ⅱ.7.13 処理方法別付着塩分除去効果

水洗い前の付着塩分量 (NaCl mg/m²)	水洗い 処理後の付着塩分量 (NaCl mg/m²)	除去率	動力工具 処理後の付着塩分量 (NaCl mg/m²)	除去率	動力工具とウェス拭き併用 処理後の付着塩分量 (NaCl mg/m²)	除去率
218	20	90%	110	49%	52	76%

注) 付着塩分量は，22ヵ所の平均値

(4) 塩分測定

付着塩分は，海塩粒子の飛来，凍結防止剤や農薬の散布などに起因し，海岸からの距離が遠い場合でも付着していることがあるので，塗膜の劣化状態から塩分付着の疑いがある場合は付着量を調査して判断する必要がある。

付着塩分量は，海岸からの距離，橋周辺の遮蔽物の有無，地形，風向，風速，さらに鋼橋の部位によっても異なる。

表-Ⅱ.7.14と表-Ⅱ.7.15は，環境及び部位別の付着塩分量の測定例であるが，これを見ても田園より海岸の方が多く，外側腹板よりも内側腹板や下フランジ下面のほうが多いことが判る。

表-Ⅱ.7.14　環境別塩分付着量

橋　名	経過年数	環　境	測定値 (NaCl mg/m²)
和加江	5年	海岸道路上	337（1,215）
谷　津	5年	海岸河川上	241（607）
銚　子	5年	海岸河川上	136（204）
猿　沢	5年	山間道路上	45（61）
富　雄	5年	田園河川上	63（104）

測定値は各部位の平均値，（　）は最大付着量

JSSC：VOL12，No.122　76'-2

表-Ⅱ.7.15　部位別塩分付着量（NaCl mg/m²）

橋　名	経過年数	環　境	腹板外側	腹板内側	下フランジ下面
ツマサ	1年	海岸道路上	82	596	166
金　武	1年	海岸地上	27	48	37
宮　城	1年	海水しぶき	238	664	170
大兼久	1年	海水しぶき	80	380	884

注）塩分は1年間の累積付着量
　　沖縄総合事務局，沖縄地区の鋼橋防錆調査報告書1988年（昭和63年）

付着塩分量の測定を行う場合は，塗膜面に付着している塩分を精製水で湿潤したガーゼによって拭き取り，ガーゼをビーカーに入れて精製水を添加し，精製水中に溶解した塩分を塩化物イオン検知管によって測定し，測定値をNaCl mg/m²に換算するガーゼ拭き取り法がある。その他の付着塩分量測定法には，電導度法，ブレッセル法などがある（付Ⅱ-1.参照）。

ガーゼ拭き取り法は，平滑な塗膜面に対しては精度がよいが，塗膜面が粗い場合や多孔質な塗膜に対しては塩分を十分に拭き取ることができないため，実際の付着量よりも少な目に検出される傾向があることから，ジンクリッチペイントやMIOを用いた塗料については注意を要する。

(5) 廃棄物処理

素地調整によって生じたダストには，旧塗膜の有害物を含んでいることが多いので，周辺の土壌や河川を汚さないように十分留意するとともに，その廃棄は適

切に行わなければならない。特に PCB の廃棄にあたっては，関係する法令や規則等に準じて関係者が適切な措置を講じる必要がある。

(6) その他

古い橋では，部材の角部に面取りや曲面仕上げが行われていないものがある。このような場合には，**3.2 構造細部の留意点**に示すように膜厚が確保されるよう新設時と同様に角部の処置を行う必要がある。

7.4.5　塗替え塗装作業

塗付作業については，塗替え塗装と新設塗装時の現場塗装とで技術的に異なるところは少ない。**5.2.3 塗付作業**の記述がほぼ適用できるが，劣化塗膜やさびを除去した面に塗料を塗付すること，橋の利用形態を損なわないように作業を行わなければならないこと，閉断面部材の内部を全面的に塗替える場合もあること等，新設塗装に比べ作業内容は難しく作業環境も厳しくなっている。素地調整によって塗膜を除去したり除せいを行った部分は，周辺に比べくぼんだ状態になり塗料が付着しにくくなっている。素地調整によって発生した細かいさびやダストあるいは，浮き上がっている塗膜を塗り込まないように注意する必要がある。

はけ塗りでは，塗膜厚が薄くならないように塗り付け，くぼみ部分と周辺の塗膜とに著しい段差が生じている場合は，周辺塗膜のエッジ部分にサンドペーパーをかけ段差を目立たなくする。

ローラー塗りは，凹凸の著しい面には適用しにくい方法であることから，凹凸が比較的少ない場合に用いられるが，ローラーカバーの選定やローラーの運行に十分注意する。

塗装は，一般にスプレー塗装とするのがよい。ただし，この方法は塗料の飛散による周辺汚染を防止できる場合にのみ用いられる。またボルト継手部や狭あい部などスプレー塗装が十分に行えない部位には，はけ塗りによる先行塗装を行う。

また，箱桁，I 桁等ではスプレー塗装が望ましいが，トラス橋，アーチ橋，斜張橋の塔，吊橋の塔など飛散防止養生に多大な費用がかかる構造物の場合は，はけ塗りやローラー塗りによる場合とを経済性についても比較検討し適切な工法を選択する。

ⅰ）塗膜性能を十分に発揮させるため，現場塗装においても極力スプレー塗装を行うことが望ましい。この場合，周囲に塗料ミストが飛散しないように十分な養生などが必要である。

ⅱ）塗装は素地調整終了後，同日中に必ず下塗り又は補修塗りを行う。同日中に塗装できなかった場合には，翌日改めて素地調整を行ってから塗装しなければならない。

ⅲ）塗り重ねは，前工程の塗膜が十分乾燥してから行う。その場合の塗装間隔は，表－Ⅱ.7.2～表－Ⅱ.7.8による。

　部分塗替えを行う場合は，素地調整を行わない部分に塗料を塗付することによって生じる付着不良や，塗料中の溶剤による旧塗膜の膨れ，はがれを防止するため，塗替え範囲を粘着テープで区画する必要がある。なお，詳細は国土交通省の「鋼道路橋の部分塗替え塗装要領（案）」によることができる。

　局部補修に用いる超厚膜形エポキシ樹脂塗料は，パテ付け用のへらを用いて塗付した後，硬毛のはけ又は脱気ローラーを用いて表面を均し，はけ目やローラー跡が小さくなるように仕上げる。

7.4.6　施工管理

　塗替え塗装の施工管理については，**5.3 施工管理**の記述がほぼ適用できるが，乾燥塗膜厚の評価については，適用する素地調整の種別によって評価方法を変える必要がある。

　動力工具や手工具で素地調整を行った面は，塗膜残存部，鋼材面露出部とも素地調整の仕上がり状態が部分によって異なる。また，塗膜残存部と鋼材面露出部が入り交じるうえ，塗膜残存部でも下塗り塗膜だけ残った部分と上塗りまで残った部分とでは残存塗膜厚が大きく異なる。このため，素地調整程度１種を行う場合を除き，塗替え塗装では塗膜厚のばらつきが大きくなる。乾燥塗膜厚の測定では塗膜の全厚を測定対象とするため，塗料を塗付する前の残存塗膜の厚さが箇所により異なっている場合は，塗装後の塗膜厚の測定における目標値が測定点ごとに異なることになる。5.3.6 **塗膜厚**の（2）乾燥塗膜厚の評価に示す管理基準値は，定められた目標値に対して施工によるばらつきが許容範囲内に収まるように

管理するためのものであり，塗替え塗装のように目標値自体が測定点ごとに異なる可能性が高い場合は，**5.3.6 塗膜厚**の（2）乾燥塗膜厚の評価に示す管理基準値を適用することはできない。このようなことから，測定する塗膜厚のばらつきを少なくして**5.3.6 塗膜厚**の（2）乾燥塗膜厚の評価に示す管理基準を適用するため，塗膜劣化の軽微な部分を指定して塗膜厚を測定したり，塗膜を全て除去する箇所を指定してそこで塗膜厚を測定することも行われているが，塗膜測定箇所を施工前に指定するため管理手法としては不十分である。

　塗替え塗装における品質管理は，塗膜面の状態，隠ぺい力，作業性，塗料の使用量などによって行われているが，乾燥塗膜厚管理を行う場合は次の事項に留意する。

（1）素地調整程度1種の場合

　5.3.6 塗膜厚の（2）乾燥塗膜厚の評価に示す管理基準値を適用する。

（2）素地調整程度2種，3種C，4種の場合

　5.3.6 塗膜厚の（2）乾燥塗膜厚の評価に示す管理基準値のうち，塗膜厚平均値と最小値の規定は適用できる。全面の塗膜を除去する素地調整程度2種では，塗膜厚平均値を塗替え塗装分の目標塗膜厚合計値の100％以上とする。

（3）素地調整程度3種A，3種Bの場合

　塗膜厚のばらつきが大きく，**5.3.6 塗膜厚**の（2）乾燥塗膜厚の評価に示す管理基準値を適用することはできない。鋼材面露出部では十分な塗膜厚が必要なことから，測定値の最小値を新設塗装の場合より10％大きくして，塗替え塗装分の目標塗膜厚合計値の80％以上とする。

【参考文献】
1) 独立行政法人国立科学博物館産業技術史資料情報センター編：国立科学博物館技術の系統化調査報告，第15集，p.18，2010.3
2) 桐村勝也：塗装系の変遷（鉄道），鋼橋塗装 Vol.24，No.2，p.25，1996.
3) 吉田真一：鋼橋塗装の歴史（2），鋼橋塗装 Vol.25，No.4，p.24，1997.
4) 社団法人日本鋼構造協会編：重防食塗装―防食原理から設計・施工・維持管理まで―，2012.2
5) 社団法人日本鋼構造協会編：鋼橋塗装ライフサイクル調査研究最終報告，JSSC テクニカルレポート No.30，pp.2-7，1994.11
6) 関西鋼構造物塗装研究会編：―最新―わかりやすい塗装のはなし「塗る」，2013.3
7) 社団法人日本塗料工業会編：重防食塗料ガイドブック，2007.3
8) 社団法人日本鋼構造協会編：鋼橋塗装の LCC 低減のために，JSSC テクニカルレポート No.55，2002.8
9) 社団法人日本鋼構造協会編：鋼橋の長寿命化のための方策（塗装からの取り組み），JSSC テクニカルレポート No.57，2002.10
10) 江成孝文，田中誠，町田洋人：25年経過の長期防錆型塗膜の調査結果，第24回鉄構塗装技術討論会発表予稿集，pp.38-43，2001.10
11) 安井敏之：長期防錆塗装の20年経過実橋調査―本州四国連絡橋塗装仕様による実橋塗装試験―，鋼橋塗装 Vol.23，No.3，pp.20-28，1995.
12) 多記徹，永井昌憲，田辺弘往：長期耐久塗装系におけるジンクリッチペイントの挙動，第18回防錆防食技術発表大会講演予稿集，pp.123-126，1998.7
13) 岡本聡，岡本一，三浦健蔵：各種常乾塗料の海岸地区大気曝露試験―曝露塗膜の深さ分析―，第17回鉄構塗装技術討論会発表予稿集，pp.65-70，1994.10
14) 建設省土木研究所材料施工部化学研究室，財団法人土木研究センター：海洋構造物の耐久性向上技術に関する共同研究報告書（海上大気中の長期防錆塗装技術に関する研究第3分科会）―暴露期間15年後の研究成果―，共同研究報告書第255号，2000.12
15) 独立行政法人土木研究所材料地盤研究グループ新材料チーム，財団法人土木

研センター：海洋構造物の耐久性向上技術に関する共同研究報告書（海上大気中の長期防錆塗装技術に関する研究第3分科会）―海洋暴露20年の総括報告書―，共同研究報告書第354号，2007.1

16) 笠原潔，藤田聡，内田幸治，高柳敬志，守屋進：高耐久性被覆材料20年の暴露結果，第32回鉄構塗装技術討論会発表予稿集，pp.5-10, 2009.10

17) 齊藤誠，守屋進：暴露試験片における腐食形状の測定，第24回鉄構塗装技術討論会発表予稿集，pp.1-6, 2001.10

18) 阪神高速道路公団：グース舗装時の鋼床版裏面温度実測値，土木工事共通仕様書，2005.

19) 社団法人日本鋼構造協会鋼橋塗装小委員会：鋼橋塗装のLCCを低減するために―鋼橋防食法の比較―（パンフレット），（社）日本鋼構造協会鋼橋塗装小委員会，2000.10

20) 社団法人日本橋梁建設協会：鋼橋のライフサイクルコスト2001年改訂版，2001.10

21) 建設省土木研究所化学研究室：土木構造物防汚材料の利用技術ガイドライン（案），共同研究報告書第199号，1998.3

22) 社団法人日本道路協会：道路橋示方書・同解説，2012.3

23) 国土交通省国土技術政策総合研究所：国土技術政策総合研究所資料第55号コンクリート橋の塩害対策資料集―実態調査に基づくコンクリート橋の塩害対策の検討―，付属資料7「コンクリート塗装の設計・施工・品質基準（案）・同解説」，2002.11

24) 国土交通省国土技術政策総合研究所：国土交通省版・景観シミュレータ，http://www.nilim.go.jp/japanese/technical/download/keikan/index.html

24) 社団法人日本橋梁建設協会：橋梁技術者のための塗装ガイドブック，2001.3

25) 社団法人日本橋梁建設協会：「虹橋」No.62（2000．春季），2000.

26) 首都高速道路株式会社：橋梁塗装設計施工要領，2006.4

27) 中元雄治：長期防錆型塗装の塗膜劣化メカニズム解明へのアプローチ，本四技報 No.18, No.72, 1994.10

28) 山本紀夫，古家和彦，杉山剛史：因島大橋塗膜調査，本四技報 Vol.16, No61,

pp.26-33, 1992.1
29) 横地忠五, 瓜谷詔夫：海浜暴露による塗膜の衰耗速度を求める方法に関して, 防錆管理 Vol.22, No.3, p.68, 1988.
30) 日本塗料工業会：重防食ガイドブック, 10年暴露ふっ素データー, P.160, 2002.4
31) 渡辺, 中家, 堀切, 守屋進：暴露試験による塗料の退色性評価（10ヵ年のまとめ）, 材料と環境 2001, D-112, pp.333-336, 2001.
32) 長谷川芳己, 小林克己, 長尾幸雄, 山口和範：長大橋における長期防錆型塗装系の採用による LCC の低減, 土木技術資料 Vol.48, No.11, 2006.11
33) 守屋進, 山崎孝, 遠藤正彦, 志賀さおり：デジタル写真による鋼橋塗膜診断システムの開発, 土木研究センター, 土木技術資料 46-5, 2004.
34) 土木学会：鋼構造シリーズ7 鋼橋における劣化現象と損傷の評価, 1996.10
35) 社団法人日本鋼構造協会：鋼構造物塗膜調査マニュアル, 2006.10
36) 国土交通省道路局：鋼道路橋の部分塗替え塗装要領（案）, 2009.9
37) ㈱通信建築研究所：溶融亜鉛めっき鉄塔の劣化度写真見本帖, 1987.11
38) 社団法人日本鋼構造協会：溶融亜鉛めっき橋の設計・施工指針, JSSC テクニカルレポート,（社）日本鋼構造協会, 1996.1
39) 田中誠, 町田洋人, 江成孝文：溶融亜鉛めっき鋼の腐食状態を用いた腐食環境の推定に関する一考察, 第24回鉄構塗装技術討論会, pp.110-115, 2001.10
40) 磯光夫, 三田村浩, 永洞伸一他：橋梁洗浄の有効性に関する研究, 第57回土木学会年次講演会第1部, 2002.

付属資料

付Ⅱ- 1. 付着塩分量測定方法 …………………………………… Ⅱ- 154
 (1) 測定方法の特徴 ………………………………………… Ⅱ- 154
 (2) 電導度法 ………………………………………………… Ⅱ- 156
 (3) ガーゼ拭き取り法 ……………………………………… Ⅱ- 158
 (4) ブレッセル法 …………………………………………… Ⅱ- 160

付Ⅱ- 2. 鋼道路橋塗装用塗料標準 ………………………………… Ⅱ- 163
 (1) プライマー ……………………………………………… Ⅱ- 164
 (2) 下塗り塗料 ……………………………………………… Ⅱ- 166
 (3) 中塗り塗料，上塗り塗料 ……………………………… Ⅱ- 173
 (4) 内面用塗料 ……………………………………………… Ⅱ- 177

付Ⅱ- 3. 鋼道路橋塗装用塗料の試験方法 …………………………… Ⅱ- 179

付Ⅱ- 4. コンクリート塗装用塗料標準 …………………………… Ⅱ- 195
 (1) コンクリート塗装材料の品質 ………………………… Ⅱ- 195
 (2) コンクリート塗装材料の品質試験方法 ……………… Ⅱ- 196
 (3) コンクリート塗装用塗料標準 ………………………… Ⅱ- 202

付Ⅱ- 5. 塗装に関する新技術 ……………………………………… Ⅱ- 207
 (1) 環境に優しい塗装系 …………………………………… Ⅱ- 207
 (2) 新規塗料 ………………………………………………… Ⅱ- 209
 (3) その他の新技術 ………………………………………… Ⅱ- 213

付Ⅱ- 6. 塗膜欠陥写真 ……………………………………………… Ⅱ- 217
 (1) 塗装時の塗膜欠陥 ……………………………………… Ⅱ- 217
 (2) 経年的な塗膜劣化 ……………………………………… Ⅱ- 221

付Ⅱ- 7. 一般塗装系の塗膜劣化程度の標準写真 ………………… Ⅱ- 225
 (1) 塗膜劣化程度の標準写真の利用方法 ………………… Ⅱ- 225
 (2) 塗膜劣化程度の標準写真 ……………………………… Ⅱ- 226

付Ⅱ- 8. 制限色の例 ………………………………………………… Ⅱ- 236

付Ⅱ-1. 付着塩分量測定方法

塗膜表面に付着した塩分の測定方法には,各種の方法がある。

従来,ガーゼによって拭き取り塩化物イオン検知管を用いて測定する方法を用いてきたが,新たな技術が開発され精度が高まった。

ブレッセル（BRESLE）法はISO規格にあり,その他日本よりISO規格化を提案している電導度法（SSM）がある。

(1) 測定方法の特徴

1) 電導度法
・ 長所
ⅰ）測定値は測定面から塩分を溶出させ,溶出濃度を測定するので素材の状態に左右されることが少ない。
ⅱ）溶出濃度をデジタルで表示するので読み取り誤差が少ない。
ⅲ）測定器は繰り返し使用できるので,脱イオン水の補充のみで継続して測定が可能である。
ⅳ）測定器具が小さいので測定や移動がスムーズに行える。
・ 短所
ⅰ）測定面積が小さく局部的な測定となるので,測定個所数を多くする必要がある。
ⅱ）測定機器が高価である。

2) ガーゼ拭き取り法
・ 長所
ⅰ）測定面積が50×50cm（0.25m^2）と広く,採取試料量も多いため検知管で塩化物イオン量を測定しても誤差が少なく測定直後に塩化物の付着物の値が明確に判断でき,塩分の除去後の管理にも適用できる。
・ 短所
ⅰ）ぬらしたガーゼで測定面から塩分を拭い取るため無機ジンクリッチペイントやMIO塗膜面は,吸い込みが著しいため充分に試料採取ができず塩分の値が不正確になりやすい。

3) ブレッセル法
・長所
ⅰ）測定値は測定面から塩分を溶出させる方法であり，測定する表面状態に左右されることが少ない。
ⅱ）測定器具が小さいので測定や移動がスムーズに行える。
・短所
ⅰ）測定セル面積が小さく局部的な箇所の測定になるので数多く測定する必要がある。
ⅱ）測定セルの面積が小さく，イオンクロマトグラフィー等の機器分析と組み合わせる必要がある。
ⅲ）簡易法の検知管で測定すると目盛りが粗く，精度が低くなることが懸念される。
ⅳ）現場での測定には難しさを伴う。
ⅴ）測定終了後に測定セルを除去する際に粘着剤が被塗物に残りやすい。
ⅵ）測定セルが特殊で入手し難い。

ISO の表面汚染限度は，塗装前の被塗面（素地面）の塩化物と硫化物を塗装仕様別に要求品質により，Low リスクと High リスクに分け規定値を設定している。
ISO 8502-5，8502-6，8502-9 で設定及び ISO 8502-13 で提案されている。

付表-Ⅱ.1.1　各測定法の特徴

	長所	短所
電導度法	ⅰ）素材の状態に左右されることが少ない。 ⅱ）デジタル表示なので読み取り誤差が少ない。 ⅲ）脱イオン水の補填のみで連続して測定が可能。 ⅳ）器具が小さいので測定や移動がスムーズに行える。	ⅰ）局部的な箇所の測定になるので、数多く測定する必要がある。 ⅱ）測定器具が高価である。
ガーゼ拭き取り法	ⅰ）測定面積が広く、採取試料量も多いため、誤差が少ない。 ⅱ）測定直後に判断でき、管理にも適用できる。	ⅰ）無機ジンクリッチペイントやMIO塗膜面は、吸い込みが著しいため十分に試料採取ができないので、不正確になりやすい。
ブレッセル法	ⅰ）測定する表面状態に左右されにくい。 ⅱ）器具が小さいので、測定や移動がスムーズに行える。	ⅰ）測定面積が小さく、数多く測定する必要がある。 ⅱ）測定面積が小さく、イオンクロマトグラフィー等の機器分析と組み合わせる必要がある。 ⅲ）簡易法の検知管は目盛りが粗く、精度の低下が懸念される。 ⅳ）現場での測定は難しい。 ⅴ）測定後、測定セルを除去する際に粘着剤が被塗物に残りやすい。 ⅵ）測定セルが特殊で入手し難い。

注）各測定法とも平滑で水分の吸い込みのない面でなければ正確な測定結果が得られにくいことから、塗膜に空隙のある無機ジンクリッチペイント面での測定は避け、近傍の上塗り面で測定する。

(2) 電導度法

　構造物等の表面に付着している塩分を脱イオン水に溶出させ、この塩分溶出液の電気伝導度を測定し、塩分濃度に換算して塩分量を求める方法である。

　ガーゼ拭き取り法との大きな違いは、ガーゼ拭き取り法が塩化物イオンのみを定量するのに対し、電導度法は水に可溶な電解質（塩化物、硫酸塩、硝酸塩等）の総量を定量する点である。

1) 測定に必要な器具

ⅰ）表面塩分計

ⅱ）表面塩分計検出部

ⅲ）脱イオン水

2) 試料採取要領

<準備>

　各メーカーの取扱い説明書を参照する。

<水平面，垂直面の測定要領>

ⅰ）あらかじめ，検出部の測定セル内を脱イオン水でよく洗浄し，指示が $2mg/m^2$ 以下であることを確認する。

ⅱ）洗浄した水を捨て，測定セル内に残った水分を拭き取る。

ⅲ）検出部のエア抜き栓を左に回して緩める。

ⅳ）鋼板の測定面に検出部を固定する。（検出部マグネットの磁力で固定できる。）垂直面の場合はエア抜き栓を上にする。

ⅴ）10mℓ シリンダで脱イオン水を 7.5mℓ 採取し，注入口に脱イオン水注入チューブをはめ，ゆっくりと脱イオン水を測定セルへ注入する。すぐにエア抜き栓を締める。

ⅵ）かくはんスイッチを押して，セル内をかくはんする。約10秒後に再度押してかくはんを止めた後，指示値を読み取る。（小数点以下の数値は動くことがある。）

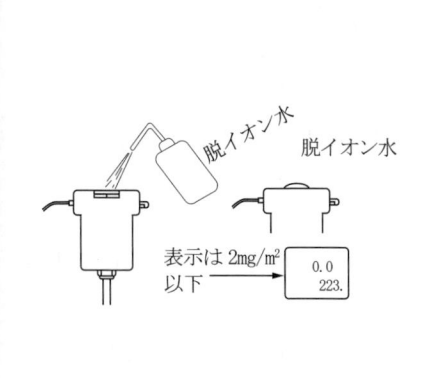

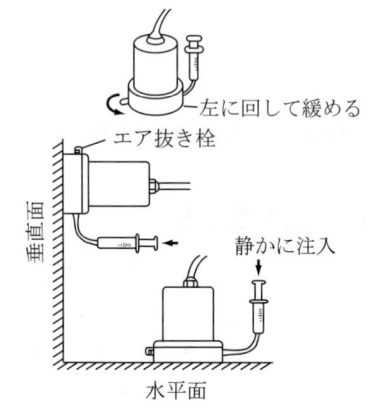

付図－Ⅱ.1.1　測定準備　　付図－Ⅱ.1.2　水平面，垂直面の測定要領

<天井面の測定>

ⅰ）あらかじめ，検出部の測定セル内を脱イオン水でよく洗浄し，指示が $2mg/m^2$ 以下であることを確認する。

ⅱ）洗浄した水を捨て，測定セル内に残った水分を拭き取る。
ⅲ）検出部のエア抜き栓を右に回して締め付ける。
ⅳ）シリンダに脱イオン水 7.5mℓ を採取し，注入口に脱イオン水注入チューブをはめる。
ⅴ）検出部を倒立水平にした状態で，測定セル内にシリンダの脱イオン水を注入する。液をこぼさないように静かに天井面へ固定する。
ⅵ）かくはんスイッチを押して，セル内をかくはんする。機器の取扱説明書に記載のかくはん時間経過後かくはんを止め，直ちに指示値を読み取る。（小数点以下の数値は動くことがある。）

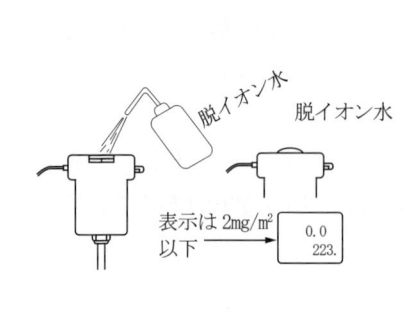

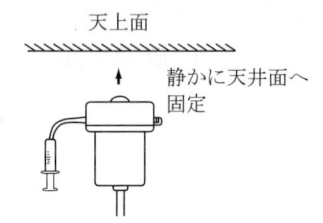

付図－Ⅱ.1.3　測定準備　　　付図－Ⅱ.1.4　天井面の測定要領

（3）ガーゼ拭き取り法

塗膜表面の塩分をガーゼで拭き取り，脱イオン水に溶解させ，検知管にて測定する。

検知管内の重クロム酸銀（$Ag_2Cr_2O_7$）が塩分と反応して白色化することを利用している。

$$2NaCl + Ag_2Cr_2O_7 \rightarrow 2AgCl + Na_2Cr_2O_7$$

（AgCl・・・白色沈殿物で水に溶解しない）

1）測定に必要な器具（1箇所）
ⅰ）脱イオン水 150mℓ

ⅱ）ガーゼ
ⅲ）ビニル手袋又はポリエチレン手袋
ⅳ）マスキングテープ（20㎜幅程度）又はマグネットシート
ⅴ）メジャー
ⅵ）ポリビーカー（300mℓ ～ 500mℓ ×2 個）
ⅶ）塩化物イオン検知管

2) 試料採取要領
ⅰ）測定箇所を正確に測り，マスキングテープなどにより仕切る。
（測定箇所面積は，通常 0.25m^2）。
ⅱ）脱イオン水で十分洗浄したビニル手袋あるいはポリエチレン手袋をする。
ⅲ）脱イオン水で十分洗浄したビーカーに脱イオン水 100mℓ を入れる。
ⅳ）適当な大きさのガーゼを脱イオン水で湿潤させる。
ⅴ）ⅳ）の湿潤ガーゼで測定箇所面を縦横十分に拭く。
　この時，測定面以外に水が垂れないよう注意する。
ⅵ）拭ったガーゼを脱イオン水の入ったビーカーに入れる。
ⅶ）ⅴ）とⅵ）の操作を 3 回繰り返す。
ⅷ）ビニル手袋を 50mℓ の脱イオン水でよく洗い，ビーカーの 100mℓ に加える。

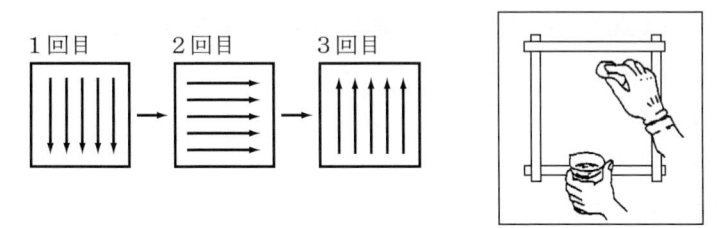

付図－Ⅱ.1.5　試料採取要領

3) 塩分の測定方法
ⅰ）ビーカー中の脱イオン水が著しく汚染されている場合はろ過する。汚染が著しくない場合はそのまま測定する。
ⅱ）塩化物イオン検知管（以下，「検知管」という。）の両端をヤスリで切り，検知管に付いている目盛り数値の小さい方を下にして，ビーカーの脱イオン水中に入れる。

ⅲ）液が検知管の上端まで浸透したならば，検知管を引き上げ，変色層（塩化物イオンがあれば検知管内に白色の変色層ができる）の先端の目盛を読み取り塩化物イオン濃度（ppm）を測定する。

ⅳ）測定箇所面積（m^2），液の体積（mℓ），塩化物イオン濃度（Cl, ppm＝mg/m³）とから付着塩分量（NaCl mg/m²）を算出する。

ⅴ）測定箇所面積が$0.25m^2$，液の体積が150mℓ，塩化物イオン濃度がppmの場合，塩化物イオン濃度の値は付着塩分量の値と同じになる。

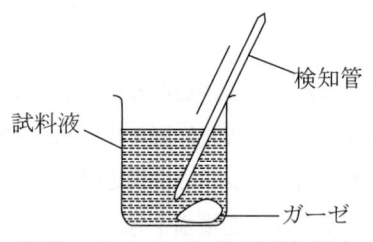

付図－Ⅱ.1.6 塩分の測定方法

(4) ブレッセル法

付着塩分量を測定試料とする部位に，測定セルを貼り付け脱イオン水を注射器によって注入し塩分を溶出させる。注射器で抜き取った試料液は，塩化物イオン検知管によって濃度を読み取り$1m^2$にあたりの付着量に換算する。

1) 測定に必要な器具

ⅰ）脱イオン水
ⅱ）メスシリンダー
ⅲ）ポリカップ×2個（100 cc）
ⅳ）注射器（2.5mℓ）
ⅴ）注射針
ⅵ）測定セル（Bresle Sampler）
ⅶ）塩化物イオン検知管

2) 試料採取要領

＜準備＞

ⅰ）メスシリンダー，ポリカップ，注射器，注射針を事前に脱イオン水でよく洗う。

ⅱ）メスシリンダーで脱イオン水を10mℓ秤量し，ポリカップに取る。
ⅲ）測定セルの離型紙と円形の仕切りを外す。

＜採取＞
ⅰ）測定部に測定セルを張る。
ⅱ）注射器で脱イオン水2mℓを取り，測定セル内に注入する。（針はウレタン部分から空洞部へ差し込む。）
ⅲ）測定部が均等にぬれるように測定セルのウレタン部を押す。（空気が多すぎる場合は，注射器にて抜く。）
ⅳ）測定セル内の水を注射器で取り出し，別のポリカップに取る。
ⅴ）上記ⅱ）～ⅳ）の操作を合計3回繰り返す。
ⅵ）残った脱イオン水を2回に分けて注射器で吸い取り，注射器を水洗いする。水洗いに用いた水も別のポリカップに取る。

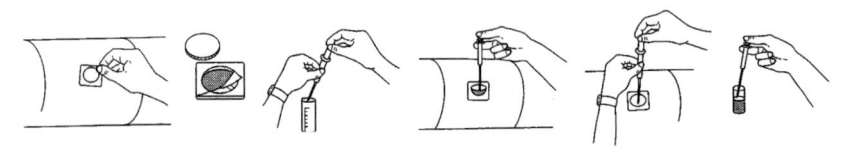

付図－Ⅱ.1.7　試料採取要領

＜測定要領＞
ⅰ）塩化物イオン検知管の両端をヤスリで切り取り，目盛りの数値の小さい方を下にして試料液の中に入れる。
ⅱ）液が塩化物イオン検知管の上端部まで浸透したら，検知管の変色層の先端の目盛りよって濃度を読み取る。
ⅲ）塩化物イオン検知管で求めた塩化物イオン濃度（ppm）を13.08倍した値が塩分量（mg/m^2）となる。
ⅳ）測定セルは，現状では輸入で調達する。

＜参考＞
　塩分量の計算式
　　　　$N ≒ 0.01C × 58.5 / 35.5 / 0.00126$
　　　　　　ここで，$N=$塩分量（mg/m^2），$C=$塩化物イオン濃度（ppm）

$$脱イオン水使用量 = 0.01 （\ell）$$
$$NaClの分子量 = 58.5 \quad Clの分子量 = 35.5$$
$$塩分採取面積（m^2）= 0.00126（直径4cm）$$
$$よってN ≒ C \times 13.08$$

　一般に，塗装に対する許容付着塩分量は，NaCl 50mg/m² 以下としている場合が多い。付着塩分量測定は第三者が行うのが望ましい。

　付着塩分の除去方法は，高圧水による洗浄が効果的である。水洗いが不可能な場所では効果は落ちるが，動力工具やウェス拭きにより除去する方法でもよい。処理方法別に塩分除去効果を調べた例を**付表－Ⅱ.1.2**に示す。

付表－Ⅱ.1.2　処理方法別付着塩分除去効果

水洗い前の付着塩分量(NaCl.mg/m²)	水洗い 処理後の付着塩分量(NaCl.mg/m²)	除去率(％)	動力工具 処理後の付着塩分量(NaCl.mg/m²)	除去率(％)	動力工具とウェス拭き併用 処理後の付着塩分量(NaCl.mg/m²)	除去率(％)
218	20	90	110	49	52	76

付Ⅱ- 2.　鋼道路橋塗装用塗料標準

　鋼道路橋塗装用に用いられる塗料標準のうち，JIS規格にあるものについてはJIS規格に準拠した。したがって，塗料標準に替えて準拠したJIS規格を適用してもよい。

　なお，この塗料標準で採用した弱溶剤形塗料とは，変性エポキシ樹脂塗料，ふっ素樹脂塗料等に用いる有機溶剤で，フタル酸樹脂系塗膜，塩化ゴム樹脂系塗膜を溶解又は膨潤させにくく，かつ刺激臭が少ない溶剤を用いたもので，第3種有機溶剤を主成分とし，第2種有機溶剤を5%未満含有する塗料である。

(1) プライマー

付表-Ⅱ.2.1　長ばく形エッチングプライマー

塗料の名称		長ばく形エッチングプライマー
解　　説		主剤はビニルブチラール樹脂を主成分とし，添加剤は素地の金属と反応するためのりん酸を含む2液形の塗料で，素地調整を行った鋼面に直ちに塗装して一時的に防せいするためのものである。
成分	加熱残分（質量分率％）	主剤：20以上
	溶剤不溶物（質量分率％）	主剤：9以上
	りん酸（質量分率％）（H_3PO_4として）	添加剤：6以上
塗料性状	密度（23℃）（g/cm³）	主剤：0.88〜1.20　添加剤：0.80〜1.00
	容器の中での状態	かき混ぜたとき，堅い塊がなくて一様になる。
塗装作業性	塗装作業性	はけ塗りで塗装作業に支障がない。
	乾燥時間（min）	30以下
	ポットライフ	8時間で使用できる。
塗膜性能	塗膜の外観	正常である。
	耐おもり落下性（デュポン式）	300㎜の高さから500gのおもりを落としたときの衝撃によって，塗膜に割れ及びはがれが生じない。
	耐屈曲性（円筒形マンドレル法）	120℃で1時間加熱した後，直径6㎜の折り曲げに耐える。
	耐塩水性	塩化ナトリウム溶液（30g/ℓ）に24時間浸したとき，異常がない。
長期試験	屋外暴露耐候性	3ヶ月間の試験で見本品と比べて，さび，膨れ及びはがれの程度が大きくない。
備考		この塗料はJIS K 5633:2010エッチングプライマー2種に準拠する。したがって，同規格を適用してよい。試験方法は付Ⅱ-3.及びJIS K 5600の試験方法による。

付表－Ⅱ.2.2　無機ジンクリッチプライマー

塗料の名称		無機ジンクリッチプライマー
解　説		亜鉛末を主成分とする粉末と，アルキルシリケートを主成分とする液とからなる1液1粉末形の塗料で，素地調整を行った鋼面に直ちに塗装して一時的に防せいするためのものである。
成分	混合塗料中の加熱残分（質量分率％）	70以上
	加熱残分中の金属亜鉛（質量分率％）	80以上
塗料性状	容器の中での状態	粉は微小で一様な粉末である。 液はかき混ぜたとき，堅い塊がなくて一様になる。
塗装作業性	塗装作業性	吹付け塗りで塗装作業に支障がない。
	乾燥時間（h）	1以下
	ポットライフ	5時間で使用できる。
塗膜性能	塗膜の外観	正常である。
	耐おもり落下性（デュポン式）	500㎜の高さから500gのおもりを落としたときの衝撃によって，塗膜に割れ及びはがれが生じない。
	耐塩水噴霧性	168時間の塩水噴霧に耐える。
長期試験	屋外暴露耐候性	6ケ月の試験でさび，割れ，はがれ及び膨れがない。
備考		この塗料はJIS K 5552:2010 ジンクリッチプライマー1種に準拠する。したがって，同規格を適用してよい。試験方法は**付Ⅱ－3**.及びJIS K 5600の試験方法による。

(2) 下塗り塗料

付表－Ⅱ.2.3　鉛・クロムフリーさび止めペイント

塗料の名称		鉛・クロムフリーさび止めペイント
解　説		鉛及びクロムを含まない顔料をさび止め顔料とし，ボイル油及び／又はフタル酸樹脂ワニスをビヒクルとした1液形の塗料で，下塗り塗装に使用するものである。
成分	加熱残分（質量分率％）	75以上
	塗膜中の鉛の定量（質量分率％）	0.06以下
	塗膜中のクロムの定量（質量分率％）	0.03以下
塗料性状	容器の中での状態	かき混ぜたとき，堅い塊がなくて一様になる。
塗装作業性	塗装作業性	はけ塗りで塗装作業に支障がない。
	乾燥時間（h）（表面乾燥性）	8以下
塗膜性能	塗膜の外観	正常である。
	上塗り適合性	支障がない。
	耐屈曲性（円筒形マンドレル法）	120℃で1時間加熱し標準条件に1時間置いた後，直径6mmの折曲げに耐える。
	付着安定性	はがれを認めない。
	サイクル腐食性	36サイクルの試験で膨れ，はがれ及びさびがない。
長期試験	屋外暴露耐候性	24ケ月の試験で塗面にさびがなく，塗膜を剥がしたとき，さびの程度が見本品に比べて大きくない。
備考		この塗料はJIS K 5674:2008 鉛・クロムフリーさび止めペイント1種に準拠する。したがって，同規格を適用してよい。試験方法は付Ⅱ－3.及びJIS K 5600の試験方法による。

付表-Ⅱ.2.4　無機ジンクリッチペイント

塗料の名称		無機ジンクリッチペイント
解説		亜鉛末，アルキルシリケート，顔料及び溶剤を主な原料とした，粉末と液からなる塗料で，鋼面に直接塗装して防せいするためのものである。
成分	混合塗料中の加熱残分（質量分率％）	70以上
	加熱残分中の金属亜鉛（質量分率％）	75以上
塗料性状	容器の中での状態	粉は微小で一様な粉末である。 液はかき混ぜたとき，堅い塊がなくて一様になる。
塗装作業性	乾燥時間（h）	5以下
	ポットライフ	5時間で使用できる。
	厚塗り性	支障がない。
塗膜性能	塗膜の外観	正常である。
	耐おもり落下性（デュポン式）	500mmの高さから500gのおもりを落としたときの衝撃によって，塗膜に割れ及びはがれが生じない。
	耐塩水噴霧性	360時間の塩水噴霧に耐える。
長期試験	屋外暴露耐候性	24ヶ月の試験でさび，割れ，はがれ及び膨れがない。
備考		この塗料はJIS K 5553:2010 厚膜形ジンクリッチペイント1種に準拠する。したがって，同規格を適用してよい。試験方法は付Ⅱ-3.及びJIS K 5600の試験方法による。 摩擦接合継手の連結部に用いる無機ジンクリッチペイントは，乾燥膜厚中の亜鉛含有量80％以上，亜鉛末の粒径（50％平均粒径）が10μm程度以上であるのがよい。ただし，乾燥塗膜中の亜鉛含有量は，加熱残分中の金属亜鉛％と同じ意味である。

付表-Ⅱ.2.5　有機ジンクリッチペイント

塗料の名称		有機ジンクリッチペイント
解説		亜鉛末，エポキシ樹脂，顔料，硬化剤及び溶剤を主な原料とした，2液形（亜鉛末を含む液と硬化剤）又は2液1粉末形からなる塗料で，鋼面に直接塗装して防せいするためのものである。
成分	混合塗料中の加熱残分（質量分率%）	75以上
成分	加熱残分中の金属亜鉛（質量分率%）	70以上
塗料性状	容器の中での状態	粉は微小で一様な粉末である。 液はかき混ぜたとき，堅い塊がなくて一様になる。
塗装作業性	乾燥時間（h）	6以下
塗装作業性	ポットライフ	5時間で使用できる。
塗装作業性	厚塗り性	支障がない。
塗膜性能	塗膜の外観	正常である。
塗膜性能	耐おもり落下性（デュポン式）	500 mmの高さから500gのおもりを落としたときの衝撃によって，塗膜に割れ及びはがれが生じない。
塗膜性能	耐塩水噴霧性	240時間の塩水噴霧に耐える。
塗膜性能	耐水性	水に240時間浸したとき異常がない。
長期試験	屋外暴露耐候性	24ヶ月の試験でさび，割れ，はがれ及び膨れがない。
備考		この塗料はJIS K 5553:2010 厚膜形ジンクリッチペイント2種に準拠する。したがって，同規格を適用してよい。試験方法は付Ⅱ-3.及びJIS K 5600の試験方法による。

付表-II.2.6　エポキシ樹脂塗料下塗

塗料の名称		エポキシ樹脂塗料下塗	
解説		エポキシ樹脂，硬化剤，顔料及び溶剤を主な原料とした2液形の塗料で，下塗り塗装に使用するものである。 A：10℃以上で使用するもの B：5℃～20℃程度で使用するもの	
成分	塗膜中の鉛の定量 （質量分率％）	0.06以下	
	塗膜中のクロムの定量 （質量分率％）	0.03以下	
塗料性状	容器の中での状態	かき混ぜたとき，堅い塊がなくて一様になる。	
塗装作業性	塗装作業性	吹付け塗りで塗装作業に支障がない。	
	乾燥時間（h）	A（23℃）	B（5℃）
		16以下	24以下
	ポットライフ	5時間で使用できる。	5時間で使用できる。
	たるみ性	隙間幅200μmでたるみがない。	
塗膜性能	塗膜の外観	正常である。	
	上塗適合性	支障がない。	
	耐おもり落下性 （デュポン式）	500mmの高さから300gのおもりを落としたときの衝撃によって，塗膜に割れ及びはがれが生じない。	
	付着性	分類1又は分類0。	
	耐アルカリ性	水酸化ナトリウム溶液（50g/ℓ）に168時間浸したとき，異常がない。	
	耐揮発油性	石油ベンジンとトルエンを容量比で8：2に混合した試験液に48時間浸したとき，異常がない。	
	サイクル腐食性	120サイクルの試験でさび，膨れ，割れ及びはがれがない。	
長期試験	屋外暴露耐候性	24ヶ月の試験でさび，割れ，はがれ及び膨れがない。	
備考		この塗料はJIS K 5551:2008 構造物用さび止めペイントB種に準拠する。したがって，同規格を適用してよい。試験方法は付II-3.及びJIS K 5600の試験方法による。	

付表－II.2.7　変性エポキシ樹脂塗料下塗
弱溶剤形変性エポキシ樹脂塗料下塗

塗料の名称	変性エポキシ樹脂塗料下塗 弱溶剤形変性エポキシ樹脂塗料下塗	
解　　説	変性エポキシ樹脂，硬化剤，顔料及び溶剤を主な原料とした２液形の塗料で，下塗り塗装に使用するものである。 A：10℃以上で使用するもの B：5℃～20℃程度で使用するもの	
成分	塗膜中の鉛の定量 （質量分率％）	0.06以下	
	塗膜中のクロムの定量 （質量分率％）	0.03以下	
塗料性状	容器の中での状態	かき混ぜたとき，堅い塊がなくて一様になる。	
塗装作業性	塗装作業性	吹付け塗りで塗装作業に支障がない。	
	乾燥時間（h）	A（23℃）	B（5℃）
		16以下	24以下
	ポットライフ	5時間で使用できる。	5時間で使用できる。
	たるみ性	隙間幅200μmでたるみがない。	
塗膜性能	塗膜の外観	正常である。	
	上塗適合性	支障がない。	
	耐おもり落下性 （デュポン式）	500mmの高さから300gのおもりを落としたときの衝撃によって，塗膜に割れ及びはがれが生じない。	
	耐熱性	160℃で30分加熱しても，外観が正常である。試験後の付着性試験で分類2，分類1又は分類0である。	
	付着性	分類1又は分類0。	
	サイクル腐食性	120サイクルの試験でさび，膨れ，割れ及びはがれがない。	
長期試験	屋外暴露耐候性	24ヶ月の試験でさび，割れ，はがれ及び膨れがない。	
備考	この塗料はJIS K 5551:2008 構造物用さび止めペイントC種に準拠する。したがって，反応硬化形変性エポキシ樹脂系であれば同規格を適用してよい。試験方法は付II－3.及びJIS K 5600の試験方法による。	

付表－Ⅱ.2.8 超厚膜形エポキシ樹脂塗料

塗料の名称		超厚膜形エポキシ樹脂塗料
解　説		エポキシ樹脂，硬化剤，顔料及び溶剤を主な原料とした２液形の塗料で特に厚膜に塗装する場合に使用するものである。
成分	混合塗料中の加熱残分（質量分率％）	70以上
塗料性状	容器の中での状態	かき混ぜたとき，堅い塊がなくて一様になる。
	混合性	均等に混合する。
塗装作業性	塗装作業性	はけ塗りで塗装作業に支障がない。
	乾燥時間（h）	24以下
	ポットライフ	２時間で使用できる。
	たるみ性	隙間幅600μmでたるみがない。
塗膜性能	塗膜の外観	正常である。
	上塗適合性	支障がない。
	耐おもり落下性（デュポン式）	500mmの高さから300gのおもりを落としたときの衝撃によって，塗膜に割れ及びはがれが生じない。
	耐熱性	160℃で30分加熱しても，外観が正常である。試験後の付着性試験で分類２，分類１又は分類０である。
	耐塩水噴霧性	192時間の塩水噴霧に耐える。
長期試験	耐塩水噴霧性	2,000時間の塩水噴霧で切り傷からのさびの進入幅が５mm以内である。
備考		試験方法は**付Ⅱ－3.**及びJIS K 5600の試験方法による。

付表−Ⅱ.2.9　亜鉛めっき面用エポキシ樹脂塗料下塗

塗料の名称		亜鉛めっき面用エポキシ樹脂塗料下塗
解説		エポキシ樹脂，硬化剤，顔料及び溶剤を主な原料とした2液形の塗料で，亜鉛めっき面用の下塗り塗装に使用するものである。
成分	混合塗料中の加熱残分（質量分率%）	55以上
	混合塗料中の溶剤不溶物（質量分率%）	30以上
塗料性状	容器の中での状態	かき混ぜたとき，堅い塊がなくて一様になる。
塗装作業性	塗装作業性	はけ塗りで塗装作業に支障がない。
	乾燥時間（h）	16以下
	ポットライフ	5時間で使用できる。
塗膜性能	塗膜の外観	正常である。
	耐おもり落下性（デュポン式）	300 mmの高さから300gのおもりを落としたときの衝撃によって，塗膜に割れ及びはがれが生じない。
	耐屈曲性（円筒形マンドレル法）	7日間放置した後，直径10 mmの折り曲げに耐える。
	付着性	分類1又は分類0。
	耐水性	水に168時間浸したとき，異常がない。
	耐水試験後の付着性	分類3，分類2，分類1又は分類0。
	上塗適合性	支障がない。
	耐塩水噴霧性	168時間の塩水噴霧に耐える。
備考		試験方法は**付Ⅱ−3.**及びJIS K 5600による。

(3) 中塗り塗料，上塗り塗料

付表−Ⅱ.2.10　長油性フタル酸樹脂塗料中塗

<table>
<tr><td colspan="2">塗料の名称</td><td>長油性フタル酸樹脂塗料中塗</td></tr>
<tr><td colspan="2">解　　説</td><td>着色顔料，体質顔料，長油性フタル酸樹脂及び溶剤を主な原料とした1液形の塗料で，中塗りの塗装に使用するものである。</td></tr>
<tr><td>成分</td><td>加　熱　残　分
（質量分率％）</td><td>65以上</td></tr>
<tr><td>塗料性状</td><td>容器の中での状態</td><td>かき混ぜたとき，堅い塊がなくて一様になる。</td></tr>
<tr><td rowspan="2">塗装作業性</td><td>乾　燥　時　間（h）
（表面乾燥性）</td><td>16以下</td></tr>
<tr><td>塗　装　作　業　性</td><td>はけ塗りで塗装作業に支障がない。</td></tr>
<tr><td rowspan="3">塗膜性能</td><td>塗　膜　の　外　観</td><td>正常である。</td></tr>
<tr><td>上　塗　適　合　性</td><td>支障がない。</td></tr>
<tr><td>隠　ぺ　い　率（％）
（白及び淡彩）</td><td>85以上</td></tr>
<tr><td>備考</td><td colspan="2">この塗料は JIS K 5516：2003 合成樹脂調合ペイント2種中塗用に準拠する。したがって，同規格を適用してよい。試験方法は**付Ⅱ−3．**及び JIS K 5600 による。なお，使用にあたっては鉛・クロムフリーのものを使用することが望ましい。</td></tr>
</table>

付表－Ⅱ.2.11　ふっ素樹脂塗料用中塗
弱溶剤形ふっ素樹脂塗料用中塗

塗料の名称		ふっ素樹脂塗料用中塗 弱溶剤形ふっ素樹脂塗料用中塗	
解　　説		エポキシ樹脂，ポリオール樹脂又はふっ素樹脂と顔料，硬化剤及び溶剤を主な原料とした2液形の塗料で，中塗の塗装に使用するものである。	
成分	混合塗料中の加熱残分 （質量分率%）	白・淡彩は60以上 その他の色は50以上	
塗料性状	容器の中での状態	かき混ぜたとき，堅い塊がなくて一様になる。	
塗装作業性	ポットライフ	5時間で使用できる。	
^	乾燥時間（h）	23℃	5℃
^	^	8以下	16以下
塗膜性能	塗膜の外観	正常である。	
^	上塗適合性	支障がない。	
^	隠ぺい率（%）	白・淡彩は90以上，鮮明な赤及び黄は50以上，その他の色は80以上。	
^	耐おもり落下性 （デュポン式）	500mmの高さから300gのおもりを落としたときの衝撃によって，塗膜に割れ及びはがれが生じない。	
^	耐屈曲性 （円筒形マンドレル法）	7日間放置した後，直径10mmの折り曲げに耐える。	
^	層間付着性　Ⅰ	異常がない。	
^	Ⅱ	異常がない。	
^	耐アルカリ性	飽和水酸化カルシウム溶液に168時間浸したとき，異常がない。	
^	耐酸性	硫酸溶液（5g/ℓ）に168時間浸したとき，異常がない。	
^	耐湿潤冷熱繰返し性	10サイクルの湿潤冷熱繰返しに耐える。	
備考		この塗料は JIS K 5659:2008 鋼構造物耐候性塗料中塗塗料に準拠する。したがって，同規格を適用してよい。試験方法は**付Ⅱ－3．**及び JIS K 5600 の試験方法による。なお，使用にあたっては鉛・クロムフリーのものを使用することが望ましい。	

付表－Ⅱ.2.12　長油性フタル酸樹脂塗料上塗

塗料の名称	長油性フタル酸樹脂塗料上塗
解説	着色顔料，体質顔料，長油性フタル酸樹脂及び溶剤を主な原料とした1液形の塗料で，上塗り塗装に使用するものである。
成分	加熱残分（質量分率％）	60以上
塗料性状	容器の中での状態	かき混ぜたとき，堅い塊がなくて一様になる。
塗装作業性	乾燥時間（h）（表面乾燥性）	16以下
	塗装作業性	はけ塗りで塗装作業に支障がない。
塗膜性能	塗膜の外観	正常である。
	重ね塗り適合性	支障がない。
	耐塩水性	塩化ナトリウム溶液（30g/ℓ）に48時間浸したとき，異常がない。
	隠ぺい率（％）（白及び淡彩）	90以上
	鏡面光沢度（60度）	80以上
	促進耐候性	照射時間240時間で，膨れ，割れ及びはがれの等級は0であり，色及びつやの変化の程度が見本品に比べて大きくない。また，白及び淡彩では，白亜化の等級が1又は0。
長期試験	屋外暴露耐候性	24か月の試験で，膨れ，はがれ及び割れがなく，色及びつやとの変化の程度が見本品に比べて大きくない。また，白及び淡彩では，白亜化の等級が4，3，2，1又は0。
備考	この塗料は JIS K 5516:2003　合成樹脂調合ペイント2種上塗用に準拠する。したがって，同規格を適用してよい。試験方法は**付Ⅱ－3.**及び JIS K 5600 の試験方法による。なお，使用にあたっては鉛・クロムフリーのものを使用することが望ましい。

付表-Ⅱ.2.13 ふっ素樹脂塗料上塗

弱溶剤形ふっ素樹脂塗料上塗

塗料の名称		ふっ素樹脂塗料上塗 弱溶剤形ふっ素樹脂塗料上塗	
解　　　説		ふっ素樹脂，顔料，硬化剤及び溶剤を主な原料とした2液形の塗料で，上塗り塗装に使用するものである。	
成分	混合塗料中の加熱残分 （質量分率％）	白・淡彩は50以上　その他の色は40以上	
塗料性状	容器の中での状態	かき混ぜたとき，堅い塊がなくて一様になる。	
塗装作業性	ポットライフ	5時間で使用できる。	
^	乾燥時間（h）	23℃	5℃
^	^	8以下	16以下
塗膜性能	塗膜の外観	正常である。	
^	隠ぺい率（％）	白・淡彩は90以上，鮮明な赤及び黄は50以上，その他の色は80以上。	
^	鏡面光沢度（60度）	70以上	
^	耐屈曲性 （円筒形マンドレル法）	7日間放置した後，直径10mmの折り曲げに耐える。	
^	耐おもり落下性 （デュポン式）	500mmの高さから300gのおもりを落としたときの衝撃によって，塗膜に割れ及びはがれが生じない。	
^	層間付着性Ⅱ	異常がない。	
^	耐アルカリ性	飽和水酸化カルシウム溶液に168時間浸したとき，異常がない。	
^	耐酸性	硫酸溶液（5g/ℓ）に168時間浸したとき，異常がない。	
^	耐湿潤冷熱繰返し性	10サイクルの湿潤冷熱繰返しに耐える。	
^	促進耐候性	照射時間2,000時間で塗膜に，割れ，はがれ及び膨れがなく，色の変化の程度が見本品と比べて大きくなく，さらに白亜化の等級が1又は0であって，かつ光沢保持率が80％以上。ただし，屋外暴露耐候性の結果が得られた後は，照射時間500時間で塗膜に，割れ，はがれ及び膨れがなく，色の変化の程度が見本品と比べて大きくなく，さらに白亜化の等級が1又は0であって，かつ光沢保持率が90％以上。	
長期試験	屋外暴露耐候性	24か月の試験で，塗膜に膨れ，はがれ及び割れがなく，光沢保持率が60％以上で色の変化の程度が見本品に比べて大きくなく，白亜化の等級が1又は0。	
備考		この塗料はJIS K 5659:2008鋼構造物耐候性塗料上塗り塗料1級に準拠する。したがって，ふっ素樹脂塗料であれば同規格を適用してよい。試験方法は**付Ⅱ-3.**及びJIS K 5600の試験方法による。なお，使用にあたっては鉛・クロムフリーのものを使用することが望ましい。	

(4) 内面用塗料

付表－Ⅱ.2.14　変性エポキシ樹脂塗料内面用

塗料の名称	変性エポキシ樹脂塗料内面用	
解　　説	エポキシ樹脂，ポリオール樹脂，変性樹脂，顔料，硬化剤及び溶剤を主な原料とした2液形の塗料で，箱桁の内面等に使用するもので，耐熱性を持ち淡色の仕上げが可能なものである。 A：10℃以上で使用するもの B：5℃～20℃程度で使用するもの	
成分	混合塗料中の加熱残分（質量分率%）	60以上	
塗料性状	容器の中での状態	かき混ぜたとき，堅い塊がなくて一様になる。	
塗装作業性	塗装作業性	吹付け塗りで塗装作業に支障がない。	
	ポットライフ	A（23℃）	B（5℃）
		5時間で使用できる。	5時間で使用できる。
	乾燥時間（h）	24以下	24以下
塗膜性能	塗膜の外観	正常である。	
	耐おもり落下性（デュポン式）	300mmの高さから500gのおもりを落としたときの衝撃によって，塗膜に割れ及びはがれが生じない。	
	耐湿性	温度50℃，相対湿度95%以上で120時間の試験に耐える。	
	耐塩水噴霧性	192時間の塩水噴霧に耐える。	
備考	試験方法は**付Ⅱ－3.**及びJIS K 5600の試験方法による。	

付表-Ⅱ.2.15 無溶剤形変性エポキシ樹脂塗料

塗料の名称		無溶剤形変性エポキシ樹脂塗料	
解　　　説		エポキシ樹脂，変性樹脂，顔料，硬化剤及び溶剤を主な原料とし溶剤を含まない2液形の塗料で，箱桁の内面等の塗替え塗装に使用するもので，耐熱性を持ち淡色の仕上げが可能なものである。 A：10℃以上で使用するもの B：5℃～20℃程度で使用するもの	
成分	溶　剤　の　検　出	溶剤の検出を認めない。	
塗料性状	容 器 の 中 で の 状 態	かき混ぜたとき，堅い塊がなくて一様になる。	
塗装作業性	塗　装　作　業　性	はけ塗りで塗装作業に支障がない。	
	ポ ッ ト ラ イ フ	A（23℃）	B（5℃）
		1時間で使用できる。	1時間で使用できる。
	乾　燥　時　間（h）	24以下	24以下
塗膜性能	塗　膜　の　外　観	正常である。	
	耐 お も り 落 下 性 （デ ュ ポ ン 式）	300mmの高さから500gのおもりを落としたときの衝撃によって，塗膜に割れ及びはがれが生じない。	
	耐　　湿　　性	温度50℃，相対湿度95％以上で120時間の試験に耐える。	
	耐 塩 水 噴 霧 性	192時間の塩水噴霧に耐える。	
備考	試験方法は**付Ⅱ-3.**及びJIS K 5600の試験方法による。		

付Ⅱ- 3. 鋼道路橋塗装用塗料の試験方法

鋼道路橋塗装に用いる塗料の試験方法を以下に示す。
(1) 試料の採取方法　　：JIS K 5600-1-2 による。
(2) 試験の一般条件　　：JIS K 5600-1-1，JIS K 5600-1-6 による。
1) 試料の混合　　　　：JIS K 5600-1-1 の 3.3.3 による。
2) 試料の薄め方　　　：IIS K 5600-1-1 の 3.3.4 による。ただし，薄める割合は**付表-Ⅱ.3.8**による。
3) 試験板　　　　　　：**付表-Ⅱ.3.7**による。
　　　　　　　　　　　　ただし，鋼板，亜鉛めっき鋼板は，耐水研磨紙（P280）で調整したものとし，ブラスト処理鋼板のブラスト条件は**付表-Ⅱ.3.1**による。

付表-Ⅱ.3.1　ブラスト処理鋼板のブラスト条件

除せい度	ISO 8501-1 Sa 2 $1/2$ 以上
研削材	グリット
表面粗さ	25 μm Rz$_{JIS}$ を標準とする

4) 塗装方法　　　　　：指定する以外は**付表-Ⅱ.3.8**による。
5) 塗付量　　　　　　：指定する以外は**付表-Ⅱ.3.8**による。
(3) 容器の中での状態　：JIS K 5600-1-1 の 4.1 による。ただし，粉末については目視によって判定する。
(4) 密度　　　　　　　：JIS K 5600-2-4 による。
(5) 混合性　　　　　　：金属製，ガラス製又はポリエチレン製の容器の中で各成分を，製品規格に規定した割合で全量が約 250 mℓ になるように試料を量り取り，ガラス棒又はへらなどでよくかき混ぜて，容易に一様になるかどうかを調べる。
(6) 乾燥時間　　　　　：JIS K 5600-1-1 の 4.3.2 a），JIS K 5600-3-2 及び 3-3 によって行い，JIS K 5600-1-1 の 4.3.5 b）半硬化乾燥によっ

て評価する。ただし，長ばく形エッチングプライマー，鉛・クロムフリーさび止めペイント，長油性フタル酸樹脂塗料中塗，長油性フタル酸樹脂塗料上塗，ふっ素樹脂塗料用中塗り，弱溶剤形ふっ素樹脂塗料用中塗，ふっ素樹脂塗料上塗及び弱溶剤形ふっ素樹脂塗料は JIS K 5600-3-2 表面乾燥性によって，無機ジンクリッチプライマー，無機ジンクリッチペイント及び有機ジンクリッチペイントは JIS K 5600-3-3 硬化乾燥性によって評価する。

(7) ポットライフ ： JIS K 5600-2-6 による。ただし，その塗料に定められた温度（特段の記述のないものは塗料の一般条件である 23℃）及び時間とする。

(8) 塗装作業性 ： JIS K 5600-1-1 の 4.2 による，ただし，試験の一般条件は JIS K 5600-1-2 及び 1-3 による。

(9) 厚塗り性 ： JIS K 5553:2010 の 6.9 厚塗り性による。

(10) たるみ性 ： JIS K 5551:2008 の 7.9 たるみ性による。超厚膜形エポキシ樹脂塗料については，試料の粘ちゅう度を B 型粘度計を用いて測定し，60 回転で 2.5±0.5Pa・s（23±0.5℃において）になるように調整し，サグテスタは隙間幅 125 μm 間隔のものを用いる。隙間が 625 μm ～ 750 μm の塗膜間の無塗装部にながれが認められないときは"隙間幅 600 μm でたるみがない"とする。

(11) 塗膜の外観 ： JIS K 5600-1-1 の 4.4 による。塗膜の外観が正常であるとの判定基準は，**付表－Ⅱ.3.2** による。なお，見本品は，JIS K 5600-1-8 の規定による。

付表－Ⅱ.3.2　塗膜の外観の判定基準

	塗料	判断基準
1	長ばく形エッチングプライマー	塗膜の色とつやが，見本品と比べて差異が少なく，流れ，しわ，膨れ，あな（孔）及び白化の程度が見本品に比べて大きくない。
2	無機ジンクリッチプライマー 無機ジンクリッチペイント 有機ジンクリッチペイント	流れ，むら，割れ及びはがれがないこと。
3	エポキシ樹脂塗料下塗 変性エポキシ樹脂塗料下塗 弱溶剤形変性エポキシ樹脂塗料下塗 超厚膜形エポキシ樹脂塗料 亜鉛めっき用変性エポキシ樹脂塗料下塗 変性エポキシ樹脂塗料内面用 無溶剤形変性エポキシ樹脂塗料	つぶ，しわ，むら，割れ，膨れ，あな（孔）及びはがれの程度の差が見本品と比べて大きくない。
4	鉛・クロムフリーさび止めペイント 長油性フタル酸樹脂塗料中塗 長油性フタル酸樹脂塗料上塗	見本品と比べて色及びつやは差異が少なく，色むら，つやむら，はけ目，流れ及びしわの程度が大きくない。
5	ふっ素樹脂塗料用中塗 弱溶剤形ふっ素樹脂塗料用中塗 ふっ素樹脂塗料上塗 弱溶剤形ふっ素樹脂塗料上塗	割れ，はがれ及び膨れを認めず，色，つや，平らさ，流れ，つぶ，しわ，むら及びあな（孔）の程度が見本品に比べて差異が大きくない。

(12) 隠ぺい率　　　　：JIS K 5659:2008 の 7.8 隠ぺい率による。ただし長油性フタル酸樹脂塗料中塗及び長油性フタル酸樹脂塗料上塗は，JIS K 5516:2003 の 7.9 隠ぺい率による。

(13) 鏡面光沢度(60度)：ふっ素樹脂塗料上塗及び弱溶剤形ふっ素樹脂塗料上塗は，JIS K 5659:2008 の 7.9 鏡面光沢度（60度）による。長油性フタル酸樹脂塗料上塗は，JIS K 5516:2003 の 7.11 鏡面光沢度（60度）による。

(14) 上塗り適合性　　：JIS K 5600-3-4 の 6.7 による。上塗りに用いる塗料は，**付表－Ⅱ.3.3** による。

付表-Ⅱ.3.3　上塗りに用いる塗料

塗料	上塗りに用いる塗料
鉛・クロムフリーさび止めペイント	長油性フタル酸樹脂塗料中塗
長油性フタル酸樹脂塗料中塗	長油性フタル酸樹脂塗料上塗
エポキシ樹脂塗料下塗 変性エポキシ樹脂塗料下塗 超厚膜形エポキシ樹脂塗料 亜鉛めっき用エポキシ樹脂塗料下塗	ふっ素樹脂塗料用中塗
弱溶剤形変性エポキシ樹脂塗料下塗	弱溶剤形ふっ素樹脂塗料用中塗
ふっ素樹脂塗料用中塗	ふっ素樹脂塗料上塗
弱溶剤形ふっ素樹脂塗料用中塗	弱溶剤ふっ素樹脂塗料上塗

(15) 重ね塗り適合性　: JIS K 5516:2003 の 7.12 重ね塗り適合性による。

(16) 耐おもり落下性　: JIS K 5600-5-3 の 6 による。ただし，試験板に試料を塗ってからの放置時間及びおもりの質量と高さは，**付表-Ⅱ.3.4** による。

付表-Ⅱ.3.4　耐おもり落下性試験における試料を塗ってからの放置時間及びおもりの質量と高さ

	塗料	放置時間	おもりの質量（g）	高さ（mm）
1	無機ジンクリッチプライマー 無機ジンクリッチペイント 有機ジンクリッチペイント	7日	500±1	500
2	亜鉛めっき用エポキシ樹脂塗料下塗	7日	300±1	300
3	長ばく形エッチングプライマー	3時間	500±1	300
4	ふっ素樹脂塗料用中塗 弱溶剤形ふっ素樹脂塗料用中塗 ふっ素樹脂塗料上塗 弱溶剤形ふっ素樹脂塗料上塗	7日	300±1	500
5	上記以外の塗料	7日	500±1	300

(17) 耐熱性　: JIS K 5551:2008 の 7.15 耐熱性による。

(18) 耐屈曲性　: JIS K 5600-5-1 による。ただし試験板の片面に JIS K

5600-1-1 の 3.3.7 の方法で塗る。放置時間，強制加熱条件及び心棒の直径は，**付表－Ⅱ.3.5**による。

付表－Ⅱ.3.5 耐屈曲性の放置時間，強制加熱条件及び心棒の直径

	塗料	放置時間又は 強制加熱条件	心棒の直径 （mm）
1	長ばく形エッチングプライマー	120±2℃　1時間	6
2	鉛・クロムフリーさび止めペイント		
3	上記以外の塗料	23±2℃　7日間	10

(19) 促進耐候性 ：ふっ素樹脂塗料上塗及び弱溶剤形ふっ素樹脂塗料は，JIS K 5659:2008 の 7.19 促進耐候性による。なお，判定は1級によって行う。長油性フタル酸樹脂塗料上塗は，JIS K 5516:2003 の 7.16 促進耐候性による。

(20) 耐アルカリ性 ：エポキシ樹脂塗料下塗は，JIS K 5551:2008 の 7.13 耐アルカリ性による。ふっ素樹脂塗料用中塗，弱溶剤形ふっ素樹脂塗料用中塗，ふっ素樹脂塗料上塗及び弱溶剤形ふっ素樹脂塗料上塗は，JIS K 5659:2008 の 7.15 耐アルカリ性による。

(21) 耐酸性 ：JIS K 5659:2008 の 7.16 耐酸性による。

(22) 耐揮発油性 ：JIS K 5551:2008 の 7.14 耐揮発油性による。

(23) サイクル腐食性 ：JIS K 5551:2008 の 7.16 サイクル腐食性による。ただし，鉛・クロムフリーさび止めペイントは，JIS K 5674:2008 の 7.12 サイクル腐食性による。

(24) 耐塩水噴霧性 ：JIS K 5600-7-1 による。ただし，それぞれの条件は以下による。

1) 無機ジンクリッチプライマー
　　　　　　：JIS K5552:2010 の 6.10 耐塩水噴霧性による。

2) 無機ジンクリッチペイント，有機ジンクリッチペイント
　　　　　　：JIS K5553:2010 の 6.10 耐塩水噴霧性による。

3) 亜鉛めっき面用エポキシ樹脂塗料下塗
: 試験板に JIS K 5600-1-1, 1-2, 1-3, 1-4, 1-5, 1-6 及び 1-7 の方法で 24 間隔で 2 回塗り，24 時間置いた後，板の周辺をはけで 1 回塗り増し，216 時間置いて試験片とする。試験は 168 時間行い，試験片を取り出して流水で洗い，室内に 2 時間置いてから塗膜を調べる。このとき，試験片の周辺 10 mm 以内及び塗膜に付けた傷の両側それぞれ 3 mm 以内の塗膜は観察の対象としない。塗膜に膨れ，はがれ及びさびを認めないときは "塩水噴霧に耐える" とする。

4) 超厚膜形エポキシ樹脂塗料（長期試験）
: 試験板に，JISK5600-1-1, 1-2, 1-3, 1-4, 1-5, 1-6 及び 1-7 の方法で変性エポキシ樹脂塗料下塗りをその両面を 60 μm，1 回塗り，直ちに周辺をはけで 1 回塗り増し，1 日置いて，その後，この塗料をその両面を 150 μm 1 回塗りし，24 時間後に 150 μm 1 回塗り，直ちに周辺をはけで 1 回塗り増し，7 日間置いて，試験片とする。試験は 2,000 時間行い，試験片を取り出して流水で洗い，室内に 24 時間置いてから塗膜を調べる。このとき，試験片の周辺約 10 mm 以内及び塗膜に付けた傷の両側それぞれ 5 mm 以内の塗膜は観察の対象としない。塗膜に膨れ，はがれ及びさびを認めないときは "塩水噴霧に耐える" とする。

5) 超厚膜形エポキシ樹脂塗料（塗膜性能）及び (24) 1) ～ (24) 3) 以外の塗料
: 試験板に JIS K 5600-1-1, 1-2, 1-3, 1-4, 1-5, 1-6 及び 1-7 の方法でその両面を 1 回塗り，24 時間置いた後，板の周辺をはけで 1 回塗り増し，216 時間置いて試験片とする。試験は 192 時間行い，試験片を取り出して流水で洗い，室内に 2 時間置いてから塗膜を調べる。このとき，試験片の周辺 10 mm 以内及び塗膜に付けた傷の両側そ

れぞれ3mm以内の塗膜は観察の対象としない。塗膜に膨れ，はがれ及びさびを認めないときは"塩水噴霧に耐える"とする。

(25) 耐湿性　　　　：JIS K 5600-7-2による。ただし，JIS K 5600-1-1, 1-2, 1-3, 1-4, 1-5, 1-6及び1-7の方法で試験板に120μmを24時間間隔で2回塗り，24時間置いた後，板の周辺を試料で塗膜に直接5mm以上重なるように塗り包み，6日間置いて試験片とする。試験板にJIS K5600-7-9の7.5 a)の切り込み傷に従って素地に達する傷をつける。これを温度50±1℃，相対湿度95％以上に保ったJIS K5600-7-2の5（回転式）耐湿試験機の試験架台に取り付け，120時間過ぎたのち，試験板を取り出し，直ちに塗膜を調べる。塗膜に付けた傷の両側3mm以外に膨れ，はがれ及びさびを認めないときは"湿度に耐える"とする。

(26) 耐塩水性　　　：長ばく形エッチングプライマーは，JIS K 5633:2010の7.12耐塩水性による。長油性フタル酸樹脂塗料上塗は，JIS K 5516:2003の7.15耐塩水性による。

(27) 耐湿潤冷熱繰返し性：JIS K 5659:2008の7.17耐湿潤冷熱繰返し性による。

(28) 耐水性　　　　：有機ジンクリッチペイントの場合は，JIS K5553:2010の6.11耐水性による。亜鉛めっき用エポキシ樹脂塗料下塗の場合は，JIS K5600-6-2による。ただし，試料を亜鉛めっき鋼板の片面に24時間間隔で2回塗り，24時間置いたのち，板の周辺を試料で塗膜に直接5mm以上重なるように塗り包み，144時間置いて試験片とする。168時間水に浸せきしたのち塗面を調べる。試験片の周辺10mmは対象外とする。塗膜にしわ，割れ及びはがれが生じていないとき，"水に浸したとき異常がない"とする。

(29) 耐水試験後の付着性：JIS K 5551:2008の7.12による。なお試験片は，耐水性試験終了後24時間置いたものとする。ただし，判定

基準は，分類3，分類2，分類1又は分類0とする。

(30) 付着性 　　　　　　: JIS K 5551:2008 の 7.12 による。
(31) 付着安定性 　　　　: JIS K 5674:2008 の 7.11 による。
(32) 屋外暴露耐候性 　　: JIS K 5600-7-6 による。ただし，それぞれの条件は，**付表－Ⅱ.3.7**試験に用いる試験板（1）～（5）のほか以下による。

1) 長ばく形エッチングプライマー
　　　　　　　　　　　: JIS K 5633:2010 の 7.18 屋外暴露耐候性による。
2) 鉛・クロムフリーさび止めペイント
　　　　　　　　　　　: JIS K 5674:2008 の 7.16 防せい性による。
3) 無機ジンクリッチプライマー
　　　　　　　　　　　: JIS K 5552:2010 の 6.14 屋外暴露耐候性による。
4) 無機ジンクリッチペイント，有機ジンクリッチペイント
　　　　　　　　　　　: JIS K 5553:2010 の 6.15 屋外暴露耐候性による。
5) エポキシ樹脂塗料下塗，変性エポキシ樹脂塗料下塗及び弱溶剤形変性エポキシ樹脂塗料下塗
　　　　　　　　　　　: JIS K 5551:2008 の附属書A（規定）による。
6) 長油性フタル酸樹脂塗料
　　　　　　　　　　　: JIS K 5516:2003 の 7.17 屋外暴露耐候性による。
7) ふっ素樹脂塗料，弱溶剤ふっ素樹脂塗料
　　　　　　　　　　　: JIS K 5659:2008 の附属書A（規定）屋外暴露耐候性による。なお，判定は1級とする。

(33) 加熱残分 　　　　　: JIS K 5601-1-2 による。ただし，試験条件は**付表－Ⅱ.3.6**によるものとし，無機ジンクリッチプライマー及び無機ジンクリッチペイントは液について測定し，粉末との混合比から混合物の加熱残分を求める。

付表−Ⅱ.3.6　加熱残分の試験条件

	塗料	試料	加熱温度	加熱時間
1	長ばく形エッチングプライマー	主剤	105±2℃	1時間
2	長油性フタル酸樹脂塗料中塗 長油性フタル酸樹脂塗料上塗 鉛・クロムフリーさび止めペイント	塗料		
3	無機ジンクリッチプライマー 無機ジンクリッチペイント	液		
4	上記以外の塗料	混合物		3時間

(34) 溶剤不溶物　　：JIS K 5633:2010 の 7.14 溶剤不溶物及び附属書1（規定）溶剤不要物の定量による。ただし，亜鉛めっき面用エポキシ樹脂塗料では，溶剤はトルエンとアセトンを1：1（容量比）で混合したものを用いる。

(35) りん酸　　　　：JIS K 5633:2010 の附属書4（規定）りん酸の定量による。

(36) 加熱残分中の金属亜鉛：JIS K 5552:2010 の 6.12 加熱残分中の金属亜鉛及び附属書1（規定）による。

(37) 塗膜中の鉛　　：JIS K 5674:2008 の附属書A（規定）塗膜中の鉛の定量による。

(38) 塗膜中のクロム：JIS K 5674:2008 の附属書B（規定）塗膜中のクロムの定量による。

(39) 溶剤の検出　　：主剤 50g をサンプリングし，**付図−Ⅱ.3.1**に示す容器に入れ，コックAを開いた状態で 70±1℃に1時間保持した後，容器をゆっくり振とうし容器内のガス濃度を均一にしてから，コックAを閉じる。Bからガスサンプラーを用いてガスを採取し，ガスクロマトグラフ装置に圧入してクロマトグラムを求める。硬化剤についても同様の方法でクロマトグラムを求める。

主剤及び硬化剤について高さ 10 mm 以上のシャープなピーク（空気のピークは除く）がない場合，溶剤が含まれて

いないものとする。

ガスクロマトグラフによる分析の共通的な一般事項は，JIS K 0114:2012（ガスクロマトグラフィー通則）による。

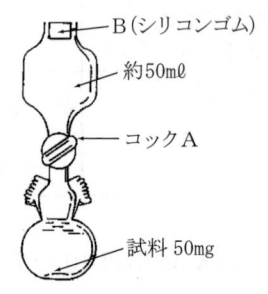

付図-II.3.1　塗料中の溶剤を揮発させる容器

なお，ガスクロマトグラフの装置は，

カラム及び注入口温度　150℃
検出器温度　　　　　　100℃
キャリヤーガス及び流速　ヘリウム，25～30mℓ／min
検出器　　　　　　　　熱伝導型（100mA～120mA）
記録計感度　　　　　　8 mV

の操作条件で行うものとし，カラムの長さ及び充填剤の種類は，溶剤の種類に応じて検出できるように適当に選択する。また，ガスクロマトグラフによる測定時間は，試料注入後10分間チャート紙に記録させること。

(40) 層間付着性Ⅰ　：JIS K 5659:2008の7.13層間付着性Ⅰ（下塗り塗料と中塗り塗料の間）による。
(41) 層間付着性Ⅱ　：JIS K 5659:2008の7.14層間付着性Ⅱ（中塗り塗料と上塗り塗料との間）による。

付表-Ⅱ.3.7　試験に用いる試験板（1）

（単位：mm）

塗料	乾燥時間	ポットライフ	塗膜の外観	鏡面光沢度	塗装作業性
長ばく形エッチングプライマー	ガラス板 200×100×2	鋼板 150×70×0.8	鋼板 150×70×0.8	—	鋼板 150×70×0.8
無機ジンクリッチプライマー	ブラスト板 150×70×3.2	ブラスト板 150×70×3.2	ブラスト板 150×70×3.2	—	ブラスト板 150×70×3.2
鉛・クロムフリーさび止めペイント	ガラス板 200×100×2	—	鋼板 150×70×0.8	—	鋼板 150×70×0.8
無機ジンクリッチペイント	ブラスト板 150×70×3.2	ブラスト板 150×70×3.2	ブラスト板 150×70×3.2	—	ブラスト板 150×70×3.2
有機ジンクリッチペイント	ブラスト板 150×70×3.2	ブラスト板 150×70×3.2	ブラスト板 150×70×3.2	—	ブラスト板 150×70×3.2
エポキシ樹脂塗料下塗	ガラス板 200×100×2	鋼板 150×70×0.8	鋼板 150×70×0.8	—	鋼板 150×70×0.8
変性エポキシ樹脂塗料下塗 弱溶剤形変性エポキシ樹脂塗料下塗	ガラス板 200×100×2	鋼板 150×70×0.8	鋼板 150×70×0.8	—	鋼板 150×70×0.8
超厚膜形エポキシ樹脂塗料	ガラス板 200×100×2	鋼板 150×70×0.8	鋼板 150×70×0.8	—	鋼板 150×70×0.8
亜鉛めっき用エポキシ樹脂塗料下塗	ガラス板 200×100×2	鋼板 150×70×0.8	鋼板 150×70×0.8	—	鋼板 150×70×0.8
長油性フタル酸樹脂塗料中塗	ガラス板 200×100×2	—	鋼板 150×70×0.8	—	鋼板 150×70×0.8
長油性フタル酸樹脂塗料上塗	ガラス板 200×100×2	—	鋼板 150×70×0.8	ガラス板 200×100×2	鋼板 150×70×0.8
ふっ素樹脂塗料用中塗 弱溶剤形ふっ素樹脂塗料用中塗	ガラス板 200×100×2	鋼板 150×70×0.8	鋼板 150×70×0.8	—	—
ふっ素樹脂塗料上塗 弱溶剤形ふっ素樹脂塗料上塗	ガラス板 200×100×2	鋼板 150×70×0.8	鋼板 150×70×0.8	ガラス板 200×100×2	—
変性エポキシ樹脂塗料内面用	ガラス板 200×100×2	鋼板 150×70×0.8	鋼板 150×70×0.8	—	鋼板 150×70×0.8
無溶剤形変性エポキシ樹脂塗料	ガラス板 200×100×2	鋼板 150×70×0.8	鋼板 150×70×0.8	—	鋼板 150×70×0.8

ガラス板は JIS R 3202 に規定する平らな又は磨き仕上げフロートガラスとする。
ぶりき板は JIS G 3303 に規定する電気めっきぶりきの SPTE5.6/5.6 T2 とする。
鋼板は JIS G 3414 に規定する SPCC-SB の鋼板とする。
ブラスト処理鋼板は JIS G3101 に規定する SS400 の鋼板にブラスト処理したものとする。
亜鉛めっき鋼板は JIS H 8641 2種 55 又は 45 あるいは JIS G 3302 Z45 に規定する溶融亜鉛めっき鋼板とする。

付表－Ⅱ.3.7 試験に用いる試験板（2）

(単位：m

塗料	上塗り適合性	塗り重ね適合性	たるみ性	厚塗り性	耐おもり落下性	耐屈曲性
長ばく形エッチングプライマー	―	―	―	―	鋼板 150×70×0.8	ぶりき板 150×50×0
無機ジンクリッチプライマー	―	―	―	―	―	―
鉛・クロムフリーさび止めペイント	鋼板 150×70×0.8	―	―	―	―	鋼板 150×50×0
無機ジンクリッチペイント	―	―	―	ブラスト板 150×70×3.2	―	―
有機ジンクリッチペイント	―	―	―	ブラスト板 150×70×3.2	―	―
エポキシ樹脂塗料下塗	鋼板 150×70×0.8	―	ガラス板 200×100×2	―	鋼板 150×70×0.8	―
変性エポキシ樹脂塗料下塗 弱溶剤形変性エポキシ樹脂塗料下塗	鋼板 150×70×0.8	―	ガラス板 200×100×2	―	鋼板 150×70×0.8	―
超厚膜形エポキシ樹脂塗料	鋼板 150×70×0.8	―	ガラス板 200×100×2	―	鋼板 150×70×0.8	―
亜鉛めっき用エポキシ樹脂塗料下塗	亜鉛めっき鋼板 150×70×3.2	―	―	―	亜鉛めっき鋼板 150×70×3.2	鋼板 150×50×0.
長油性フタル酸樹脂塗料中塗	鋼板 150×70×0.8	―	―	―	―	―
長油性フタル酸樹脂塗料上塗	―	鋼板 150×70×0.8	―	―	―	―
ふっ素樹脂塗料用中塗 弱溶剤形ふっ素樹脂塗料用中塗	鋼板 150×70×0.8	―	―	―	鋼板 150×70×0.8	鋼板 150×50×0.
ふっ素樹脂塗料上塗 弱溶剤形ふっ素樹脂塗料上塗	―	―	―	―	鋼板 150×70×0.8	鋼板 150×50×0.
変性エポキシ樹脂塗料内面用	―	―	―	―	鋼板 150×70×0.8	―
無溶剤形変性エポキシ樹脂塗料	―	―	―	―	鋼板 150×70×0.8	―

付表-Ⅱ.3.7　試験に用いる試験板（3）

（単位：mm）

塗料	付着性	層間付着性	耐水性	耐水試験後の付着性	耐塩水性	耐アルカリ性
ばく形エッチングプライマー	－	－	－	－	鋼板 150×70×0.8	－
機ジンクリッチプライマー	－	－	－	－	－	－
・クロムフリーさび止めペイント	－	－	－	－	－	－
機ジンクリッチペイント	－	－	－	－	－	－
機ジンクリッチペイント	－	－	ブラスト板 150×70×3.2	－	－	－
ポキシ樹脂塗料下塗	鋼板 150×70×0.8	－	－	－	－	鋼板 150×70×0.8
性エポキシ樹脂塗料下塗 溶剤形変性エポキシ樹脂塗料下塗	鋼板 150×70×0.8	－	－	－	－	鋼板 150×70×0.8
厚膜形エポキシ樹脂塗料	－	－	－	－	－	－
鉛めっき用エポキシ樹脂塗料下塗	亜鉛めっき鋼板 150×70×3.2	－	亜鉛めっき鋼板 150×70×3.2	亜鉛めっき鋼板 150×70×3.2	－	－
油性フタル酸樹脂塗料中塗	－	－	－	－	－	－
油性フタル酸樹脂塗料上塗	－	－	－	－	鋼板 150×70×0.8	－
っ素樹脂塗料用中塗 溶剤形ふっ素樹脂塗料用中塗	－	（Ⅰ）鋼板 150×70×0.8	－	－	－	鋼板 150×70×0.8
っ素樹脂塗料上塗 溶剤形ふっ素樹脂塗料上塗	－	（Ⅱ）鋼板 150×70×0.8	－	－	－	鋼板 150×70×0.8
性エポキシ樹脂塗料内面用	－	－	－	－	－	－
溶剤形変性エポキシ樹脂塗料	－	－	－	－	－	－

付表-Ⅱ.3.7　試験に用いる試験板（4）

(単位：mm)

塗料	耐酸性	耐揮発油性	耐熱性	耐湿潤連熱繰返し性	耐湿性
長ばく形エッチングプライマー	—	—	—	—	—
無機ジンクリッチプライマー	—	—	—	—	—
鉛・クロムフリーさび止めペイント	—	—	—	—	—
無機ジンクリッチペイント	—	—	—	—	—
有機ジンクリッチペイント	—	—	—	—	—
エポキシ樹脂塗料下塗	—	鋼板 150×70×0.8	—	—	—
変性エポキシ樹脂塗料下塗 弱溶剤形変性エポキシ樹脂塗料下塗	—	鋼板 150×70×0.8	鋼板 150×70×0.8	—	—
超厚膜形エポキシ樹脂塗料	—	—	鋼板 150×70×0.8	—	—
亜鉛めっき用エポキシ樹脂塗料下塗	—	—	—	—	—
長油性フタル酸樹脂塗料中塗	—	—	—	—	—
長油性フタル酸樹脂塗料上塗	—	—	—	—	—
ふっ素樹脂塗料用中塗 弱溶剤形ふっ素樹脂塗料用中塗	鋼板 150×70×0.8	—	—	鋼板 150×70×0.8	—
ふっ素樹脂塗料上塗 弱溶剤形ふっ素樹脂塗料上塗	鋼板 150×70×0.8	—	—	鋼板 150×70×0.8	—
変性エポキシ樹脂塗料内面用	—	—	—	—	鋼板 150×70×0.8
無溶剤形変性エポキシ樹脂塗料	—	—	—	—	鋼板 150×70×0.8

付表-Ⅱ.3.7 試験に用いる試験板（5）

（単位：mm）

塗料	耐塩水噴霧性	サイクル腐食性	促進耐候性	屋外暴露耐候性
長ばく形エッチングプライマー	—	—	—	鋼板 300×150×1
無機ジンクリッチプライマー	ブラスト板 150×70×3.2	—	—	ブラスト板 300×150×3.2
鉛・クロムフリーさび止めペイント	—	鋼板 150×70×0.8	—	鋼板 300×150×1
無機ジンクリッチペイント	ブラスト板 150×70×3.2	—	—	ブラスト板 300×150×3.2
有機ジンクリッチペイント	ブラスト板 150×70×3.2	—	—	ブラスト板 300×150×3.2
エポキシ樹脂塗料下塗	—	ブラスト板 150×70×3.2	—	鋼板 300×150×1
変性エポキシ樹脂塗料下塗 弱溶剤形変性エポキシ樹脂塗料下塗	—	ブラスト板 150×70×3.2	—	鋼板 300×150×1
超厚膜形エポキシ樹脂塗料	（塗膜性能）鋼板 150×70×0.8 （長期試験）ブラスト板 150×70×3.2	—	—	—
亜鉛めっき用エポキシ樹脂塗料下塗	亜鉛めっき鋼板 150×70×3.2	—	—	—
長油性フタル酸樹脂塗料中塗	—	—	—	—
長油性フタル酸樹脂塗料上塗	—	—	鋼板 150×70×0.8	鋼板 300×150×1
ふっ素樹脂塗料用中塗 弱溶剤形ふっ素樹脂塗料用中塗	—	—	—	—
ふっ素樹脂塗料上塗 弱溶剤形ふっ素樹脂塗料上塗	—	—	鋼板 150×70×0.8	鋼板 300×150×1
変性エポキシ樹脂塗料内面用	鋼板 150×70×0.8	—	—	—
無溶剤形変性エポキシ樹脂塗料	鋼板 150×70×0.8	—	—	—

付表−II.3.8　試験の一般条件と暴露板の塗装系

塗料	一般条件 塗装方法(シンナー希釈%)	一般条件 塗付量,膜厚	暴露試験の塗装系 プライマー(塗回数)	暴露試験の塗装系 下塗り(塗回数)	暴露試験の塗装系 中塗り(塗回数)	暴露試験の塗装系 上塗り(塗回数)
長ばく形エッチングプライマー	はけ (0〜10)	0.8±0.08 g/100cm²	長ばく形エッチングプライマー(1)			
無機ジンクリッチプライマー	スプレー (0〜20)	15μm〜20μm	無機ジンクリッチプライマー(1)	—		
鉛・クロムフリーさび止めペイント	はけ (0〜10)	0.45±0.05 g/100cm²	—	鉛・クロムフリーさび止めペイント(2)	長油性フタル酸樹脂塗料中塗(1)	長油性フタル酸樹脂塗料中塗(1)
無機ジンクリッチペイント	スプレー (0〜10)	65μm〜85μm	—	無機ジンクリッチペイント(1)	—	—
有機ジンクリッチペイント	スプレー (0〜10)	65μm〜85μm	—	有機ジンクリッチペイント(1)		
エポキシ樹脂塗料下塗	スプレー (0〜30)	55μm〜65μm	—	エポキシ樹脂塗料下塗(1)	ふっ素樹脂塗料用中塗(1)	ふっ素樹脂塗料上塗(1)
変性エポキシ樹脂塗料下塗	スプレー (0〜30)	55μm〜65μm	—	変性エポキシ樹脂塗料下塗(2)		
弱溶剤形変性エポキシ樹脂塗料下塗	スプレー (0〜30)	55μm〜65μm	—	弱溶剤形変性エポキシ樹脂塗料下塗(2)		
超厚膜形エポキシ樹脂塗料	はけ (0〜10)	6.0±0.6 g/100cm²				
亜鉛めっき用エポキシ樹脂塗料下塗	はけ (0〜10)	35μm〜45μm				
長油性フタル酸樹脂塗料中塗	はけ (0〜5)	0.5±0.05 g/100cm²				
長油性フタル酸樹脂塗料上塗	はけ (0〜5)	0.5±0.05 g/100cm²		鉛・クロムフリーさび止めペイント(2)	長油性フタル酸樹脂塗料中塗(1)	長油性フタル酸樹脂塗料中塗(1)
ふっ素樹脂塗料用中塗	スプレー (0〜20)	25μm〜35μm				
弱溶剤形ふっ素樹脂塗料用中塗	スプレー (0〜20)	25μm〜35μm				
ふっ素樹脂塗料上塗	スプレー (0〜20)	20μm〜30μm		エポキシ樹脂塗料下塗(1)	ふっ素樹脂塗料用中塗(1)	ふっ素樹脂塗料上塗(1)
弱溶剤形ふっ素樹脂塗料上塗	スプレー (0〜20)	20μm〜30μm		弱溶剤形変性エポキシ樹脂塗料下塗(2)	弱溶剤形ふっ素樹脂塗料用中塗(1)	弱溶剤形ふっ素樹脂塗料上塗(1)
変性エポキシ樹脂塗料内面用	スプレー (0〜5)	110μm〜130μm				
無溶剤形変性エポキシ樹脂塗料	はけ (0)	2.0±0.2 g/100cm²				

付Ⅱ-4. コンクリート塗装用塗料標準

(1) コンクリート塗装材料の品質

> 1) 塗装材料は，**付表-Ⅱ.4.1**の規定を満たすものでなければならない。
>
> **付表-Ⅱ.4.1　塗装材料の品質**
>
> | | CC-A | CC-B |
> |---|---|---|
> | 塗膜の外観 | 塗膜は均一で，流れ・むら・はがれのないこと | 同　左 |
> | 耐候性 | 促進耐候試験を300時間行ったのち，白亜化はほとんど無く，塗膜に割れ，はがれの無いこと | 同　左 |
> | 遮塩性 | 塗膜の塩素イオン透過性が10^{-2}mg/cm^2・日以下であること | 同　左 |
> | 耐アルカリ性 | 水酸化カルシウムの飽和溶液に30日間浸せきしても，塗膜に膨れ・割れ・はがれ・軟化・溶出のないこと | 同　左 |
> | コンクリートとの付着性 | 25/25であること | 同　左 |
> | ひび割れ追従性 | 塗膜の伸びが1%以上あること | 塗膜の伸びが4%以上あること |
>
> 2) 塗装材料は，立会試験又は公的機関における試験で品質規定に合格したものでなければならない。
>
> 3)「コンクリート橋の塩害対策資料集－実態調査に基づくコンクリート橋の塩害対策の検討－」（国土交通省）に準ずる。

1) 品質規定は，コンクリート塗装に要求される性能を考慮して設定したものである。

　プライマーは，コンクリート面に浸透付着するとともに，その上に塗装される塗料とも付着して，塗装系全体の付着を良くするためのものであるので，品質規定においてコンクリートとの付着性に関する試験項目を設けた。

　中塗り塗料は，遮塩性を発揮しなければならないので，品質規定において遮塩性に関する試験項目を設けた。

上塗り塗料は，良好な外観を与え，かつ海岸付近の強い紫外線やオゾンに対しても優れた耐候性を発揮するものでなければならないことから，品質規定において，塗膜の外観と耐候性に関する試験項目を設けた。耐候性は，長期間にわたって保持されなければならないが，コンクリート橋の上塗りに用いようとしている塗装材料（ふっ素樹脂塗料上塗）は，長期間の耐候性を持っていることが確認されている。耐候性の試験時間は，道路橋の塩害対策指針（案）・同解説（昭和59年2月（社）日本道路協会）の塗装材料の品質と同じく300時間とし，材料の確認をすればよいこととした。

　塗膜は，遮塩性，耐アルカリ性が必要であり，さらにコンクリートにひび割れの発生のおそれがある場合にはひび割れ追従性も必要なことから，品質規定において遮塩性，耐アルカリ性及びひび割れ追従性に関する試験項目を設けた。品質規定は，海岸地域でコンクリート橋を塩害から保護することを目標として設定したものであり，実際に試験をして良好な結果が得られた塗装系は，この品質規定のような性能を示している。しかし，品質規定と耐久性能の関係は完全に把握されているとはいえないので，当面はこれらの性能が実績的に確認された塗装材料を使用することが望ましい。

2) 塗装材料には多くの種類があり，外見等ではその品質の良否は判らない。したがって，立会試験又は公的機関による試験によってその品質が確かめられたものを用いなければならない。

(2) コンクリート塗装材料の品質試験方法

　この品質試験方法は，コンクリート塗装材料の品質試験方法を規定したものである。なお，塗装材料に関する一般的な試験条件は，日本工業規格（JIS K 5600）に準拠する。

1) 塗膜の外観試験方法

　JIS K 5600-1-1 の4.4（塗装の外観）による。ただし，試験片は，モルタル板にプライマー1回～中塗り1回～上塗り1回を各24時間間隔で塗装したものを用いる。なお，試験にはパテは使用しない。モルタル板は，JIS K 5600-1-4:2004

試験用標準試験板 5.10 セメントモルタル板に適合する約 70 ㎜×120 ㎜×10 ㎜の板とし，仕上げ面でない面を用いることとする。

判定は塗ってから 48 時間置いて，均一性・流れ・むら・割れ・はがれについて調べる。

2) 耐候性試験方法

JIS K 5600-7-7 の促進耐候試験機を用いて 300 時間の試験を行ったのち，塗面の白亜化の程度を調べ，塗膜の割れ及びはがれの程度について調べる。

ただし，試験片は，モルタル板にプライマー 1 回～中塗り 1 回～上塗り 1 回を各 24 時間間隔で塗装し 7 日間養生したものを用いる。なお，試験にはパテは使用しない。

3) 遮塩性試験方法

3)-1 試験片

塗膜の材料試験には，遊離塗膜（フリーフィルム）試験片を用いる。

作製手順は次のとおりである。

ⅰ）ポリプロピレン樹脂板などに中塗り 1 回～上塗り 1 回を 24 時間間隔で目標膜厚まで塗装を行い，23± 2 ℃で 120 時間養生した後 80± 2 ℃で 60 分加熱し放冷する。なお，塗装時には塗付量を管理する。

ⅱ）塗装したポリプロピレン樹脂板から遊離塗膜を得る。

ⅲ）遊離塗膜に変形（反り）がないこと及び自然光に透かしてピンホールのないことを確認し，試験の目的に応じた形状にすることが可能な打ち抜き機を用いて，同一塗装板から必要枚数の試験片を得る。

ⅳ）試験片を鋼板の上に載せ，電磁膜厚計で膜厚を測定する。あるいは測定範囲 0.01 ㎜～ 10 ㎜のダイアルゲージで各点の膜厚を測定し，膜厚が適切であることを確かめる。

3)-2 塗膜の塩化物イオン透過量測定方法

試験片の表側に 3％食塩水を接し裏側に蒸留水を接して，塗膜中を透過する塩素イオン量を測定する方法である。

ⅰ）試験片

ピンホールのない 1 辺約 70 ㎜の正方形の塗膜を用いる。

ii）測定方法
a) 付図－II.4.1のようなガラス製（アクリル製でもよい）測定セルに塗膜フィルムを挟み，フィルム表面側のセルには3%食塩水（85mℓ～200mℓ）を，裏面側には蒸留水（85mℓ～200mℓ）を入れる。

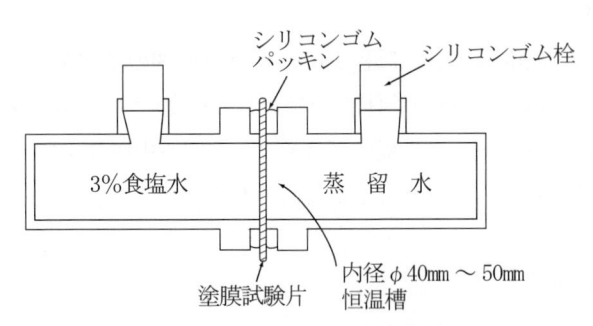

付図－II.4.1　塩化物イオン透過量測定方法

b) 23±2℃で30日間放置後，蒸留水側のセル（セルB）より溶液を一定量採取し，溶液中の塩化物イオンを測定する。

iii）塩化物イオンの分析
あらかじめ作成した検量線を用いて塩化物イオンの定量を行う。
  電極　　　　　：塩化物イオン選択性電極
  イオンメーター：塩化物イオン選択性電極を接続できるイオンメーター
  検量線の作成　：試薬特級 NaCℓ を用いて，100，50，10，2，1，0.4，0.2，0.1ppmの溶液を調製し，これらの溶液を用いて検量線を作成する。

又は電位差滴定法を用いてもよく，この場合は検量線の作成を省略できる。

iv）単位及び透過量の算出
  分析結果を計算しppm単位で表示する。

$$塩化物イオン透過量 Q = \frac{V \times m \times 10^{-3}}{A \times 30} \quad (\text{mg/cm}^2 \cdot 日)$$

ここに，
  V：塗膜裏側の蒸留水量（mℓ）

m：分析結果（ppm）

A：透過面積（cm^2）

4) 耐アルカリ性試験方法

JIS K 5600-6-1:1999 耐液体性（一般的方法）の 7.［方法 1（浸せき法）］による。モルタル板にプライマー 1 回～中塗り 1 回を 24 時間間隔で塗装し，23±2℃で 120 時間養生した後 80±2℃で 60 分加熱し，冷却させたものを試験片とする。なお，試験にはパテは使用しない。試験片を飽和水酸化カルシウム溶液に 23±2℃で 30 日間浸せきしたのち引き上げ，ただちに膨れ，割れ，はがれ，軟化及び溶出について調べる。

5) コンクリートとの付着性試験方法

塗膜の外観を調べた試験片を用いる。ただし，試料をモルタル板に塗り，23±2℃で 7 日間置いたものを試験片とする。試験片の中央部に新しいカッターナイフの刃（JIS K 5600-5-6 の 4.1）を用いて，塗膜に 3 mm 間隔で縦横それぞれ 6 本ずつ，素地に達する切り傷を入れて，25 のます目をつくり，その上にセロハン粘着テープ（JIS Z 1522:2009）を完全に密着するように貼り付けてからテープを一気に剥がし，ます目の残存数を調べる。

6) ひび割れ追従性試験方法

6)-1 試験片

塗膜のひび割れ追従性試験には，遊離塗膜（フリーフィルム）試験片を用いる。

ⅰ) ポリプロピレン樹脂板などにに中塗り 1 回～上塗り 1 回を 24 時間間隔で目標膜厚まで塗装を行い，23±2℃で 120 時間養生した後 80±2℃で 60 分加熱し放冷する。なお，塗装時には塗付量を管理する。

ⅱ) 塗装したポリプロピレン樹脂板から，遊離塗膜を得る。

ⅲ) 遊離塗膜に変形（反り）がないこと及び自然光に透かしてピンホールのないことを確認し，試験の目的に応じた形状にすることが可能な打ち抜き機を用いて，同一塗装板から必要枚数の試験片を得る。

ⅳ) 試験片を鋼板の上に載せ，電磁膜厚計で膜厚を測定する。あるいは測定範囲 0.01 mm～10 mm のダイアルゲージで各点の膜厚を測定し，膜厚が適切であることを確かめる。

6) -2　塗膜強度の測定方法

6) -2-1　試験片の形状

試験片の形状を**付図－Ⅱ.4.2**に示す。

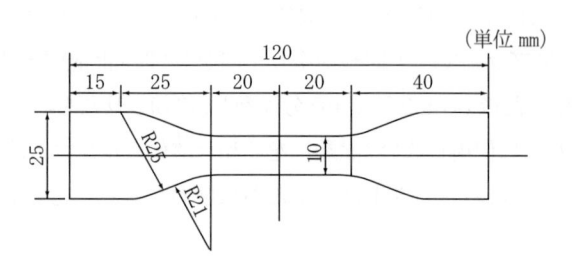

付図－Ⅱ.4.2　試験片の形状

試験片の枚数は，少なくとも繰返し3回できるように準備する。

6) -2-2　試験装置

クロスヘッド分離速度を一定に保つことのできる材料試験機を使用する。試験片を保持するための2個の金属性つかみ具は，試験中に荷重が加わると自由に動いて一列に並び，試験片の長軸が2個のつかみ具の中心線を通って加えられる引張方向に一致するように，試験機の固定部分と可動部分にそれぞれ取り付けられたものとする。

6) -2-3　試験方法

ⅰ) 試験片の中央平行部分の軸の厚さをその長さに沿った数個所で，精度1％まで測定する。

ⅱ) 試験片の中心から20mm離れたところにそれぞれ標線を記入する。

ⅲ) 試験温度は，23±2℃とする。

ⅳ) 試験速度は，原則として毎分5±1mmとする。

ⅴ) 標線内で破断しない試験片の値は捨て，この分の試験片を追加して試験する。

ⅵ) 測定項目

a) 降伏点における荷重

b) 降伏点における標線間距離

c) 破断時の荷重又は最大荷重

d) 破断時の標線間距離

6)-2-4　計算及び結果の表示

　降伏時の伸び率及び破断時の伸び率は，降状点における伸び又は破断の瞬間の伸びに該当する伸びを，標線間の元の長さで割り100倍して求める。結果を％で表わし，2桁の有効数字で報告する。

　降伏時の引張応力，最大荷重時及び破断時の引張応力は，降伏時の荷重（N）又は最大荷重若しくは破断時の荷重に該当する荷重を試験片の元の最小断面積（㎟）で割り，結果をN/㎟で表わし，3桁の有効数字で報告する。

　弾性率は，応力－ひずみ線図の始めの直線部分から，直線部分に対応する応力の差を，これに対応するひずみの差で割って計算する。この場合，応力の差とは，荷重（kg）を試験片の元の断面積（㎟）で除した値の差であり，ひずみの差とは，荷重下の伸び測定に使用した二つの定点間長さの増加量を元の長さで除したものである。その結果をN/㎟で表わし，3桁の有効数字で報告する。

　各組の結果を算術平均し，「平均値」として報告する。

　標準偏差（推定）を必要とするときは（1）式により計算し，2桁の有効数字で報告する。

$$S = \sqrt{\frac{\sum (x_i - \bar{x})^2}{n-1}} \cdots \cdots \cdots \cdots (1)$$

　ここに，

　　S：推定標準偏差

　　x_i：観測値（$i=1, 2, \cdots\cdots, n$）

　　n：観測数

　　$\bar{x}$：観測群の算術平均

　なお，塗膜の引張応力及び弾性率は参考値であって，ひび割れ追従性の試験結果には直接含めなくてもよいが，塗膜の性状を補足的に説明するのであるから，塗膜の伸び率と併せて表示するのがよい。

(3) コンクリート塗装用塗料標準

コンクリート塗装用に用いられる塗料について規定する。

1) プライマー

付表−Ⅱ.4.2　コンクリート塗装用エポキシ樹脂プライマー

塗料の名称		コンクリート塗装用エポキシ樹脂プライマー
解　　説		エポキシ樹脂プライマーは，エポキシ樹脂及び硬化剤を主な原料とした2液形の塗料で，コンクリート面に直接塗装し塗装系の付着性をよくするためのものである。
成分	混合塗料中の加熱残分（質量分率％）	35以上
	混合塗料中の溶剤不溶物（質量分率％）	20以下
塗料性状	容器の中での状態	かき混ぜたとき，堅い塊がなくて一様になる。
	混合性	均等に混合する。
塗装作業性	乾燥時間（h）	16以下
	ポットライフ	5時間で使用できる。
塗膜性能	塗膜の外観	正常である。
備考		試験方法は付Ⅱ−3., 付Ⅱ−4.及びJIS K 5600の試験方法による。

2) 中塗り塗料，上塗り塗料

付表-II.4.3 コンクリート塗装用エポキシ樹脂塗料中塗

塗料の名称		コンクリート塗装用エポキシ樹脂塗料中塗
解　　説		エポキシ塗料中塗は，顔料，エポキシ樹脂及び硬化剤を主な原料とした2液形の塗料であり，中塗として塗装系に遮塩性を与えるためのものである。
成分	混合塗料中の加熱残分（質量分率％）	60以上
	混合塗料中の溶剤不溶物（質量分率％）	30以上
塗料性状	容器の中での状態	かき混ぜたとき，堅い塊がなくて一様になる。
	混合性	均等に混合する。
塗装作業性	乾燥時間（h）	16以下
	ポットライフ	5時間で使用できる。
塗膜性能	塗膜の外観	正常である。
	上塗り適合性	支障がない。
	耐屈曲性（円筒形マンドレル法）	7日間放置した後，直径8mmの折り曲げに耐える。
備考		試験方法は**付II-3.**，**付II-4.**及びJIS K 5600の試験方法による。使用に当たっては鉛・クロムフリーのものを使用することが望ましい。

付表-Ⅱ.4.4　コンクリート塗装用柔軟形エポキシ樹脂塗料中塗

塗料の名称		コンクリート塗装用柔軟形エポキシ樹脂塗料中塗
解説		柔軟形エポキシ樹脂塗料中塗は，顔料，柔軟形のエポキシ樹脂及び硬化剤を主な原料とした2液形の塗料であり，中塗りとして塗装系に遮塩性を与えると共に，コンクリートにひび割れを生じた場合にもひび割れに追従するものである。
成分	混合塗料中の加熱残分（質量分率％）	60以上
成分	混合塗料中の溶剤不溶物（質量分率％）	30以上
塗料性状	容器の中での状態	かき混ぜたとき，堅い塊がなくて一様になる。
塗料性状	混合性	均等に混合する。
塗装作業性	乾燥時間（h）	16以下
塗装作業性	ポットライフ	5時間で使用できる。
塗膜性能	塗膜の外観	正常である。
塗膜性能	伸び率（％）	4以上。
塗膜性能	上塗り適合性	支障がない。
塗膜性能	耐屈曲性（円筒形マンドレル法）	7日間放置した後，直径8mmの折り曲げに耐える。
備考		試験方法は**付Ⅱ-3.**，**付Ⅱ-4.**及びJIS K 5600の試験方法による。使用に当たっては鉛・クロムフリーのものを使用することが望ましい。

付表-Ⅱ.4.5　コンクリート塗装用ふっ素樹脂塗料上塗

塗料の名称		コンクリート塗装用ふっ素樹脂塗料上塗
解　説		ふっ素樹脂塗料上塗は，ふっ素樹脂，硬化剤，顔料及び溶剤を主な原料とした2液形の塗料で，長期間の暴露に耐えるものである。
成分	混合塗料中の加熱残分（質量分率％）	50以上
塗料性状	容器の中での状態	かき混ぜたとき，堅い塊がなくて一様になる。
	混合性	均等に混合する。
塗装作業性	乾燥時間（h）	8以下
	ポットライフ	5時間で使用できる。
塗膜性能	塗膜の外観	正常である。
	隠ぺい率（％）	90以上
	耐屈曲性（円筒形マンドレル法）	7日間放置した後，直径8 mmの折り曲げに耐える。
	促進耐候性	照射時間300時間で塗膜に，割れ，はがれ及び膨れがなく，色差（⊿E）は3以内で，さらに白亜化の等級が1又は0であって，かつ光沢保持率が90％以上。
備考		試験方法は**付Ⅱ-3.**，**付Ⅱ-4.**及びJIS K 5600の試験方法による。なお，上記品質は淡彩色に適用する。使用に当たっては鉛・クロムフリーのものを使用することが望ましい。

付表-Ⅱ.4.6　コンクリート塗装用柔軟形ふっ素樹脂塗料上塗

塗料の名称		コンクリート塗装用柔軟形ふっ素樹脂塗料上塗
解　　説		柔軟形ふっ素樹脂塗料上塗は，柔軟形のふっ素樹脂，硬化剤，顔料及び溶剤を主な原料とした2液形の塗料で，長期間の暴露に耐えるとともに，コンクリートにひび割れを生じた場合にもひび割れに追従するものである。
成分	混合塗料中の加熱残分（質量分率％）	50以上
塗料性状	容器の中での状態	かき混ぜたとき，堅い塊がなくて一様になる。
	混　合　性	均等に混合する。
塗装作業性	乾燥時間（h）	8以下
	ポットライフ	5時間で使用できる。
塗膜性能	塗膜の外観	正常である。
	隠ぺい率（％）	90以上
	伸び率（％）	4以上。
	耐屈曲性（円筒形マンドレル法）	7日間放置した後，直径8mmの折り曲げに耐える。
	促進耐候性	照射時間300時間で塗膜に，割れ，はがれ及び膨れがなく，色差（ΔE）は3以内で，さらに白亜化の等級が1又は0であって，かつ光沢保持率が90％以上。
備考		試験方法は**付Ⅱ-3.**，**付Ⅱ-4.**及びJIS K 5600の試験方法による。なお，上記品質は淡彩色に適用する。使用に当たっては鉛・クロムフリーのものを使用することが望ましい。

付Ⅱ-5. 塗装に関する新技術

ここでは,近年利用される塗装にかかわる新技術のうち,有用と考えられる環境に配慮した塗料などの新規塗料や塗装技術について事例を紹介する。

(1) 環境に優しい塗装系

地球環境への影響を考慮して,大気汚染の主要な原因物質の一つとされる VOC (揮発性有機化合物) の排出量を少なくするため,無溶剤形塗料,低溶剤形塗料,水性塗料等の低 VOC 塗料が開発されている。

新設用 C-5 塗装系及び塗替え用 Rc-Ⅰ塗装系,Rc-Ⅲ塗装系に対して,水性塗料の適用により塗装系全体としての VOC 量を 70％程度以上削減した環境に優しい塗装仕様が開発された。ここに示す環境に優しい塗料系の仕様は,独立行政法人土木研究所と塗料メーカーとで実施された研究成果である[1]。なお,**付表-Ⅱ.5.1〜付表-Ⅱ.5.3** に環境に優しい塗装仕様の例を示す。

水性塗料は低温や高湿度環境では乾燥しにくく,また,厚膜になるとたれやすいことなど従来の溶剤形塗料とは性状が異なるため,適用にあたっては環境条件等を十分に考慮する必要がある。

付表−Ⅱ.5.1　環境に優しい塗装仕様の例（一般外面用の新設塗装系）
（スプレー塗装）（溶剤削減率約70％程度）

	塗装工程	塗料名	使用量 (g/m²)	目標膜厚 (μm)	塗装間隔
製鋼工場	素地調整	ブラスト処理　ISO Sa 2 1/2			4時間以内
	プライマー	無機ジンクリッチプライマー	160	(15)	6ヶ月以内
製作工場	2次素地調整	ブラスト処理　ISO Sa 2 1/2			4時間以内
	防食下地	無機ジンクリッチペイント	600	75	2日～10日
	ミストコート	水性エポキシ樹脂塗料下塗	160	−	1日～10日
	下塗	水性エポキシ樹脂塗料下塗	200	40	1日～10日
	下塗	水性エポキシ樹脂塗料下塗	200	40	1日～10日
	下塗	水性エポキシ樹脂塗料下塗	200	40	1日～10日
	中塗	水性ふっ素樹脂塗料用中塗	170	30	1日～10日
	上塗	水性ふっ素樹脂塗料上塗	140	25	

付表−Ⅱ.5.2　環境に優しい塗装仕様の例（一般外面用の塗替塗装系）
（素地調整程度1種，スプレー塗装）（溶剤削減率約90％程度）

	塗装工程	塗料名	使用量 (g/m²)	目標膜厚 (μm)	塗装間隔
現場	素地調整	1種			4時間以内
	防食下地	水性有機ジンクリッチペイント	300	37.5	1日～10日
	防食下地	水性有機ジンクリッチペイント	300	37.5	1日～10日
	下塗	水性エポキシ樹脂塗料下塗	200	40	1日～10日
	下塗	水性エポキシ樹脂塗料下塗	200	40	1日～10日
	下塗	水性エポキシ樹脂塗料下塗	200	40	1日～10日
	中塗	水性ふっ素樹脂塗料用中塗	170	30	1日～10日
	上塗	水性ふっ素樹脂塗料上塗	140	25	

付表−II.5.3 環境に優しい塗装仕様の例（一般外面用の塗替塗装系）

（素地調整程度3種, はけ・ローラー塗装）（溶剤削減率約90％程度）

塗装工程		塗料名	使用量 (g/m²)	目標膜厚 (μm)	塗装間隔
現場	素地調整	3種			4時間以内
	下塗	水性エポキシ樹脂塗料下塗	180	(45)	1日〜10日
	下塗	水性エポキシ樹脂塗料下塗	180	(45)	1日〜10日
	下塗	水性エポキシ樹脂塗料下塗	180	(45)	1日〜10日
	下塗	水性エポキシ樹脂塗料下塗	180	(45)	1日〜10日
	中塗	水性ふっ素樹脂塗料用中塗	140	(30)	1日〜10日
	上塗	水性ふっ素樹脂塗料上塗	120	(25)	

(2) 新規塗料

(2)−1 省検査形膜厚制御塗料

　従来は塗膜厚検査のために，膜厚計を用いて測定していたが，省検査形膜厚制御塗料は塗装作業者や検査者が目視によって規定膜厚が確認できる塗料である。

　これによって，規定膜厚に達していない個所を目視で確認できることから，補修作業が著しく軽減され，膜厚計による検査も不要になる。さらに，塗膜欠陥が非常に少なくなり，結果的に塗膜の期待耐用年数が延びることになる。

　内面用は，従来は240μmを2回塗りで塗装することによって，膜厚の均一化を計っていたが，省検査形膜厚制御塗料を使用すると，1回塗りで規定膜厚が確保されたことが確認できるので240μmを1回塗りとすることもできる。

　付表−II.5.4に塗装仕様の例を示す。

付表-Ⅱ.5.4 省検査形膜厚制御塗料を使用した内面用塗装仕様の例

塗装工程		塗料名	使用量 (g/m²)	目標膜厚 (μm)	塗装間隔
製鋼工場	素地調整	ブラスト処理　ISO Sa 2 1/2			4時間以内
	プライマー	無機ジンクリッチプライマー	160	(15)	6ヶ月以内
製作工場	2次素地調整	動力工具処理　ISO St 3			
	第1層	省検査形膜厚制御エポキシ樹脂塗料内面用	720	240	4時間以内

＊使用量はスプレーの場合を示す。

(2) - 2　寒冷地用塗料

　冬期の低温時に塗替え工事を施工する場合，変性エポキシ樹脂塗料などの低温用塗料を適用しても5℃以下での施工は制限される。

　特に寒冷地においては従来の土木構造物用塗料では塗装できる期間が短く，低温時に塗装できる塗料の開発が待たれていた。このような要望下において，寒冷地変性エポキシ樹脂塗料や湿気硬化形ポリウレタン樹脂塗料などが開発された。寒冷地用塗料の特徴を以下に示す。エポキシ樹脂にジアルカノールアミンやポリエチレングリコール等を反応させ水酸基を持つエポキシポリオール樹脂とし，イソシアネートでの重合反応硬化や，アクリル酸とアミンのマイケル付加反応などによって低温領域で硬化が可能になる。また湿気硬化形ポリウレタン樹脂塗料は，樹脂の末端にイソシアネート基をもち大気中の水分により架橋反応を開始し，3次元網目構造を形成する。付表-Ⅱ.5.5～付表-Ⅱ.5.7に塗装仕様の例を示す。

付表-Ⅱ.5.5　寒冷地塗装仕様の例（エポキシ/ポリウレタン樹脂系）

補修塗	寒冷地用エポキシ樹脂塗料　下塗	50μm
下塗	寒冷地用エポキシ樹脂塗料　下塗	50μm×2回
中塗	寒冷地用ポリウレタン樹脂塗料用　中塗	30μm
上塗	寒冷地用ポリウレタン樹脂塗料　上塗	25μm

付表-Ⅱ.5.6　寒冷地塗装仕様の例（エポキシ／シリコン変性アクリル樹脂系）

補修塗	寒冷地用エポキシ樹脂塗料　下塗	50 μm
下塗	寒冷地用エポキシ樹脂塗料　下塗	50 μm×2回
中塗	寒冷地用シリコン変性アクリル樹脂塗料用　中塗	30 μm
上塗	寒冷地用シリコン変性アクリル樹脂塗料　上塗	25 μm

付表-Ⅱ.5.7　寒冷地塗装仕様の例（湿気硬化形ポリウレタン樹脂系）

補修塗	寒冷地用湿気硬化形ポリウレタン樹脂塗料　下塗	50 μm
下塗	寒冷地用湿気硬化形ポリウレタン樹脂塗料　下塗	50 μm×2回
中塗	寒冷地用湿気硬化形ポリウレタン樹脂塗料用　中塗	30 μm
上塗	寒冷地用湿気硬化形ポリウレタン樹脂塗料　上塗	25 μm

(2) －3　中塗・上塗兼用塗料

中塗・上塗兼用塗料は，上塗り塗料の厚膜化や表面技術の制御などによって中塗りを省略することが出来る塗料であるために工程短縮が可能になる。

1) 厚膜形ふっ素樹脂塗料上塗

ふっ素樹脂を主な成分とする主剤と硬化剤からなる2液形塗料である。顔料と溶剤の組成配合技術によって，構造粘性を高めた中塗り層を省くことができる。

塗膜性能は，従来のふっ素樹脂塗料仕様と同等であることから，耐水性，耐薬品性に優れて，特に耐候性は，従来のふっ素樹脂塗料と同様に優れている[2]。

2) 厚膜形シリコン変性エポキシ樹脂中塗・上塗兼用塗料

塗膜形成時にシリコン樹脂が表面に，エポキシ樹脂が下層に配向することによって，一つの塗料で中塗りと上塗りの機能を併せ持つ2液形塗料である。従来の中塗り，上塗り塗料に比べ，VOC（揮発性有機化合物）が少ないため，環境保全に対しても寄与できる。

塗膜性能は，従来のふっ素樹脂塗料仕様に匹敵する耐水性，耐薬品性，耐候性を有し，エポキシ樹脂に起因する防食性も有している[2]。

付表-Ⅱ.5.8～付表-Ⅱ.5.9に塗装仕様の例を示す。

付表-Ⅱ.5.8 中塗・上塗兼用塗料を使用した新設一般外面の塗装仕様の例

	塗装工程	塗料名	使用量 (g/m^2)	目標膜厚 (μm)	塗装間隔
製鋼工場	素地調整	ブラスト処理　ISO Sa 2 1/2			4時間以内
	プライマー	無機ジンクリッチプライマー	160	(15)	6ヶ月以内
製作工場	2次素地調整	ブラスト処理　ISO Sa 2 1/2			4時間以内
	防食下地	無機ジンクリッチペイント	600	75	2日～10日
	ミストコート	エポキシ樹脂塗料下塗	160	—	1日～10日
	下塗	エポキシ樹脂塗料下塗	540	120	1日～10日
	中塗・上塗兼用	中塗・上塗兼用塗料	＊	55	1日～10日

＊使用量はメーカーの指示する量とする。使用量はスプレーの場合を示す。

付表-Ⅱ.5.9 中塗・上塗兼用塗料を使用した塗替え一般外面の塗装仕様の例

塗装工程	塗料名	使用量 (g/m^2)	塗装間隔
素地調整	3種		4時間以内
下塗	弱溶剤形変性エポキシ樹脂塗料下塗（鋼材露出部のみ）	(200)	1日～10日
下塗	弱溶剤形変性エポキシ樹脂塗料下塗	200	1日～10日
下塗	弱溶剤形変性エポキシ樹脂塗料下塗	200	1日～10日
中塗・上塗兼用	弱溶剤中塗・上塗兼用塗料	＊	1日～10日

＊使用量はメーカーの指示する量とする。使用量ははけ，ローラーの場合を示す。

(2) - 4 高耐久性ふっ素樹脂塗料

ふっ素樹脂塗料は，ウレタン樹脂塗料に比べ耐候性がよく，劣化しにくいことから，本州四国連絡橋では1998年（平成10年）に供用開始した明石海峡大橋（**写真－Ⅱ.1.2**）以降の海峡部橋の新設塗装及び塗替え塗装において上塗り塗料として採用している。

このふっ素樹脂塗料の色調は主にライトグレーであるため，その中には白色顔料の酸化チタンが使用されているが，光触媒作用によるものと推測される樹脂分解による光沢度低下が確認された。このようなことから本州四国連絡高速道路株式会社では，現行の塗色を前提として塗料メーカーからの提案を基に現行のふっ素樹脂塗料よりも耐候性に優れる高耐久性ふっ素樹脂塗料を開発した。また，瀬戸大橋で行った実橋試験塗装，宮古島及び大鳴門橋暴露試験場における暴露試験結果を踏まえ，「高耐久性ふっ素樹脂塗料上塗（暫定）」の塗料規格を制定した[3]。その主な内容を**付表－Ⅱ.5.10**に示す。

付表－Ⅱ.5.10 高耐久性ふっ素樹脂塗料上塗の主な品質（暫定）

項目	品質
色相	白（淡彩色）
60度鏡面光沢度	75以上
屋外暴露耐候性	塗膜に膨れ・はがれ・割れがなく，光沢保持率は，（財）日本ウエザリングテストセンター宮古島試験場での光沢保持率が，暴露期間3年で50％以上及び色の変化の程度が見本品に比べて大きくないこと。
ふっ素の検出	ふっ素が存在すること。

(3) その他の新技術

(3) - 1 環境対応の現場塗膜除去技術：環境対応形塗膜剥離剤

一般塗装系で塗装された鋼道路橋を重防食塗装系へ移行するためには，現在塗装されている旧塗膜を完全に除去するために素地調整程度2種以上を適用する必要がある。一般塗装系旧塗膜には，鉛化合物，六価クロム化合物，PCB等の有害な物質が含まれていることがあるため，これらを飛散なく，さらには産業廃棄物量を必要以上に増やすことなく，かつ安全に塗膜除去作業ができる技術が開発さ

れている。

　その技術の一つとして，環境対応形塗膜はく離剤による現場塗膜除去がある。環境対応形塗膜剥離剤は，塗膜を溶解して除去する従来の塗膜剥離剤とは異なり，塗膜をシート状に軟化させるため除去塗膜の回収が容易で，高級アルコールを主成分とするため毒性及び皮膚刺激性が従来の塗膜剥離剤より低い。また，ブラストや電動工具による除去工法と異なり，塗膜ダストや騒音がほとんど発生しないのが特徴である。

　環境対応形塗膜剥離剤は，塗膜に剥離剤成分を浸透させることによって剥離させることから，既存塗膜の膜厚が大きい場合，塗付時及び塗膜浸透時の気温が低い場合，さらに浸透時間が短い場合には塗膜剥離がし難いことがあるので，対象とする橋の塗膜で事前に試験して浸透条件を把握することがよい。

　なお，さびや黒皮，長ばく形エッチングプライマーのような鋼材と化学的に反応している塗膜などは除去できないため，必要に応じて別途除去方法を検討する。

　また，環境対応形塗膜剥離剤は，アルコール系高沸点溶剤を主成分とし指定可燃物可燃性固体類などに分類され，取り扱いは塗料と同様の配慮が必要である。

(3) － 2　環境対応の現場塗膜除去技術：クローズド超高圧水洗い塗膜剥離システム

　塗替え工事において，旧塗膜を剥がし，より耐久性の高い塗料へと塗替える場合が多くなってきたが，塗料の性能を十分発揮させるためには塗装前の素地調整が極めて重要であり，塗替え塗装での1種ケレンの必要性が高まっている。

　その技術の一つとして，クローズド超高圧水洗い塗膜剥離システムがある。このシステムは壁面を自動走行できる剥離ロボットによって，超高圧水で塗膜を剥離する。剥離濁水を処理し濁水中の塗膜粉を分離回収する事で，一般排水として排出できる水を得ると共に産業廃棄物量を大幅に削減した。また壁面走行ロボットと組み合わせる事で，剥離濁水の完全回収，剥離工事騒音の大幅な低減，外部への水の飛散防止及び仮設足場費用の低減が可能となった。しかし，設備が大きくなるため対象物が限られ，また平面以外の箇所，狭あい部には適用できないなどの問題が残されている。

(3) - 3　環境対応の現場塗膜除去技術：ブラスト面形成動力工具

塗替え工事において，桁端部等の局部的に腐食損傷が激しい箇所は，ディスクサンダーなどの動力工具を用いて素地調整程度2種の調整を行い，さび等を除去して局部塗替えを行っている。しかし，ディスクサンダーなどの動力工具では，局部的に発生した凹凸部のさびを完全に除去することは難しい。そのため，塗替え塗装を実施しても，本来の持っている塗膜の耐久性を十分に発揮できないことが多々ある。

このようなことに対して，ディスクサンダーなどの動力工具に変わり，これらの問題を解決できる有効手段としてブラスト面形成動力工具がある。この動力工具は，回転運動している特殊硬質ブラシが加速棒を介して衝撃運動に変わり，ブラシ先端が鋼材面を叩きつけることによって，ブラストに似た清浄面やアンカープロフィールを形成でき，素地調整程度1種相当を得ることができる。

作業効率があまり良くないことから，大面積の素地調整には向かないものの，小面積や狭あい部において，ディスクサンダーなどの動力工具では得ることのできない高い素地調整品質が得られることよって，本来持っている塗膜の耐久性能を十分に発揮させることができるので参考にするのがよい。

(3) - 4　エアーアシスト方式静電スプレー塗装

塗替え工事において，ライフサイクルコストの低減の観点から，高品位な塗膜を得るために，エアレススプレー塗装による塗装仕様（Rc-Ⅰ）が設定された。ただし，都市部などではアレススプレー塗装によって発生する塗料ミストの周辺環境への飛散の問題等があり，はけ・ローラー塗装時よりも飛散対策はより重要となる。

その技術の一つとして，エアーアシスト方式静電スプレー塗装は，エアレススプレーに補助エアーを加えたエアラップ静電塗装方式で，風に流されず，被塗物に良く付着する大きさの塗料の微細粒子（スプレーミスト）を生み出し，補助エアーの流れに包んで吹付けると共に，静電気力を利用してスプレーミストの飛散を抑えつつ高い塗着効率と良好な仕上り，また作業環境の改善を達成する塗装方法である。

エアーアシスト方式静電スプレー塗装は，高い塗着効率（風速3mで塗着効率80％以上）を達成でき，通常のエアレススプレー塗料の使用量よりも少なくすることができる。また，浮遊ミストがほとんど発生しないため，安全で衛生的な塗装環境が確保できる。さらに，導電性飛散防護メッシュシートを併用することにより，風に流されるスプレーミストの作業現場外への飛散を防ぐことが出来る。

　ただし，エアーアシスト方式静電スプレー塗装は，静電塗装を基本としているため，電気伝導度の高いジンクリッチペイントには適用できないので，注意が必要である。

付Ⅱ-6. 塗膜欠陥写真

(1) 塗装時の塗膜欠陥
一般的な塗装時の塗膜欠陥について，以下に示す。

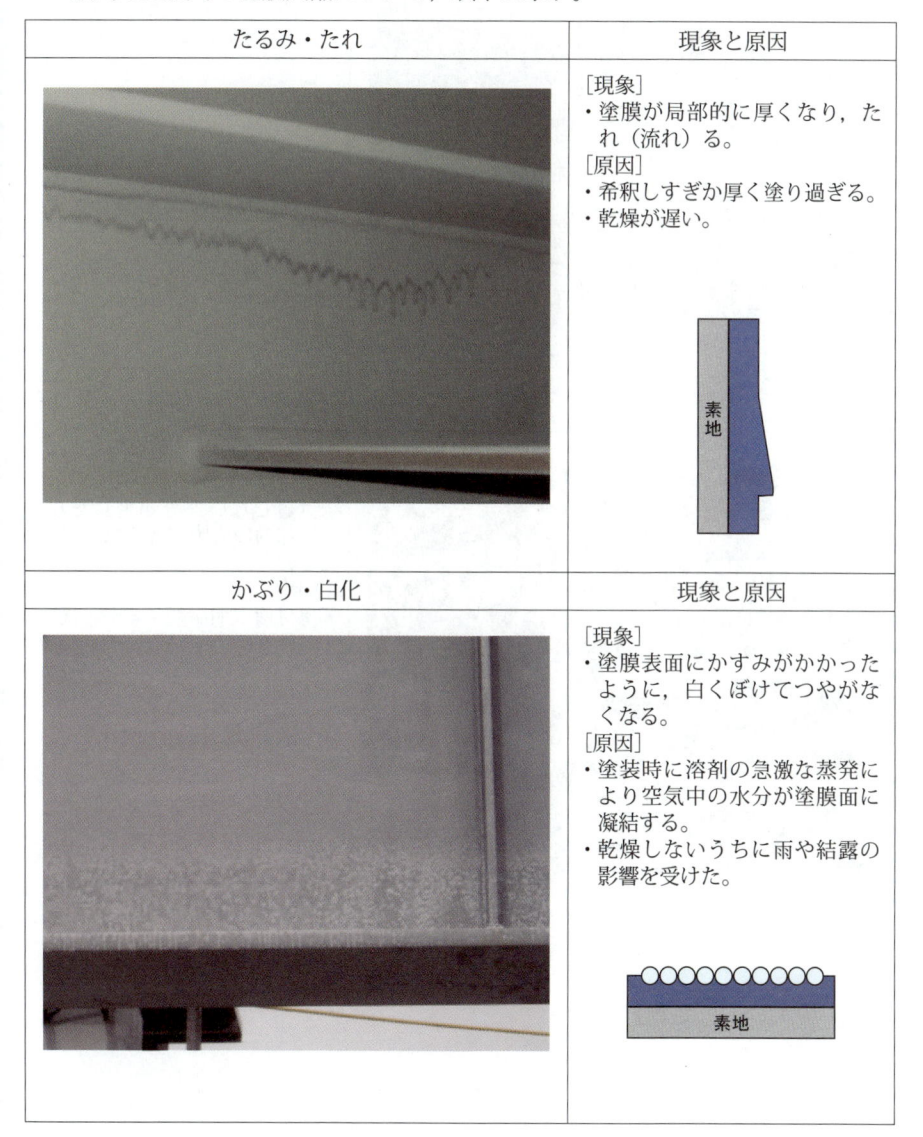

たるみ・たれ	現象と原因
	[現象] ・塗膜が局部的に厚くなり，たれ（流れ）る。 [原因] ・希釈しすぎか厚く塗り過ぎる。 ・乾燥が遅い。

かぶり・白化	現象と原因
	[現象] ・塗膜表面にかすみがかかったように，白くぼけてつやがなくなる。 [原因] ・塗装時に溶剤の急激な蒸発により空気中の水分が塗膜面に凝結する。 ・乾燥しないうちに雨や結露の影響を受けた。

しわ	現象と原因
	[現象] ・塗膜を持ち上げたような激しいしわ。 [原因] ・塗膜の表面層と内部の乾燥速度のひずみによって起きる。 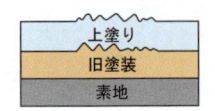 上塗り 旧塗装 素地
はじき	現象と原因
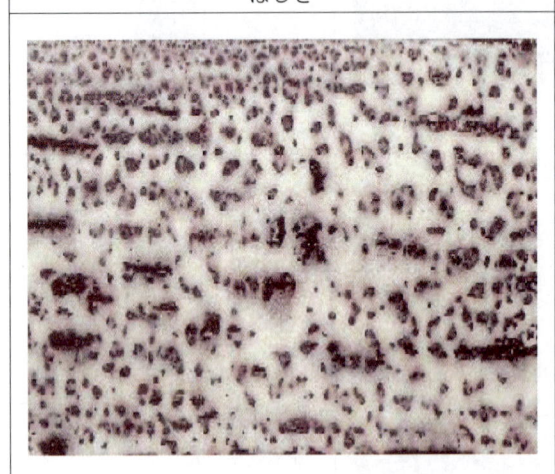	[現象] ・塗付面に塗料がなじまないで，付着しない部分が生じたり，局部的に塗膜が薄くなっている。 [原因] ・塗付面に油脂類や水分，異物が付着している場合。 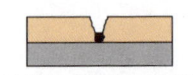 はじき（素地からの現象）  凹み（塗膜層内の現象）

にじみ	現象と原因
元色　　　　　にじみ	[現象] ・塗り重ねの時，下塗り塗料が上塗りに浸透して色相が変わる。 [原因] ・下塗り塗膜を上塗りの溶剤が浸し，下塗りの塗膜の色が上ににじみ出る。 ・有色樹脂やタール分の上塗り塗膜への移行。 新／旧／素地 ▲上塗り直後　⇩経過　▼経過 新／旧／素地
ピンホール	現象と原因
	[現象] ・塗膜に針の跡のような細かい穴があいている。 [原因] ・スプレーで厚塗りする時空気を巻き込み，乾燥途中で放出するため気孔をつくる。 ・無機ジンクリッチペイントに対するミストコート不良。 ピンホール　　泡 素地

まだら・むら	現象と原因
	[現象] ・色や光沢がむらになる。 [原因] ・膜厚が不均一。 ・清掃不良による吸い込み。 ・塗料のかくはん不足。

透け	現象と原因
	[現象] ・下地の色が透けて見える。（隠ぺい力不足） [原因] ・顔料濃度が不足しているか，膜厚が不足している。 ・希釈のし過ぎ。 ・下地との色の差が大きい。 ▲顔料濃度不足 膜厚不足▼

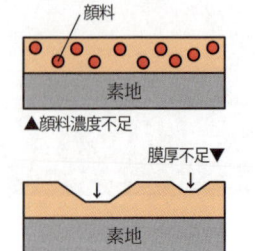

(2) 経年的な塗膜劣化

塗膜には橋の架橋環境や塗装系によって、時間の経過とともに様々な塗膜劣化現象が見られる。ここでは、主に一般塗装系に発生する塗膜変状と、主に重防食塗装系に発生する塗膜変状に分類して以下に示す。

1) 主に一般塗装系に発生する塗膜変状

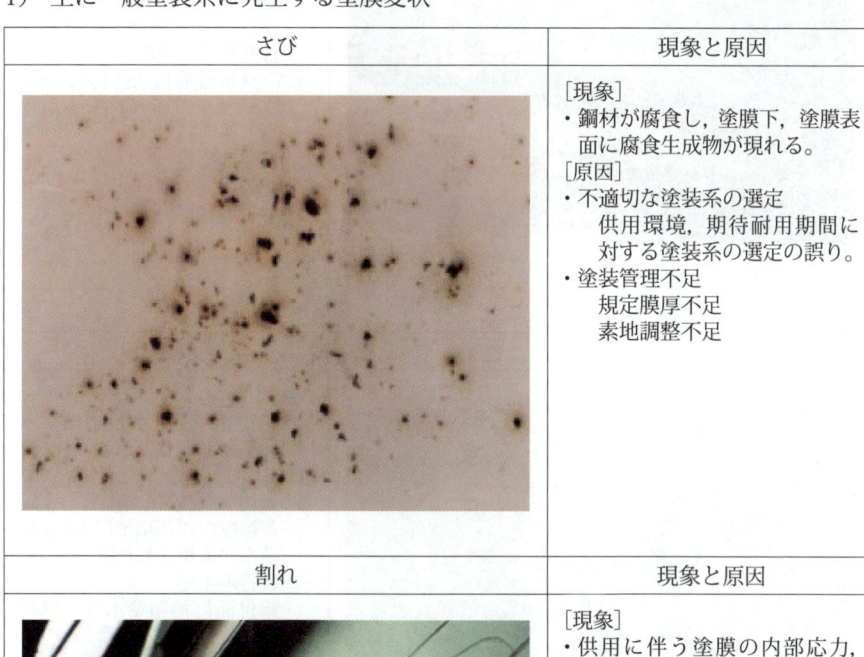

さび	現象と原因
	[現象] ・鋼材が腐食し、塗膜下、塗膜表面に腐食生成物が現れる。 [原因] ・不適切な塗装系の選定 　供用環境、期待耐用期間に対する塗装系の選定の誤り。 ・塗装管理不足 　規定膜厚不足 　素地調整不足

割れ	現象と原因
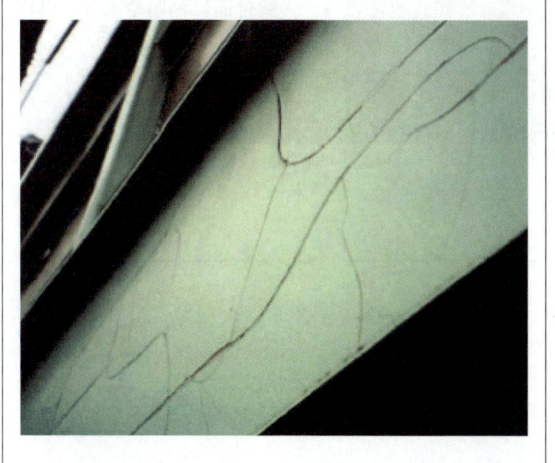	[現象] ・供用に伴う塗膜の内部応力、ひずみの増加によって塗膜に亀裂が入る。 [原因] ・塗替え塗装系の選定の誤り 　旧塗膜B,b塗装系へのc塗装系の場合に生じることがある。

はがれ	現象と原因
	[現象] ・鋼板と塗膜の間，塗膜と塗膜の層間で塗膜がまくり上がり剥離する。 [原因] ・不適切な塗装系の選定 　ジンクリッチプライマー～油性錆止め塗料～フタル酸樹指系塗料 or ジンクリッチプライマー～塩化ゴム系塗料 ・塗装管理不足 　塗装間隔のオーバー 　付着塩分量のオーバー
膨れ	現象と原因
	[現象] ・水の浸透圧や腐食反応によって，塗膜が膨れ上がる。 [原因] ・不適切な塗装系の選定 　高湿度の供用環境に A, a 塗装系が適用された場合。 ・塗装管理不足 　塗付面に油脂や水分，異物が付着している場合。 　降雨で塗装した場合。

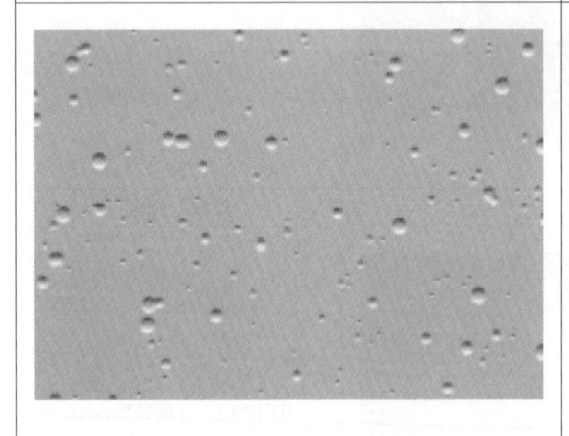

2) 主に重防食塗装系に発生する塗膜変状

光沢低下	現象と原因
	[現象] ・塗膜表面が劣化し，塗膜表面の光の反射率が低下すること。（つやがなくなること。） [原因] ・不適切な塗装系の選定 　供用環境，期待耐用期間に対する塗装系，上塗塗料の選定の誤り。 　環境の厳しい地域へのA, a塗装系の適用。
白亜化（チョーキング）	現象と原因
	[現象] ・塗膜が劣化し，塗膜表面が粉化すること。 [原因] ・不適切な塗装系の選定 　供用環境，期待耐用期間に対する塗装系，上塗塗料の選定の誤り。 　環境の厳しい地域へのA, a塗装系の適用。

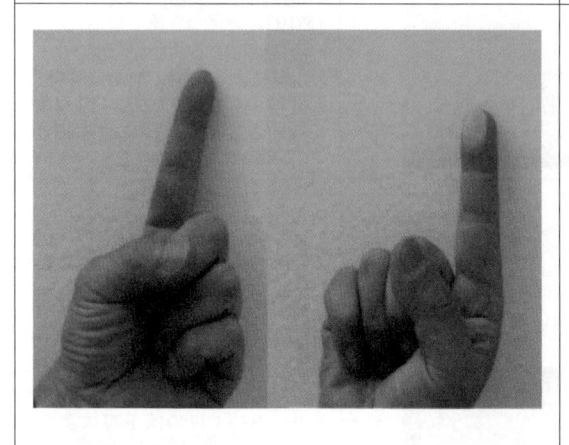

変退色	現象と原因
	[現象] ・併用によって塗膜の色が変わること。(塗色によって大きく異なる)。 [原因] ・不適切な顔料・塗装系の選定 ・併用環境。期待耐用期間に対する塗装系，色相・上塗塗料の選定の誤り。
塗膜の消耗	現象と原因
	[現象] ・経時で塗膜が消耗する現象。重防食塗装系の標準的な塗膜の劣化形態。 ・写真は上塗り塗膜・中塗り塗膜が消耗して一部下塗り塗膜が露出している。 [原因] ・紫外線による樹脂の分解。 ・水分による樹脂の加水分解。 ・塗料中の酸化チタン(白々顔料)の光触媒作用による樹脂の分解。
孔食型腐食	現象と原因
	[現象] ・局部的にさびが進行する現象。孔状の腐食形態を示す。 ・孔食が生じた部分以外の塗膜は，健全な状態を保っている。 ・特に，腐食環境の厳しい箇所で，重防食塗装系の塗膜に見られることがある。 [原因] ・当て傷や工具の落下等による，塗膜の物理的欠陥が起点となる。 ・重防食塗装系では，防食下地の効果により鋼材表面の腐食が容易に横方向へ広がらず，深さ方向へ孔状に侵食していくものと考えられる。

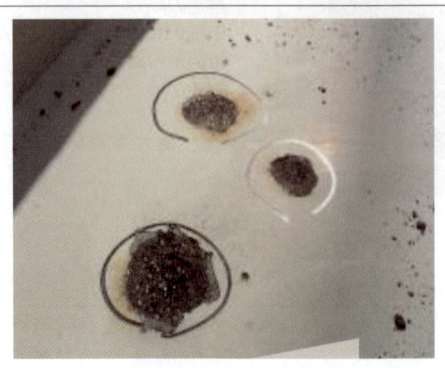

付Ⅱ-7. 一般塗装系の塗膜劣化程度の標準写真

(1) 塗膜劣化程度の標準写真の利用方法

1) 塗装劣化程度の標準写真は，鋼道路橋塗装の定期点検時に行うさびとはがれの程度の評価に適用する。
2) さびとはがれの評価は，橋に可能なかぎり近づき，部位別に標準写真と対比して行う。
3) さびは，フランジ下面，腹板，添接部及び支承などの部位別に，それぞれ4段階に分類した標準写真と対比して評価する。
 さびの標準写真を部位別に，**付写-Ⅱ.7.1～付写-Ⅱ.7.4**に示す。
4) はがれは，4段階に分類した標準写真と対比して評価する。
 はがれの標準写真を**付写-Ⅱ.7.5**に示す。
5) 塗膜の劣化程度の4段階評価は次のように行う。
 評価1：健全
 評価2：ほぼ健全
 評価3：劣化している
 評価4：劣化が著しい
6) 塗替え時期の判定は，部位別のさびとはがれの評価結果から橋全体の塗膜劣化程度を評価して行う。

(2) 塗膜劣化程度の標準写真
1) さび
① Ⅰ桁下フランジ下面（**付写－Ⅱ.7.1**）

評価1

評価2（角部に部分的にさびが見られる。ここでのさびの発生割合約0.4％）

評価3（部分的にさびが見られる。ここでのさびの発生割合約6％）

評価4（全体的にさびが見られる。ここでのさびの発生割合約57％）

② Ⅰ桁腹板（**付写－Ⅱ.7.2**）

評価1

評価2（部分的に点状のさびが見られる。ここでのさびの発生割合約0.1％）

評価3（部分的にさびが見られる。ここでのさびの発生割合約4％）

評価4（全体的にさびが見られる。ここでのさびの発生割合約52％）

③　Ⅰ桁添接部（**付写－Ⅱ.7.3**）

評価1

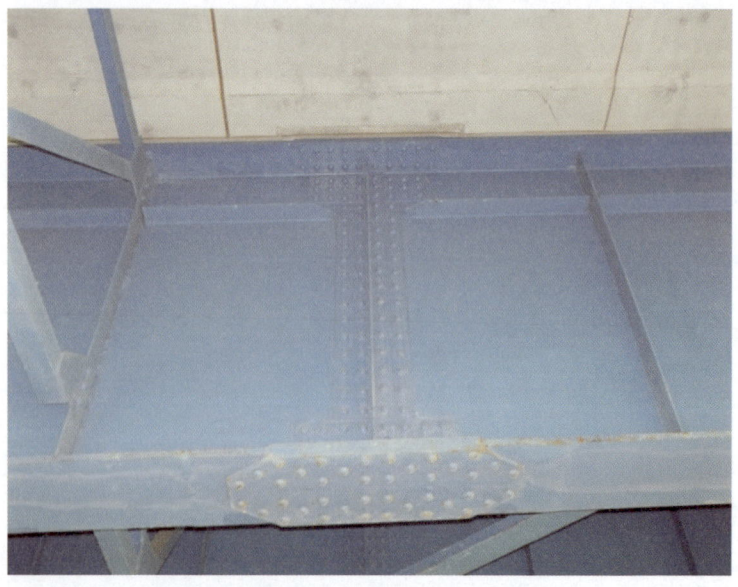

評価2（ボルト頭部等に部分的にさびが見られる。ここでのさびの発生割合約0.4％）

評価3（部分的にさびが見られる。ここでのさびの発生割合約7%）

評価4（全体的にさびが見られる。ここでのさびの発生割合約29%）

④ I桁支承（**付写-Ⅱ.7.4**）

評価1

評価2（部分的に点状のさびが見られる。ここでのさびの発生割合約0.4%）

評価3（部分的にさびが見られる。ここでのさびの発生割合約3％）

評価4（全体的にさびが見られる。ここでのさびの発生割合約35％）

2) はがれ（**付写-Ⅱ.7.5**）

評価1

評価2（部分的に点状のはがれが見られる。ここでのはがれの発生割合約2%）

評価3（部分的にはがれが見られる。ここでのはがれの発生割合約7％）

評価4（全体的にはがれが見られる。ここでのはがれの発生割合約65％）

付Ⅱ-8. 制限色の例

付図-Ⅱ.8.1に示されるような隠ぺい性の劣る有機顔料を用いなければならない塗装色は，適用しないことが望ましい。

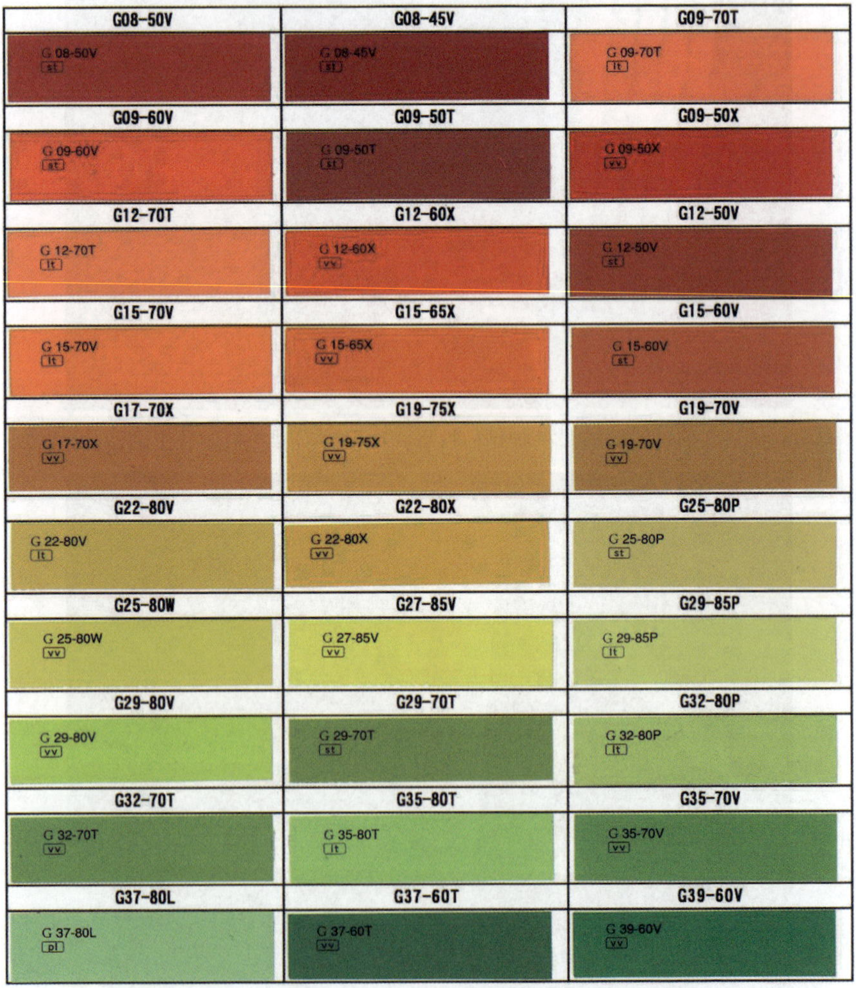

G08-50V	G08-45V	G09-70T
G 08-50V [st]	G 08-45V [st]	G 09-70T [lt]
G09-60V	**G09-50T**	**G09-50X**
G 09-60V [st]	G 09-50T [st]	G 09-50X [vv]
G12-70T	**G12-60X**	**G12-50V**
G 12-70T [lt]	G 12-60X [vv]	G 12-50V [st]
G15-70V	**G15-65X**	**G15-60V**
G 15-70V [lt]	G 15-65X [vv]	G 15-60V [st]
G17-70X	**G19-75X**	**G19-70V**
G 17-70X [vv]	G 19-75X [vv]	G 19-70V [vv]
G22-80V	**G22-80X**	**G25-80P**
G 22-80V [lt]	G 22-80X [vv]	G 25-80P [st]
G25-80W	**G27-85V**	**G29-85P**
G 25-80W [vv]	G 27-85V [vv]	G 29-85P [lt]
G29-80V	**G29-70T**	**G32-80P**
G 29-80V [vv]	G 29-70T [st]	G 32-80P [lt]
G32-70T	**G35-80T**	**G35-70V**
G 32-70T [vv]	G 35-80T [lt]	G 35-70V [vv]
G37-80L	**G37-60T**	**G39-60V**
G 37-80L [pl]	G 37-60T [vv]	G 39-60V [vv]

(社団法人 日本塗料工業会塗料用標準色 2013年G版)

付図-Ⅱ.8.1 制限色の例

【参考文献】

1) 独立行政法人土木研究所ほか：鋼構造物塗装の VOC（発性有機化合物）削減に関する共同研究報告書，共同研究報告書第 411 号，2010.12
2) 守屋進，浜村寿弘，後藤宏明，藤城正樹，内藤義巳，山本基弘，齋藤誠：鋼道路橋重防食塗装系の性能評価に関する研究，土木学会論文集 E Vol.66, No.3, pp.221-230, 2010.7
3) 栗野純孝，矢野賢晃，籠池利弘：高耐久性ふっ素樹脂塗料上塗（暫定）規格の制定，本四技報 Vol.36, No.117, pp.2-7, 2011.9

第Ⅲ編　耐候性鋼材編

第Ⅲ編　耐候性鋼材編

目　次

第1章　総論 …………………………………………………………… Ⅲ-1

1.1　一般 ………………………………………………………………… Ⅲ-1
1.2　適用の範囲 ………………………………………………………… Ⅲ-4
1.3　用語 ………………………………………………………………… Ⅲ-4

第2章　防食設計 ……………………………………………………… Ⅲ-5

2.1　防食設計の考え方 ………………………………………………… Ⅲ-5
　2.1.1　防食の原理 …………………………………………………… Ⅲ-5
　2.1.2　防食設計の考え方 …………………………………………… Ⅲ-11
2.2　防食設計 …………………………………………………………… Ⅲ-14
　2.2.1　適用環境 ……………………………………………………… Ⅲ-15
　2.2.2　使用材料 ……………………………………………………… Ⅲ-20
　2.2.3　防食仕様 ……………………………………………………… Ⅲ-24
　2.2.4　景観への配慮 ………………………………………………… Ⅲ-27

第3章　構造設計上の留意点 ………………………………………… Ⅲ-29

3.1　一般 ………………………………………………………………… Ⅲ-29
3.2　構造設計上の留意点 ……………………………………………… Ⅲ-30
3.3　細部構造の留意点 ………………………………………………… Ⅲ-33
　3.3.1　細部構造の形状 ……………………………………………… Ⅲ-33
　3.3.2　部分塗装 ……………………………………………………… Ⅲ-36

第4章　製作・施工上の留意点 ……………………………………… Ⅲ-39

4.1　一般 ………………………………………………………………… Ⅲ-39
4.2　製作時の留意点 …………………………………………………… Ⅲ-39
4.3　輸送・架設時の留意点 …………………………………………… Ⅲ-40

第5章　防食の施工 ……………………………………………………… Ⅲ-43

5.1　一般 ………………………………………………………………… Ⅲ-43
5.2　施工 ………………………………………………………………… Ⅲ-43
5.3　施工管理 …………………………………………………………… Ⅲ-45
5.4　防食の記録 ………………………………………………………… Ⅲ-46

第6章　維持管理 ………………………………………………………… Ⅲ-47

6.1　一般 ………………………………………………………………… Ⅲ-47
6.2　さびの状態と評価手法 …………………………………………… Ⅲ-49
6.3　点検 ………………………………………………………………… Ⅲ-56
6.4　評価 ………………………………………………………………… Ⅲ-59
6.5　維持・補修 ………………………………………………………… Ⅲ-61
6.6　維持管理記録 ……………………………………………………… Ⅲ-63

付属資料 …………………………………………………………………… Ⅲ-68

付Ⅲ-1.　ニッケル系高耐候性鋼材 ……………………………………… Ⅲ-69
付Ⅲ-2.　耐候性高力ボルト ……………………………………………… Ⅲ-70
付Ⅲ-3.　飛来塩分量測定方法 …………………………………………… Ⅲ-71
付Ⅲ-4.　鋼材表面付着塩分計測法 ……………………………………… Ⅲ-73
付Ⅲ-5.　さび厚計測法 …………………………………………………… Ⅲ-74

付Ⅲ-6. 板厚計測法 …………………………………………………… Ⅲ-76
付Ⅲ-7. X線回折法で同定されるさびの組成と性質 …………………… Ⅲ-78

第1章 総論

1.1 一般

　無塗装で使用できる耐候性鋼橋は，我が国では昭和40年代から使用が始まった。当初は日本の気象条件に対する耐候性鋼材の適用性について十分な知見がなく，試行錯誤的に適用されてきたのが実状である。その時代の代表的な橋として，知多二号橋[1] 1967年（昭和42年），第一両国橋[2] 1969年（昭和44年），くろがね橋1973年（昭和48年）が挙げられる。これらの橋に適用された耐候性鋼材の状態は良好で緻密なさび層も形成され，現在まで無塗装のまま使用されている。

知多二号橋の現況（2013.8撮影 46年経過時） 　　第一両国橋の現況（2013.7撮影 44年経過時）

くろがね橋の現況（2013.8撮影 40年経過時）
写真-Ⅲ.1.1　耐候性鋼材を適用した初期の橋

　昭和50年代に入り，社会資本の整備拡充とともに，初期建設費の縮減と維持管理の軽減への期待から耐候性鋼橋の需要が増え始めた。
　そのような時代背景を受け，耐候性鋼橋の適用可能な環境条件や設計・施工お

よび維持管理について留意すべき事項を明らかにするため，旧建設省土木研究所，旧（社）鋼材倶楽部，（社）日本橋梁建設協会の三者による「耐候性鋼材の橋梁への適用に関する共同研究」（以下，「三者共同研究」という。）が，昭和 56 年度から 11 年間にわたって実施された。ここでの長期間にわたる全国暴露試験[3]を含む各種検討結果に基づき，「無塗装耐候性橋梁の設計・施工要領（改訂案）」（以下，「設計・施工要領」という。）が 1993 年（平成 5 年）に発行された[4]。

その後，道示 II 鋼橋編[5]では，耐久性の検討に関して新たな章が設けられ，その中で鋼道路橋の防食法の一つとして挙げられることとなった。

構造材に使用される耐候性鋼材の JIS 規格については，JIS G 3114 溶接構造用耐候性熱間圧延鋼材が 1969 年（昭和 44 年）に制定された。1983 年（昭和 58 年）には同 JIS が改訂され，塗装用（SMA-P）と無塗装用（SMA-W）の鋼種がそれぞれ規定された。道路橋示方書では昭和 47 年版に JIS G 3114 の SMA41，SMA50，SMA58 の 3 鋼種が使用材料として取り入れられた。その後，道路橋における使用状況を踏まえ，道路橋示方書平成 2 年版では無塗装用（SMA-W）のみが使用鋼材として規定された。さらに，2008 年（平成 20 年）には JIS G 3140 橋梁用高降伏点鋼板が制定された。一方，従来の耐候性鋼材の防食性能を向上させる目的でニッケルを多く含むニッケル系高耐候性鋼材が開発された。

ニッケル系高耐候性鋼材は，JIS に規定されている耐候性鋼材に比べ，塩分に対する耐食性を高めた[6]とされ，実橋への適用例もあるが，全ての地域で適用できるわけでなく，使用に際し架設地域固有の環境に加えて，構造部位，供用時の条件等を考慮した上で，適用環境を適切に評価して鋼材を選定する必要がある[7]。

図－III.1.1 に耐候性鋼橋の国内建設量の推移を示す．鋼橋建設量の中に占める耐候性鋼橋の比率は，導入初期からほぼ一貫して増加の傾向を示している。

このように耐候性鋼橋については，実橋での適用と並行しながら順次適用に関する考え方や規定が整備されてきたため，古い時代に建設された橋の中には現行の規定では適用が困難な厳しい腐食環境に設置されたものもある。このようなことから，それらの中には著しい腐食が発生した橋や，局所的な腐食環境改善を図るために工夫した細部構造が逆に環境悪化を招いた事例もある。

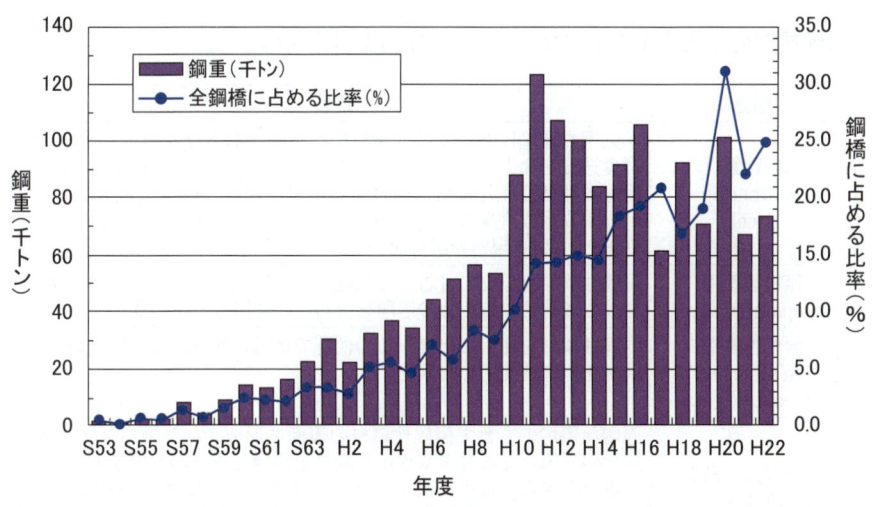

図−Ⅲ.1.1　耐候性鋼橋の国内建設量の推移

　一方，スパイクタイヤの使用が禁止されてから凍結防止剤の散布量が急増したため，その影響によって地理的な条件としては適用可能な条件で使用されている橋でも耐候性鋼材に新たな形態の腐食が発生する事例が現れてきている。今後も過去の腐食事例を適切に評価，学び，緻密なさび層が形成されずに著しい腐食状態となる状況の再発を防ぐよう，適用の考え方や規定などの見直しや整備を行う必要がある。

1.2 適用の範囲

この編は，耐候性鋼材を用いた鋼道路橋の防食設計に適用する。

1.3 用語

耐候性鋼材に関連する重要な，用語の定義を以下に示す。

用語	定義
耐候性鋼材 weathering steel	大気腐食環境において普通鋼材に比べ緻密なさびが形成しやすく，腐食速度をより低減する目的で開発された。JIS G 3114 溶接構造用耐候性熱間圧延鋼材に適合する耐候性鋼材（鋼種：SMA），ニッケル系高耐候性鋼材（付属資料）。この便覧では特に断りがない限り JIS G 3114 規格の鋼材をいう。
無塗装使用 unpainted use	耐候性鋼材を黒皮の付着した状態または黒皮を除去した状態で使用し，以後防せいのための処理を行わない使用方法をいう。
耐候性鋼橋 weathering steel bridges	耐候性鋼材を使用した橋。この便覧では特に断りがない限り耐候性鋼材を無塗装使用した橋をいう。
緻密なさび層 （保護性さび） protective rust	適切な環境のもとで耐候性鋼材の表面に形成される緻密なさび層。腐食の原因となる酵素や水から鋼材を保護しさびの進展を抑制する性質を有する。従来「安定さび」と呼ばれていたが，このさびが形成されることで腐食しないとの誤解を招くことから，最近では「緻密なさび層（保護性さび）」と変更された[8) 9)]。この便覧では，「緻密なさび層」としている。
層状剥離さび nonadherent layered rust	鋼材の表面から層を成して剥がれるさび（表－Ⅲ.6.2 に示す"外観評点" 1 のさび）。
耐候性鋼用表面処理 supplemental rust controlling surface treatment	緻密なさび層の形成を補助し，使用初期のさび汁の流出やむらを抑制するために開発された鋼材表面に被膜を塗布する処理。本処理について，過去「さび安定化処理」，「表面処理」などと呼ばれたり，最近では「さび安定化補助処理」と呼ぶことも提唱されたりしているが[8)]，当処理は鋼材中に添加された合金元素の作用を補助して腐食速度をより低減させるものである。この便覧では，腐食の進行を防止できるさびの層が形成されるとの誤解や広義の表面処理との混同を避けるとともに，防せい機能を持つ塗装との区別を明確にするためこのように定義した。なお，この処理に用いる塗布材料を「耐候性鋼用表面処理剤」と呼ぶ。
内面	箱桁や鋼製橋脚などの閉断面部材の内側の面
外面	内面以外の面

第2章　防食設計

2.1　防食設計の考え方

2.1.1　防食の原理
(1) 防食原理

　耐候性鋼材は，普通鋼材に適量の銅（Cu），リン（P），クロム（Cr）などの合金元素を添加することによって，鋼材表面に緻密なさび層（保護性さび）を形成させ，これが鋼材表面を保護することで以降のさびの進展が抑制され，腐食速度が普通鋼材に比べ低下することによって鋼材の腐食による板厚減少を抑制するものである[8]。

　したがって，耐候性鋼材の防食設計の基本は，鋼道路橋の架設環境や維持管理体制なども十分考慮して確実に緻密なさび層が形成されるように使用鋼材の選定や構造細部の検討を行う必要がある。

　なお，適当な環境条件下において特別な維持管理を要さない程度に腐食速度が十分低下していると判断できる状態であるとして「さび安定化」と呼ばれることもあったが，腐食の進行が完全に停止するわけではなく，望ましい環境条件下において，無塗装のままでも耐久性向上が期待できる程度にまで腐食速度が低下した状態になるものである。

　図－Ⅲ.2.1は，田園地帯に長期間暴露した耐候性鋼材と普通鋼材の，それぞれさび層断面の偏光顕微鏡写真とその模式図である[10]。耐候性鋼材では，地鉄の界面に連続して形成される内層さびと大気側の外層さびの2層構造となっている。このうち，内層となるX線回折法で同定できない超微細粒子で構成される緻密な非晶質さび（X線的非晶質さび），又は微細なオキシ水酸化鉄（α-FeOOH）等が環境遮断機能を有し，これらが腐食性物質の地鉄への到達を抑制することにより腐食速度が低下する[11]。耐候性鋼材では，これらの連続的に形成されるさび層を緻密なさび層と呼んでいる。X線回折法で同定されるさびの構成成分の特徴を**付表－Ⅲ.7.1**に示す。一方，普通鋼材のさび層は，X線的非晶質さびとマグネタイト（Fe_3O_4）とが混在して生成し，地鉄の界面を連続的に覆うものとならず，耐候

性鋼材で形成される緻密なさび層のような防食性はもたない。また，普通鋼材の内層さび中には微細なクラックが介在しやすく，それが時間の経過とともに層状の剥離しやすいさび（層状剥離さび）へと進展する引き金となることがある。

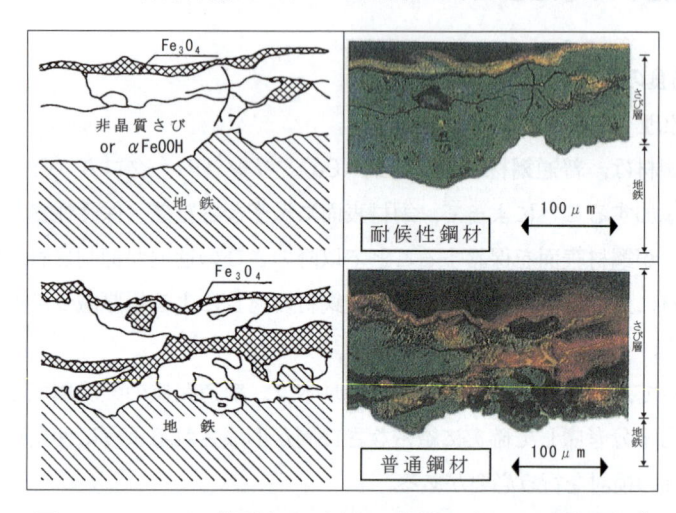

図－Ⅲ.2.1　さび層断面の偏光顕微鏡写真とその模式図 [8]

(2) 耐食性

耐候性鋼材は，適度に乾湿が繰り返され，かつ大気中の塩分量が少ない条件では緻密なさび層が生じる。しかしながら大気中の塩分量が多い環境や，鋼材表面に湿潤状態が継続するような環境条件では，期待された緻密なさび層は生成されず，著しい腐食や層状剥離さびが発生することとなる。

図－Ⅲ.2.2に，三者共同研究の暴露試験によって得られた暴露9年目までの板厚減少量データと，このデータで係数を決定した板厚減少量推定式（$Y = A \cdot X^B$）（X：暴露期間（年），Y：板厚減少量（mm），A及びBは腐食速度パラメータ）で推定した経年変化の一例を示す[4]。図中，試験片の板厚減少量が著しいケース(実線)は海塩粒子の影響を強く受ける環境に立地しており，層状剥離さびが生じた場合である。一方，他の2橋（破線）は塩分環境があまり厳しくない内陸に建設された橋である。塩分環境が厳しくない条件の試験片では緻密なさび層の生成によりさびの進展が徐々に抑制されていることがわかる。

なお，良好な環境に長期間暴露されて緻密なさび層が生成された耐候性鋼材で

あっても，環境条件等の変化によって塩分の多い環境にさらされるとさびの保護性が損なわれ，腐食速度が増加し始めることが報告されている[12]。

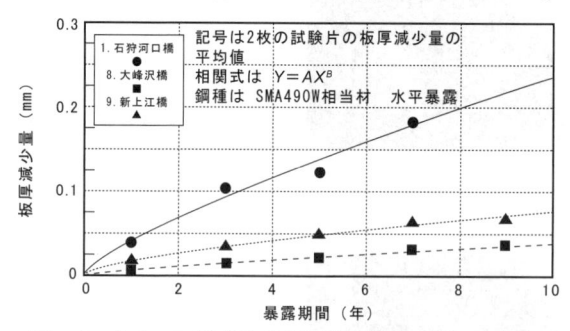

図－Ⅲ.2.2　平均板厚減少量の経年変化の例[4]

(3) 橋のさび外観

　耐候性鋼材は鋼材表面の腐食環境に応じてさびの状態が決定される。例えばⅠ桁橋の場合，外桁の外面とそれ以外の鋼材表面とでは降雨に洗われる機会の有無により，さびの状態が異なる（**写真－Ⅲ.2.1**）。また，鋼材表面の向きが水平の場合と垂直の場合とで濡れ時間や堆積物の影響に差異がある。このように，鋼橋の各部位によって様々な腐食環境となることから，それに伴って一つの橋においても部位によって様々な形態のさびや進行程度が異なるさびが混在している。

　写真－Ⅲ.2.2に塩分環境が比較的穏やかな条件下に建設された耐候性鋼橋の外観の経年変化の例を示す[13]。建設当初の時点ではさびむらが見られたが，年月の経過とともに均一な暗褐色へと変化している。

桁内側の状況 　　　外桁外側の状況

写真－Ⅲ.2.1　耐候性鋼橋の部位によるさび状態の相違
（Ⅰ桁部分が耐候性鋼材無塗装使用。建設後 35 年経過）

1982年（昭和57年）2月撮影
（竣工2ケ月後）

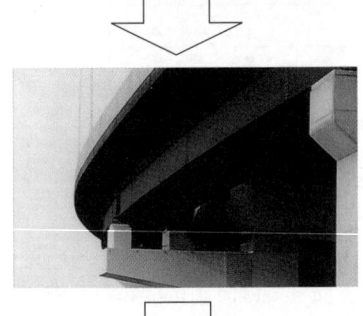

1983年（昭和58年）1月撮影
（1年1ケ月後）

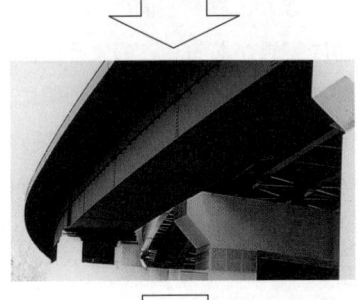

1999年（平成11年）1月撮影
（17年1ケ月後）

2011年（平成23年）6月撮影
（29年6ケ月後）

写真－Ⅲ.2.2　耐候性鋼橋のさび外観の経年変化[13]

(4) 層状剥離さび

　写真－Ⅲ.2.3 は海岸近くに建設された橋で層状剥離さびを生じた事例である。写真－Ⅲ.2.4 は凍結防止剤を散布する地域の橋において層状剥離さびの兆候（うろこ状さび）が見られる事例である。塩分や融雪剤以外にも桁端部などの湿潤状態が継続する部位や，漏水箇所では局所的に著しい腐食が生じた事例が報告されている。

　耐候性鋼橋に生じているさびとその橋の周辺環境や細部構造との因果関係については過去に多くの調査が行われている[14)][15)]。表－Ⅲ.2.1 は，実橋調査結果から抽出した，層状剥離さびを生じさせる原因例を列挙したものである[15)][16)]。

　　　外桁外側の状況　　　　　　桁内側状況：層状剥離さび発生
　写真－Ⅲ.2.3　飛来塩分量が非常に多い地点に建設した橋のさび状態
　　　　　　　（内桁部に著しい層状剥離さびが発生）

　写真－Ⅲ.2.4　凍結防止剤を含む路面排水の飛散を受けた橋のさび状態
　　　　　　　（下フランジにうろこ状さびが発生）

表−Ⅲ.2.1 耐候性鋼橋で層状剥離さびの外観及び発生箇所と原因例[15]

さび外観	発生箇所	主な発生原因
層状剥離さびが発生，または発生の兆候あり	全体的に	・架橋地点が海岸に近く，海からの飛来塩分の影響が大きいため。 ・橋全体に湿気が著しく滞留するため（河川や湖池に架かる橋で桁下空間が狭く，下方からの湿気供給が多く，かつ風通しが悪い場合）。
	局部的に	・床版水抜パイプなどの水仕舞いに不備あるいは伸縮装置や排水管の破損や老朽化による漏水，滞水が桁をぬらし，乾き難くなったため（特に凍結防止剤を含む漏水，滞水は層状剥離さび発生を助長する）。 ・桁端部などで地面や橋台コンクリート面が接近し，湿気が著しく滞留するため。 ・部材水平面の上面の堆積物が吸湿し，ぬれ時間が長くなったため。 ・凍結防止剤を多量に散布する地域において，上下線が分離並列する路線で相接する高位の車線桁の下フランジに低位の車線を走行する車両が巻き上げる凍結防止剤を含む路面水がかかるため。また，地山が接近した桁の下フランジに車道を走行する車両が巻き上げて霧状になった凍結防止剤を含む路面水が地山に沿って降りかかるため。

(5) さび汁

　耐候性鋼材は初期の段階（2～3年間）では，雨水等が降りかかる鋼材表面に鉄イオンが溶け込んださび汁が発生する。鋼部材に降りかかった雨水が一定の水みちを通って流れる場合や，降雨後の滴が一定の個所に集中して滴下する場合，それらのさび汁を含む流出水が桁下の構造物や橋台等の周辺施設を汚すことがある。**写真−Ⅲ.2.5** は橋脚を汚した例であり，**写真−Ⅲ.2.6** は下路アーチ橋である。このようにさび汁の落下によって汚れが美観上の問題として懸念される橋においては，さび汁を含む雨水の排水方法に配慮することが重要である。また，鋼材からのさび汁流出を抑制する方法として耐候性鋼用表面処理を施す事例もある。

写真−Ⅲ.2.5　さび汁による橋脚の汚れ

写真−Ⅲ.2.6　下路アーチ橋におけるさび汁による汚れ
　　　　　　（路面と高欄の汚れ）

2.1.2　防食設計の考え方

　耐候性鋼材は，緻密なさび層が板厚の減少を緩やかに抑えることにより防食をする鋼材であるので，設計で考慮する期間の板厚減少量を一定限度内に抑制することによって当該橋の耐久性を確保することができる。したがって，耐候性鋼橋の耐久性を満たすためには，架橋地点について耐候性鋼材が要求される防食性能を発揮できる環境条件であることを評価し，設計，製作，架設に対する配慮と適切な維持管理を行うことが重要である[17]。

　耐候性鋼橋が適用可能な環境条件や細部構造への配慮，点検時のさび観察の視点などについては，三者共同研究の結果等[18)19]を参考にするのがよい。図−Ⅲ.2.4は三者共同研究で暴露試験片を設置した41橋の所在地を示す。対象橋は全国各地方にて海岸近くから内陸まで各地が選定された。図−Ⅲ.2.5，写真−Ⅲ.2.7は本試験における標準的な暴露試験片の設置状況の例である。試験片は橋の建設地

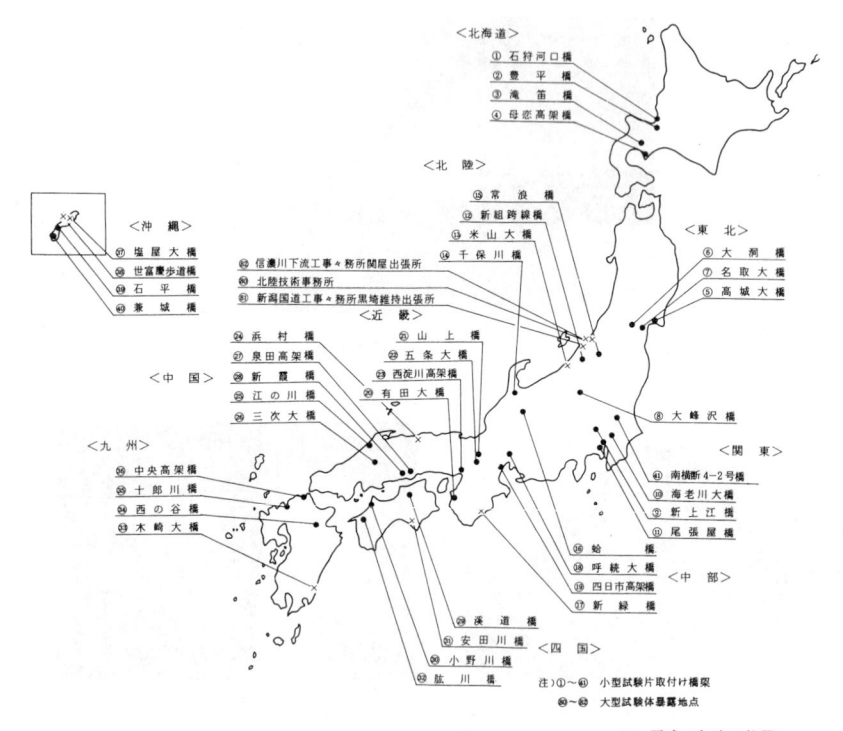

図-Ⅲ.2.4　暴露試験の実施場所[3]

点のマクロ的な腐食環境を代表し，かつ，橋の部位の中では比較的腐食環境が厳しいと考えられる桁の内側に設置されている。図-Ⅲ.2.6はこの暴露試験より得られた暴露9年目の板厚減少量（片面あたりの平均値）と飛来塩分量の関係について層状剥離さびの発生有無を区分して示している。試験結果から明らかなように，板厚減少量と飛来塩分量の間に相関がみられる。また，層状剥離さびが見られる場合，板厚減少量が多いことが判る。図-Ⅲ.2.7は暴露9年目までのデータを元に推定した暴露50年目の板厚減少量を示している。

この暴露試験結果に基づき，設計・施工要領[4]では，耐候性鋼材の適用可能地域を「飛来塩分量が0.05mdd以下の地点」とし，設計実務における利便に配慮し，飛来塩分量の測定を省略して耐候性鋼を使用することができる地域を，地域区分

ごとに海岸線からの距離で示している。(後述 2.2.1, 図－Ⅲ.2.8)

なお, 試験結果から飛来塩分量が 0.05mdd 以下の条件下においては, 概ね 10 年以内で暴露試験片に層状剥離さびが見られず, 推定板厚減少量が 50 年間で 0.3 mm を越えないと見なせる条件に対応している。後述するが, 図－Ⅲ.2.9 からは, 推定板厚減少量が 100 年間で 0.5 mm 相当と読みとれる。

図－Ⅲ.2.5 暴露試験片の設置状況の例[3]

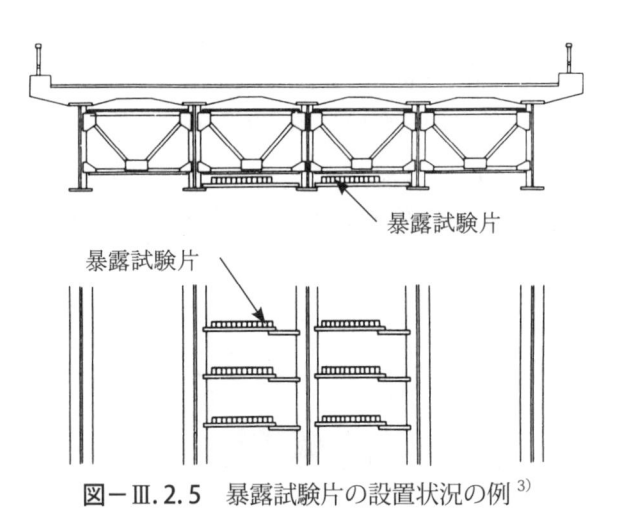

写真－Ⅲ.2.7 暴露試験片の設置状況の例[3]

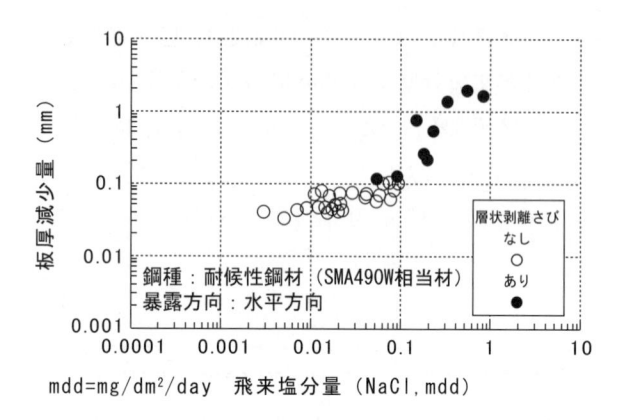

図－Ⅲ.2.6　暴露9年目の片面当り平均板厚減少量と飛来塩分量との関係[4]
　　　　（桁内側環境での鋼材暴露試験と飛来塩分量測定）

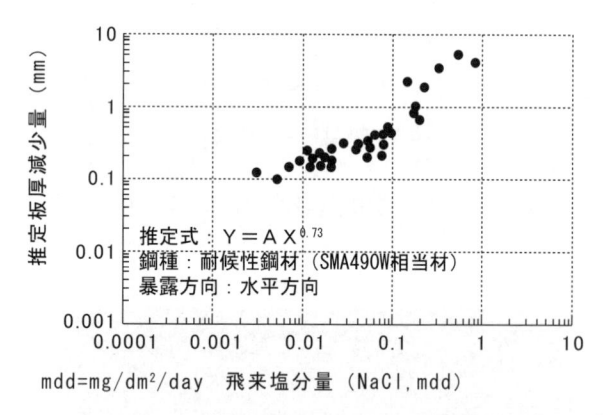

図－Ⅲ.2.7　50年後の片面当り推定平均板厚減少量[4]
　　　　（桁内側環境での飛来塩分量との相関で示す）

2.2　防食設計

　鋼道路橋の防食法として耐候性鋼材の使用を計画した場合において，当該橋に所定の性能を発揮させるために考慮すべき事項とその手順，内容について**表－Ⅲ.2.2**に示している。

表-Ⅲ.2.2 耐候性鋼橋の防食設計の手順

手順	内容	備考
環境条件の確認	建設地点の環境が耐候性鋼材に適しているかを確認する。	2章を参照
使用材料の選定	鋼材,溶接材料,高力ボルトについて適正材料を選定する。	2章を参照
景観への配慮	耐候性鋼材特有の暗褐色が環境と調和するかを確認し,さび汁などで外観上特別な配慮が必要かを検討する。	2章を参照
細部構造の処置	防食に配慮した細部構造設計をする。	3章を参照
製作・架設条件の確認	防食と外観に配慮した製作法と架設法がとられることを確認する。	4章を参照 5章を参照
維持管理方法の提示	点検・診断,維持・管理の方法を提示する。	6章を参照

2.2.1 適用環境

(1) 環境因子と環境区分

1) 環境因子

　耐候性鋼材が所定の性能を発揮するためには、その鋼材に応じた適切な環境で使われなければならない。耐候性鋼材の腐食環境を支配する大きな因子には塩分と水分（結露水等による鋼材表面の長期的なぬれ）があると考えられている。鋼道路橋の場合、塩分については海からの飛来塩分と凍結防止剤の塩分がある。JIS G 3114 に規定される溶接構造用耐候性熱間圧延鋼材の飛来塩分による影響については、旧建設省土木研究所を中心とした「耐候性鋼材の橋梁への適用に関する研究」[4] 三者共同研究の結果等 [18] がある。

　一方、凍結防止剤の塩分については、スパイクタイヤの使用が禁止された1991年（平成3年）の冬からその散布量が多くなり、耐候性鋼橋への影響について近年調査研究がなされている状況である [16) 20) 21)]。

　水分に関しては、塩分とともに重要な因子ではあるが、国内においては数値的な条件に関する調査研究は見当たらない。米国連邦道路庁（FHWA）では、年間ぬれ時間を指標とした適用条件を定めている [22]。日本にあっては現在まで独立し

たパラメータとして水分を取り扱った基準はないが，飛来塩分量の他にぬれ時間など他の環境因子も含めて腐食環境の程度を評価する指標，及びその指標に応じて板厚減少量を予測する技術が提案されている[23) 24)]。

2) 環境区分

　環境区分とは，架橋地点を代表する平均的な環境（地域環境）を指す。しかし，橋の各部の腐食に影響を及ぼす塩分や湿気の程度は，架橋地点を代表する地域環境のみならず，架橋地点の地形が影響を及ぼす地形環境，さらに桁端部など橋の部材と地形との関係又は部材そのものによってつくり出される局部的な環境などによって異なる。このため耐候性鋼橋の腐食程度を，地域環境だけから推定することはできず，その部位や部材がそれぞれどのような環境におかれるかを個別に考慮することが重要である。耐候性鋼橋に発生する腐食を検討する場合における環境条件の分類の例を以下に示す。腐食の検討にあたってはこれらの環境分類ごとに検討するのがよい[14) 15)]。

　　地域環境；架橋地点を代表し橋全体に影響する環境。これはその架橋地点での海からの飛来塩分量に関係するもので，耐候性鋼橋の適用が可能と規定される環境とはこの環境を指している。

　　地形環境；架橋地点の地形と橋との関係によってつくり出される環境で，橋全体に影響を及ぼす場合を言う。例えば，水面からの距離や凍結防止剤を散布する路線にあって橋と地山との地形関係や並列する橋との位置関係などを指す。地域環境や地形環境の影響によって層状剥離さびが発生するような地点では，構造形式の選定に配慮するか計画段階において耐候性鋼橋の建設は避けるべきである。次項（2）で示す適用可能環境とは上記の地域環境や地形環境から判断される環境である。

　　局部環境；部材そのものによってつくり出されるような局部的な狭い範囲の環境において，橋の部材へ局部的に影響を及ぼす場合をいう。具体的には桁端部の湿気などを指し，部位や部材固有の環境で，この影響は細部構造の工夫によって環境改善を図ることで回避できる。地域環境や地形環境は，耐候性鋼材を適用可能と判断される場合でもそ

の橋の各部の腐食環境は最終的にはこの局部の環境によって決定づけられることに留意が必要である。

(2) 適用可能環境
1) 海からの飛来塩分に対して

JIS G 3114 に規定される溶接構造用耐候性熱間圧延鋼材については，道示Ⅱ鋼橋編で「所定の方法で計測した飛来塩分量が 0.05mdd（NaCl:mg/100cm^2/day）を超えない地域，又は図－Ⅲ.2.8（道示Ⅱ鋼橋編，図－解 5.2.1）に示す地域では一般に無塗装で用いることができる。」としている。

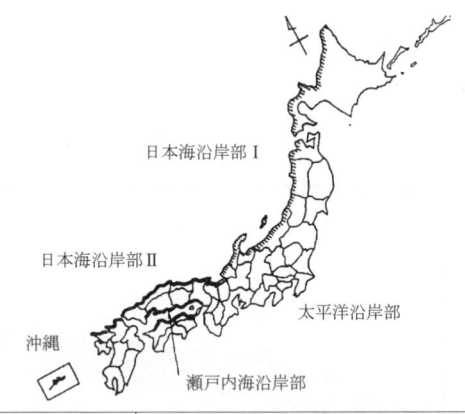

地域区分		飛来塩分量の測定を省略してよい地域
日本海沿岸部	Ⅰ	海岸線から20Kmを越える地域
	Ⅱ	海岸線から5Kmを越える地域
太平洋沿岸部		海岸線から2Kmを越える地域
瀬戸内海沿岸部		海岸線から1Kmを越える地域
沖縄		な　　し

図－Ⅲ.2.8　耐候性鋼材を無塗装で使用する場合の適用地域[5]

飛来塩分量測定の方法としては，**付Ⅲ－3.**に示す「土研法」又は JIS Z 2381, JIS Z 2382 に示されている，いわゆる「ガーゼ法」が用いられる。測定期間は飛来塩分量が季節変動することから，一般に1年以上継続する必要がある。ただし，日本海沿岸部等の季節変動が例年概ね同じ傾向を示す地域では，海風のピークが

生じる季節2〜3ヶ月の測定結果によって無塗装使用の適否を判断することが可能と考えられる。

　飛来塩分量を測定して無塗装使用の適否を判断する際，海岸線からの距離，気象条件の相違による地域特性，季節変動，年変動等を十分把握しておくとともに，架橋地点周辺の既存の調査結果等との比較などによって慎重に検討することが重要である。またここでの適用可否の評価はあくまで地域的な環境としての評価であり，地形的要因や部材の細部構造等に支配される局部環境による評価ではないことに注意が必要である。したがって実際の設計にあたっては，それらについて別途所要の耐久性が確保されるよう検討することが重要である。

　三者共同研究の暴露試験結果とその後追跡した17年暴露試験結果から，このような地域環境でのJIS G 3114に規定する溶接構造用耐候性熱間圧延鋼材の長期にわたる板厚減少経年変化の推定を**図－Ⅲ.2.9**に示す[3)][13)]。

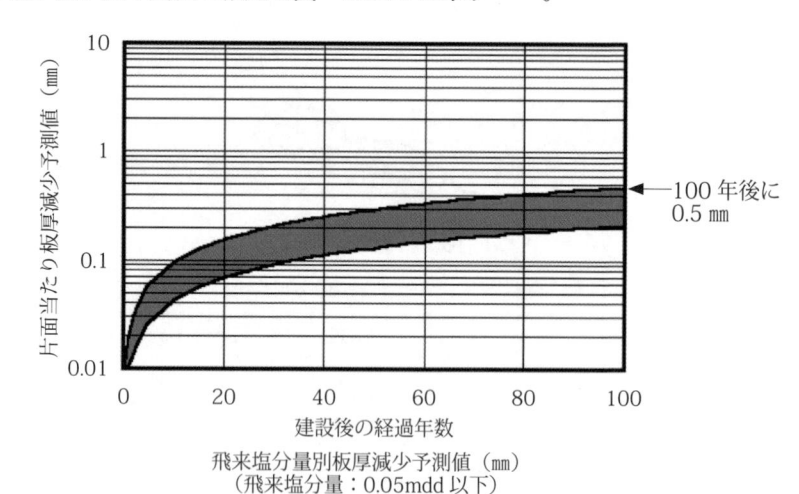

図－Ⅲ.2.9　JIS耐候性鋼の腐食予測曲線[13)]
（桁内側環境での飛来塩分量0.05mdd以下での
暴露試験結果に基づく回帰予測）

2）凍結防止剤の塩分に対して

　凍結防止剤を大量に散布する路線においては，路面水が交通車両によって飛散し他の近接する橋の部材や当該橋の部材に付着することが考えられる。したがっ

て計画段階では，他路線からの飛散の影響を受ける位置や跳ね返りの影響を受ける斜面や山と接近した位置を避けること（地形環境条件），又は飛散の影響を受ける部位に他の防食法を採用することなどの検討が必要となる。

凍結防止剤が多く散布される高速道路におけるさび状態の調査の例では，凍結防止剤と地形環境の関係について次のような配慮が必要であることが示されている[16]。

3）凍結防止剤散布地域における配慮事項

ⅰ）山に迫った橋においては，路面水の巻き上げが気流により対象橋の桁に掛らない程度に，また湿気がこもらない程度に距離を置くこと。

図－Ⅲ.2.10で示すように，山の地面との関係で水平距離 s が 5m 以内で，しかも鉛直距離 h が 2m 以内となることを避けるようにする。

ⅱ）並列橋においては，凍結防止剤を散布する下側の橋から路面水の巻き上げが掛らない程度の距離を置いて上側の橋を配置すること。

図－Ⅲ.2.10で示すように，水平距離 d が 3m 以内でしかも鉛直距離 f が 2m〜10m となる関係を避けるようにする。

（山に迫った橋の場合）　　　（並列橋の場合）

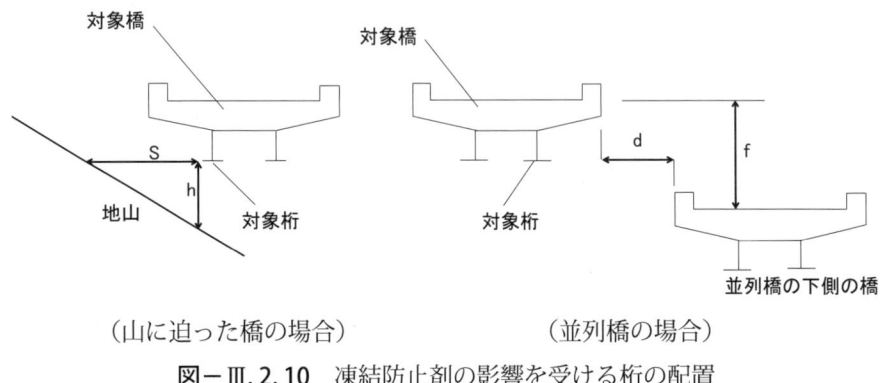

図－Ⅲ.2.10　凍結防止剤の影響を受ける桁の配置

なお，米国連邦道路庁（FHWA）では，図－Ⅲ.2.11の堀割りタイプの立体交差橋の場合，橋と道路面でトンネルのような閉鎖的な空間が形成されることから，交差橋には耐候性鋼材の適用を避けることが提案されている[22]。

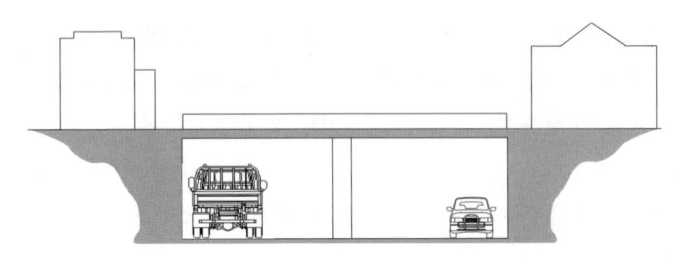

図-Ⅲ.2.11　堀割りタイプの立体交差橋（米国連邦道路庁（FHWA）の例）

4）水面又は植生からの湿気に対して

　水面，湿地又は植生からの湿気の影響を受けるような地形環境においては，桁が湿潤状態に置かれていると考えられる。過去，湿地面に接した桁，植生に覆われた桁などで層状剥離さびが発生している例もあり，水面や湿地，植生との離隔を十分に取るなど，地形との関係を考慮することでも層状剥離さびが発生する危険性を小さくすることが可能であると考えられる。

　例えば米国連邦道路庁（FHWA）では，水面との地形関係について次のような規定を設けている[22]。

ⅰ）川など動水面では，桁下フランジなどを水面上 8 フィート（約 2.4m）以上離す。

ⅱ）湖水など静水面では，桁下フランジなどを水面上 10 フィート（約 3m）以上離す。

2.2.2　使用材料

（1）鋼材

　主構造部材に使用する耐候性鋼材として，JIS G 3114 溶接構造用耐候性熱間圧延鋼材及び JIS G 3140 橋梁用高降伏点鋼板（JIS 耐候性鋼材）があるが，使用条件により W タイプと P タイプに区分されている。P タイプは主に塗装を施して使用する鋼材であり，W タイプ（SMA400W，SMA490W，SMA570W，SBHS400W，SBHS500W，SBHS700W）は無塗装使用を目的とした鋼材である。なお，道示Ⅱ鋼橋編では W タイプのみを扱っており，さらに，SBHS の適用にあたっては JIS G 3114 溶接構造用耐候性熱間圧延鋼材と同等の安全性が確保されるように設計するとともに，製作・施工において所定の品質が確保されることを確認す

る等，十分な検討が必要であると示されている．

耐候性鋼橋でも部材によってはコンクリートに完全に覆われるものや塗装されるものもあるが，これらについては工場での製作性を妨げない範囲で普通鋼材を使用してもよい．

フィラー板に用いる薄板では，JIS耐候性鋼材が入手し難い場合があるが，そのような場合では高耐候性圧延鋼材 SPA-H（JIS G 3125）又はその相当品などを使用するのがよい．

最近，JIS耐候性鋼材に比べ耐候性を向上させる合金元素を多く含有させたニッケル系高耐候性鋼材が開発され，実橋への採用例もある[6]．この鋼材は主にニッケル（Ni）の含有量を多くし耐塩分性を高めた耐候性鋼材であるが，飛沫塩分量の多い地域や凍結防止剤散布地域での使用については，十分に検討することが必要である．ニッケル系高耐候性鋼材の化学成分を，付属資料**付表－Ⅲ.1.1**に示す．現在のところ，これらの様々な耐候性鋼材に対する統一的な性能評価方法については確立されていないが，耐候性合金指標の検討が進められている[25]．なお，耐候性合金指標とは，各種鋼材の耐候性に及ぼす合金元素の影響をそれぞれの元素ごとに検討して定めようとするものである．

ニッケル系高耐候性鋼材は，JIS耐候性鋼材に比べて環境の厳しい条件で使用されることを想定して開発されたが，この場合，排水装置の欠陥や局部的に湿気がこもるなどで局部環境の影響を受けやすくなるため，細部構造などについて十分な配慮をすることが必要である．また，このような耐候性を高めた鋼材を用いる場合にも，基本的な接合材料である溶接材料，高力ボルトはその鋼材と同等の耐候性能を有するものでなくてはならない．

(2) 接合材料

耐候性鋼橋に用いる高力ボルトは，主要構造部材と同等以上の耐候性能を有する耐候性高力ボルトを用いるものとする．JIS耐候性鋼材に対応する耐候性高力ボルトは，JIS等に規格化されてはいないが，JIS B 1186 摩擦接合用高力ボルト・六角ナット・平座金のナットのうちF10T，F8T，又は日本道路協会規格（トルシア形高力ボルト・六角ナット・平座金のセット）のうちS10Tに合格するもので，かつ耐候性鋼と同様に耐候性を付与するため，主としてCu，Cr，Niなどを添加

したものを使用するのがよい。参考として，耐候性高力ボルトの化学成分を付属資料の**付表－Ⅲ.2.1**に示す。

耐候性鋼橋に用いる普通ボルトなどで耐候性鋼での製造がされていない場合は，その周囲に水分が滞留しないことを前提にステンレスボルトなどを代用するのがよい。水分が滞留する可能性がある部位では異種金属接触腐食が発生することが多々あるので，使用については細心の注意が必要である。

耐候性鋼橋に用いる溶接材料は，母材と同等の耐候性能を有するものとする。

JIS 耐候性鋼材に対応した溶接材料は，**表－Ⅲ.2.3（1）（2）**に示す規格に適合するものがあるのでこれを使用するのがよい。

サブマージアーク溶接材料としては，JIS Z 3351 炭素鋼及び低合金鋼用サブマージアーク溶接ソリッドワイヤと JIS Z 3352 サブマージアーク溶接用フラックスがあるが，溶着金属としては JIS Z 3183 炭素鋼及び低合金鋼用サブマージアーク溶着金属の品質区分の S50X-AW1 又は S58X-AW2 などを用いる。なお，X には吸収エネルギーによって「1」と「2」の区分があり，母材に応じて選定する。

表－Ⅲ.2.3（1） 溶接材料の規格（母材規格：JIS G 3114）

JIS Z 番号	溶接材料規格名称	材料記号（JIS Z 3183 では品質区分の記号）		
		母材規格：JIS G 3114		
		SMA400W	SMA490W	SMA570W
3214	耐候性鋼用被覆アーク溶接棒	E4916-NCCAU, E4916-NCC1AU E49J16-NCCAU, E4928-NCCAU E4928-NCC1AU, E49J28-NCCAU		E5716-NCCAU, E5716-NCC1AU E57J16-NCC1AU, E5728-NCCAU E5728-NCC1AU, E57J28-NCC1AU
3315	耐候性鋼用のマグ溶接及びミグ溶接用ソリッドイヤ（注1）	G49A0UY-NCC, G49A0UY-NCCT G49A0UY-NCCT1, G49A0UY-NCCT2 G49JA0UY-NCCJ		G57A1UY-NCC, G57A1UY-NCCT G57A1UY-NCCT1, G57A1UY-NCCT2 G57JA1UY-NCCJ
3320	耐候性鋼用アーク溶接フラックス入りワイヤ（注2）	T490TX-ZYA-NCC-U T490TX-ZYA-NCC1-U T49J0TX-ZYA-NCC-U T49J0TX-ZYA-NCC1-U （TX と Z の代表例 全姿勢溶接用 T490T1-1YA ⋯ 水平隅肉溶接用 T490T15-0YA ⋯）		T571TX-ZYA-NCC-U T571TX-ZYA-NCC1-U T57J1TX-ZYA-NCC-U T57J1TX-ZYA-NCC1-U
3183	炭素鋼及び低合金鋼用サブマージアーク溶着金属の品質区分	S501-AW1, S501-AW2 S502-AW1, S502-AW2 S50J2-AW1, S50J2-AW2		S582-AW1, S582-AW2 S58J2-AW1, S58J2-AW2

注1）Y: シールドガスの記号総称
注2）X: 使用特性の記号の総称，　Y: シールドガスの記号総称，　Z: 適用溶接姿勢の記号総称

表－Ⅲ.2.3（2） 溶接材料の規格（母材規格：JIS G 3140）

JIS Z 番号	溶接材料規格名称	材料記号（JIS Z 3183 では品質区分の記号）		
		母材規格：JIS G 3140		
		SBHS400W	SBHS500W	SBHS700W
3214	耐候性鋼用被覆アーク溶接棒	E49J16-NCCAU E49J28-NCCAU	E57J16-NCC1AU E57J28-NCC1AU	E78J16-N5CM3AU E78J16-N5M4AU E78J16-N9M3AU
3315	耐候性鋼用のマグ溶接及びミグ溶接用ソリッドワイヤ（注1）	G49JA0UY-NCCJ	G57JA1UY-NCCJ	G78JA2UY-N4M4T G78JA2UY-N5M3T G78JA2UY-N7M4T G78JA2UY-N5CM3T G78JA2UY-N5C1M3T G78JA2UY-N6CM3T
3320	耐候性鋼用アーク溶接フラックス入りワイヤ（注2）	T49J0TX-ZYA-NCC-U T49J0TX-ZYA-NCC1-U	T57J1TX-ZYA-NCC-U T57J1TX-ZYA-NCC1-U	T78J2TX-ZYA-NCC1J-U
3183	炭素鋼及び低合金鋼用サブマージアーク溶着金属の品質区分	S50J2-AW1, S50J2-AW2	S58J2-AW1, S58J2-AW2	S80J4-AW2, S80J4-AW3

注1）Y: シールドガスの記号総称
注2）X: 使用特性の記号の総称，　Y: シールドガスの記号総称，　Z: 適用溶接姿勢の記号総称

(3) 耐候性鋼用表面処理剤

　流出したさび汁により周辺を汚すことを抑制する必要がある場合には，耐候性鋼材に耐候性鋼用表面処理を施すことも有効である。

　耐候性鋼用表面処理剤の基本機能は耐候性鋼材表面の緻密なさび層の形成を助け，架設当初のさびむらの発生やさび汁の流出を防ぐことを目的に開発されている。その他環境作用の緩和や着色などの機能を付随したものなどもあるが，耐候性鋼用表面処理剤の性能については橋ごとにその使用目的に応じて検討するのがよい。

　耐候性鋼材に適用する耐候性鋼用表面処理剤は，長期的には風化・消失し，その後は耐候性鋼材表面に緻密なさび層が形成するため，防食機能の向上させることを意図したものではなく，これを塗り替えることは行わない。そのため，適用環境条件は，母材の耐候性鋼材の適用範囲と同等とすることが重要である。従って，耐候性鋼材は耐候性鋼用表面処理剤を塗布しても塩分過多な地域では使用すべきではなく，適用環境外の使用にあたっては環境条件を十分調査・検討のうえ対応することが重要である。

「国等による環境物品等の調達の推進等に関する法律（グリーン購入法）」に基づく基本方針に定める特定調達品目に，鉛又はクロムを含む顔料を配合していない下塗用塗料（重防食）が掲載されているが，耐候性鋼用表面処理剤についても同様で環境負荷低減を目的として鉛又はクロムを含まない成分系の使用が望ましい。

耐候性鋼用表面処理剤の風化・消失過程における部材の表面外観は，不均一な変色やさびの発生が生じることもあるため，採用にあたってはそれらも考慮しておくことが重要である。また，耐候性鋼用表面処理剤による初期色調が，いずれは緻密なさび層の色調に置き換わることも考慮しておくことが重要である。

2.2.3 防食仕様
(1) 鋼材

飛来塩分量が 0.05mdd を超えない地域の鋼道路橋に無塗装で使用する構造用鋼材は，**2.2.2 使用材料**に示すとおりとする。

飛来塩分量が 0.05mdd を超える地域にはニッケル系高耐候性鋼材の適用も考えられるが，この鋼材の適用可能限界については，現在のところ基準が確立されていないのが現状である。したがって，ニッケル系高耐候性鋼材の使用にあたっては適用環境条件を十分調査し，これを反映した適切な暴露試験などによって用いようとする鋼材の適用性を評価・確認するのがよい。

(2) 部分塗装

鋼道路橋では，通常橋全体が同一の腐食環境にはなく，例えば橋の端部などは橋の中央部に比べて環境が悪いことが多い。したがって，橋全体の腐食に対する耐久性を均一化させるため，環境の悪い部位に対しては部分的に防食性能の高い他の防食方法を採用することが考えられる。耐候性鋼橋でも以下に示すように条件に応じて特定の部位に他の防食法を採用することで，橋全体の耐久性を確保するように配慮する必要がある。

なお，併用される塗装や溶射などの耐候性鋼材以外の防食法それぞれの仕様については，各防食法についての技術資料を参考にするのがよい。その場合に母材が耐候性鋼材であるために特別な仕様が求められることはなく，普通鋼材に対す

る仕様と同様でよい。

　また，部分的に他の防食法を適用すれば，その部位についてはその防食法としての点検などの維持管理が必要となる。したがって，構造細部の設計や維持管理設備などの維持管理上必要な措置についても適用するそれぞれの防食法に応じて配慮しなくてはならない。

1) 桁の端部

　桁の端部は通常の塗装橋においても防食に対する配慮が特に必要とされる環境条件の悪い箇所であることから，耐候性鋼橋の桁端部に塗装などの防食法を施す場合にも耐久性に優れた塗装系などを適用するのがよい。例えば，塗装を施す範囲は，桁の内側面で下部構造の天端上となる部分までの範囲を目安に，一般部と同程度の環境と見なせる範囲まで塗装することが基本である。このとき塗装部と無塗装部で外観が異なってくるため，景観上支障とならないように配慮するとよい。

　塗装仕様については，色調と日射に考慮して外面用塗装系仕様 C-5 塗装系（耐候性）（**表−Ⅲ.2.4**）を適用するとよい。

表−Ⅲ.2.4　一般外面の塗装仕様　C−5 塗装系（耐候性）

塗装工程		塗料名	使用量 (g/m^2)	目標膜厚 (μm)	塗装間隔
工場製鋼	素地調整	ブラスト処理 ISO Sa 2 1/2			
製作工場	2次素地調整	ブラスト処理 ISO Sa 2 1/2			4時間以内
	防食下地	無機ジンクリッチペイント	600	75	
	ミストコート	エポキシ樹脂塗料下塗	160	−	2日〜10日
	下塗り	エポキシ樹脂塗料下塗	540	120	1日〜10日
	中塗り	ふっ素樹脂塗料用中塗	170	30	1日〜10日
	上塗り	ふっ素樹脂塗料上塗	140	25	1日〜10日

注) 使用量はスプレーの場合を示す。

2) 箱桁の内面

　「内面」とは，箱桁や鋼製橋脚などの閉断面部材の内側の面を指す。箱桁の内面は，閉鎖された空間であり結露も生じやすいなど，耐候性鋼材の適用可能な環境とならない場合が多い。このような場合には，普通鋼材による箱桁と同様に内面用塗装仕様 D-5 塗装系（**表−Ⅲ.2.5**）を適用する。

表-Ⅲ.2.5　内面用塗装仕様　D－5塗装系

	塗装工程	塗料名	使用量 (g/m^2)	目標膜厚 (μm)	塗装間隔
製鋼工場	素地調整	ブラスト処理　ISO　Sa 2 1/2			4時間以内
	プライマー	無機ジンクリッチプライマー	(160)	(15)	6ヶ月以内
製作工場	2次素地調整	動力工具処理　ISO　St 3			4時間以内
	第1層	変性エポキシ樹脂塗料内面用	410	120	
	第2層	変性エポキシ樹脂塗料内面用	410	120	1日～10日

注)1　プライマーの膜厚は総合膜厚に加えない。
注)2　製鋼工場におけるプライマーは膜厚にて管理されている。

3) 摩擦接合面の処理

　摩擦接合面の処理は耐候性鋼橋の場合，無機ジンクリッチペイントの塗布，又は無塗装が考えられる。無塗装の場合には所要のすべり係数を確保するため，現場接合前に摩擦接合面の浮きさび，油，泥などの汚れを十分に除去するなど配慮することが重要である。この節の詳細については，塗装・防食便覧資料集第Ⅲ編第2章 **2.2.2 摩擦接合面の処理** に記載している。

　なお，摩擦面に無機ジンクリッチペイントを塗付する場合については，母材と同様の状態の塗付となることから製鋼工場での無機ジンクリッチプライマーは不要としてよい。

4) 鉄筋コンクリート床版を持つ箱桁の上フランジ上面

　箱桁の上フランジ上面と鉄筋コンクリート床版との間にできる空間は，狭あいかつ閉塞されているためほとんど維持管理を行なうことが不可能である。したがって，この部分になる箱桁の上フランジ上面には，耐久性に優れた内面用塗装仕様D-5塗装系を適用するのがよい。その他，I桁等の上フランジ上面と床版コンクリート接触面については，塗装橋と異なりさび汁による汚れを考慮する必要がないことから基本的には無塗装でよい。詳細については，塗装・防食便覧資料集第Ⅲ編第2章 **2.2.3 上フランジ上面と床版コンクリート接触面の処理** に記載している。

5) 局部的に環境の悪い部位

　局部的に環境の悪い部位とは，凍結防止剤の散布量が多い路線で地山に迫ったI

桁橋外桁の下フランジなどが該当する。このような部位では日射，湿潤環境，色調などを考慮して防食法を選定しなくてはならない。従来の例では，例えば下フランジと腹板の立ち上がり 200 mm 程度を内面用塗装仕様としたものがある。また，ニッケル系高耐候性鋼を使用することも考えられるが，局部的な部位にのみ異なった鋼材を接合することは好ましくない。ニッケル系高耐候性鋼材の使用にあたっては，環境と鋼材の性能を把握し暴露実験などによる検証をした上で採用することが重要である。

6) 鋼床版上面

　架設中の流れさび防止のため鋼床版の上面に塗装を施す場合は，一般の塗装橋と同様，舗装材料の特性にあった塗装仕様を選定することが重要である。例えば，無機ジンクリッチペイント 30 μm を塗付する例などがある。

(3) 支承

　耐候性鋼橋に使用する支承には，めっき仕様，塗装仕様，耐候性鋼仕様などがあるが，橋の端部の局部環境が悪いこと，及び取り替えが困難であることを考えると塗装やめっきを施すなど十分に防食性能を高めておくのがよい。

2.2.4 景観への配慮

　建設後数年のさび生成が活性な段階では，雨水の中に鉄（Fe^{2+}）イオンが溶出し，長期間にわたり同一箇所にさび汁が滴下することでその部分をさび色に汚すことがある。例えば，下路トラス橋で上支材の同じ箇所からの雨水の滴下を生じて高欄を汚した例や，工事中の鋼床版橋で床版完成後舗装施工までの期間に床版面に降った雨水が一カ所から排水され，水みちとなった橋台や橋脚を汚した例などがある。このような汚れが景観上の問題として懸念される場合は，対策を施す必要がある。

　さび汁対策としては，さび汁が含まれる雨水を適切に導水，排水する配慮を行うことが基本となるが，このようなとき例えば前者の場合では，使用する鋼材に耐候性鋼用表面処理を施して防止する方法があり，後者の場合は，鋼床版上面に薄膜の塗装を施して防止することがある。**写真－Ⅲ.2.8** にアーチ橋に耐候性鋼用表面処理を施した例を示す。

また，高欄や鋼床版の地覆など歩行者が接近する部材では，さびに対して歩行者が違和感等を持つことがあるため，耐候性鋼材の無塗装使用を避けるのがよい。耐候性鋼材のさびの色は，環境・経過時間により異なるが，一般には茶褐色，黒褐色へと変化する。初期の段階ではさびむらが生じる場合があるが，使用環境が適切であれば時間とともに緻密なさび層が形成され一様の色調となる。

建設時　1997年（平成9年）

16年経過後　2013年（平成25年）

写真－Ⅲ.2.8　流れさび対策に耐候性鋼用表面処理剤を施した橋

第3章　構造設計上の留意点

3.1　一般

　防食法として耐候性鋼材の採用を計画した段階で，**2.2 防食設計**で示した防食設計上の基本条件である建設地点の環境条件が，使用材料の適用を満たしているかを検討することが重要である。この場合の環境条件とは地域環境条件と地形環境条件のことであるが，耐候性鋼材の所定の性能を発揮させるには，更に局部環境を整えるべく細部の構造設計を行う必要がある。なお，防食法に共通する要求事項については，第Ⅰ編共通編 4.3.1 で述べられている。また，維持管理しやすい構造とすることも必要であり，第Ⅰ編共通編 4.3.3 に配慮すべきことが述べられている。

　局部環境を整える上で，細部構造に配慮する必要がある項目を以下に示す。
・土砂，じんあいが堆積しにくいこと
・滞水を生じないこと
・湿気がこもらないこと
・同じ場所で雨水等の水分の滴下や跳ね返りの影響を受けないこと

　この便覧では，既往の実績などから標準的な適用条件下において，一定の有効性が確認されている耐候性鋼橋に特有な細部構造の例[26)][27)][28)]を述べるが，条件によって，必ずしも十分な効果が発揮できなかったと思われる事例もある。したがって，採用にあたっては橋の環境条件に応じて有効性について事前に十分調査し，必要に応じてより有効な構造となるよう改善策を検討するのがよい。

　この章では，その細部構造の形状が構造設計に関わるものについては，**3.2 構造設計上の留意点**に示し，単に形状だけで構造設計に関わらないものについては，**3.3 細部構造の留意点**に示した。なお，この便覧ではあくまで鋼橋の防食法として標準的な条件下において，本来具備している防食性能や耐久性が発揮できると考えられる方法を記述しているため，全ての橋の条件や要求性能に対して必ずしも最適でなく，場合によっては性能に過不足が生じることもある。したがって，個々の橋の設計，施工にあたっては，この便覧の内容を参考にするとともに，それぞ

れの条件に対して合理的となるように十分検討し，適当な方法となるようにすることが重要である。

3.2 構造設計上の留意点

　構造設計上の留意点には，部材の位置関係や空間的な条件から耐候性鋼材に適した環境となりにくい箇所への配慮や，高力ボルト連結部のように局部的に狭あいな部分が生じたり，滞水やじんあいが堆積しやすい構造となる箇所への配慮がある。

　前者について例えば桁端部では，下部構造との位置関係から通気性が悪い湿潤環境になることが多い。また，ケーブル定着部や斜材や支柱の取り付け部など複数部材の交点となる箇所では，滞水やじんあいが堆積しやすい。この他にも，トラスやアーチ形式の下路橋で路面から下に位置する下弦材が，高欄，配水設備，検査路等の付属物や床版との位置関係などから，厳しい腐食環境になるなど部材同士の位置関係やそれらによって形成される空間的条件に対して，できるだけ良好な環境となるような配慮が重要である。特に，凍結防止剤を散布する路線での下路橋では，路面水の飛散が部材にかかり滞水するとその影響が大きいので注意が必要である。

　一方，高力ボルト連結部は，鋼板が重なり局部環境条件が他の部分と比べて悪くなるため，滞水などの起こらない構造となるよう配慮することが重要である。以下に連結部に対する主な留意点を挙げる。

1) 主桁の部材間隙間（母材の隙間）

　主桁下フランジの高力ボルト連結部では，母材間の隙間にたまった水分が乾燥し難く，滞水することもあるため，母材間の間隔を許容範囲内で開け，下面側の連結板を分割することにより，水抜き，乾燥を容易にする構造とするのがよい。

　一般的に隙間間隔は，10 mm〜20 mm程度とすることで滞水が起こりにくくなる。

　箱桁などで，このような隙間を開けたことによって逆に桁の中に雨水が浸入する可能性のある場合には，例えば桁の上縁側だけをシールするなどの工夫が重要である。なお，シール材は経年で劣化し，脱落又は剥離するので，点検時に確認

し適切な状態に戻すようにするとよい。

2) 連結板

Ｉ桁の腹板の高力ボルト継手は，上フランジ下面と連結板端面の間などで乾燥し難い隙間をなくすように，その間隔を許容範囲内で広くするとよい。また，構造上可能であれば腹板の連結板を分割せず，1枚板にすることも滞水防止を考えた構造として望ましい（**図－Ⅲ.3.1**）。

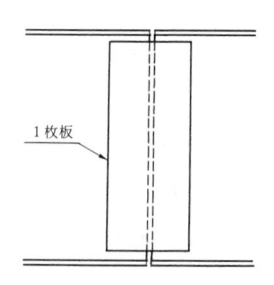

図－Ⅲ.3.1　腹板の連結板の例

Ｉ桁下フランジ連結部の下面側の連結板は分割するなどによって，水抜き，乾燥を容易にすることができる（**図－Ⅲ.3.2**）。

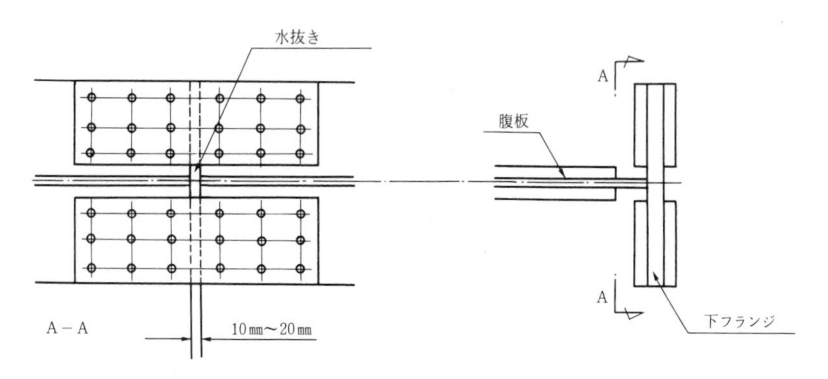

図－Ⅲ.3.2　Ｉげた下フランジの連結板の例

3) ボルトの配列

ボルトの配置は，板相互間の密着をできるだけ良くするためにボルト間隔をなるべく小さくし，格子配列とすることが望ましい。最大中心間隔は，圧縮，引張

に関わらず**表-Ⅲ.3.1**の小さい方の値とするのが望ましい。

また，同様の考え方から最大縁端距離は，道示Ⅱ鋼橋編に規定される最小縁端距離を下回らない範囲でなるべく小さくするのがよく，50 mmを超えないのがよい。

ただし，アーチリブの箱断面のようにフランジ連結板が端部の腹板を覆うようにすることが困難な場合においても，連結板の板厚の6倍までとするのがよい。

なお，連結部の局部環境は橋やその部位ごとに異なってくるため，必ずしも上記の方法が最適でない場合もあり得る。したがって，橋ごとの設計においては，連結部の置かれる環境条件を十分に考慮して構造上許容される範囲内で対応することが重要である。

また，アーチ橋の横支材などが箱断面をした場合において，横支材が傾斜し，隙間を持つ隅角部が上方向を向くため，その隙間から雨水が箱断面の中に入りやすい。このような場合は，連結部の隙間を充填材を詰めて雨水が入らないようにするのがよい。

なお，充填材についても経年で劣化し，脱落することがあるので，点検時に確認し適正な状態に戻すとよい。

表-Ⅲ.3.1 ボルトの最大中心間隔 [18]

ボルトの呼び	最大中心間隔		
		p	g
M20	130	12 t	12 t
M22	150	千鳥の場合は $15t - \dfrac{3}{8}g$	
M24	170	ただし、12 t 以下	

t：外側の板または形鋼の厚さ(mm)
p：ボルトの応力方向の間隔(mm)
g：ボルトの応力直角方向の間隔(mm)

4) フィラー板

設計や施工の合理化の観点から鋼材の板厚の種類を少なくすることで，フィラーが必要となることが多くなってきている。フィラー板を用いる場合は，フィラー板にも防食機能を保つために耐候性鋼材を使う必要がある。薄板のJIS耐候性鋼材が入手し難い場合は，高耐候性鋼材 SPA－H又はその相当品などを使用し，母材と同等の耐候性が確保されるようにする。

5) 摩擦接合面

ボルト連結部の摩擦接合面の処理としては，摩擦接合面を無塗装とするか無機ジンクリッチペイントを塗付するかによって摩擦接合用高力ボルトの許容力が異なるため，設計時には留意する必要がある。（道示Ⅱ鋼橋編 3.2 鋼材の許容応力度）

3.3 細部構造の留意点

耐候性鋼材は，環境に対して比較的敏感に反応し緻密なさび層が形成されない場合もあることから，これまでにも耐候性鋼橋梁の防食に配慮した細部構造に関して多くの提案がされた[4]。

これらの多くは効果を上げているが，その一方で使用実績が増えるにつれて，それらの中には必ずしも効果が明確でないものもあるなど多くの知見が集積されつつある。この便覧では最新の知見に基づき，現時点で耐候性鋼橋として細部構造について留意すべき点をまとめているが，この他にも緻密なさび層が形成しやすい環境とするべく詳細構造の工夫が考えられるので検討するとよい。留意すべき点は，構造の形状に関係するものと，部分的に他の防食法，例えば塗装を適用するものとに分類できる。

3.3.1 細部構造の形状

(1) フランジなど水平部材

Ⅰ断面部材の下フランジは，腹板との溶接によって上向のひずみが残り滞水するおそれがあるので，あらかじめフランジに逆ひずみを通常より大きく付けて溶接後も下向きの勾配が残るような製作法をとる事例もある。しかし，その効果は明確でなく，実際の橋では少なからず勾配などがあるために，強制的な排水勾配を設けなくても滞水することは少なくさび状態が悪くなったという報告はない。むしろ逆に，環境の厳しいところでは強制的な排水勾配を設けたことによって，雨水による水洗いがないフランジ下面に層状剝離さびが発生したといった報告もある[26]。さらに支承部分では，ソールプレートと下フランジに隙間が空くなどの問題がある。したがって，極端な逆ひずみは好ましくなく，一般の塗装橋と同様に

滞水が起こらない程度に製作するのがよい（図－Ⅲ.3.3）。

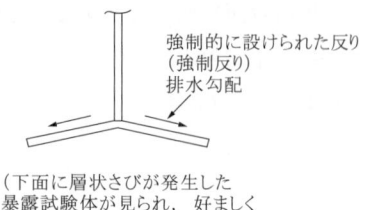

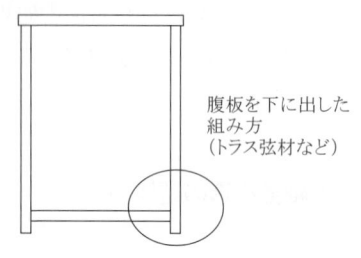

a) 強制的に設けた反り　　　　b) 腹板を下に出した組み方

図－Ⅲ.3.3　避けたい構造

　また，トラス弦材などでは，腹板を下に出した組み方をした場合も同様なことが起こるため採用を避けるのがよいが，緻密なさび層が形成される環境下にあっては問題が顕著に表れていないため構造上避けられない場合はこの限りではない。

　凍結防止剤が大量に散布される路線の橋においては，伸縮装置からの漏水などが下フランジを伝わり広い範囲にその影響を及ぼすことがある。対策として止水板を端部塗装範囲の境界部などに設置することで有効に機能する例もあるので，建設後の状況を想定して設置を計画するとよい。なお，取り付け方法は構造上の弱点とならないように注意する必要がある。例えば溶接による取り付けを行う場合には，取り付けられた部材の疲労耐久性が損なわれないようにしなければならない。鋼道路橋の疲労設計については，道示Ⅱ鋼橋編による。

(2) 下部構造天端の排水溝

　下部構造天端からの排水による流れさびの汚れを避けるために，図－Ⅲ.3.4に示すような下部構造（橋台，橋脚）の天端に導水用縁部立ち壁を設けたり，排水溝を設けて導水すると，導水管の故障や土砂やじんあいの堆積などによって排水が想定通り流れずかえって天端での滞水や導水経路以外の箇所からの漏水を生じて桁端部を湿潤にする例が多くある。この場合，さび汚れを防止する効果よりもむしろ橋台天端を湿潤にする逆効果の影響が大きく，縁部立ち壁や排水溝の設置を計画する場合には，将来の維持管理性も考慮して十分に検討することが重要である。

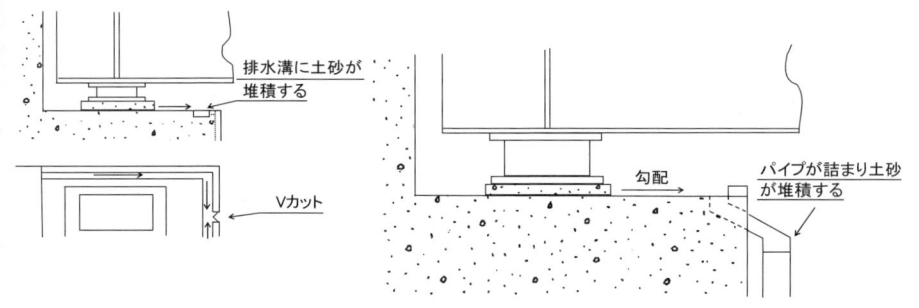

図−Ⅲ.3.4　避けたい構造（導水用に設けられた排水溝や縁部立ち壁）

　また，下部構造天端には，土砂やじんあいの堆積が生じないよう配慮するとともに，できるだけ滞水が起こらないように維持管理作業等において支障がない範囲で十分に排水勾配を設けるのがよい。

　下部構造（橋台，橋脚）の流れさびによる汚れには，架設段階で例えば床版が設置されない状態で桁を長期間雨水にさらし，その排水が一箇所に集中して下部構造（橋台，橋脚）に沿って流れることで生じるものが多い。このようなときには下フランジに止水板を取り付けることで，下部構造（橋台，橋脚）の直前で地面に落下させる方法が有効である（**図−Ⅲ.3.5**）。

　この場合，止水板の位置は検査路に水が直接かからない位置に設定することが重要である。また，止水板の取り付けにあたっては，疲労耐久性などの部材性能に問題とならない方法としなければならない。

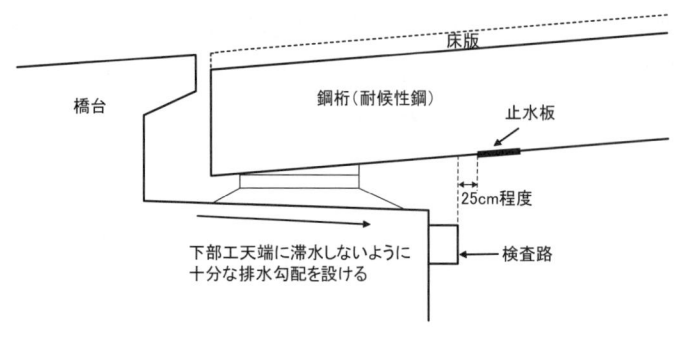

図−Ⅲ.3.5　床版設置前のさび汚れの防止策の例

3.3.2 部分塗装

(1) 桁の端部塗装

　桁端部は通気性が悪く，構造物の連続性が途切れる部位であることから，路面排水処理の不備や，伸縮装置の漏水などによって桁を長期間湿潤にすることがある。このようなことから，桁端部は防食上の弱点となりやすいので，地面との空間が取れずに風通しが悪く良好な環境が望めない範囲の部位には，塗装など別途の防食法を施すのがよい。連続桁の中間橋脚部も同様に通気性が悪い場合が多く，滞水が起こらない環境とするのがよい。

　塗装による場合には，図－Ⅲ.3.6のように下部構造の天端上の範囲を目安とし，桁が地面に迫っているような地形ではその範囲を目安として塗装するのがよい（図－Ⅲ.3.7）。凍結防止剤を散布する路線の橋では，地覆の不連続部から路面排水が外桁の外面側に流れ落ちて桁をぬらす場合や，伸縮装置の損傷部から路面排水が落ちて桁をぬらす場合があるので，このような場合は，図－Ⅲ.3.8の外桁外面を含めて桁の高さと同じ程度の範囲を塗装するのがよい。また，下部構造に検査路が設置されている場合は，さび汁が検査路に落下し検査路の健全性に影響を及ぼす場合もあることから，塗装範囲は検査路幅も考慮して設定することが重要である。

　このときの塗装色については，無塗装部との色調の相違を考慮して別途景観上の観点からも配慮するのが望ましい。

　部分塗装では，塗装と無塗装部の境界部分が防食上の弱点となりやすい。したがって，部分塗装範囲をできるかぎり環境の良好な範囲まで広げ，境界部が無塗装でも問題のない位置とするのがよく，点検の際には境界部分から塗膜下へのさびの浸入状況に注意することが重要である[19]。

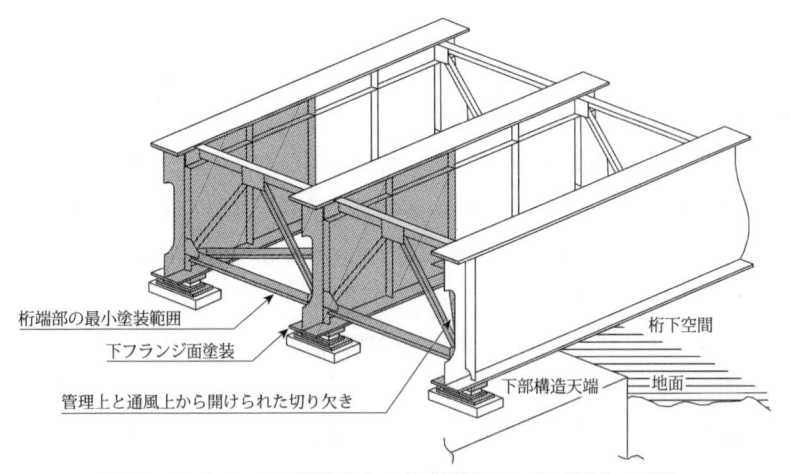

図−Ⅲ.3.6　下部構造上の塗装範囲の例（橋台の例）

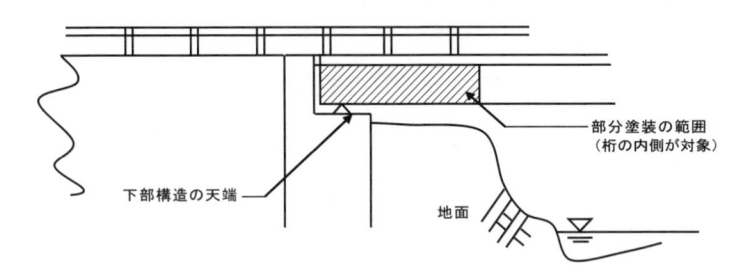

図−Ⅲ.3.7　地面が迫った地形における部分塗装の例

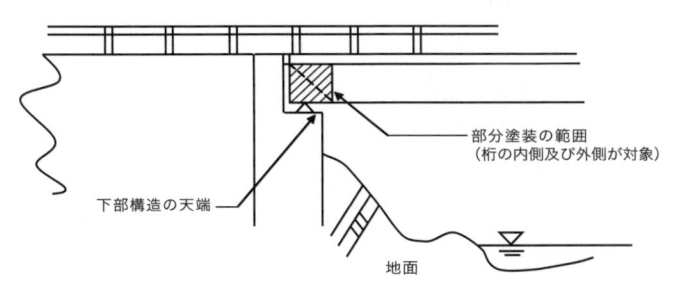

図−Ⅲ.3.8　凍結防止剤を散布する場合の部分塗装の例

(2) 箱桁の内面処置

　「内面」とは，箱桁や鋼製橋脚などの閉断面部材における内側の面を指す。一般に箱桁の内部は気密ではなく，結露や雨水の浸入によって湿潤になりやすいと考えられているが，実際の環境条件については不明な点も多い。また，箱桁内に導かれた排水管の損傷などによる漏水，連結部の隙間を通して床版ひび割れからの漏水などで内部に滞水することがある。したがって箱桁の内面は，通常の塗装橋と同様の塗装を施すのがよい。

　ただし，トラス部材の箱断面や鋼床版の閉断面縦リブのように，完全に密閉された箱断面の場合には，塗装橋と同様に内面を塗装しなくてもよい。

　箱桁内面を塗装仕様としたことにより内面部材は基本的に普通鋼材でよいが，連結板のような内面板と外面板とが同一形状で製作及び架設上，混乱を招くものについては誤用をさけるため耐候性鋼材を使用するのがよい。

(3) 水道管による結露など

　水道管を橋に添架する場合には，水道管の結露によって緻密なさび層が形成されにくい環境となることもあるので，場合によっては周辺の桁を塗装することも検討する必要がある。

①空気弁を設ける場合，空気弁からの飛沫水等によってその周囲の鋼桁を常に湿潤状態にしてしまうことがある。

②地中を通ってきた冷たい水道水で添架部の水道管が冷やされて，その外面に結露水が発生し鋼桁を湿潤状態にしてしまうことがある。

(4) 橋の添架物など

　桁側面や桁間に導水管などの添架物が設置される場合，極端に閉鎖的な空間を形成すると湿気がこもりその部位の腐食環境が悪化したり，添架物からの跳ね返り水の影響で部分的に緻密なさび層が形成されにくくなったりする場合がある。

　添架物の設計にあたっては，それらが鋼材の環境に及ぼす影響について十分に配慮することが重要である。

第4章　製作・施工上の留意点

4.1　一般

　この便覧で扱う耐候性鋼材による鋼道路橋の製作については，この章に規定されていない項目は道示Ⅱ鋼橋編によるものとし，この章では普通鋼材による場合と異なる事項や特に配慮が必要な事項に関してのみ記述した。

4.2　製作時の留意点

（1）加工・組立
　原板ブラストによって黒皮を除去した場合は，工場製作時にほこり，油脂，マーキング等が付着しないよう工夫し，これらが付着した場合は，工場出荷時までに除去するのがよい。
　水溶性のマーキング等を使用した場合等でもこれを完全に除去し難いことがあるため，桁の内側面にマークが来るようにするなどの配慮をするとともに，出荷時までに動力工具やブラスト(Sa 2程度)により汚れやマークを除去するのがよい。
　部材角部の処理としては無塗装使用ではバリ取り程度でよいが，部分塗装などの塗装を実施する範囲には，2R以上の面取りを行って曲面仕上げとすることで塗膜性能を確保することが重要である。

（2）仮置き
　部材の仮置きが長期間に及ぶ場合（長期保管の場合）には，飛来塩分の付着をできる限り避けるようシートで保護するなどの配慮をするとともに，雨水等の滞水，汚水等の跳ね返りがないように仮置き場所，姿勢，高さなどに留意することが重要である。
　仮置き時に付いてしまったさびむらや汚れは，時間とともに消失する傾向にあるが，環境によってはいつまでも残留してしまうことがある。これらが残存すると外観上の見苦しさは避けられないことから，さびむらや汚れが付かないよう十分注意することが重要である。特に長期間保管する場合は，さびむらや汚れが付

きやすく，このような場合においては工場搬出時にブラスト処理（Sa 2 程度）を行うのがよい。

写真－Ⅲ.4.1 は，工場の仮置き時に生じたさびむらの例である。長期間保管する場合に，雨水のかかり具合によりこのような事象が起こりやすい。このことは架設現場での保管も同様であるので注意が必要である。

写真－Ⅲ.4.1 仮置き時に生じたさびむら

4.3 輸送・架設時の留意点

(1) 輸送

耐候性鋼部材の輸送にあたっては，飛来塩分の付着をできる限り避けるよう配慮する。塗装などの被覆で防護されていない鋼部材に塩分が付着すると水洗いで完全に除去することが難しく，緻密なさび層の形成に好ましくないだけでなく，さびの色むらを生じる原因ともなる。したがって，海上輸送では天蓋のない台船など，船の甲板上での輸送は好ましくないので避けるのがよい。ただし，大型の部材等でやむを得ない場合には，潮風や海水の影響を受けないようシートなどで完全に保護して輸送する必要がある。なお，輸送後や架設前の段階で部材表面に塩分の付着が疑われた場合には，塩分付着の有無を確認するとともに，付着が確認された場合には，入念に水洗いを行うなどして塩分を除去することが重要である。

(2) コンクリート打設施工

　耐候性鋼材にコンクリート，モルタル，土砂などが付着すると，洗浄しても完全に除去することは困難な場合が多い。特に，モルタルなどの乾燥後の除去が困難な物質の付着には特に注意し，万一付着した場合は，速やかに水洗い等で除去することが必要である。写真－Ⅲ.4.2は，鉄筋コンクリート床版打設時に型枠の隙間から漏れたセメントミルクの付着跡である。この例では，架設後3年経過しても付着痕が残ったままのまだら模様となっている。

写真－Ⅲ.4.2　鉄筋コンクリート床版打設時のセメントミルクの汚れ

　鋼道路橋におけるコンクリート施工としては，床版や壁高欄，地覆，端横桁のコンクリート巻き立てなどがある。これらの施工にあたっては，型枠からモルタルやセメントミルクの漏れがないよう十分な対策をとるとともに，万一漏れが生じた場合にも速やかに除去できるよう十分注意して施工する必要がある。

　図－Ⅲ.4.1は床版型枠の施工時に，セメントミルクを桁に漏出させないために設置した型枠パッキン材の例である。

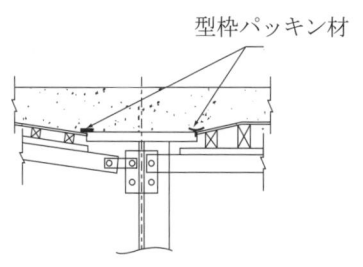

図－Ⅲ.4.1　セメントミルク漏出防止対策の例

現地架設後，床版コンクリート打設までの期間が長期に及ぶ場合は，工場製作時の留意点でも述べたようにさびむらの原因となる。架設現地において雨水のかかりによるさびむらを避けることは難しく，このような場合は，あらかじめ耐侯性鋼用表面処理剤を塗布するなどの方法も一例である。

　また，床版コンクリート打設までの期間が長期に及ぶ場合は，雨水のかかり方や水みちによりさび汁が橋台や橋脚を汚すことがある。下フランジが水みちとなって縦断勾配の低い方に流れるさび汁は，橋台や橋脚を汚すことになるため，止水板などを設置することで橋台や橋脚の手前でさび汁を滴下させる対処方法などの例もある（図－Ⅲ.3.5）。このような場合で下部構造の検査路が設置される場合は，止水板等は検査路幅を考慮して設置することが望ましい（**写真－Ⅲ.4.3**）。

写真－Ⅲ.4.3　下部構造検査路幅を考慮した止水板の設置例

第5章　防食の施工

5.1　一般

　耐候性鋼材は，材料自身の環境作用に対する腐食抵抗性に期待する防食法であることから，その耐食性は鋼材に含まれる合金元素の作用による保護性の高いさびの形成の状態に依存している。したがって防食の施工としては，製鋼時における合金元素添加により所要の性能をもつ鋼材とすることが主な工程であるが，橋としての完成後に大気環境下で期待される緻密なさび層形成を図るためには，鋼材の加工を行う製作時又は架設時に鋼材表面を緻密なさび層が形成されやすいよう調整することが必要となる。ここでいう鋼材表面の調整とは，鋼材表面黒皮の除去，さび汚れの除去，付着した塩分の除去などである。

5.2　施工

(1) 耐候性の合金元素添加
　耐候性鋼としての性能を発揮するために必要な合金成分設計に基づき，製鋼工場において銅，リン，クロム，ニッケルなどの元素を適量添加する。
　製鋼工場では，その添加量を鋼材検査証明書に記録し，鋼材とともに需要者にわたされることになる。したがって施工前にその鋼材の合金元素が，所定量添加されているかを鋼材検査証明書によって確認する必要がある。
(2) 鋼材表面の調整
　大気環境下で鋼材表面に緻密なさび層が形成されやすいようにするとともに，期待する一定の外観を保持できるよう橋の製作時又は架設時に，鋼材表面の調整を行うことが必要である。一定の外観の保持とは，さびのむらの程度が少なく，時間とともにこれらが消滅する範囲内にあることである。一般的なさびむらの状態を，**写真-Ⅲ.5.1** に示す。
　耐候性鋼材の表面は黒皮を除去するのがよく，黒皮が付いたままで暴露された耐候性鋼材は黒皮の付着が均質でないため，黒皮とさびとのむらを生じ，黒皮が

全て剥離した後においてもさびの色むらが残ることがある。また，黒皮が架橋地で剥離すると，そのさびが橋の近辺を汚すことにもなる。このようなことから，無塗装使用する耐候性鋼材の表面の黒皮は，製鋼工場で除去するのがよい。

写真－Ⅲ.5.1　一般的なさびむらの程度

　黒皮を除去するには，原板ブラストによる方法と製品ブラストによる方法とがあり，ここで示すブラスト程度は，素地調整 Sa 2 1/2 程度である。原板ブラストとは，製作加工（孔あけ，切断，溶接組み立て）を行なう前に製鋼工場などで鋼板の黒皮をあらかじめ除去する方法であるが，製品ブラストとは溶接加工などに支障のある一部分以外を対象に，溶接加工後の橋の部材の状態で製作工場においてブラストにより黒皮を除去する方法である。原板ブラストによる方法は労力が少ないが，製作加工時に付着する汚れなどがそのまま残ることになる。一方製品ブラストによる方法は，仮置きを含めた製作工程の最後にブラストをかけるため，汚れの少ない均一なさび状態で工場を出ることになる。しかし，溶接加工部などに黒皮が残らないよう処理する必要があることから，労力が相当量多くなる。

　最近は原板ブラストによって行う事例が多く，この方法による場合は，工場出荷時に製品ブラストを施したものと比べるとさびの均一性に欠けることになる。

　制作時におけるさびの不均一性の多くはいずれなくなるものの，工場出荷の当初より確実に均一な外観を得るためには，工場作業時に付くマーキング，油，焼けこげなどを工場出荷時にブラスト（Sa 2 程度）によって除去するのがよい。

耐候性鋼材の表面に期待される緻密なさび層を形成させるためには，鋼材表面に塩分が付着することを避けなくてはならない。工場での仮置き時，輸送時，架設現場での仮置き時においては，塩分の付着が生じていないことを確認するとともに，塩分付着に対する防護の必要性を判断するために輸送前や仮置き時などの適当な時期に，付着塩分量を測定することが重要である。その上で塩分の付着が避けられない場合には，シートで被う又は定期的に水洗いを行うなどの措置を講じなくてはならない。また，塩分付着が認められた場合には，速やかに水洗い等によりこれを除去する必要がある。

5.3　施工管理

（1）製作工場での耐候性鋼材化学成分の検査
　耐候性鋼材の化学成分は，JIS G 3114 及び JIS G 3140 に規定されているが，橋の製作時において，当該材料の鋼材検査証明書によって合金成分量が規定値を満たしていることを確認する必要がある。
（2）鋼材表面の調整についての管理
　鋼材表面の汚れを防止することは，防食性能を発揮させるための直接的な条件とはならないが，耐候性鋼橋として一定の外観性を保持するためには必要である。汚れ防止とは，工場製作時から施工完了時までの期間において，さびむらや汚れをできる限り生じさせないように，仮置き時の姿勢，保管場所の環境，保管期間等についての計画，管理を行うことが重要である。
　緻密なさび層を形成させるためには，飛来塩分量の大きな地点で長期にわたり保管することを避けなくてはならない。このような保管にあっては，さびむらを生じやすく鋼桁に塩分が付着することが多々ある。やむを得ずこのような塩分の付着の可能性が高い場所で保管を行なう場合や輸送中に塩分の付着が生じた疑いがある場合には，速やかに付着塩分量が保護性のさびの生成を妨げない程度であることを確認しなければならない。
　万一，過度の塩分付着が確認された場合には，入念に水洗いを行うなどによって塩分を十分に除去しなければならない。

耐候性鋼材の表面に付着した塩分量を測定する方法は，現状において確立されてはいない。製作当初の初期さびの状態で拭き取り法（又は簡便な電気伝導法）によって測定することで，ある程度安定した測定値が得られることから，この方法によって測定した値を付着塩分量（指標値）として扱ってよい。付着塩分量とさびの状態変化との関係を解明した研究が少ないことから，付着塩分量の制限値を定量的に示すことはできないが，建設後長期間経過した橋における緻密なさび層が形成されその状態のよい部分の付着塩分量は，50mg/m^2～1,000mg/m^{2}程度と考えてよい。また，緻密なさび層が形成された後に塩分を強制的に付着させた時に，500mg/m^{2}程度を超えると急激に鉄イオンの溶出量が増加したという実験例[12]などもあるので参考にするのがよい。したがって，工場保管時や架設現地保管時などの初期の状態における付着塩分量は，100mg/m^{2}程度を目安として抑えるのがよい。

付着塩分量の検査は，製作終了時や桁架設前などの作業工程の節目において，原因除去のために行う補修作業ができる状態にある時点で実施するのがよい。

5.4 防食の記録

耐候性鋼橋の防食において記録すべきことには，使用鋼材，部分塗装の仕様，耐候性鋼用表面処理剤を施した場合の仕様などがある。防食の記録は，構造物に防食記録表として記入するのがよい。

使用鋼材については，橋歴板に記されることから省略してもよい。JIS耐候性鋼材以外の耐候性鋼材，例えばニッケル系高耐候性鋼材などを使用した場合は，その仕様を橋歴板に記すことが必要である。端部などの部分塗装については，塗装記録表（第Ⅱ編塗装編 **5.3.9**）を参考にして必要事項を記録表に記すことが必要である。耐候性鋼用表面処理剤を施した場合も，塗装記録表（第Ⅱ編塗装編 **5.3.9**）を参考にして必要事項を記録表に記すことが必要である。

第6章　維持管理

6.1　一般

　耐候性鋼材は，緻密なさび層の形成以降に腐食の進展が抑制され，所定期間の板厚減少量を一定限度内に止めることによって耐久性を実現する防食法である。しかしながら，緻密なさび層の形成が，適切に成されるように配慮し周到に計画，設計，製作，架設が行われた橋であっても，実際に架設された橋においては，計画，設計段階の想定より構成部材の部位が厳しい環境にさらされる場合や，予期しない箇所や構造的な経年劣化部位からの漏水などで局部的に設計時の想定以上の環境悪化が生じ，緻密なさび層が形成されない場合がある。

　例えば，塩分を含む漏水などがある場合には，長期にわたって点検が実施されずに放置されると，激しい腐食によって断面が欠損し，部材補強や取り替えが必要となる可能性もある。また，架橋後の周辺地形の変化，隣接構造物の設置，植生の変化，凍結防止剤の飛散状況の変化などによる風みち，湿潤環境や塩分環境の変化によって，緻密なさび層が形成されない環境となることもある。このように耐候性鋼橋でも実際に架橋された橋の各部が，適当な条件の下で設計で考慮した期間の耐久性を発揮するためには，適切な維持管理が必要である。「無塗装耐候性橋梁の点検要領（案）[18]」には，点検・維持管理が必要であることが記載されているので参考にするのがよい。

　耐候性鋼橋の防食機能の低下は，層状剥離さびの発生として現れ，それに伴って板厚減少量が大きくなる。したがって点検時には，層状剥離さび，及びその兆候となるうろこ状さびの発生の有無を点検するとともに，堆積物，漏水，滞水による部材のぬれやさびの外観など部材と鋼材の置かれた環境条件に注意することが重要である。

　点検で変状が確認された場合や，じんあいの堆積など措置が必要と判断された場合には，適切な維持補修等の措置を行う必要がある。

　耐候性鋼橋を適切に維持管理していくためには，あらかじめ周到に維持管理計画を立てておくことが重要である。計画の策定にあたっては，耐候性鋼材のさび

の特性を考慮しながら，鋼道路橋用に定められた既存の維持管理基準等も参考にして，当該橋に対して実施しやすい維持管理行為となるように配慮することが重要である。

なお，橋の設計においては，これら立案した維持管理計画に基づいて検査路やマンホールなどの設備や構造上の配慮を行って反映しなければならない。ここに，維持管理計画フローの例を図-Ⅲ.6.1に示す。

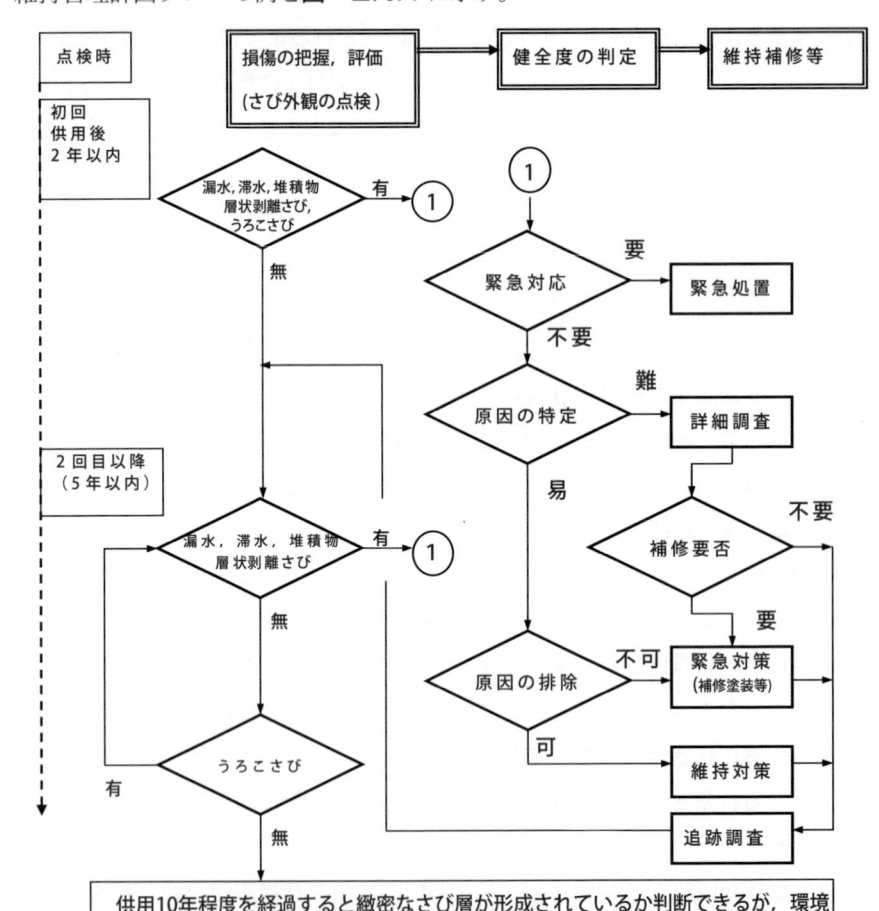

図-Ⅲ.6.1 無塗装耐候性鋼橋の維持管理計画フローの例

6.2 さびの状態と評価手法

(1) 鋼材の腐食とさびの形成

　耐候性鋼材のさびの状態は，腐食環境の厳しさに依存して変化する。腐食環境が厳しくない場合，腐食速度が極めて小さいためさびの発生も遅く，緻密なさび層の形成によって所定の防食機能が発揮されるまでの時間が長くかかる。このような条件では，鋼材の減耗そのものが極僅かなので防食上の問題となることはない。逆に厳しい腐食環境条件の場合には，緻密なさび層が形成され腐食速度が高まって，鋼材の腐食減耗が拡大することになる。これらの中間となる中程度の腐食環境条件の場合には，耐候性鋼材に含まれる合金元素の作用によって鋼材の大きな腐食減耗を生じることなく，緻密なさび層が鋼材表面に形成されることで腐食速度が経年的に低減し，長期の腐食減耗が一定限度内に抑制される状態となる。

　耐候性鋼橋の維持管理においては，さびの状態が「緻密なさび層が形成されている状態」又は，「緻密なさび層が適切に形成されつつある状態」にあるのか，若しくは「緻密なさび層が適切に形成されず腐食が進行する状態」にあるのかを判断することが重要である。

(2) 緻密なさび層の状態についての指標

　緻密なさび層の状態の指標については，外観，腐食量，さびの構造や物性の各側面から表す試みがなされている[29]。それぞれの代表的な指標とその計測法を**表－Ⅲ.6.1**に示す。

　外観については，さびの粒子や色相が指標になる。検査は目視や写真見本を使用して行う。ここで示す指標は，簡便で実用性の高い方法であることから，さびの状態を大まかに捉えるのに適しているが，評価者の経験などによっても評価のばらつきが生じる点に留意する必要がある。

　板厚の検査は，超音波厚さ計やマイクロメータを使用して行う。橋の構造や作業の安全性から計測点が限定される場合がある。また，板厚の計測器の測定精度がマイクロメータで0.01 mm程度であるため鋼材表面の凹凸などを考慮すると，得られた結果の経年的な変化を追跡するために適用するには，精度に限界があるとされる[13]。

さび層の厚さについては，地鉄が強磁性体であるのに対しさび層の主体は反強磁性体[30]であることから，電磁膜厚計を用いた計測が可能であり，計測した値がそのままさび層の厚さとなる。

さびの構造については，さびの組成，さび層のイオン透過抵抗，電気化学的電位又は地鉄反応が起こる活性点の面密度等が指標になる[14) 31)]。

さびの構造を分析する手法については，X線回折，ラマン分光，メスバウアー分光等を使用してさび層の組成そのものを分析する手法，さび層のイオン透過抵抗，電位などの電気化学的特性から緻密なさび層の生成状態を推定する手法，及びさびの緻密性をフェロキシル試験を適用し化学反応により推定する手法がある。さび層は，α-FeOOH，β-FeOOH，γ-FeOOH，Fe_3O_4から構成されX線回折によりこれらの重量比率が得られる。緻密なさび層が生成している場合は，α-FeOOHが観察されるため，α-FeOOHの重量比率と試験体の暴露年数から緻密なさび層の生成状態を知ることができる。さび層のイオン透過抵抗および地鉄との電位差は，それぞれさび層の環境遮断性や擬似不働態化の程度を示す指標であり，緻密なさび層の生成状態とよい対応を示す。すなわち，これらを測定することによって，緻密なさび層の生成度合を推定することが可能となる。イオン透過抵抗は，交流インピーダンス法を用いてさび層のイオン透過抵抗値を測定する。電位の測定法は，さび面上の参照電極と地鉄の電位差を測定する。

フェロキシル試験では，地鉄の腐食活性点が青色の斑点として検出される。青色の斑点は，さび層のピンホールを通して試薬が地鉄と反応したことを表しており，斑点が小さく密度が低いほどさび層が緻密であると考えられる。

ここで示すさび状態の計測については，現場で適用可能な器具も開発されている。ただし，各手法の適用性や精度などについては確立された評価基準がないため，現在のところ適用にあたっては個々の条件に応じて検査要領について検討し，設定することが重要である。

このように，維持管理においてはその利便性から主たる指標を「外観評点」とするのが合理的であるが，一方で，外観による評価の信頼性をより高めるためには，他の定量的な指標と外観とを関係付けたり，他の指標による評価と総合的に判断するなど，評価体系を充実させることが望まれる。

表-Ⅲ.6.1　さびの状態の代表的な指標と試験法 [14) 31)]

項目	指標	方法例	指標の意味
外観	外観評点 　さび粒子の大きさ 　さび粒子の均一性 　さび層の質感 　さびの色相 　さび層の厚さ	目視，接写写真， セロファンテープ試験， 色見本，電磁膜厚計	間接的に腐食速度や環境の適否を知ることができる
腐食量	板厚 さび層の厚さ 重量	超音波厚さ計 マイクロメーター 電磁膜厚計 試験片の重量計測	初期値との比較により累積の腐食量を知ることができる
さびの構造と物性	さび形成 イオン透過抵抗値 電位値 地鉄反応	X線分析 ラマン分光分析 メスバウアー分光分析 交流インピーダンス測定 電位差計 フェロキシル試験	さびの環境遮断機能や，さびの擬似不動体化の程度を知ることができる

(3) 外観観察によるさび評価

1) さび外観評点

　さび外観の指標として，三者共同研究で定義された外観基準に定量的な指標を加えた外観評点が提案されている[13) 14) 29) 31)]。

　さび外観評点の例を**表-Ⅲ.6.2 (1) (2)**に示す[14)]。

表-Ⅲ.6.2 (1)　さび外観評点とさびの状態[14)]

評点	さびの状態（例） （表層さびの粒子の大きさと外観）
5	1) さび粒子は細かいが，均一性に欠ける。 2) さびの色は，明るい色相で，むらがある。 3) 若いさびの状態。環境が非常に良い場合では長期間にわたりこの状態が続く。 4) さび層の厚さは 200 μm 程度未満である。
4	1) さびの平均外観粒径は 1mm 程度で細かく均一である。 2) さびの色は，暗褐色でむらがない。 3) 腐食速度は微小の領域に達している。 4) さび層の厚さは 400 μm 程度未満である。
3	1) さびの平均外観粒径は 1mm〜5mm 程度である。 2) さびの色は，褐色〜暗褐色でむらは少ない。 3) 腐食速度は微小の領域に達している。 4) さび層の厚さは 400 μm 程度未満である。
2	1) さびの平均外観粒径は 5mm〜25mm 程度のうろこ状である。 2) さびの色は，環境によって様々である。 3) さび層の厚さは 800 μm 程度未満である。
1	1) さびが層状で厚いか，剥離ある。 2) さびの色は，環境によって様々である。 3) さび層の厚さは 800 μm 程度を超える。

表-Ⅲ.6.2（2） さび外観評点と写真見本[14]

評点	桁下暴露試験の写真	実橋での例	
		（接写写真）	セロファンテープ試験
5			
4			
3			
2			
1	←→ 20mm	←→ 10mm	←→ 10mm

2) さび外観評点と板厚減少量

図－Ⅲ.6.2[14]は，三者共同研究での暴露9年目の試験片についてさび外観評点ごとに分類したもので，その地点の平均板厚減少量と腐食速度を示している。

平均板厚減少量は，暴露試験片のさびを除去して重量減少量を測定し，これから平均板厚に換算したものである。腐食速度は，回帰式から9年目の年間平均板厚減少量（mm／年）を求めたものである。なお，さび面には凹凸があることから，最大板厚減少量はこれよりも大きい。9年目で外観評点1（層状剥離さび）の場合，板厚減少量が0.5 mm以上となるものが多い。一方，外観評点3，4，5の平均板厚減少量は概ね0.1 mm以下で，腐食速度も0.01 mm／年以下となっている。外観評点2のうろこ状さびの状態であっても，その平均板厚減少量は多くても0.3 mm程度である。

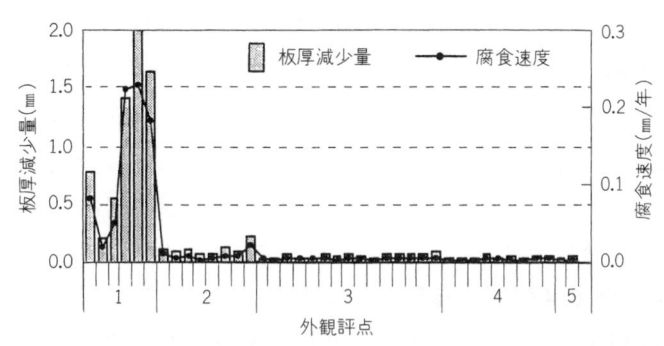

図－Ⅲ.6.2　さび外観評点と片面あたり平均板厚減少量・腐食速度の関係（暴露9年目）[14]

3) さび外観評点の経年変化と板厚減少量との関係

三者共同研究の暴露試験データ及びその後引き続き暴露された試験片の一部を17，18年目に回収調査した結果について整理し直し，さび外観評点と回帰で推定した100年後の片面当たり平均板厚減少量との関係について，暴露期間別（3年，9年，17年，18年）に表示したものを**図－Ⅲ.6.3**[31]，及び暴露地別のさび外観評点の推移を**図－Ⅲ.6.4**[31]に示す。

図－Ⅲ.6.3において，○印で示される暴露9年目の外観評点と平均板厚減少量に着目すると，外観評点が3，4，5の場合，100年後の片面当たりの平均板厚減

少量は 0.5 mm 以下となる。しかし，外観評点が 1 の場合は，100 年後の片面当たりの平均板厚減少量は 1 mm を超える大きな値となる可能性が非常に高いことがわかる。一方，外観評点 2 の場合は，100 年後の片面当たりの平均板厚減少量が 0.2 mm 程度と非常に小さくなる場合もあれば，逆に 1.5 mm 程度となる場合もあることから，将来の板厚減少量を予測することは困難であることがわかる。また，外観評点 3，4，5 のさびは，図－Ⅲ.6.4 より飛来塩分量が 0.05mdd 以下の環境においては外観評点 1，2 へと変化する傾向が認められないため，暴露 9 年目の外観評点が 3，4，5 であれば，計画，設計時に想定された環境に大きな変化がない限りさび外観は大きく変化しないと判断され，将来にわたり防食機能が維持されると考えられる。

次に，図－Ⅲ.6.3 において，■印で示される暴露 3 年目の外観評点と平均板厚減少量とに着目すると，外観評点が 5 の場合，100 年後の片面当たりの平均板厚減少量は 0.5 mm 以下となるが，外観評点が 1，2 の場合は，100 年後の片面当たりの平均板厚減少量は 1 mm を超える大きな値となる可能性が高いことがわかる。一方，外観評点が 3，4 の場合，100 年後の片面当たりの平均板厚減少量は 0.1 mm 程度と非常に小さくなる場合もあれば，逆に 1 mm を超える場合もあることから，将来の板厚減少量を予測することは困難であることがわかる。

また，図－Ⅲ.6.4 の水平暴露の試験結果に示されるように飛来塩分量が 0.05mdd を超える環境においては，石狩川河口橋や海老川大橋の例に見られるように，暴露 3 年目で外観評点が 3 又は 4 のものが暴露 9 年目に外観評点 1 又は 2 に変化している。これは飛来塩分量が 0.05mdd 以下の環境における外観評点の経年変化とは異なる現象であり，さび外観の経年変化が塩分環境に大きく影響されることを示唆している。

図－Ⅲ.6.3 及び図－Ⅲ.6.4 から読みとれるさびの経年変化の特性をまとめると，以下のとおりである。

① 暴露後 3 年程度で，さび外観評点が 1（層状剥離さび）又は 2 となった場合は，100 年後の片面当たりの平均板厚減少量は 1 mm を超える大きな値となる可能性が非常に高い。
② 暴露後 3 年程度では，さび外観評点が 3，4，5 でも将来の平均板厚減少量を

判断するのは困難である。
③ 暴露後9年程度以降でさび外観評点が3，4，5となった場合は，100年後の片面当たりの平均板厚減少量は0.5 mm程度以下となる確率が高い。
④ 暴露後9年程度以降で外観評点が2となった場合は，将来の平均板厚減少量は最大で1.5 mm程度と予測される。
⑤ 飛来塩分量が0.05mdd以上の環境では，暴露後3年程度での外観評点3，4のさびが暴露後9年程度以降で外観評点1，2のさびとなる場合がある。

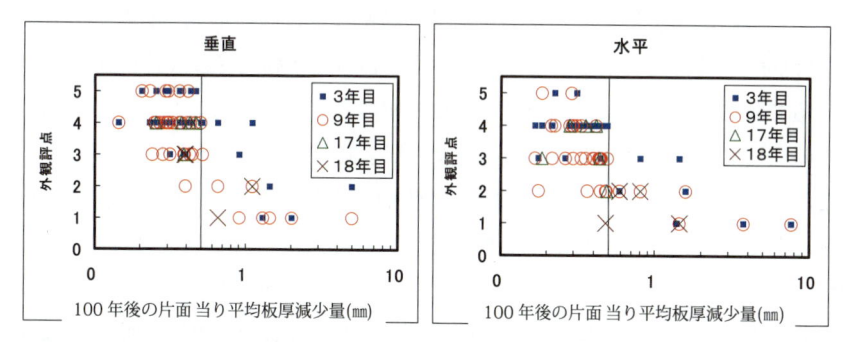

図－Ⅲ.6.3 耐候性鋼材のさび外観評点と100年後の片面当たり平均板厚減少量の関係[31]

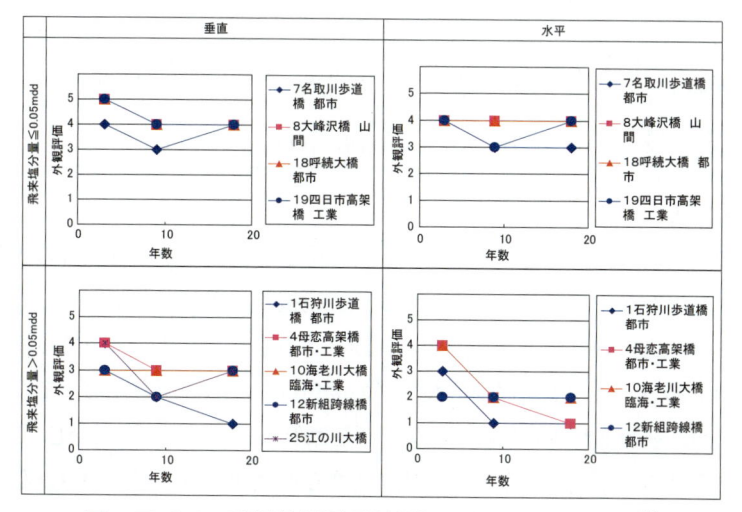

図－Ⅲ.6.4 耐候性鋼暴露材外観評点の経年変化例[31]

6.3 点検

(1) 点検項目

　耐候性鋼橋の防食原理は緻密なさび層の形成による腐食の抑制であることから，耐候性鋼材にとって適切な環境が大きく変化しない限り期待する防食機能は維持されることになる。

　しかし，耐候性鋼材にとって当初から環境が適当でなかったり，又は供用後に途中から不適切な条件となった場合には，緻密なさび層が形成されないことによる防食機能の低下によって異常なさび，すなわち層状剥離さび（外観評点1），又はうろこ状のさび（外観評点2）となって現れることになる。したがって耐候性鋼橋の点検においては，これらの異常なさびを検出することが主眼となる。

　また，不適切な環境の要因は，地域的な架橋環境条件に限らず多岐にわたるため，点検にあたっては局部的な環境が異なる橋の各部位に着目するとともに，飛来塩分粒子以外に層状剥離さびの発生原因となる漏水，滞水の有無についても点検することが重要である。耐候性鋼橋の点検における必要な着目項目を**表－Ⅲ.6.3**に示す。

表－Ⅲ.6.3　点検における着目項目 [18]

調査項目
・さび外観評点1，及び2のさびの有無
・緻密なさび以外のさび厚測定，セロファンテープ試験など（さび外観判定の補助手段として）
・漏水，滞水の有無
・漏水，滞水の原因となる本体及び付属設備の不備，劣化，損傷

(2) 点検方法

　通常の点検は近接目視を基本とし，必要に応じて緻密なさび層以外のさび厚測定やセロファンテープ試験を行うのがよい。近接が困難な場合であっても双眼鏡を用いる等，さびの外観性状が適切に評価できるような方法によって点検することが重要である。その際，局部的なさびの変色は，漏水箇所を知る上で役立つ場合が多いが，変色部が必ずしも異常なさびとは限らないことに注意が必要である。

　さび外観評点の補助手段として実施するさび厚測定には，電磁膜厚計などを利用するとよい。また，セロファンテープ試験は鋼材表面に生成された浮きさびを

セロファンテープで回収し，さびの粒子の大きさと均一性の状態を評価するものである[29]。これらの具体的な測定要領としては，「耐候性鋼の橋梁への適用〔解説書〕」[13]が参考となる。

耐候性鋼橋では鋼部材の疲労亀裂の発生が懸念される部位については，特に照明機器や磁粉探傷試験などを用いることにより，亀裂の有無という観点でも点検することが重要である。すなわち耐候性鋼材を無塗装で使用した場合，塗装鋼材と異なって表面に開口した鋼材の亀裂部が直接外気に暴露された状態となることから，さびに覆われ塗膜割れのような検出しやすい形で亀裂の兆候が現れない場合が多い。したがって，亀裂の調査や鋼材表面の外観調査にあたっては，特に慎重な点検を行うことが重要である。なお，耐候性鋼材でも疲労亀裂部分から発生したさび汁によって変色を生じ，亀裂が発見された事例が報告されている[32]。

(3) 点検部位

耐候性鋼材を用いた橋を調査した結果，以下のような部位に層状剥離さびの発生やその兆候が観察されている（**表-Ⅲ.2.1**）。すなわち，路面排水管の継ぎ目や損傷した非排水型伸縮装置や床版のひび割れからの漏水，細部構造の配慮不足などで排水勾配や水抜きが適切に機能していないことによる鋼部材上の滞水，風通しが十分ではなく，橋台の天端の滞水等による湿気の滞留がある桁端部，また，湿気の滞留する部位や添架している水管橋等による鋼材表面への結露等によって，長時間ぬれた状態になった部位である。その他にも離岸距離が近く，海塩粒子が飛来・付着した桁や，凍結防止剤を多量に散布する路線で，走行車両により凍結防止剤を含む路面水が飛散・付着した桁等の部材では，層状剥離さびやその兆候が認められる事例がある。いずれも雨水による塩分等の洗い流し効果が不十分な箇所で影響を大きく受けていると考えられる。

点検は，漏水，滞水が生じやすく，異常なさびが発生しやすい部位に注目して実施することが重要である。具体的には，桁端部，又は各種排水設備周辺また，雨による洗浄効果が少ない水平部材下面や，塩分が付着して洗い流されにくい内桁などの部位に注目し，橋台や橋脚の天端や点検通路などから目視による点検を実施する。凍結防止剤散布路線では，橋の構造や部材の位置・形状の条件や隣接構造物の存在など，周辺地形環境の条件を考慮して影響を受けやすい箇所に注目

して点検するのがよい。また水平部材上面では，土砂やじんあい，植生物など種々の堆積物が吸湿してさびに悪影響を及ぼす可能性があることを念頭に入れて点検するとよい。

桁端部などで当初から重防食塗装等の他の方法で防食した部分，及び供用後に補修などで塗装を行った部分は，さび発生状況や塗膜の膨れ，剥離等の有無など適用されている防食方法に応じて変状を点検する必要がある。

(4) 点検時期

道路橋の維持管理においては，通常一定の期間を定めて橋の状態を詳細に点検する定期点検が行われている。耐候性鋼橋の防食機能に着目した点検についても基本的には，各橋の管理者が定めるこれらの定期的な点検に併せて行われることでよい。点検頻度は供用後2年以内に初回を行うものとし，2回目以降は原則として5年以内に実施することが決められている。初回を供用2年以内としたのは，この時期に漏水，滞水による部材のぬれ，又は層状剥離さびやうろこさびが発見された場合は，当該部位では耐候性鋼材の適用可能環境を越えた腐食条件であることから，将来の腐食進行が早くなる可能性が高いためである[31]。そしてこのような場合には，このままの状態で使用しても環境が改善されることはなく，できるだけ早い時期にその原因の究明と排除を行うのがよい。

第2回目以降は，供用後の橋が受ける環境の変化，例えば凍結防止剤散布の有無や散布量の変化，又は風みちの変化，植生の変化などの影響に留意して，点検を行う必要がある。

供用約10年程度の時期にさび外観評点が3，4，5であれば，耐候性鋼材の適用環境として適当であることから，それ以降の周辺環境の大きな変化や，漏水，滞水による部材のぬれがない限り，将来の板厚減少量は許容範囲内程度となると判断できる[31]。なお，塗装部など他の防食法による部位については，それぞれの防食法に適当な時期や頻度で定期的に点検する必要がある。

6.4 評価

(1) 点検結果の評価と判定

さびの外観等の点検結果から損傷の程度を評価し，その程度に応じて対応を判定する必要がある。図-Ⅲ.6.1に従って，まずは緊急対応の要否を判定するのがよい。腐食が非常に激しく，明らかに部材の厚さが減少して耐荷力上問題がある場合は，緊急処置を検討する必要がある。緊急処置の必要がない場合においても，今までの実橋調査結果から層状剥離さびが発生しやすい場合（**表-Ⅲ.2.1**），速やかに原因を特定することが重要である。異常なさびの発生原因の特定が容易な場合，又は漏水，滞水や堆積物が発見された場合は，将来これらが大きな板厚減少の原因に成り得るので，補修等による原因を排除する適切な対策を講じるのがよい。また，今後のさびの状態の推移を見て判断する必要がある場合は，追跡調査の時期や項目を検討するのがよい。原因の特定が困難な場合は，詳細調査をするのがよい。

特定された原因や詳細調査の結果から，将来の緻密なさび層の形成が期待されず，腐食の進行が早いと予想される場合は，他の防食法への変更など対策の時期と方法を検討する。

(2) 詳細調査

詳細調査は，異常なさびの発生原因の特定が困難な場合に実施する。**表-Ⅲ.6.4**に詳細調査項目の例を示す。

表-Ⅲ.6.4 詳細調査項目の例

調査項目
・異常なさび発生部の周辺の調査と原因の推定
・さび特性調査（必要に応じて）
・残存板厚調査（必要に応じて）

異常なさびは，鋼材表面の長時間にわたるぬれや塩分の付着に起因する場合がほとんどであるため，さび発生部位周辺にこれらの原因を発見するように努めるのがよい。なお，さび特性を調査することによって原因がぬれによるものか塩分によるものかを推定できるので，必要に応じて実施するとよい。例えば β-FeOOH は，塩化物イオン存在下で生成する特徴的なさびの成分であるため，採

取したさびの組成をX線回折等により分析することによって塩分の影響の有無を知ることができる。

さび特性調査を行う場合は，専用の機器と高度な分析技術を必要とすることから，専門の分析技術者に相談するのがよい。

層状剥離さびが発見され板厚減少が懸念される場合は，必要に応じて耐荷力照査のための残存板厚調査をするのがよい。残存板厚測定要領の詳細は，「耐候性鋼の橋梁への適用［解説書］」[13]の巻末付録に記載された測定方法を参考にするのがよい。また，腐食によって凹凸が激しくなった場合には，それが鋼橋の性能にどのように影響を及ぼすのかについても各種の調査研究[29]が行われているが，現在のところ具体の評価基準や判定方法などは確立されておらず，個別に検討することが重要である。

(3) 追跡調査

追跡調査は，異常なさびが認められる一方で，当面対策の必要はないと判断された場合等に行う。

追跡調査としては，表−Ⅲ.6.5に示す項目が行われる場合が多い。

表−Ⅲ.6.5　追跡調査項目の例

調査項目
・さび外観評点
・さび厚測定（さび外観判定の補助手段として）
・さび特性調査（必要に応じて）
・残存板厚調査（必要に応じて定点観測による経年変化を調査する）

各調査方法は，既述のとおりである。また，板厚変化を定点で追跡調査する場合は，対象部位にて事前に片面を平滑に研磨して塗膜で保護し，測定時に塗膜を剥離してから超音波厚み計を用いて計測し，前回の結果と比較検討するのがよい。計測後は，次回測定に備えて再度塗膜で保護するのがよい。

上記調査の結果から，腐食の進行が抑制されており将来緻密なさび層の生成が期待できるのか，又は明らかに腐食が進行し将来耐荷力上の問題を起こすのかを判断し，その結果に応じ適切な対策をとらなくてはならない。

6.5 維持・補修

(1) 基本的考え方

　異常なさびが発見された場合は，発生原因を的確に把握しその要因を排除することが重要であるが，原因排除対策が可能な場合であっても，確実に原因が排除されるか否かによって，層状剥離さびが発生した箇所の処置が異なるので注意が必要である。原因の排除が適切であれば，層状剥離さびを除去し必要に応じて付着塩分を除去することによって，初期の環境状態に戻すことが可能なため，塗装など他の方法による対策の必要はない。一方，確実な原因排除が困難な場合は，可能な範囲で原因排除をすると同時に，層状剥離さびが発生した部位，及びその周辺も含めて他の防食法による対策を検討するのがよい。

　一方，腐食の原因を排除できない場合は，当初計画時に想定していた環境とは異なって適切でない環境に変化したことを意味するため，他の防食法による対策が必要である。対策として補修塗装を行う場合には，さびと堆積物などを適切な方法で十分に除去しておくことが重要である。

　耐候性鋼橋の維持・補修方法については，現在基準化されたものはないが，ここでは過去に実施された事例を紹介する。なお，維持行為や補修等の対策を行うにあたっては，これら既往の事例等も参考にし当該橋の用途，交通量，周辺環境等の事情に応じて適切な方法で行わなければならない。

(2) 維持対策の事例

　漏水や滞水の原因となる短い路面水用排水管，床版に取り付けられた短い水抜パイプ，非排水型伸縮装置の劣化損傷，床版に生じた亀裂，水抜き孔の不備などは，**3.3 細部構造の留意点**に記載した状態に改善又は回復させる対策によって原因を排除することが可能である。水平部材上面などの堆積物や浮きさびは，湿気がこもった状態になりやすいため速やかに除去するのがよい。さびの除去はぬれ時間（保水時間）を短くすることから，腐食速度を遅らせる効果が期待できるので行うとよい。例えば米国では，定期的な水洗いが実際的でかつ有効であるとして実施している事例も報告されており[22]，日本でも塗装橋について，高圧洗浄による水洗いで付着飛来塩分が大幅に減少したと報告されている[33]。また，定量的な効果

は明確にされていないものの凍結防止剤散布の影響を受けた高速道路の耐候性鋼橋において，付着した凍結防止剤を除去する桁の水洗い試験を実施した例もある[34) 35)]。

(3) 補修対策の事例

架橋地点の環境が良好でない場合や，層状剥離さびの発生原因の特定が困難な場合等は，原因の排除が困難であるため，該当する部位を塗装等の他の防食法に切り替える必要がある。耐候性鋼橋に層状剥離さびが発生し，補修塗装した事例は幾つか報告されているが，補修後の時間経過が短いことから効果の確認が十分に行われていないことから標準化されていない。補修対策として，塗替え塗装系の中で耐久性が高いと推奨される仕様のRc-Ⅰ塗装系（**表−Ⅲ.6.6**）がある。この塗装系を選択するにあたっては，周辺環境を調査し決定するとよい。

表−Ⅲ.6.6　Rc-Ⅰ塗装系　（スプレー）

塗装工程	塗料名	使用量 (g/m²)	塗装間隔
素地調整	1種		4 時間以内
下塗	有機ジンクリッチペイント	600	
下塗	弱溶剤形変性エポキシ樹脂塗料下塗	240	1日〜10日
下塗	弱溶剤形変性エポキシ樹脂塗料下塗	240	1日〜10日
中塗	弱溶剤形ふっ素樹脂塗料用中塗	170	1日〜10日
上塗	弱溶剤形ふっ素樹脂塗料上塗	140	1日〜10日

また，「鋼橋防食工の補修方法に関する共同研究報告」（共同研究報告書第414号）[19)] では，耐候性鋼材を適用した橋梁調査結果が多数収録されていることから参考にするのがよい。

ブラスト処理については普通鋼と比較して耐候性鋼材のさびは硬いので，処理時間は3〜4倍，研削材の量も約3倍必要であることが報告されている[19)]。そのため電動工具等では完全に除去することは難しく，ブラストによる素地調整程度1種が必要である[19) 36)]。また，素地調整3種で塗装補修された耐候性橋が，塗装による対策後1〜3年で孔食跡にさび，膨れの発生が確認された事例も確認されている[19)]。

なお，層状剥離さびの除去にあたっては，一般に素地調整程度1種の前にハンマーや動力工具によるさび落としを事前に行うのがよい。また，最近では動力工具でもブラストの素地調整程度まで可能な器具も開発され，試験施工[37]も実施されているので参考にするのがよい。

また素地調整後には，付着塩分量が50mg/m^2以下となっていることを確認し，50mg/m^2以下となっていない場合には，水洗いなどによって塩分除去を行うのがよい[19]。

(4) 部分塗装部位の維持管理

桁端部は，層状剥離さびが発生しやすくなる場合があることから，基本的には新設時にあらかじめ重防食塗装等の他の方法で別途防食を施すのがよい。このようで部分的に塗装された橋では，その部分を塗装部材として維持管理する必要がある。あらかじめ防食施工された部分の補修については，第2編塗装編に準じるのがよい。

6.6 維持管理記録

各種点検，調査及び維持・補修対策の結果は，その後の維持補修計画の立案に活用できるよう，その経年的な変化が客観的な評点や測定値，又は写真などを適切に記録し蓄積することが重要である。記録には，点検・調査結果の他，点検後の健全度の判定結果，点検後の詳細調査結果で判明した損傷原因，維持管理の中で実施した処置と，それによる再評価結果等の履歴も併せて記録するのがよい。

なお，表-Ⅲ.6.7に点検・健全度評価，詳細調査，維持，補修対策記録項目の例を示す。

表-Ⅲ.6.7　点検・調査，維持，補修対策の記録項目の例

検・調査，工事	記　録　項　目　事　例
点検，健全度評価記録	・調査日時，天候記録 ・橋周辺環境を示す記述と写真（周辺地域と架橋地点の特徴的な環境） ・橋全体の外観評価写真と代表的なさび外観評点及び近接カラー写真 ・さび外観評価の補助手段としてさび厚を測定した場合はその結果 ・漏水，滞水，堆積物が有った場合は，その位置と推定原因及び写真 ・異常なさびが認められた場合は，その発生位置，部位，範囲の記録。 ・異常なさびの推定原因判明時は，それを示すカラー写真 ・詳細調査，維持対策，補修対策，緊急対応の要否
詳細調査記録（必要時）	・詳細調査実施日時，実施項目記録 ・異常なさび発生原因詳細調査結果と評価（調査報告書添付） ・異常なさび発生部の残存板厚測定が必要となった場合はその記録と評価
維持対策記録	・維持対策実施日時，維持対策内容記録 ・維持対策実施前後の写真記録 ・維持対策工事の検査結果 ・その後の維持対策箇所点検記録
補修対策記録	・補修対策実施日時，補修対策内容記録 ・補修対策実施前後の写真記録 ・補修対策工事の検査結果 ・その後の補修対策個所点検記録
その他	・周辺環境（風みち，周辺の構造物の増加，凍結防止剤の散布量等）や環境条件の変化など

【参考文献】

1) 塩谷和彦，谷本亘，前田千寿子：臨海工業地帯で27年間暴露された実橋裸使用耐候性鋼さび層の構造解析解析，材料と環境 Vol.49，No.2，pp.67-71，2000.2

2) 加納勇，玉田明宏，加藤賢次，原秀利，斉藤良算：第一両国橋耐候性鋼材裸仕様20年目の調査報告，NKK技報 No.136，1991.

3) 建設省土木研究所，(社)鋼材倶楽部，(社)日本橋梁建設協会：耐候性鋼材の橋梁への適用に関する共同研究報告書（XVIII）－全国暴露試験のまとめ（概要編）－，1993.5

4) 建設省土木研究所，(社)鋼材倶楽部，(社)日本橋梁建設協会：耐候性鋼材の橋梁への適用に関する共同研究報告書（XX）－無塗装耐候性橋梁の設計・施工要領（改訂案）－，1993.5

5) 日本道路協会：道路橋示方書・同解説・鋼橋編，2012.3

6) 加納勇，渡辺祐一：橋梁用新耐候性鋼，土木学会誌 Vol.87，2002.4

7) 社団法人日本鋼構造協会：テクニカルレポート No.73，耐候性鋼橋梁の可能性と新しい技術，2006.10

8) 大塚俊明，三澤俊平：ご提案（さび安定化の定義），第132回腐食防食シンポジウム資料，腐食防食協会，2001.6

9) 市川篤司：無塗装橋梁の耐久性，耐候性鋼材の橋梁への適用に関するシンポジウム論文等報告集，東京工業大学創造プロジェクト，2001.4

10) 日本橋梁建設協会：無塗装橋梁の手引き，1998.3

11) 岡田秀弥，細井祐三，内藤浩光：耐候性鋼のさび層構造，鉄と鋼 Vol.55，1970.

12) 竹村誠洋，藤田栄，森田健治，佐藤馨，酒井潤一：塩化物飛来環境における耐候性鋼のさびの保護性，材料と環境 Vol.49，pp.72-77，2000.

13) 日本鉄鋼連盟，日本橋梁建設協会：耐候性鋼の橋梁への適用［解説編］，2002.9

14) 藤野陽三，長井正嗣，加納勇，安波博道，岩崎英治，山口栄輝：鋼橋の防食設計とLCC評価（その1），橋梁と基礎，2004.1

15) 渡辺祐一, 藤原博, 安波博道, 森猛, 長井正嗣:鋼橋の防食設計と LCC 評価 (その 2), 橋梁と基礎, 2004.2
16) 山田稔, 渡辺祐一, 加納勇, 山井俊介：凍結防止剤による耐候性橋梁の現状と課題, 第 57 回土木学会年次学術講演会, 2002.9
17) 土木研究所／ミニマムメンテナンス橋（鋼桁橋編）
18) 建設省土木研究所, （社）鋼材倶楽部, （社）日本橋梁建設協会：耐候性鋼材の橋梁への適用に関する共同研究報告書（ⅩⅢ）－無塗装耐候性橋梁の点検要領（案）, 1990.3
19) 土木研究所共同研究報告書第 414 号「鋼橋防食工の補修方法に関する共同研究報告」, 2010.12
20) 山本哲, 山野達也, 金野千代美, 加納勇：凍結防止剤の影響を受けた耐候性橋梁の調査, 第 57 回土木学会全国大会年次講演会, 2002.9
21) 渡部鐘多朗, 大崎博之, 徳重雅史, 加納勇：耐候性鋼材を用いた橋梁の実橋調査報告, 第 57 回土木学会全国大会年次講演会, 2002.9
22) FHWA: Technical Advisory T5140.22 Uncoated Weathering Steel in Structures, 1989.10
23) 紀平寛, 田辺康児, 楠隆, 竹澤博, 安波博道, 田中睦人, 松岡和巳, 原田佳幸：耐候性鋼の腐食減耗予測モデルに関する研究, 土木学会論文集 No.780／Ⅲ－70, pp.71-86, 2005.1
24) 紀平寛：耐候性鋼の腐食減耗予測技術とさび安定化評価法, 第 145 回腐食防食シンポジウム資料, pp.43-52, 2004.6
25) 三木千尋, 市川篤司, 鵜飼慎, 竹村誠洋, 中山武典, 紀平寛：無塗装橋梁用鋼材の耐候性合金指標および耐候性評価方法の提案, 土木学会論文集 No.738, I-64, pp.271-281, 2003.7
26) 市川篤司, 加藤健二, 川原田享, 宇佐美明, 田辺康児：海岸線近くに架設された鉄道無塗装トラス橋の調査, 鉄道総研報告 RTRI REPORT Vol.12, No9, 1998.9
27) 建設省土木研究所, （社）鋼材倶楽部, （社）日本橋梁建設協会：耐候性鋼材の橋梁への適用に関する共同研究報告書 (Ⅷ) －無塗装耐候性橋梁の設計・施

工要領（案）－，1986.3
28) 土木学会鋼構造委員会鋼材規格小委員会：耐候性鋼無塗装橋梁に関する調査報告書，1993.11
29) 日本鋼構造協会　鋼橋の性能照査型設計対応研究委員会：鋼橋のLCC評価と防食設計，2002.9
30) 三澤俊平：さびの腐食科学，防食技術　Vol.37,1988.
31) 紀平寛，塩谷和彦，幸英昭，中山武典，竹村誠洋，渡辺祐一：耐候性鋼さび安定化評価技術の体系化，土木学会論文集 No.745/ Ⅲ － 65，pp.77-78，2003.10
32) American Iron and Steel Institute :PERFORMANCE OF WEATHERING STEEL IN HIGHWAY BRIDGES, A THIRD PHASE REPORT, 1995.
33) 磯光夫，三田村浩，永洞伸一，佐々木聡，勝俣盛，小松和憲：既設橋の洗浄方法に関する研究，第57回土木学会全国大会年次講演会，2002.9
34) 嵯峨正信，倉本修，三浦正純，内海靖，原修一：凍結防止剤が散布される耐候性鋼橋梁の水洗試験結果（その1），材料と環境 2002B-302S，pp.193-196，2002.5
35) 嵯峨正信，倉本修，三浦正純，内海靖，原修一：凍結防止剤が散布される耐候性鋼橋梁の水洗試験結果（その2），材料と環境討論会 A210，pp.77-80，2002.9
36) 日本道路公団：延岡南道路門川橋の腐食対策，ハイウェイ技術　No12，p.98，1998.12
37) 社団法人日本鋼構造協会：テクニカルレポート No.86，耐候性鋼橋梁の適用性評価と防食予防保全，2009.9

付属資料

付Ⅲ－1. ニッケル系高耐候性鋼材 …………………………………………… Ⅲ-69
付Ⅲ－2. 耐候性高力ボルト ………………………………………………… Ⅲ-70
付Ⅲ－3. 飛来塩分量測定方法 ……………………………………………… Ⅲ-71
　（1）土研式タンク法 …………………………………………………… Ⅲ-71
　（2）ドライガーゼ法 …………………………………………………… Ⅲ-71
付Ⅲ－4. 鋼材表面付着塩分計測法 ………………………………………… Ⅲ-73
付Ⅲ－5. さび厚計測法 ………………………………………………………… Ⅲ-74
付Ⅲ－6. 板厚計測法 …………………………………………………………… Ⅲ-76
付Ⅲ－7. X線回折法で同定されるさびの組成と性質 ………………… Ⅲ-78

付Ⅲ－1. ニッケル系高耐候性鋼材

　ニッケル系高耐候性鋼は，1 ～ 3%のニッケル（Ni）の含有を基本とし，さらに Cu，Mo，Ti などを添加することで耐候性能を高めることを目的に開発された鋼材である。なお，ニッケル系高耐候性鋼材は JIS で規定していない。

　当初は「海浜・海岸耐候性鋼」と呼ばれていたが，海浜や海岸隣接地等，飛来塩分量が高い地域での性能保証が明確でないことから，誤用を避けるため「ニッケル系高耐候性鋼材」と名称を改めた。

　JIS 耐候性鋼材は，塩分環境に暴露されると塩化物イオンがさび内層から地鉄界面まで侵入，濃縮し，緻密なさび層の形成を阻害すると考えられている。これに対してニッケル系高耐候性鋼材は，鋼材中へのニッケル増量添加が内層さびを改質し，ナトリウムイオンの内層さびへの濃化を促し，塩化物イオンをさびの外側に留まらせる効果を期待して開発されたものである。

　ニッケル系高耐候性鋼材は全ての地域で適用できるわけでなく，架設地域固有の環境に加えて，構造部位，供用時の条件等を考慮した上で腐食減耗量予測を行い，性能評価を行った上で使用することが必要である[1]。腐食減耗量予測方法は 2.1.1 で述べた板厚減少量推定式（Y=A・X^B）を用いることで予測が可能であるが[2]，近年ではワッペン式暴露試験[1) 3)]の結果や推定式から腐食速度パラメーターを測定する手法についても研究が進んでいる[4) 5)]。また性能評価については，耐候性合金指標ｖ値を用いて評価する方法などが開発されている[6]。

　付表－Ⅲ.1.1 に，これまでに開発されているニッケル系高耐候性鋼材の化学成分の例を示す。参考として JIS 耐候性鋼材の化学成分を付表－Ⅲ.1.2 に示す。

付表－Ⅲ.1.1　ニッケル系高耐候性鋼の化学成分の例

種類の記号	化学成分
A	3%Ni－Cu 系
B	1.5%Ni－Mo 系
C	2.5%Ni－極低炭素－Cu 系
D	1%Ni－Cu 系
E	1.0%Ni－Cu－Ti 系
F	2.7%Ni－Cu－Ti 系

付表－Ⅲ.1.2　JIS 耐候性鋼材（JIS G 3114）の化学成分（mass%）

種類の記号	C	Si	Mn	P	S	Cu	Cr	Ni	その他
SMA400AW SMA400BW SMA400CW	0.18以下	0.15〜0.65	1.25以下	0.035以下	0.035以下	0.30〜0.50	0.45〜0.75	0.05〜0.30	−
SMA490AW SMA490BW SMA490CW	0.18以下	0.15〜0.65	1.40以下	0.035以下	0.035以下	0.30〜0.50	0.45〜0.75	0.05〜0.30	−
SMA570W	0.18以下	0.15〜0.65	1.40以下	0.035以下	0.035以下	0.30〜0.50	0.45〜0.75	0.05〜0.30	−

※ 上表は JIS G 3114：2008 を参考として掲載している．適用に際しては最新のものを優先する．

付Ⅲ－2．耐候性高力ボルト

　JIS 耐候性鋼材に対応する耐候性高力ボルトは，JIS 等に規格化されてはいないが，参考としてボルトメーカーが供給している耐候性高力ボルトの化学成分の例を**付表－Ⅲ.2.1**に示す．

付表－Ⅲ.2.1　耐候性高力ボルトの化学成分の例

ボルトメーカー	C	Si	Mn	P	S	Cr	Mo	B	Ti	Cu	Ni	Al
A	0.20〜0.25	0.15〜0.25	0.70〜0.90	0.030以下	0.030以下	0.60〜0.80	−	0.001〜0.003	−	0.30〜0.50	0.30〜0.50	0.04〜0.08
B	0.20〜0.25	0.10〜0.50	0.40〜1.20	0.040以下	0.050以下	0.70〜0.90	−	0.0005〜0.0030	0.05以下	0.25〜0.60	0.30〜0.80	−
C	0.20〜0.25	0.35以下	0.60〜0.90	0.030以下	0.030以下	0.90〜1.50	−	0.0005以下	−	0.25〜0.50	0.35〜0.55	0.01以下
D	0.20〜0.23	0.10〜0.35	0.70〜0.90	〃	0.035以下	0.70〜0.90	−	0.001〜0.003	0.005〜0.040	0.30〜0.50	0.35〜0.55	−

付Ⅲ-3. 飛来塩分量測定方法

(1) 土研式タンク法
1) 採取方法

付図-Ⅲ.3.1に示す土研式塩分捕集器を用いて，10cm×10cmのステンレス板に付着した飛来塩分を採取する。

2) 暴露方法と回収

ⅰ) 雨の掛かる風通しの良い場所に設置する。
ⅱ) 通風口の方向（ステンレス板の法線方向）は最も多く吹く風の方向に合わせる。
ⅲ) 回収間隔は30日を標準とする。暴露期間は1年間を標準とする。
ⅳ) 回収時にはステンレス板に付着した飛来塩分を水によりポリタンクに流し込み，ポリタンク内に入った水を回収する。
ⅴ) 回収した水の量および塩分濃度を分析する。

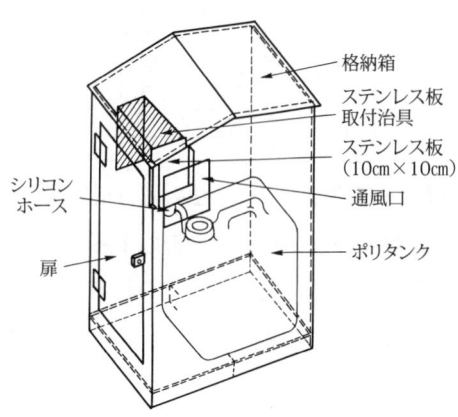

付図-Ⅲ.3.1　土研式塩分捕集器

(2) ドライガーゼ法
1) 採取方法

付図-Ⅲ.3.2に示す15cm×15cmの外枠に，10cm×10cmの捕集窓をもつ外側12cm×12cmの内枠をはめ込み式にしたものを用いる。捕集窓に張られたガーゼに付着した飛来塩分を採集する。捕集面積は，両面をとり200cm²とする。

ガーゼは 12cm×24cm の大きさに切り，純水で十分に洗って塩素分を浸出した後，良く乾燥させて使用時までポリエチレン袋に入れて保存する。

2) 暴露方法と回収

ⅰ) ガーゼを二つ折りにして枠にはめ，これを直接雨に当たらない通風の良い場所に鉛直に設置する。

ⅱ) 捕集窓の方向（法線方向）は最も多く吹く風の方向に合わせる。

ⅲ) 回収間隔は 30 日を標準とする。暴露期間は 1 年間を標準とする。

ⅳ) 一定時間（回収間隔）暴露した後，ガーゼを枠から外しポリエチレン袋に入れて回収する。

ⅴ) 回収したガーゼを定量水に浸しその塩分濃度を分析する。

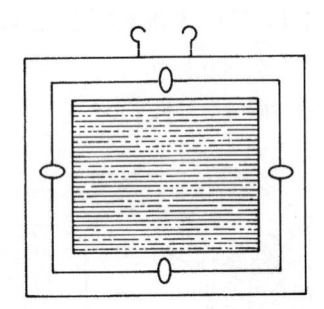

付図－Ⅲ.3.2　ガーゼ法の塩分捕集器具

飛来塩分量は，捕集器具への風の当たり具合によって計測値が変化することから，測定方法により大きく異なる可能性も考えられる。このようなことから，塩分量の測定は測定条件に留意する必要がある[3]。

付Ⅲ－ 4. 鋼材表面付着塩分計測法

　耐候性鋼材の表面に付着した塩分量を測定する方法は確立されていないが，建設当初の初期のさび（さび外観評点 5 **表－Ⅲ.6.2（2）**）程度では，塗装膜表面の付着塩分測定法で使用する「拭き取り法」による方法が適用できる。あくまでも初期のさび段階の状態において，工場又は架設現地での管理用として簡便に使用できる塗膜用付着塩分計を使うこととした。したがって表層さびが粗い場合は，適用できない。

　以下に測定手順を簡単に示す。（**付図－Ⅲ.4.1，付写－Ⅲ.4.1**）

ⅰ）①の孔から注射器を用いて純水を注入する。
ⅱ）②のプロペラを一定時間回転させた後に，指示値を読み取る。
　　指示値とは電気伝導度から塩分濃度に換算したもので単位は mg/m^2 とする。
ⅲ）一定時間とは，指示値が概ね一定となる時間で，10 〜 30 秒程度を目安とする。

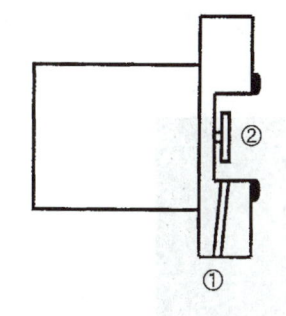

付図－Ⅲ.4.1　付着塩分計　　**付写－Ⅲ.4.1　付着塩分計による測定の例**

付Ⅲ－5. さび厚計測法

1) 測定要領

さび厚さの指標値としては，電磁膜厚計によって計測した値を用いる。厳密なさび厚さを求める目的ではなくさび状態を特定するためのものであることから，計測法を指定して，これによって得られる値を指標値とする。

鋼板表面に付着したほこりや異物，浮きさびなどを，はけで除去し，対象部のさび厚さを計測する。さびの状態が，うろこ状や層状になっている場合であってもそのまま測定する。さび層の中に空洞部があることが予想される場合であってもその空洞部厚を含んだ値として記録する。また，層状さびで剥離した場合は，剥離さびを除いて計測するが，その状況（剥離さびの厚さ，おおよその大きさ）を記録しておく。

2) 使用機器

さび厚計測は，塗膜厚を計測するのに用いられる電磁膜厚計（電磁式膜厚計）を使用する。電磁膜厚計の例を**付写－Ⅲ.5.1**に示す。

付写－Ⅲ.5.1　電磁膜厚計の例

電磁膜厚計のセンサーには，大きく分けて**付図－Ⅲ.5.1**のように2種類のものがある。図の右側上段の図にあるようなセンサーでの測定は，表面の凹凸の影響を受けて実際の値よりは大きな値を示す傾向があることから，使用機器の特徴についても記録としても残しておくことが必要である。この場合センサーが凹面に

当たらないように注意して測定する必要がある。

(電磁式：磁性金属上の非磁性被膜の測定)
交流電磁石を鉄（磁性金属）に接近させると，接近距離によって，コイルを貫く磁束数が変化し，そのためコイルの両端にかかる電圧が変化する。この電圧変化を電流値から読み取り，膜厚に換算する。

(渦電流式：非磁性金属上の絶縁被膜の測定)
一定の高周波電流を流したコイルを金属に近づけると，金属表面上に渦電流が生じる。この渦電流はコイルと金属面との距離に応じて変化し，そのためコイルの両端にかかる電圧も変化する。この変化を電流値から読み取り，膜厚に換算する。

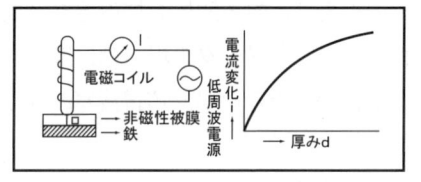

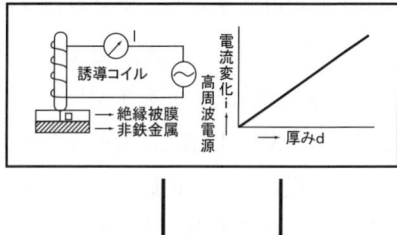

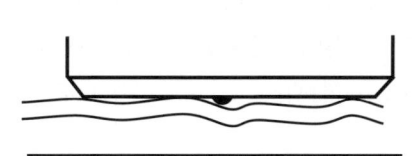

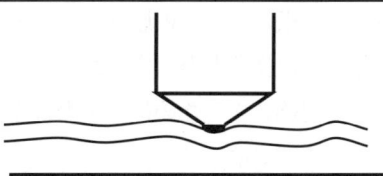

付図－Ⅲ.5.1　電磁膜厚計

3) 測定点数

　測定対象部に約10cm角の正方形を想定し，各辺の端点と中央点を目標として合計9点を計測することを標準とする。

付Ⅲ-6. 板厚計測法

1) 概要

　残存板厚を計測する方法には，①マイクロメータによる方法と，②超音波厚み計による方法とがある。計測精度は，マイクロメータが0.01 mm程度，超音波厚み計が0.1 mm程度であるが，マイクロメータの場合は，対象鋼板を挟み込む必要があるため腹板などでは計測できない。また，マイクロメータの場合は，鋼板の両面共に計測対象点の表面を平滑にしないと計測ができないが，超音波厚み計では片面だけを平滑にすれば計測することができる。

　さびた鋼板の表面を板厚計測のために平滑にすることは，大変な時間と労力を要する。この作業を軽減するためと，板厚を初期から追跡することが重要であるがそれを可能にするために，工場製作段階から計画を立ててモニター点を設定する方法をここでは示す。

　モニター点を設定した初期状態から追跡する板厚計測法は，超音波厚み計による片面の腐食量を計測する方法である。重要なことはモニター点を設定し，初期値を記録しておくことである。

2) 使用機器

　超音波厚み計による。

3) 計測法

　あらかじめ部材の板厚計測する（正確には片面の腐食量を計測する）部位を設定する。このモニター点に対して，初期板厚を計測し，鋼板の片面に10cm程度の円形面（矩形面でもよい）を塗装する。塗装面の反対側の面が，その後の腐食計測対象面となる。例えば，下フランジの下面の腐食量を追跡するのであれば，フランジの上面に塗装する。

　追跡時には，この塗装面を塗装剥離剤を用いて塗装を除去し鋼材表面を出して，この面から超音波厚み計で板厚計測をする。

　計測後，塗装を除去した部分を補修塗装する。

4) モニター点

　桁の端部の下フランジと腹部を対象とするのがよい。桁の端部は塗装が施され

ているが，この塗装部の近傍の無塗装仕様部を対象とする．計測しやすい点を選定するのがよい．

5) 計測点数

10cm円形のモニター点の塗装を全面あるいは直径線部を除去し，直径線上に10点を計測する．

測定の様子を**付写－Ⅲ.6.1**に示す．

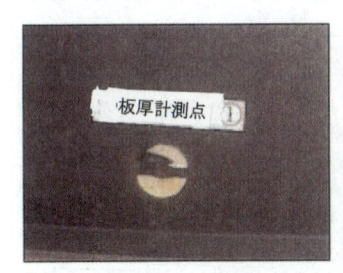

付写－Ⅲ.6.1 モニター点の板厚計測（片面腐食量の計測）

付Ⅲ- 7. X線回折法で同定されるさびの組成と性質

　大気腐食環境において生成した鋼材のさび層は、α-FeOOH、β-FeOOH、γ-FeOOH、Fe3O4及びX線的非晶質さびにより構成される。各々の特徴を**付表-Ⅲ.7.1**に示す。

付表-Ⅲ.7.1 X線回折法にて同定されるさびの構成成分とその特徴 [7]

構成成分	特　徴
α-FeOOH （ゲーサイト） （略号：α）	一般の大気環境で耐候性鋼上に形成するさび組成の中で、最も化学的に安定で溶解度が低く、酸化性のFe^{3+}イオン等を溶出しにくいため、腐食を加速する可能性が低い不活性さびである。均一かつ緻密に密着するさび層の主成分がαの場合、その防食保護機能は高い。一方、さび構造において不均一分布する場合、保護性が高まらないことがある。一時的にα主体のさびになっても、飛来塩分や凍結防止剤の影響を強く受けると保護性が低下して腐食し、新たに生成するβ、γ、magなどの構成比が高まる。
X線的非晶質さび （略号：am）	大気中で耐候性鋼上に形成するさびのうち、一次粒径が小さくX線回折法では結晶物質として同定できないさびの総称。保護性さびを構成するX線的非晶質さびは超微細αが主体であると認識され、一般には、溶解度が低く、腐食を加速する可能性が低い不活性さびといえる。地鉄界面に均一かつ緻密に密着して生成すると、高い防食保護機能を発現する。一時的にam主体のさびになっても、飛来塩分や凍結防止剤の影響を強く受けると保護性は低下する。なお、X線回折法で検知可能な結晶粒径に至っていないためX線的非晶質と表現されることを鑑みると、異常を示すさびや初期さびなどにおいて、α以外の超微細さびが構成物質となることがあり得る。
β-FeOOH （アカガネアイト） （略号：β）	塩化物イオン存在下で酸性化したときに形成するさび。溶解度が高く、酸化性のFe^{3+}イオン等を溶出しやすいため、腐食反応を駆動できる活性さびである。一般にその結晶構造内に塩化物を含有するため、耐候性鋼に対する塩害の影響があったことの物証になる。β生成の背景にある可溶性塩分の多量な存在や地鉄界面の酸性化が腐食加速に及ぼす影響は絶大であるが、β自身の腐食加速への影響度は十分解明されていない。
γ-FeOOH （レピドクロサイト） （略号：γ）	大気中で耐候性鋼上に形成するさびのうち、溶解度がβに次いで高く、酸化性のFe^{3+}イオン等を溶出しうるため、鋼材の腐食反応を駆動しうる活性さびといえる。さび安定化過程では、初期の腐食に伴なって生成し、徐々に風化するか、またはamやαに変化する。γが多く残留していても擬似不働態化すると腐食速度が低くなるので、腐食への影響度は、電位やさび中の可溶性塩分量等、別因子も併せて判定する必要がある。
Fe$_3$O$_4$ （マグネタイト） （略号：mag）	大気中で形成する相対的に価数の低いさびであり、酸化力が弱く腐食反応の駆動力は上記4種のさびより弱い。電気伝導性があるためβやγと混在するとカソード還元サイトを増やして、鋼材腐食速度を加速しうる。腐食に伴ないβやγが還元されて生成することもありうる。緻密かつ均一に密着形成すれば高い保護性を呈することもあるので、腐食への影響度は、さび層構造や界面pH等、別因子も併せて判定する必要がある。

【参考文献】
1) 社団法人日本鋼構造協会：テクニカルレポート No.73，耐候性鋼橋梁の可能性と新しい技術，2006.10
2) 建設省土木研究所，(社) 鋼材倶楽部，(社) 日本橋梁建設協会：耐候性鋼材の橋梁への適用に関する共同研究報告書（XX），整理番号第 88 号，1993.5
3) 社団法人日本鋼構造協会：テクニカルレポート No.86，耐候性鋼橋梁の適用性評価と防食予防保全，2009.9
4) 紀平寛，田辺康児，楠隆，竹澤 博，安波博道，田中睦人，松岡和巳，原田佳幸：耐候性鋼の腐食減耗予測モデルに関する研究，土木学会論文集 No.780/I-70，pp.71-86，2005.1
5) 鹿毛勇，塩谷和彦，竹村誠洋，小森務，古田彰彦，京野一章：実暴露試験に基づくニッケル系高耐候性鋼の長期腐食量予測，材料と環境 vol.55，pp.152-158，2006.
6) 三木千壽，市川篤司，鵜飼真，竹村誠洋，中山武典，紀平寛：無塗装橋梁用鋼材の耐候性合金指標および耐候性評価法の提案，土木学会論文集 No.738/I-64，pp.271-281，2003.7
7) 紀平寛，塩谷和彦，幸英昭，中山武典，竹村誠洋，渡辺祐一：耐候性鋼さび安定化評価技術の体系化，土木学会論文集 No.745/Ⅰ-65，pp.77-78，2003.10

第Ⅳ編 溶融亜鉛めっき編

第Ⅳ編　溶融亜鉛めっき編

目　次

第1章　総論 ··· Ⅳ-1

1.1　一般 ·· Ⅳ-1
1.2　適用の範囲 ··· Ⅳ-3
1.3　用語 ·· Ⅳ-3

第2章　防食設計 ··· Ⅳ-4

2.1　防食設計の考え方 ·· Ⅳ-4
　2.1.1　防食原理 ·· Ⅳ-4
　2.1.2　防食設計の考え方 ·· Ⅳ-8
2.2　防食設計 ·· Ⅳ-8
　2.2.1　適用環境 ·· Ⅳ-9
　2.2.2　使用材料 ·· Ⅳ-10
　2.2.3　防食仕様 ·· Ⅳ-10
　2.2.4　景観への配慮 ·· Ⅳ-11

第3章　構造設計上の留意点 ·· Ⅳ-13

3.1　一般 ·· Ⅳ-13
3.2　構造設計上の留意点 ··· Ⅳ-13
　3.2.1　部材寸法 ·· Ⅳ-13
　3.2.2　連結 ··· Ⅳ-18
　3.2.3　板厚比と開口率 ·· Ⅳ-20
3.3　細部構造の留意点 ·· Ⅳ-27

```
    3.3.1  補剛材 ……………………………………………………  Ⅳ-27
    3.3.2  めっき施工に対する留意点 ……………………………  Ⅳ-29
  3.4  支承及び附属物 ………………………………………………  Ⅳ-31

第4章  製作・施工上の留意点 ……………………………………  Ⅳ-33

  4.1  一般 ……………………………………………………………  Ⅳ-33
  4.2  冷間加工・孔あけ ……………………………………………  Ⅳ-33
  4.3  溶断・溶接 ……………………………………………………  Ⅳ-34
  4.4  摩擦接合面の処理 ……………………………………………  Ⅳ-36
  4.5  輸送・架設 ……………………………………………………  Ⅳ-39
    4.5.1  輸送・保管 ……………………………………………  Ⅳ-39
    4.5.2  架設 ……………………………………………………  Ⅳ-40
    4.5.3  接合部の施工 …………………………………………  Ⅳ-42
  4.6  その他 …………………………………………………………  Ⅳ-42
    4.6.1  めっき用吊り金具 ……………………………………  Ⅳ-42
    4.6.2  変形防止用拘束材とその運用 ………………………  Ⅳ-43
    4.6.3  仕上げ …………………………………………………  Ⅳ-45
    4.6.4  精度 ……………………………………………………  Ⅳ-45
    4.6.5  めっき面塗装 …………………………………………  Ⅳ-46

第5章  めっき施工 …………………………………………………  Ⅳ-48

  5.1  一般 ……………………………………………………………  Ⅳ-48
  5.2  施工 ……………………………………………………………  Ⅳ-48
```

5.2.1	めっき施工工程	IV-48
5.2.2	主桁のめっき	IV-50
5.3	品質管理	IV-52
5.3.1	主桁等主要部材のめっき検査	IV-52
5.3.2	高力ボルトの品質試験	IV-56
5.3.3	支承の品質試験	IV-56
5.4	不具合の補修	IV-56
5.5	防食の記録	IV-58

第6章　維持管理 …… IV-59

6.1	一般	IV-59
6.2	めっき皮膜の劣化	IV-59
6.3	点検	IV-60
6.4	維持・補修	IV-62
6.5	維持管理記録	IV-65

付属資料 …… IV-68

付IV-1.	溶融亜鉛－アルミニウム合金めっき	IV-69
付IV-2.	F10T溶融亜鉛めっき高力ボルト	IV-70
付IV-3.	F8T溶融亜鉛－アルミニウム合金めっき高力ボルト	IV-72
付IV-4.	溶融亜鉛めっき皮膜厚さ測定方法	IV-73

第1章 総論

1.1 一般

　溶融亜鉛めっきの歴史は，フランスで1742年にその方法が発表され，1836年に世界で初めて工業化された。その後イギリス，ドイツ，オーストリアとヨーロッパ各地に溶融亜鉛めっき工場が建設された。国内では1876年（明治9年）に初めて工業化され，その後1963年（昭和38年）にJIS H 8641が制定された。

　我が国における最初の溶融亜鉛めっき橋は，めっき槽の大型化によって1963年（昭和38年）7月に施工されたH形鋼橋の流藻川橋（橋長13m，鋼重23ｔ）である。

　この頃のめっき槽は長さ10m×幅1m×深さ1.2mと小さく，H形鋼の橋がほとんどであった。初めての大型溶接I桁めっき橋は，1964年（昭和39年）に施工された。めっき槽の深さ1.2mに対し，桁高が大きく一度に部材全体を浸けることができないので，上下反転して二度浸けすることによりめっきを行っている。大型I桁はその後，1965年（昭和40年）に四方寄跨道橋（熊本県），福島跨線橋（福島県）等が施工され大型化への道が開かれていった。

　1974年（昭和49年）になると，大型のめっき橋の施工が増加し，旧日本道路公団最初の溶融亜鉛めっきI桁橋である足立高架橋（橋長62m，桁高1.7m，鋼重300ｔ）が北九州市に施工された。この桁の場合には，連結部の連結板，高力ボルトはめっきされておらず塗装されている。その後，鋼道路橋の維持管理の更なる省力化を目指して，1976年（昭和51年）に第二神明道路・明石SA橋（橋長32m，桁高2m，鋼重100ｔ）が，初めて連結板，高力ボルト，支承，検査路等全ての部材に溶融亜鉛めっきを施した全溶融亜鉛めっき橋の第一号橋として施工された[1)2)3)]。

　トラス橋における溶融亜鉛めっき橋は，1983年（昭和58年）に施工した志渕内沢橋（橋長58m，鋼重159ｔ）が最初で，この橋にはこれまでのF8TでなくF10Tの溶融亜鉛めっき高力ボルトが試験採用されている。

　最初に溶融亜鉛めっきを箱桁に採用したのは，四国横断自動車道柴生第二高架

橋（橋長51m，鋼重220ｔ）で，めっき槽の制限から2分割してめっきされた。

以来，溶融亜鉛めっき技術の向上と適用環境条件に関する知見の増加とともに，多くの溶融亜鉛めっき橋が建設されているが，その数は1,026橋，合計鋼重11万3千トンを超えている（2003年（平成15年）3月時点）。

しかし，初期の溶融亜鉛めっき橋の中には，架橋環境が溶融亜鉛めっきの適用可能な条件でなかったものもあり，これらの中には著しい腐食から架設後10年で塗装によって補修された事例もある。第Ⅰ編共通編でも示しているが，防食法の選定にあたっては，架橋環境条件や周辺環境との調和，経済性（ライフサイクルコスト），維持管理の条件等の防食の要求性能を十分検討し，当該橋の要求性能に照らして所要の防食性能が得られるようにする必要がある（第Ⅰ編共通編 **4.2 防食法の選定**）。

溶融亜鉛めっきは，鋼道路橋の主構造に対する防食法として前述のように利用されてきたが，最近ではめっき槽の制限や製作上の工夫の必要性等から，主構造への採用は減少しているが，防食性と施工の容易さから，検査路や排水装置といった附属物に対する防食法として，鋼橋，コンクリート橋を問わず広く用いられている。

写真－Ⅳ.1.1　架設後35年以上経過し健全な状態の溶融亜鉛めっき橋

1.2 適用の範囲

この編は，鋼道路橋の防食を溶融亜鉛めっきで行う場合に適用する。

1.3 用語

溶融亜鉛めっきに関連する重要な用語の定義を以下に示す。

用語	定義
溶融亜鉛めっき Hot dip galvanizing	めっきしようとする物を溶融した亜鉛の中に浸して，表面に亜鉛皮膜を作る表面処理方法。
犠牲防食 Sacrificial protection	より卑な金属を電気的に接触させ，腐食させることによって鋼材を保護する作用。
不働態 Passivity, passive state	金属表面に腐食に抵抗する酸化被膜が形成される状態。
化成処理 Conversion treatment	化学及び電気化学的処理によって，金属表面に安定な化合物を生成させる処理。 参考：りん酸塩処理，クロメート処理等がある。
酸洗い Acid pickling	ミルスケール又は厚いさび層を除去するため，比較的長い時間，酸水溶液中に浸して清浄にする作業。
脱脂 Degreasing	金属表面に付着している油脂性の汚れを除去して清浄にすること。
不めっき Bare spot	素材表面の汚れなどにより，めっき皮膜が形成されなかった箇所。
不めっき処理 Masking	耐酸，耐熱塗料の塗布などによって，部材の特定部分にめっき皮膜を形成させず，意図的に不めっきにする作業。 （支承の滑り面，現場溶接を行う溶接部など）

第2章　防食設計

2.1　防食設計の考え方

2.1.1　防食原理

　溶融亜鉛めっきは，鋼素地に亜鉛と鉄からなる合金層と表面の純亜鉛層からなる皮膜（溶融亜鉛めっき層）を形成する。
　写真-Ⅳ.2.1に溶融亜鉛めっき層の顕微鏡写真を示す。

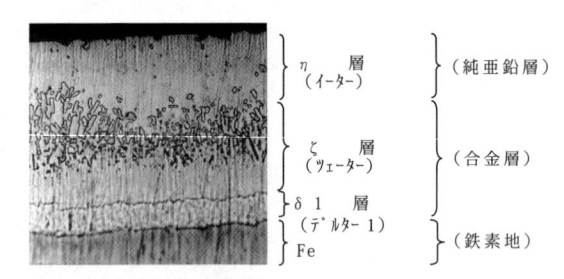

　　　　　　　η 層（イーター）　　（純亜鉛層）
　　　　　　　ζ 層（ツェーター）　（合金層）
　　　　　　　δ1 層（デルター1）
　　　　　　　Fe　　　　　　　　（鉄素地）

写真-Ⅳ.2.1　溶融亜鉛めっき層の顕微鏡写真 [1]

　純亜鉛層の厚さはめっき時の浴温度，引上げ角度，引上げ速度又はめっきされる鋼材の材質によって変化する。純亜鉛層のイーター層（η）は表層にあって軟らかく延性に富む。
　合金層は鋼素地に最も近いところからデルターワン層（$\delta 1$），ツェーター層（ζ）の順にあり鋼素地に近いほど硬く，ツェーター層は柱状の結晶からなることから柱状層とも呼ばれ，合金層の中で最も厚い層である。このようにめっき皮膜は純亜鉛層と種々の合金層から形成され，それぞれの厚さはめっき条件と被めっき物の材質などによって決まる。
　大気中における亜鉛皮膜は，亜鉛表面に形成される塩基性炭酸亜鉛などの腐食生成物が緻密で耐食性（防食性能の耐久性）が高い不働態皮膜を形成し，内部の亜鉛の腐食を抑制する。**図-Ⅳ.2.1**に亜鉛と鉄の防食機構の相違を示す。
　溶融亜鉛めっきでは，亜鉛が鉄に対して犠牲防食効果を持つことが大きな特徴である。これは亜鉛そのものが鉄よりも電気化学的に卑な金属でイオンになりや

-Ⅳ-4-

すいことに基づくもので、万一、めっき皮膜に傷がついて鋼素地が露出してもその面積が一定の大きさに達するまでは、周囲の亜鉛が皮膜損傷部の鋼素地よりも先に腐食されて再び亜鉛の腐食生成物で覆われ、その後の腐食の進行を抑制するので局部腐食・孔食等を起こしにくい。図－IV.2.2に亜鉛の犠牲防食効果の模式図を示す。

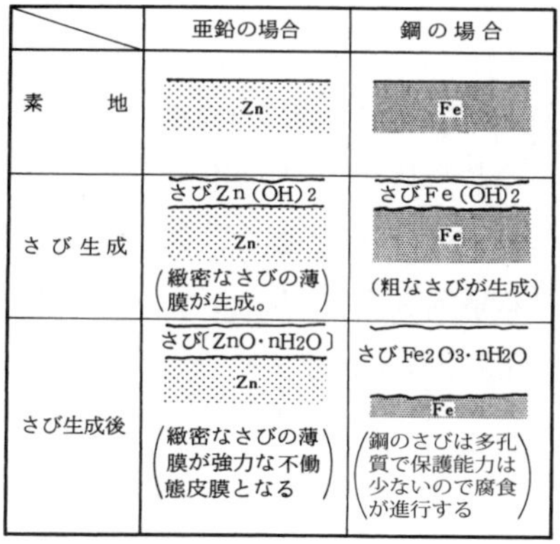

	亜鉛の場合	鋼の場合
素　地	Zn	Fe
さび生成	さびZn(OH)₂ / Zn / 緻密なさびの薄膜が生成。	さびFe(OH)₂ / Fe / (粗なさびが生成)
さび生成後	さび(ZnO・nH₂O) / Zn / 緻密なさびの薄膜が強力な不働態皮膜となる	さびFe₂O₃・nH₂O / Fe / 鋼のさびは多孔質で保護能力は少ないので腐食が進行する

	溶融亜鉛めっき
素　地	Zn / Fe
傷が生じた状態	Zn / Fe
腐食状態	Zn / Fe / 亜鉛の犠牲防食作用によって鋼は腐食されない

図－IV.2.1　亜鉛と鉄の腐食機構 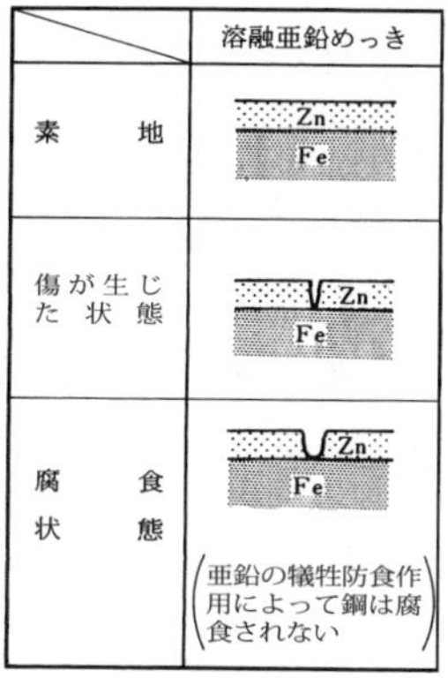　　図－IV.2.2　溶融亜鉛めっきの防食機構

　このような優れた防食性能を有する溶融亜鉛めっきであっても、海水飛沫を受けるような環境では、表面に不働態皮膜が形成されず、めっき被膜が消耗し早期に腐食が進行することから、溶融亜鉛めっき採用にあたってはその環境が適用可能範囲内であることを慎重に確認する必要がある。厳しい環境で用いられ、劣化が著しい事例を表－IV.2.1に示す。また、亜鉛は水に浸かるような状態が長く続くと、その部分から亜鉛が溶け出し、合金層、鋼素地がさび始める。このため、滞水しやすい部位での適用に際しては十分な検討が必要である。
　このように環境が厳しい場合や景観上の理由などから外観の色彩を調整しなければならない場合には、新設の溶融亜鉛めっき橋でも塗装をすることを検討する必要がある。
　鋼道路橋のめっきによる防食方法として、溶融亜鉛めっきでは耐食性が不足であるような過酷な腐食環境下（塩害地域、凍結防止剤使用の道路等）に対して、溶融亜鉛（Zn）－アルミニウム（Al）合金めっきが用いられるようになってきた。

これは使用環境にもよるが，溶融亜鉛めっきに比較して耐食性が数倍向上する結果が得られている例も報告されている[4]。

これらの合金めっきでは，第一浴を高純度亜鉛，第二浴を亜鉛－アルミニウム合金に浸せきする二浴法によってめっきを行う例が多く，一般に第二浴の組成が5% Al－Znの2成分のもの，5% Al－1% Mg－Znの3成分のものがある。

また，亜鉛－アルミニウム合金浴に直接浸せきする一浴法など，新しい合金めっき法が開発されている。

ここに示す合金めっきは，コストが通常の溶融亜鉛めっきの1.5～2.5倍程度となることや，めっき槽に大型のものがないこともあって，橋本体へは適用されていない。しかし溶融亜鉛アルミニウム合金めっきの特性を活かして，附属物（高欄，検査路，落下物防止柵等）には適用される事例もある。現在，国内での最大のめっき槽寸法は，長さ17.0m×幅2.1m×深さ3.6mである。

表－Ⅳ.2.1　厳しい環境下での劣化事例

劣化事例		劣化原因
厳しい腐食環境に使用された例	全面的にめっき皮膜が消耗し，素地にさびが生じている。	適用条件を超えた環境下で適用。
漏水による局部腐食	伸縮装置からの漏水によって，部分的にめっき皮膜が消耗し素地が露出しさびが生じている。	伸縮装置からの漏水が原因である。また凍結防止剤を散布する路線の橋であることから，特に腐食の進行が早い。
高力ボルト	高力ボルトの溶融亜鉛めっきの防せい力がなくなり，部分的に素地が露出しさびが生じている。	溶融亜鉛めっき高力ボルトのめっき付着量が，550g/m^{2}と，母材や連結板と比べて少ない。

(写真)	桁外： 白さびの発生もなく良好な状態。	河口から250mに位置し，腐食環境の厳しい地域。（日本海沿岸）
(写真)	伸縮装置からの漏水によって，部分的にめっき皮膜が消耗し素地が露出しさびが生じている。	桁外と桁間の環境差による。 桁間は海塩粒子が蓄積されるが，桁外は降雨による洗浄作用によって海塩粒子が洗い流される。
(写真) 桁間と桁外の違い	桁間： 全面に白さびが発生しているが，めっき皮膜は良好な状態。	

2.1.2 防食設計の考え方

　めっき皮膜は最表層の亜鉛が消耗し，次の合金層が表面に露出しても鋼材の防食機能に変化はない。ところが，合金層が露出すると鋼素地が露出していなくても合金層中の鉄分が酸化して黄色の斑点状模様が見えたり，黄褐色に変わったりして外観が変色する傾向があるので，鋼素地からの鉄さびと混同しないように注意する必要がある。

　溶融亜鉛めっきでは，めっき皮膜が消耗したり，傷をつけた場合において，再度めっき施工を行うことはできないため，防食性能を回復させる補修方法としては塗装や金属溶射など他の防食法によることになる。

2.2　防食設計

　防食法に溶融亜鉛めっきを用いる場合には，以下の条件を満たす設計を行うことが必要である[1]。条件が満たされない場合には，再度防食法の選定を見直すか，

別途検討を行うことが必要である。
1) 架設される場所の環境条件が，溶融亜鉛めっきに適している。
2) 部材寸法が，想定されるめっき工場のめっき漕に入る範囲であり，かつその形状がめっき作業で良好な品質が確保されるものである。
3) 高力ボルトにはF8Tを用いる。
4) 腹板の板厚t_wとフランジの板厚t_fが板厚比を満たしている。
5) ダイアフラムの開口部が30％程度以上確保されている。

2.2.1 適用環境

溶融亜鉛めっきの防食性能における耐久性の推定にあたっては，環境区分ごとのめっき皮膜の年間腐食減量値から，めっき皮膜の90％が消耗するまでの期間を耐用年数として推定することができる[1]。

環境区分ごとのめっき皮膜の年間腐食減量値は，都市部や田園地域などの一般環境では$3g/m^2$〜$10g/m^2$，平常時には海水飛沫を受けない海岸地域で，海岸からの距離0.1km〜2.0km程度の地域では$10g/m^2$〜$30g/m^2$，頻繁に海水飛沫を受ける海岸地域や風道等地形の悪い場所では$30g/m^2$〜$200g/m^2$となる[4]。

ただし，これらは試験片による暴露試験の結果であり，一定の環境条件に適合した場合の値である。したがって，同じ橋の中でも例えば外桁と内桁，又は桁端部と一般部等の部位によっても腐食環境が異なり，腐食減量も異なってくることに注意しなければならない。溶融亜鉛めっきでは，同一環境条件下で使用される場合には，耐久性がめっきの付着量にほぼ比例する。ところが，大気中の環境が変化すると，溶融亜鉛めっきの耐食性・耐久性もその影響を受けて変化する。前述の環境区分ごとのめっき皮膜の年間腐食減量値は，既往の各種大気暴露試験結果からまとめたものである。なお，最近の調査では，溶融亜鉛めっきの適合性の点からみた環境条件において，工業地域での環境改善が進み一般環境と大きな相違がなくなってきたため，この便覧では工業地域と都市部を一般環境としてまとめた。

同一構造体を材質の違う部材で構成する場合や材厚の違う部材で構成すると，各部材のめっき付着量に差が生じることから，部材間で耐食性に差が生じること

になる。また，排水装置や検査路，ボルト等は板厚や形状から初期の付着量が少なくなる傾向にあるため，主桁と同一環境でもその部分のめっき皮膜の劣化が早い場合が多い。したがって，初期のめっき付着量が少なくなるこれらの部材については，新設時から劣化を考慮してめっき面に塗装を行うなどの対策を検討することも必要である。

　また，橋の各部位における溶融亜鉛めっきの耐食性は最終的に局部的な環境条件によって左右されるため，橋の上下，左右等，さらされる部位の環境と関係の深い条件（例えば，結露しやすい部位と結露しない部位や，地面と接している部位と接していない部位等）によって耐食性に差が生じる。

　更に，溶融亜鉛めっきの劣化は海塩粒子や凍結防止剤として使用される塩化ナトリウム及び塩化カルシウムによって促進される。例えば，海岸から30m〜40m離れた場所では，風の強い日には直接海水飛沫がめっき皮膜に当たるため，劣化速度は非常に大きい値となる。また，冬季に凍結防止剤として塩化ナトリウムが散布される場所でのめっき皮膜の劣化速度も大きい値を示す。

　なお,耐用年数とは,あくまでも主桁本体のめっき皮膜としての耐用年数であり，橋そのものの寿命ではない。したがって，めっき皮膜が耐用年数に達した段階で適切な表面処理を行うことによって，橋としての機能を十分に確保することが可能である。

　腐食環境が厳しく，将来の塗替えが困難な箇所には，新設時に塗装を行うことも検討する必要がある。

2.2.2　使用材料

　めっき浴に使用する亜鉛は，JIS H 2107:1999 亜鉛地金に規定する蒸留亜鉛地金1種，又はこれと同等以上の品質の亜鉛地金を用いる。

　亜鉛浴の純度は作業中97.5％以上とし，アルミニウム含有量は0.1％以下である。

2.2.3　防食仕様

　溶融亜鉛めっき橋の標準的なめっき付着量を**表−Ⅳ.2.2**に示す。

鋼道路橋では，主桁，対傾構，横構，連結板等の部材に使用される鋼板で一定以上の板厚があり，実績による付着量が通常 600g/m² 以上確保できているため，この便覧では防食性を考慮してこれを標準の付着量とした。それ以外の部材についても良好なめっき品質が確保でき，一般に期待する防食性を発揮するためには少なくとも 550g/m² 以上の付着量とするのがよい。

　検査路やその他の附属物等に用いられる薄板や普通ボルトに対しては，部材の性能を損なわずに 550g/m² 以上の付着量を確保することは溶融亜鉛めっきの施工上困難であることから，表－IV.2.2 に示す個々の部材の板厚等に応じた付着量を確保することを標準とした。なお，付着量が小さい場合には，相対的に溶融亜鉛めっきの耐久性が劣ることに留意する必要があるので，点検の際に劣化の進行状況について見落としのないように努めるとともに，必要に応じて補修や部材の取替えを行う必要がある。

　また，厳しい腐食環境下において，長期耐久性を保持させることを目的として，めっき面に塗装を施す例（**4.6.5 めっき面塗装**）や，薄板部材に対して溶融亜鉛めっきの付着量を確保するために，事前にブラスト処理を行う例がある[5]。

表－IV.2.2　めっき付着量

部　材　名	規　格	付　着　量
主桁，対傾構，横構，連結板等厚さ8mm以上の鋼材及び形鋼類	HDZ 55	600g/m² 以上
厚さ6mm以上，8mm未満の鋼材及び形鋼類	HDZ 55	550g/m² 以上
支承		
高力ボルト		
厚さ3.2mm以上，6mm未満の鋼材及び形鋼類	HDZ 45	450g/m² 以上
検査路のパイプ手すり，縞鋼板	HDZ 35	350g/m² 以上
厚さ3.2mm未満の鋼材		
ボルト		

2.2.4　景観への配慮

　溶融亜鉛めっき部材の表層は亜鉛層であるため，外観は当初光沢のある銀灰色を呈し，時間の経過とともに酸化皮膜が形成され，光沢が失われるとともに濃い灰色となる。このように溶融亜鉛めっきの場合，めっきのままでは外観の色彩は

限定されるとともに徐々に変化する。また，めっき皮膜は亜鉛層が消耗し，合金層が露出すると合金層の鉄成分が腐食することによって外観が黄褐色に変色することがある。

　溶融亜鉛めっきの採用にあたっては，これら外観上の特徴を考慮し，景観への配慮を行う必要がある。すなわち景観上積極的に色彩を調整する必要がある場合には塗装を併用したり，景観が重視される環境では，さびが表面化する亜鉛層が消耗した時点で補修を検討する必要がある。

第3章　構造設計上の留意点

3.1　一般

　溶融亜鉛めっき橋の設計のうち使用鋼材，許容応力度，使用板厚は一般の橋の設計と同様とし，構造設計の基本的な事項は，道示Ⅱ鋼橋編によるのがよい。
　なお，この章では，溶融亜鉛めっき橋に係わる特殊事項に関して，主に鋼道路橋の主構造を例にとり記述している。この章に関する内容については，参考文献1)が参考となる。
　また，所要のめっき皮膜厚さを確保するためには，附属物であっても板厚は3.2mm以上のものを用いる。
　防食上の留意点について，この編に記述のない事項については第Ⅰ編共通編による。

3.2　構造設計上の留意点

3.2.1　部材寸法

　溶融亜鉛めっき橋の設計は，めっき工場のめっき槽の大きさ及びクレーン能力による制限を考慮して，部材寸法を決めなければならない。

(1) めっき槽寸法

　橋を構成する部材のめっきは，専門の工場で行われるのが一般的である。箱桁等の大型部材をめっきする場合，これが可能な大型のめっき槽を有する工場が限定されることから，設計段階で調査し部材寸法や形状の検討にあたって考慮する必要がある。現時点で既存の主要な大型めっき槽の寸法は**表－Ⅳ.3.1**のとおりである。
　工場の選定に際しては，めっき槽の大きさのほかに橋を構成する部材のめっき経験，処理能力，工場の位置等を考慮しなければならない。
　めっき施工は**5.2.2 主桁のめっき**に示すように，浮力を小さくすることや直線的なたれをなくすために角度を付けて浸せきを行う等の施工条件のため，**表－Ⅳ.**

3.1 に示すめっき槽の大きさに対して余裕をもった部材寸法とする必要があり，現時点ではめっき可能な最大部材寸法は，幅 1.5m，長さ 15.0m，高さ 2.8m がおおよその限界である。また，めっき工場の設備能力によって，部材重量の面からも制限を受けることがあるので注意する必要がある。いずれにしても良好な施工品質を確保するためには，めっき槽に対しできるだけ余裕がある部材寸法とすることが望ましい。

表－Ⅳ.3.1　代表的なめっき槽の諸元

| めっき槽の大きさ ||| クレーン能力 |
幅　m	長さ　m	深さ　m	kN
2.1	16.6	3.3	15
1.8	17.0	3.6	20
1.8	16.0	3.6	20
2.1	17.0	3.6	12
2.0	17.0	3.6	12

(2) 箱桁分割・非分割の判定

めっき施工では一部材を一度に浸せきし，二度浸けは行ってはならない。

二度に分けてめっき施工すると，二度のめっき作業による重なり部で，色彩や表面性状が一様にならないという外観上の問題があるが，それ以上にめっき槽に浸せきしている部分と外の部分の温度差によって大きな応力が発生し，部材に変形，割れが発生する可能性がある。

部材が大きい場合にはめっき槽の大きさ，クレーン能力等を考慮して，必要に応じて部材を分割する。図－Ⅳ.3.1 に必要となる箱桁の分割方法の例を示す。箱桁の断面形状は大小，縦長，横長等様々であり，めっき施工を行う工場によってその形状が制限されるため，めっき工場の能力や架設地の条件，施工実績等を調査し総合的に判断する必要がある。

図－Ⅳ.3.1 の分割・非分割の判定において，A-3 に示す形状の場合は箱桁の幅と高さのバランスを考慮しなければならない。特にフランジの板厚と腹板の板厚の比率はおよそ 2.5：1 の割合までを判定の目安とし，この比率以上にフランジが厚くなる場合は，A-1 に示す形状の分割構造とする方がめっき施工による割れ対策の面から望ましい。この場合でもこの比率は 3：1 の割合までを目安とする。

横長断面のBタイプ形状の箱桁の場合は，箱桁を分割せずに90°傾けて施工が可能か検討する（B-2）。90°傾けて施工が不可能な場合は，B-1形状で示すようにフランジで2分割又は3分割して施工する。

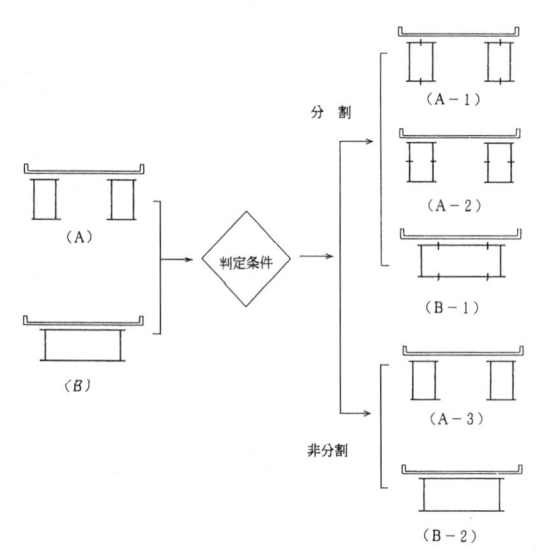

図－Ⅳ.3.1　箱桁の分割方法

(3) 箱桁橋の断面構成方法
　箱桁を分割構造で設計することに決定した場合，そのシーム位置の選定については，フランジで2分割する方法（縦割り），腹板で2分割する方法（横割り），フランジで3分割し，部材を4分割する方法（4分割）が考えられる。代表的な分割方法の例を図－Ⅳ.3.2に示す。
　分割方法は，箱桁の寸法・重量の制約によるが，一般的に経済性と変形防止の観点から，自由端が板厚の厚いフランジとする縦割りを採用することがよい。しかし，箱桁の高さが大きくめっき槽の制約を超える場合は横割りを採用することになるが，この場合には以下の点に留意する必要がある。

　　　　①縦割り　　　　②横割り　　　　③4分割

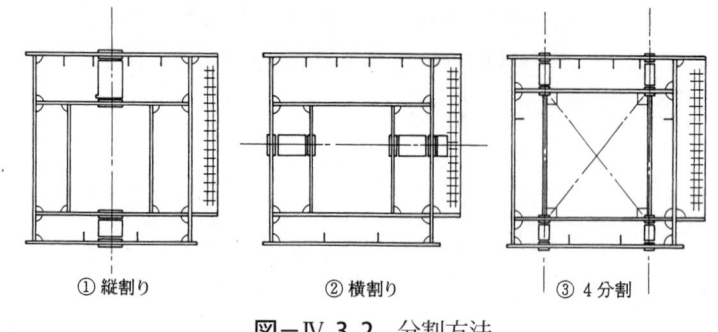

図-Ⅳ.3.2　分割方法

1) 板厚の薄い腹板が自由端になって，波形のはらみが大きくなることが予測されるので，橋軸方向のはらみ止めが必要となる。はらみ止めは，変形防止用拘束材（ブレース・間隔保持材など）が有効である。取付け例を図-Ⅳ.3.3に示す。ただし，拘束材取付部は母材と直に接触しないように，スペースを確保することが必要である。拘束材取付部の詳細を図-Ⅳ.3.4に示す。

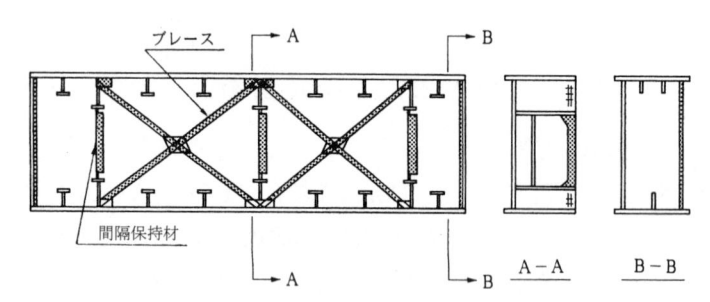

図-Ⅳ.3.3　ブレース及び間隔保持材設置位置

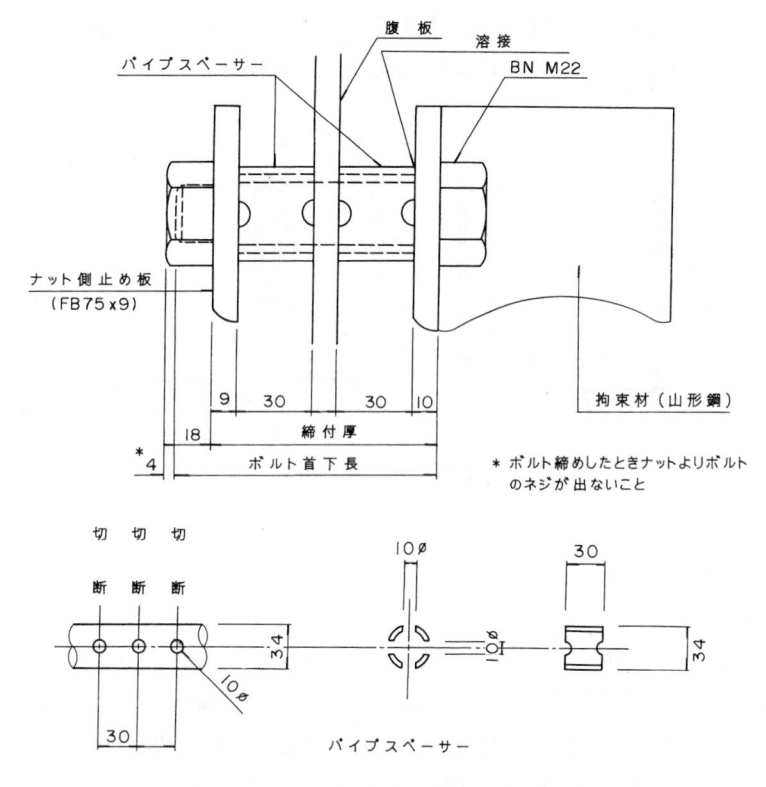

図-Ⅳ.3.4 拘束材取付部の詳細の例

2) 側面にボルト継手が見えるので，景観に配慮が必要な場合には注意する。また，2分割でも重量的にめっき施工できない場合は，4分割を採用する。この場合はめっきに関する対処の方法はⅠ桁と同様であるが，下記の点に留意する必要がある。

　　ⅰ) 連結個所が多くなるため，塗装桁と比較して重量が増加する。
　　ⅱ) 箱断面への再組立てに手間がかかる。
　　ⅲ) ダイアフラムの分割が難しい。

　図-Ⅳ.3.5に示すように支点部でダイアフラム，ソールプレート等分割が困難な場合は橋軸方向の部材長を短くし，めっき槽の幅方向に浸せき可能なような継手を設ける。

以上のように箱桁を分割してめっきする場合，分割方法に応じて品質確保や景観上の配慮などについて十分に検討して設計する必要がある。

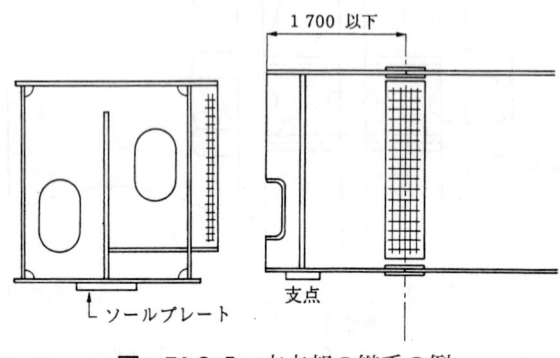

図－Ⅳ.3.5　支点部の継手の例

3.2.2　連結
（1）一般

　高力ボルトによる接合方式は摩擦接合とし，高力ボルトは一般にF8Tを使用する。溶融亜鉛めっきを施す高力ボルトはJIS B 1186 摩擦接合用高力六角ボルト・六角ナット・平座金のセットの規格に準拠し，種類と等級は**表－Ⅳ.3.2**による。なお，めっき付着量は550g/m^2 以上とする。

表－Ⅳ.3.2　高力ボルトの種類と等級

セットの種類		機械的性質による等級の組み合わせ		
機械的性質による種類	トルク係数値による種類	ボルト	ナット	座金
M20 M22 M24	1種	A	F8T	F10	注）F35

注）硬さの下限値はHRC25とする。

（2）溶融亜鉛めっき高力ボルト

　鋼道路橋の連結部の設計については，道示Ⅱ鋼橋編に規定されているので，ここでは溶融亜鉛めっき橋特有の留意点について示す。

1) 高力ボルト

　鋼道路橋の連結に使用される高力ボルトF10Tは，熱処理（焼入れ，焼戻し）によってその強度（1,000N/mm^2 ～ 1,200N/mm^2）を保証している．しかしながら，ほとんどの高力ボルトは低炭素ボロン鋼を用いていることから，これにめっき処理を行う場合，めっき浴の温度がボルトの焼戻し温度以上となり，熱影響によりその強度を保証できない状態となる．すなわち，めっきの熱影響によって特性が低規格にしか合わないように変化してしまうことから，めっきを施す場合のボルトはF8Tを標準とするとよい．近年になってF10Tめっき高力ボルトについても研究が進められ[6]，試験的ではあるが実橋に用いられた実績もある．しかし，採用にあたっては所定の性能が確実に満たされることを事前に確認しておかなければならない．ただし，F10Tめっき高力ボルトを用いることによって接合効率が改善され，連結部の設計において溶融亜鉛めっき橋としての特別な配慮をする必要がない等のメリットも大きくなるが，現状では基準等による一般化には至っていない．

　座金の機械的性質を表す等級はF35であるが，ボルトと同様にめっき処理の場合，熱影響によって座金の硬さが低規格にしか合わないように変化してしまうことから，硬さの下限値はHRC25，上限値をHRC45とする．ナットの場合は機械的性質の問題はないが，ねじ部分についてはめっき厚によってボルトとのかん合が悪くなるのを考慮して，最大0.8mmのオーバータップを行う[7]．

2) めっき付着量

　めっき付着量は550g/m^{2}以上とし，遠心分離機等によりたれ切りを行い，ねじ部を良好な状態に管理する．

3) 接合面の処理

　溶融亜鉛めっき橋においても高力ボルト摩擦接合継手の連結部は，すべり係数0.4以上確保することを前提として，道示の規定に準じて継手の設計を行う．このとき，すべり係数0.4以上を確保する施工方法，確認方法については，**4.4 摩擦接合面の処理**に示す．なお，I桁等の腹板の連結部においてシャープレートとモーメントプレートに分けた構造とすると，ブラスト作業においてマスキングが煩雑となるのでこれらを一体とする形状が望ましい．

3.2.3 板厚比と開口率

　めっきは，溶接構造部材を440℃前後の溶融しためっき浴中に浸せきするため，急激な温度の上昇とそれに続く温水冷却による温度の降下によって大きな熱ひずみが発生し，桁のねじれや腹板のはらみ等の残留変形を生じることがある。したがって，部材設計にあたっては熱ひずみについて考慮する必要がある。

(1) I 桁橋の設計上の留意点

1) 部材左右の非対称性を少なくするとともに，極端な断面変化や多くの材質変化は避けるのがよい。

　　I 形部材内で上下フランジ断面が等しく，かつ板幅，板厚の小さいものはねじれが少ないが，上下フランジ断面の大きさが大幅に異なったりフランジの断面変化が大きく，板幅，板厚が大きいものは桁高に関係なくねじれが大きくなる傾向がある。したがって，主桁断面の非対称性を少なくし，極端な断面変化や多くの材質変化は避けるべきである。これらの要因を含む部材としては，連続桁の中間支点付近の主桁がある。

2) 腹板の板厚 t_w とフランジの板厚 t_f との関係は $t_w > t_f / 3$ を満たすのがよい。

　　腹板厚に対して，フランジの板厚がかなり厚くなる場合は，めっきによる部材のねじれ，腹板のはらみが大きくなる可能性がある。これらの変形には色々な要因が関係するが，目安として，フランジの板厚 t_f と腹板厚 t_w は $t_w > t_f / 3$ の関係を満たすのがよいとした。

(2) 箱桁橋の設計上の留意点

1) 非分割箱桁の場合，FEM 熱応力解析や実験等によれば，箱桁を浸せきしたときめっき割れや残留ひずみに影響がある。腹板に発生する熱膨張応力の反力である最大熱圧縮応力やひずみは，フランジ厚が薄いほど小さくなり，浸せき速度が速くなるほど小さくなる。めっき割れを防止するために腹板の板厚 t_w とフランジの板厚 t_f との関係は $t_w > t_f / 2.5$ を満たすのがよい。

　　目標浸せき速度は 4m/min であるが，この場合についても割れが発生しないためのフランジの板厚 t_f と腹板厚 t_w の関係の目安は $t_w > t_f / 2.5$ である。さらに，ダイアフラムやフランジに取り付けられる吊り金具の板厚もこの関係

を満たすのが望ましい。

やむを得ず $t_w > t_f / 2.5$ を満たさない場合には，割れが生じたり，大きな残留ひずみが生じないように構造詳細を含めて十分な検討が必要である。

2) 非分割構造のダイアフラムは，開口率を30％以上とするのが望ましい。

ダイアフラムの形状は浸せき速度を大きく左右する。溶融亜鉛の流出入をスムーズに行うためには，開口部を大きく取る必要がある。特に非分割箱桁を浸せきする場合，箱桁内にダイアフラム等があり，浸せき速度を速くすることができない。ダイアフラムの開口率を30％以上にすると，4m/min以上の浸せき速度が確保できることが確認されている。中間ダイアフラムの形状としては，図－Ⅳ.3.6に示すラーメン方式と対傾構方式が考えられるが，非分割構造では箱断面が小さく，開口を大きくできるラーメン方式が望ましい。

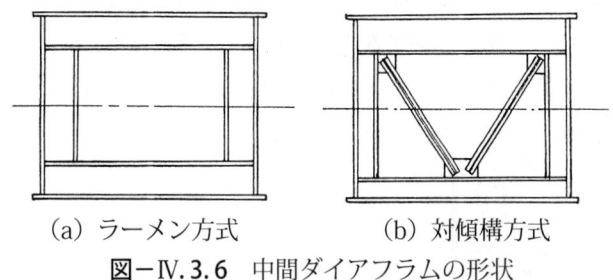

　　　　(a) ラーメン方式　　　　(b) 対傾構方式
　　　　図－Ⅳ.3.6　中間ダイアフラムの形状

ダイアフラムの開口部の大きさは図－Ⅳ.3.7に示す記号で表すと，$A \times B \geq 0.3 \times H_w \times B_w$の関係を満たすのが望ましい。

ダイアフラムや横リブ位置では，めっき施工時の部材引き上げ時に溶融亜鉛の溜まりを防止するためにスカラップを設けるのが望ましい。分割，非分割共に用いられる標準的なスカラップ形状を図－Ⅳ.3.7に示す。特にダイアフラムの下横リブに相当する部分を広くすると効果がある。また，縦リブの回り及びフランジと腹板のコーナー部のスカラップについても図－Ⅳ.3.7程度を確保することが必要である。

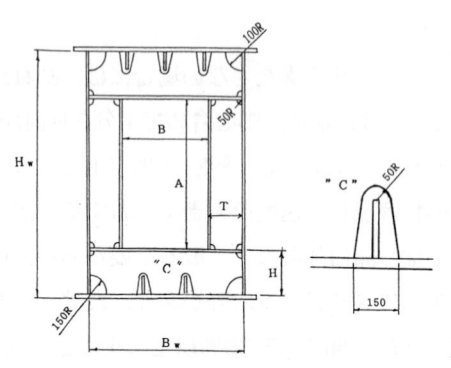

図-Ⅳ.3.7 ダイアフラムの開口部及びスカラップ形状の例

　端支点上のダイアフラムは，構造的に1支承／箱桁であれば，大きな開口部は取りにくい。ここで標準的なマンホール，スカラップ形状を図-Ⅳ.3.8に示す。めっき浴への浸せき方法は，図-Ⅳ.3.9に示すように端支点側を高くして行う。部材幅が広くめっき槽の制限値を超える場合は，図-Ⅳ.3.10に示すように支点の近傍に現場継手を設けて支点構造を改良する方法がある。

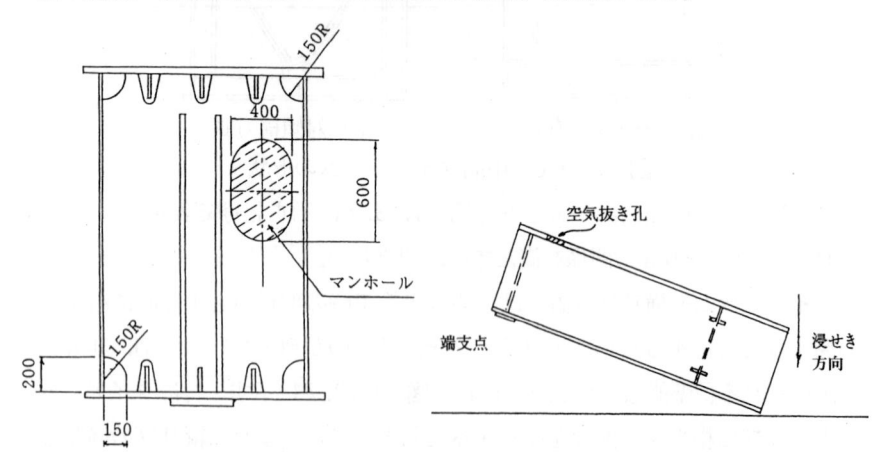

図-Ⅳ.3.8　端ダイアフラムの形状の例　　図-Ⅳ.3.9　端支点側部材の浸せき方法

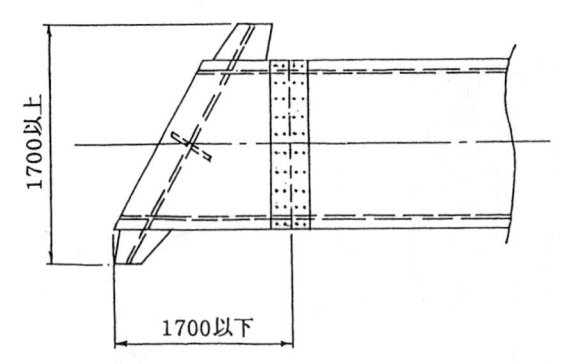

図−Ⅳ.3.10　部材端部が広い時の継手位置の例

　中間支点上のダイアフラムも同様に，浸せきに必要な開口部を確保するのが困難である。ダイアフラムの位置が部材の中央付近にあたるために溶融亜鉛の流出入を大きく左右し，浸せき速度に影響を与えることになる。中間支点上の標準的なダイアフラム形状を図−Ⅳ.3.11に示す。
　設計にあたって，浸せき施工上必要な開口部による減少面積を補強板で充足する方法は構造が複雑となるので，当初から開口部の断面がないものとして設計してもよい。
　非分割箱桁において，端支点上及び中間支点上ダイアフラムは，開口部の大きさが不十分になることが多い。一方，浸せき速度を速めるためには，溶融亜鉛が箱桁内にスムーズに流入する必要がある。このような場合，浸せき速度を確保するために，図−Ⅳ.3.12に示すような箱桁内部の空気をいち早く排出する空気抜き孔を設けることが有効である。空気抜き孔は直径120 mm〜150 mmとし，ハンドホールと同様の補強と蓋をするのがよい。

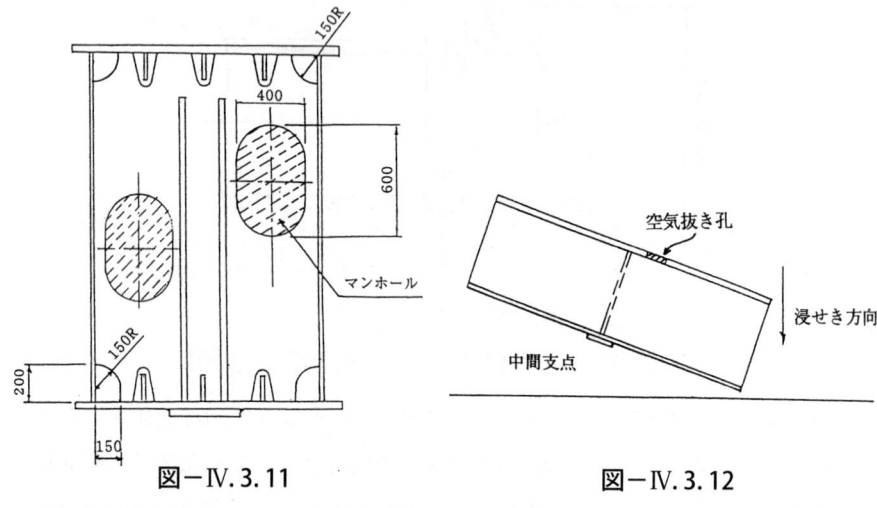

図-Ⅳ.3.11　中間支点上ダイアフラムの形状の例

図-Ⅳ.3.12　部材の浸せき方法と空気抜き孔

(3) トラス橋の設計上の留意点
1) 箱型断面の部材は密閉構造としてはならない。

　通常，トラス橋ではトラス弦材部材などで防食上の配慮やボルト継手部の構成のために，密閉構造になる部材を用いられるが，このような空気を閉じこめる密閉構造は，めっき施工時に部材が破裂する危険性があることから，めっき部材としては採用できない。逆に空気抜き孔を設けた場合には，内部が密閉空間とならず十分なめっき施工ができないため防食上問題となる。そこで図-Ⅳ.3.13に示すように，斜材等が絞り込まれた密閉構造とせず，十分な開口部を設けた構造とする必要がある。

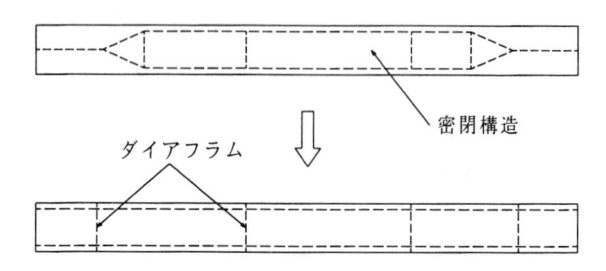

図-Ⅳ.3.13　垂直材・斜材の絞り込み構造の変更の例

2) ダイアフラムの開口率は4隅のスカラップを含めて30％以上設ける。

　溶融亜鉛の流れを良くするには，ダイアフラムの開口率が大きい方が有利であるが，ダイアフラム本来の機能をもたせるため，この開口率を大幅に上げるには限界がある。一方，開口率を小さくすると，めっき施工時の引き上げから水冷までの空中時間が長くなり，めっき焼けが起こる可能性が大きくなる。

　したがって，めっき部材ではダイアフラム本来の機能を確保しながら，できるだけ大きな開口率が確保されるような構造としなければならない。

　ダイアフラムの開口率を30％以上とした上弦材の例を図－Ⅳ.3.14に示す。

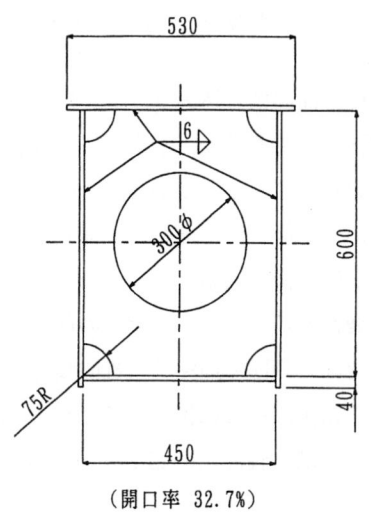

（開口率　32.7％）

図－Ⅳ.3.14　ダイアフラムの開口部

3) トラス部材及び床組部材の連結部は，重ね合わせ方式の場合，自由端突出部が大きくなりめっきによる熱変形が大きくなるので，できるだけ突き合わせ方式とする。

　また，横桁仕口及び垂直材の取り合いガセットについても，突き合わせ方式とすることで，自由端突出部を小さくすることができる。その結果，部材形状を小さくすることができ，めっき施工時のハンドリングが容易となるため，変形も極力小さくすることができる。

　図－Ⅳ.3.15に突き合わせ方式による格点構造の詳細を示す。

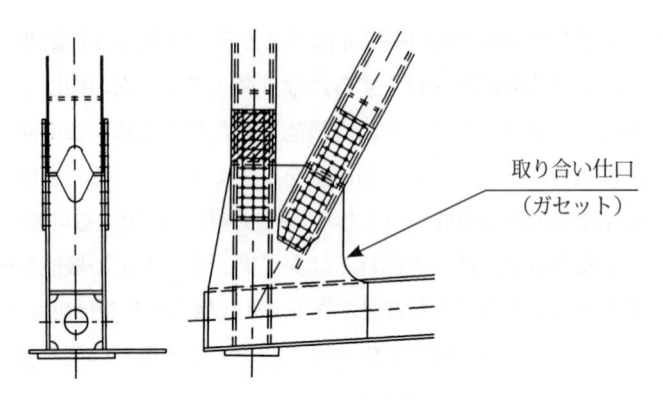

図−Ⅳ.3.15　突き合わせ方式による格点構造の詳細

4) トラス部材等の箱形断面の落し込みフランジ内面は，部材の端部から端ダイアフラムまでは隅肉溶接ができるが，端ダイアフラムから内側は隅肉溶接を行うことができない部分が生じることがある。このときフランジと腹板が接した角部のほとんどは，めっき施工時に亜鉛の表面張力で隙間を塞いだ状態になるが，部分的にめっき前処理液が残留したり不めっき部が生じたりすることがあることに留意する必要がある。なお，通常この前処理液は，めっき後数日間すると流出し，不めっき部の範囲も亜鉛の犠牲防食作用によりその後のさびの進行は抑えられる程度の微少なものに留まることから，厳しい環境でない限り特別な処理は行わなくても防食性能に問題がない。図−Ⅳ.3.16に箱形断面の詳細を示す。

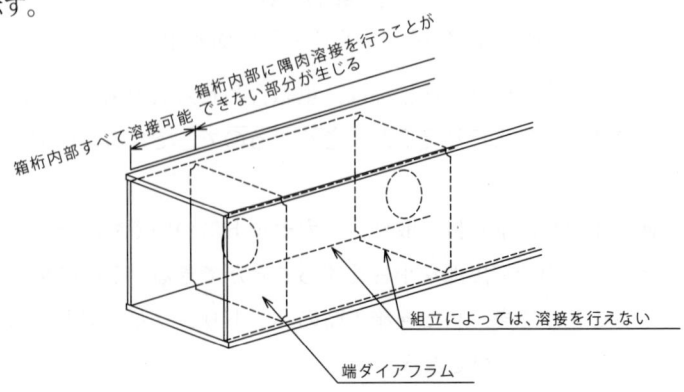

図−Ⅳ.3.16　箱形断面の詳細

3.3 細部構造の留意点

3.3.1 補剛材

（1）水平補剛材と垂直補剛材は，互いに腹板の反対側に取り付けるのがよい。

　非対称形状の部材（例えば，補剛材が片側のみに配置された外桁）は，めっきによって変形が大きくなる傾向にある。

　この対策として**図－Ⅳ.3.17**に示すように，外桁の垂直補剛材は外面に設け，水平補剛材を内面に配置すれば変形防止になる。また，垂直補剛材を足場吊り金具と併用できる利点もある。

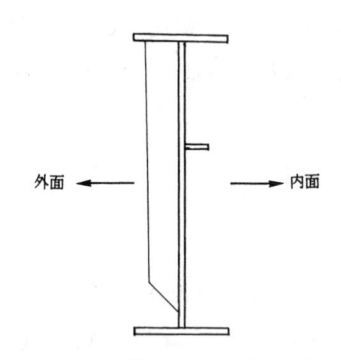

図－Ⅳ.3.17　補剛材の取付け位置の例

（2）水平補剛材及び垂直補剛材の形状並びに端部のまわし溶接部の形状は，めっき割れに配慮しなければならない。**図－Ⅳ.3.18**及び**図－Ⅳ.3.19**に標準的な形状を示す。

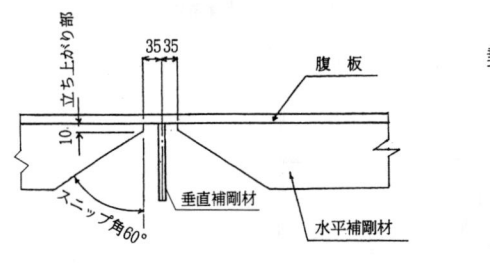

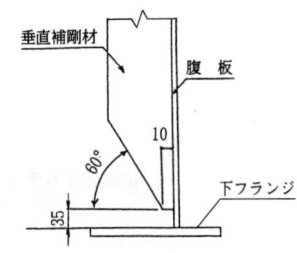

図－Ⅳ.3.18　水平補剛材の端部の例　　図－Ⅳ.3.19　垂直補剛材の端部の例

浸せきされる補剛材の端部には，めっき割れが生じることがある。一般にはスニップ角を45°としているが，60°にすることが割れ防止対策として有効である。これは応力集中の低減効果によるものである。そこで，補剛材の端部を，図－Ⅳ.3.18及び図－Ⅳ.3.19に示すようにスニップ角を60°，立ち上がり部の寸法はまわし溶接の施工性を考えて10 mm程度が望ましい。また，下フランジと垂直補剛材下端部の距離は，構造的に可能であれば空間を大きく取るのが割れ対策として有効である。そこで，図－Ⅳ.3.19に示すように必要距離は35 mmを標準とした。なお，いずれも構造設計上，所要の性能が満たすことが前提である。

(3) 箱桁の補剛材の形状はⅠ桁の場合と同じとする。

箱桁は分割，非分割に関わらず，Ⅰ桁に比べて浸せき速度が遅くなる。箱桁のフランジと腹板の最大板厚比はⅠ桁より厳しくしたが，補剛材端部のまわし溶接部にめっき割れが生じることがある。そこで，水平補剛材及び垂直補剛材端部の詳細は，Ⅰ桁の補剛材詳細と同じにした。

(4) 箱桁腹板のはらみを防止するために，はらみ防止用水平補剛材を追加するのがよい。

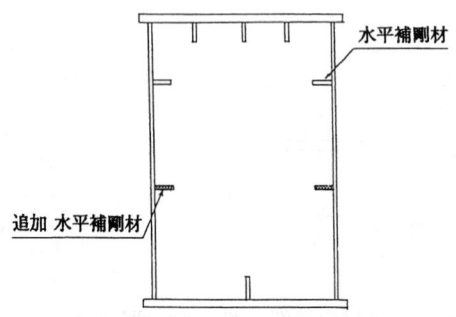

箱桁はⅠ桁よりめっき浴への浸せき速度が遅いので，腹板のはらみもⅠ桁の場合よりも大きくなりやすい。その対策として図－Ⅳ.3.20に示すように，腹板の引張応力側にも水平補剛材を1段追加することによって腹板のはらみを小さくすることができる。また，垂直補剛材間隔を耐荷力上必要となる値よりも小さな間隔とするのも効果がある。このほか，腹板の板厚そのものを増加することもはらみの防止には効果がある[8]。

図－Ⅳ.3.20 はらみ防止用補剛材の例

3.3.2 めっき施工に対する留意点

(1) 不めっきの防止

　浸せき時に溶融亜鉛が浸入できないような空隙がある場合，不めっきとなりさびの発生原因となることがある。不めっき部が生じないようにするためには，めっき浴への浸せき時に溶融亜鉛が行きわたる構造としなければならない。

　不めっき防止のために必要な各部分の詳細における留意事項の例を図-Ⅳ.3.21に示す。

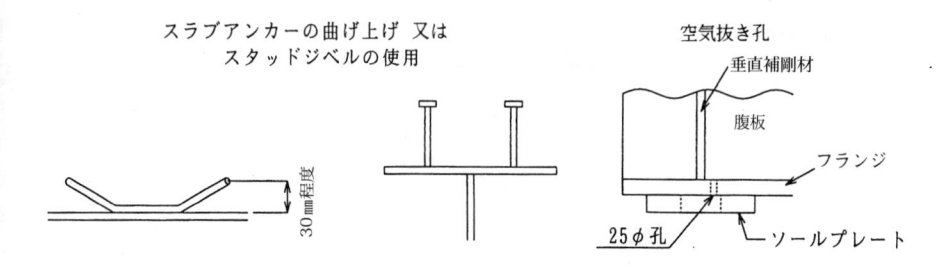

図-Ⅳ.3.21　不めっき防止の詳細

(2) たれ切りの改善

　めっき表面に付着した亜鉛のたれは，それ自身は防食機能に問題はないものの，ざらつきの原因となり外観を損なったり，じんあいや雨水が溜まることによって局部環境の悪化の原因ともなることから，図-Ⅳ.3.22に示すようにスカラップを設けたり垂直補剛材の切欠きを大きくするなどの工夫を行う必要がある。支点上及び格点部等で垂直補剛材の下端のスカラップを埋戻す場合は，下フランジにたれ切り用の孔を設ける。

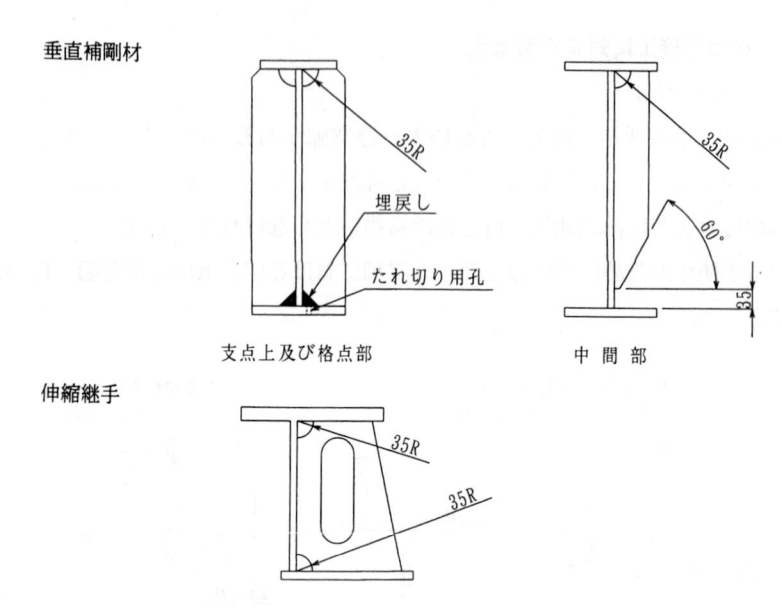

図－Ⅳ.3.22　溶融亜鉛のたれ切りの改善の例

(3) 部材の重ね合せ溶接

　部材を重ね合せた状態で全周溶接する構造では，この重ね合せ面積が大きいと内部の空気や水分の膨張によって重ね合せた部材が膨れたり，溶接部に亀裂が生じることもあるので，図－Ⅳ.3.23に示すような必要最小限の重ね合せとすることが望ましい。なお，このような重ね合せ溶接継手は疲労耐久性の確保が困難な継手であることから，鋼道路橋への採用にあたっては疲労耐久性を求めない部材に限るなどの注意が必要である。

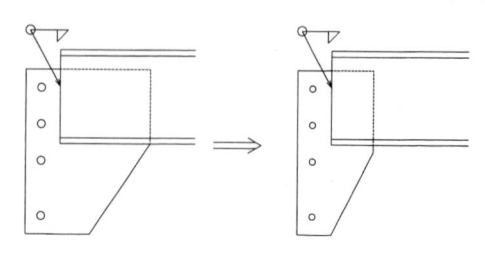

図－Ⅳ.3.23　ガセットと部材の重ね合せ部

3.4 支承及び附属物

(1) 支承

すべりや回転性能を維持するために，高力黄銅支承板支承，ふっ素樹脂支承板支承のすべり面は不めっき処理を行い，めっき後にステンレス板を取り付ける等防せい処理を行うとよい。

同様に，ピン支承，ピボット支承，ローラー支承の回転部に対しても不めっき処理を行い，めっき後にグリースを塗付する等の防せい処理を行うとよい。

なお，ローラー支承のローラー及びローラーの転がり面には，耐食性材料（マルテンサイト系ステンレス鋼：C-13B）等を用いるのがよい。このとき，溶融亜鉛めっきとステンレス鋼を直接接触させると異種金属接触腐食を生じることがあるので，接触面を絶縁する等の配慮が必要である。

支承とベースプレートを現場溶接によって接合する場合，溶接による熱影響を受けめっき皮膜が損傷することから，溶接線を挟んで100mm程度の範囲で不めっき処理を行う必要がある。

(2) 附属物

1) 検査路等

鋼道路橋で一般的な検査路の部材構成の例を，図-Ⅳ.3.24に示す。

このような構造の場合，歩板の取付方法を溶接構造を採用する場合が多いが，めっきを行う場合はひずみの発生が大きいので，溶接でなくボルト接合にすることが望ましい。特に部材長5mを超えるような長尺の構造の場合には，ひずみの発生とその影響に十分な注意が必要である。手すり取付けのためのガセット重ね合せ溶接の部分については，ボルト孔を設けない構造とし全周溶接とする場合が多い。しかし，重ね合せ溶接は，重ね合せ部材がめっき施工時の熱影響によって膨れたり溶接部に亀裂を生じたりすることがあるので，ボルト接合にすることも検討すべきである。

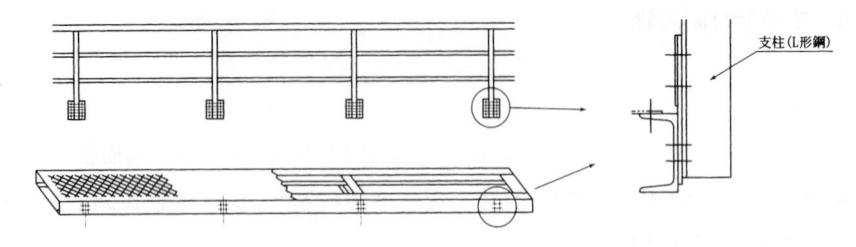

図-Ⅳ.3.24　検査路の形状

　検査路の手すり等パイプ構造のめっきは，図-Ⅳ.3.25に示すように空気抜き孔を設け密閉構造としない．

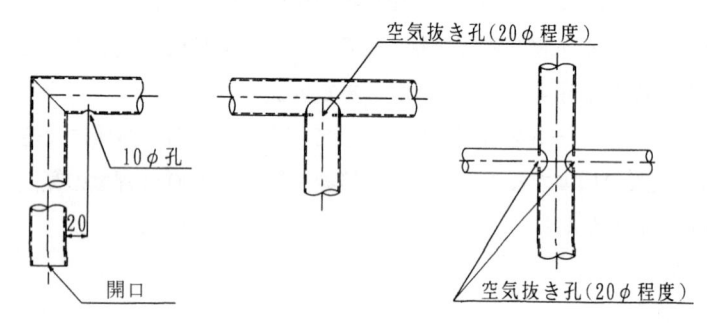

図-Ⅳ.3.25　空気抜き孔の例

2）落橋防止装置等
　落橋防止装置のブラケット構造は，主桁構造設計上の留意点を考慮して設計するのがよい．

3）伸縮装置等
　伸縮装置に非排水型の鋼製フィンガージョイントを用いる場合は，単部材ごとにめっきを行うとそれぞれの部材に熱変形が生じ，めっき後に装置全体を要求精度で組み立てることが困難になる．したがって，組立精度を確保するためには，装置全体を組み合わせた状態でめっき施工を行うのがよい．落橋防止装置に必要となる充填材の注入については，めっき施工後に施工する．

第4章　製作・施工上の留意点

4.1　一般

　溶融亜鉛めっき橋の製作のうち，この章に示していない項目については，一般の橋の製作と同様に道示Ⅱ鋼橋編による。なお，この章では溶融亜鉛めっき橋にかかわる特殊事項に関して，主に鋼道路橋の主構造を例に記述しているが，検査路や排水装置といった附属物の製作・施工においても適用してもよい。この章に関する内容については，参考文献1）が参考となる。
　この便覧では，既往の実績などから一定の有効性が確認されている溶融亜鉛めっき橋の製作において配慮すべき事項を述べるが，あくまで鋼道路橋の防食法として標準的な条件下において本来具備している防食性能や耐久性が発揮できると考えられる方法を記述していることから，全ての鋼道路橋の条件や要求性能に対して必ずしも最適でなく，場合によっては性能に過不足が生じることもある。したがって，個々の鋼道路橋の設計，施工にあたっては，この便覧の内容を参考にするとともにそれぞれの条件に対して合理的となるように，十分検討し適当な方法となるようにすることが重要である。

4.2　冷間加工・孔あけ

（1）部材のマーキングに使用するペイントは，水性ペイントが望ましい。
　油性ペイントではめっき作業において不めっきの原因となるため，部品名等を部材にマーキングを行う場合は水性ペイントを使用するのがよい。
（2）部材外面の角部は，1mm程度の面取りを行うことが望ましい。
　鋼板の鋭利な角にそのままめっき施工をすると，施工後に衝撃が加わったりした時にめっき皮膜が欠けることがあるため面取りを行う。写真－Ⅳ.4.1に示すように溶融亜鉛めっきの場合は，角部のめっき皮膜は1mm程度の角落としで合金層が扇状に成長し，この間を溶融亜鉛が付着し平面部と同等ないしそれ以上のめっき皮膜が形成されることから，1mm程度の角落としを行うものとした[8]。ボルト

孔についても同様であるが，めっき後にヤスリがけ作業を行うことが多く，施工においてヤスリがけ作業を行なう場合には特に面取りを行う必要はない。

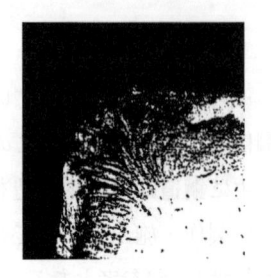

写真-Ⅳ.4.1 角部の合金層の成長

(3) 孔あけ後の孔周辺のまくれ（カエリ，バリ）は，グラインダ等で除去する。

　孔あけ後の孔周辺のまくれ（カエリ，バリ）は，めっき時の孔だれ（たまり）防止のため，グラインダ等で除去することが必要である。

(4) ボルト孔の径は溶融亜鉛の付着を考慮せず，正規の孔径とする。

　ボルト孔径は，溶融亜鉛の付着によって小さくなる。また，もらいさびを防止するためにドリフトピンはめっき処理をすることから，溶融亜鉛の付着によってピン径は増大する。既往の調査によると，これら両者の合計は 0.3 mm～ 0.5 mm程度になる結果が得られているが，一般に孔あけは正規の孔径として，ドリフトピンに直径が 0.5 mm程度小さいものを使用し，めっき後の仮組立，架設を行うことになる。

4.3　溶断・溶接

(1) 溶接入熱量の低減及び過大な脚長をとらないことが望ましい。

　めっきを施す部材の溶接では，溶接入熱量を低減するとともに過大な脚長をとらないように努めることで，溶接残留応力の軽減及び発生する内部応力の軽減を図ることがめっきによる変形防止対策上望ましい。

　板継ぎ溶接のめっき施工による変形への影響度は，定量的には把握できていないが，フランジ板厚が厚い部分（連続桁の中間支点付近等）では，めっきによる

変形が大きくなる傾向にあり，このような部位では特に入熱量や脚長は過大にならないように管理する必要がある。

(2) アンダーカット，オーバーラップ，ピット等の溶接欠陥がないようにする。

水平補剛材の端部や垂直補剛材のスカラップ部のまわし溶接部は，めっき施工による割れが発生しやすいので，アンダーカット，オーバーラップ，ピット等の溶接欠陥が発生しないよう特に注意を要する。

図-Ⅳ.4.1に溶接部でアンダーカット，オーバーラップが生じやすくめっき施工上問題となる部位の例を示す。これらの部位では特に慎重に溶接を行い，著しい溶接外観不良及び溶接ビードの形状不整がある場合には，グラインダ等で仕上げを行う必要がある。

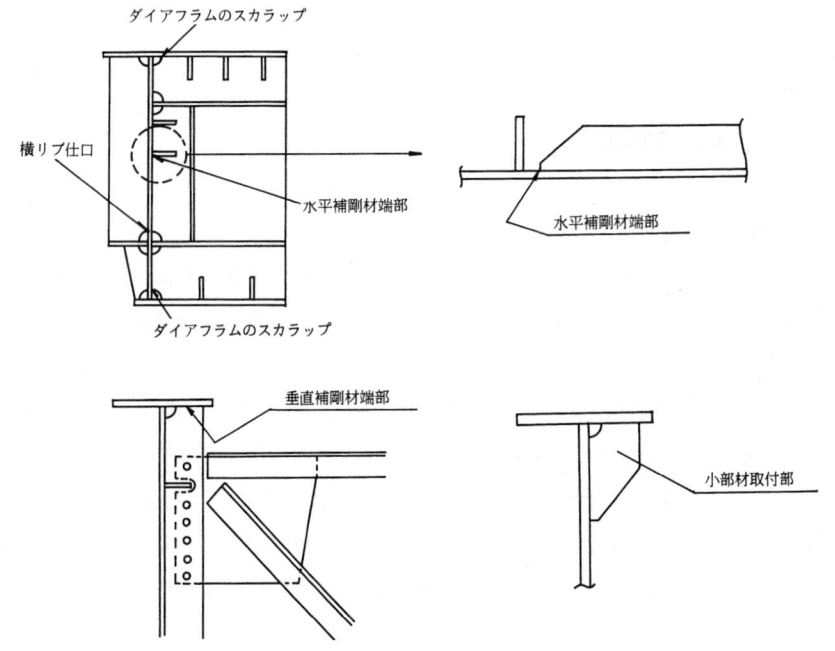

図-Ⅳ.4.1 溶接部でめっき割れが発生しやすい部位

(3) 溶接時に発生するスラグ及びスパッタを除去する。

溶接時に発生するスラグ及びスパッタは，めっき施工時の酸洗い工程でも除去できず不めっきの原因ともなるので，溶接後完全に除去しておく必要がある。

(4) 溶接部は疲労耐久性が確保されたものとする。

　溶接線は完全に連続させるものとし，部材端部，密着部等はまわし溶接を行うことが望ましい。なお溶接を行う場合には，関連する技術基準等に従い所要の疲労耐久性が確保されるよう疲労設計を行う必要がある。

　めっき桁の溶接施工において，下フランジとソールプレートなど鋼板の重ね合せ部は，めっき施工後にめっき作業で使用した酸やさびが重ね合せ面から流れ出ることがあるので，溶接を行うなどの処置を行う必要がある。

(5) 溶接ひずみ等をできるだけ生じないようにする。

　溶接ひずみ等の変形をめっき施工前に矯正する場合，めっき施工時の加熱によって矯正による残留応力やひずみが開放され，めっき後変形が再発する場合が多い。また，めっき施工後の矯正は，一般に困難となるためできるだけ矯正が必要となる溶接ひずみ等が生じないようにする必要がある。

4.4　摩擦接合面の処理

(1) 摩擦接合の処理

　摩擦接合面は，表面粗さが 60 μmRz 以上となるようブラストにより処理を行うことが必要である。また，摩擦接合面及びボルト孔のめっきのたまりは取り除く必要がある。

　めっきの表面は滑らかなので，設計で考慮しているすべり係数 $\mu = 0.4$ を確保することができないため，ブラスト処理によって摩擦接合面のすべり係数 $\mu = 0.4$ を確保する[9]。各種の処理方法によって，表面処理したときの表面粗さとすべり係数の関係を図－Ⅳ.4.2に示す[2]。なお，めっき膜厚が厚くなると，ブラスト作業によって合金層付近からめっき皮膜が剥離することがあるので注意する必要がある。

　表面粗さの確認は試験板をめっきし，ブラスト処理をして必要な表面粗さに施工されたものを，見本板として作業中にこの見本板と比較することで適時確認が必要である[10) 11)]。

　また，ブラスト処理以外の方法として，微細で緻密なりん酸亜鉛の結晶を形成

させることも行われており，塗装・防食便覧資料集を参考にするのがよい。

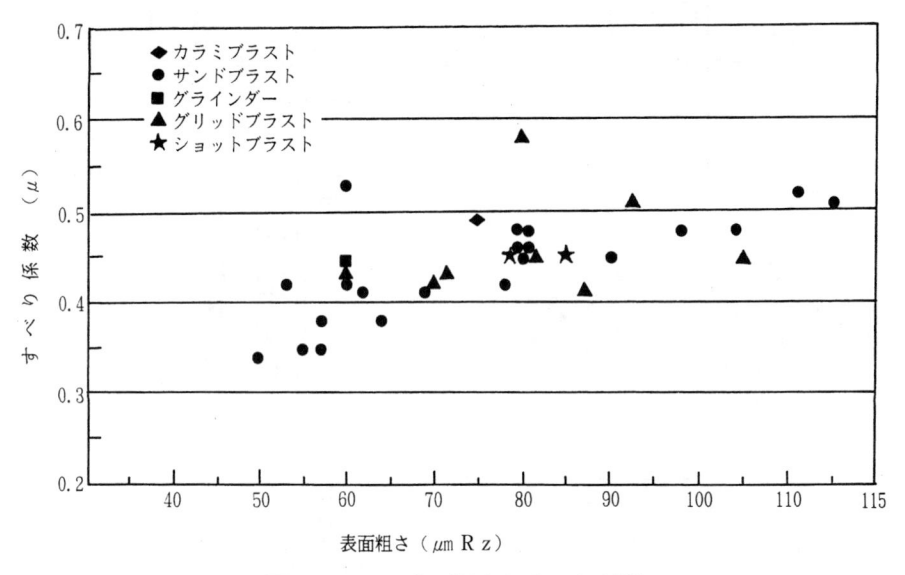

図－Ⅳ.4.2　表面粗さとすべり係数

(2) 処理の範囲

　摩擦接合面の境界まで完全にブラストすると，連結板や接合部材相互の精度によってはブラスト部が露出し防せい上問題となることから，処理の範囲は接合面の境界から5mm程度内側の領域とする。通常接合面の外周部に，この程度の範囲のめっき部分があっても接合の効率に影響はない。ブラストする範囲以外のめっき表面は，ブラストによる傷付防止をするためにマスキングを行うことが必要である。ただし，Ⅰ桁フランジや横構等は幅方向には全面が接合面となるため，幅方向のみ摩擦接合面の全面を処理してもよい。

　また，連結板は摩擦接合面の全面と同様に処理することが必要である。摩擦接合面の処理範囲を，図－Ⅳ.4.3に示す。

　なお，めっき面にブラストをすると亜鉛の白さびが発生したりめっきの外観が悪くなるので，景観上も摩擦接合面以外をブラストしないように注意する必要がある。

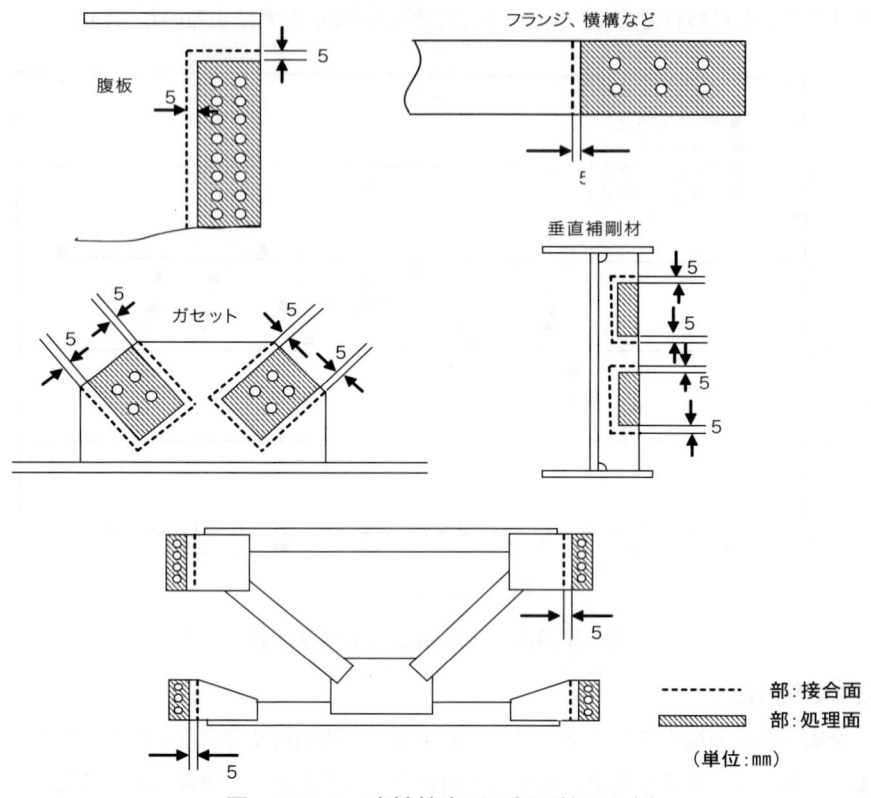

図-Ⅳ.4.3　摩擦接合面の処理範囲の例

(3) 表面粗さの確認

　表面粗さの確認は，約100 mm角の試験板を作成しブラスト作業時に対比しながら作業を行う。ここで使用する試験板は，めっきする製品のうち，めっきの付着量が少なくなる薄い板厚で作成し，製品めっき時に同時にめっきすることが必要である。試験板のブラストは製品に使用する装置で行い，めっき皮膜を除去しすぎることなく，表面粗さが60 μmRz以上であることを確認する必要がある。

4.5 輸送・架設

4.5.1 輸送・保管
(1) 輸送
　部材の輸送にあたっては，めっき皮膜に損傷を与えないよう，十分取扱いに注意する必要がある。
　I桁はめっき施工によりねじれることから，単材で輸送する場合架台上でがたつきを生じたり安定性に欠けることがある。そのためI桁を単品で輸送する場合は，めっき表面を損傷しないように桁を治具等で固定して転倒の危険性をなくす必要がある。対傾構等で2本の桁を組立てた状態のブロックとし，安定性を増加させて輸送することも有効である。
　輸送に際し，めっき部材を不めっき部材と混載する場合は，部材をシート等で保護し，めっきの損傷やめっき部材の汚れを防止する必要がある。荷積み，荷卸し，固定にあたっては，専用の吊り金具等が設置されている場合それらを利用するとともに，部材にワイヤーや架台が直接触れる部分を布，ゴム等で保護する必要がある。また，吊り金具等が取り付いていない場合は，ナイロンスリング等を使用してめっき皮膜に損傷を与えないよう留意することが重要である。

(2) 保管
　めっき部材を保管する際は，めっき皮膜の耐食性に悪影響を与えることのないよう注意する。
　めっき部材の保管場所は，亜鉛を腐食させる物質，潮解性物質又は吸湿性物質からめっき部材を保護できる，風通しの良い環境とする必要がある。
　適切な高さの架台に保管し，めっき皮膜が架台に直接接しないように，発泡スチロール等により保護する必要がある。積み重ねの際は枕木等を用い，通気や雨水の流れを良くする。また，他の不めっき部材と同時に保管する場合は，不めっき材のさび汁がめっき表面を汚す(もらいさび)ことがあるので注意が必要である。

4.5.2 架設
(1) 架設方法

　めっき施工により，部材に様々な変形（ねじれ）が生じることがあるので，これを考慮した架設方法を採用する。

　I桁はめっき施工により発生したねじれによって，架設時の仮置きなどの状態で安定性に劣る場合がある（図－Ⅳ.4.4）。この場合は，桁を対傾構，横構等で組み合わせたブロックで架設することにより，架設作業上，桁の安定度を増すことができる場合がある。架設前に対傾構や横構を取り付けることは，架設作業の安定性確保だけでなく対傾構，横構等の連結部の取り合いの確認にもなり，高所での架設作業が少なくなる。

　箱桁，トラス桁等については，めっき施工によるねじれはほとんど発生しないので，塗装桁と同様の架設作業を行うことができる。

　ワイヤー，ジャッキその他の架設機材等がめっき部材と接触する箇所には，フェルト，ゴム等をあてがい，めっき皮膜に損傷を与えないように保護する必要がある。

　ドリフトピン，仮締めボルトはさびの発生していないものを使用し，特にドリフトピンは打ち込みによるボルト孔の損傷を極力少なくするように，通常の使用径より小さめのサイズ（－0.5㎜程度）のものを用いるとよい。

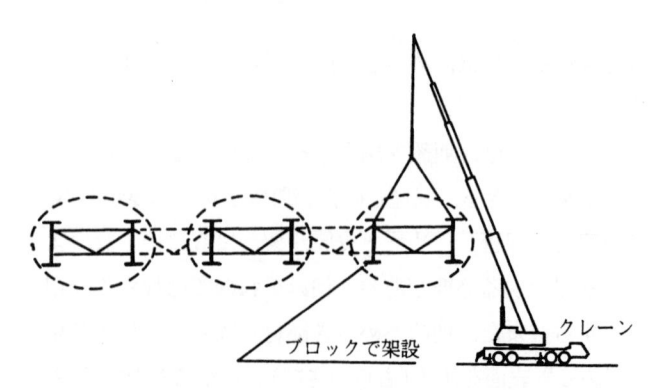

図－Ⅳ.4.4　I桁のブロック架設の例

(2) 吊り金具等の取り付け

　吊り足場金具，型枠支保工等の吊り金具は，めっき表面を汚したり，損傷しな

いように，あらかじめ工場でめっきする前に取り付けておく必要がある。

　架設用吊り金具等は，床版等に支障がなければ取り除かないのが望ましい。取り除く必要がある場合は，ガス切断又はガウジング等で除去するが，この際には火花飛散によってめっき皮膜を損傷しないように，防火シート等を用いて部材表面を保護する必要がある。

　チェーン，クランプ，パイプ等とめっき部材との接触面は，図－Ⅳ.4.5のように布，ゴム，合板パネル等で保護し，めっき皮膜を損傷しないよう注意する。

　コンクリート打設時には，図－Ⅳ.4.6のようにモルタルやセメントミルクがもれないよう，型枠の継ぎ目の隙間をテープ，ゴム，スポンジ等でシールする必要がある。コンクリートが付着した場合は，すぐに水洗いするかウエス等で拭き取ることが必要である。

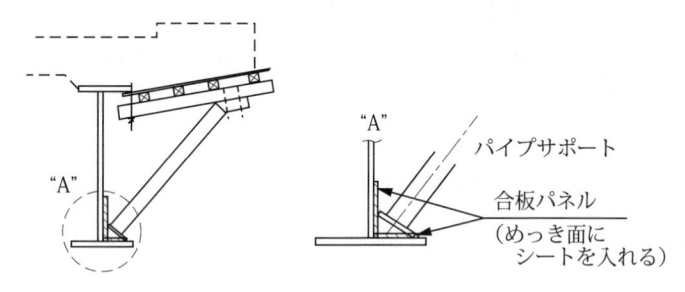

図－Ⅳ.4.5　張り出し部のパイプサポートの保護の例

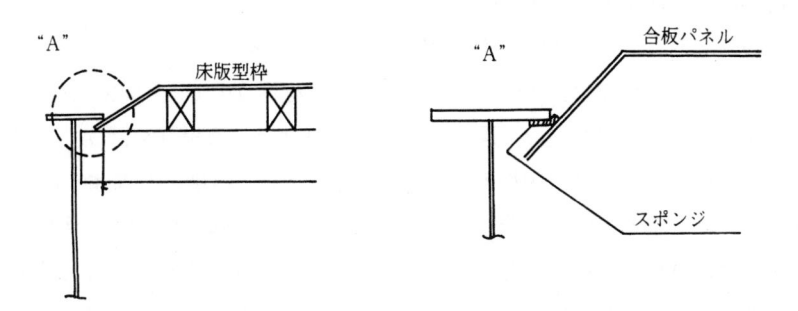

図－Ⅳ.4.6　モルタル流出防止対策の例

4.5.3 接合部の施工

めっき高力ボルトの締め付けはナット回転法によって行い，ボルト耐力付近の軸力を導入することによって，クリープによるボルト軸力の低下を補う[12]。ここで示すボルトの締め付けについては道示Ⅱ鋼橋編による。

4.6 その他

4.6.1 めっき用吊り金具

(1) 設計

めっき用吊り金具は，「鋼構造架設設計施工指針」（土木学会）に準拠して設計するのがよい[13]。

「鋼構造架設設計施工指針」4.5.5 吊り金具では，吊り金具は本体重量のほかに2点吊りの場合には本体自重の50％，4点吊りの場合には100％の不均等荷重を考慮しなければならないとあることから，これに基づき吊り荷重を算出する。なお，めっき自重と浸せき時浮力は考慮しなくてもよい。

一般にめっき作業では部材を直吊りする場合が多いが，安全性の観点から斜吊りとなる場合を想定し吊ワイヤーと部材との交角を60°で設計することが望ましい。

(2) 取付け位置

主桁のめっき作業用吊り金具の取付け位置は，部材端から部材長の1/5前後とし，一般的に架設用吊り金具とは別の位置に取り付ける。

主桁等の長尺部材では，2点吊りでめっき作業を行うので，両端部から部材長の1/5前後に吊り金具を設け，図－Ⅳ.4.7に示すように直吊りを行う。原則として吊り金具取付け位置は，腹板の中心線上で吊り下げる状態となるようにし，腹板が鉛直になるようにする。分割箱桁等で腹板がない側は，ダイアフラムや横リブ位置等に取り付けるものとし，桁の内側にはめっき施工時の変形防止材を設置する必要がある。なお，桁高が高い部材は，めっき槽のサイズとの関係から吊り金具を含む全高について，めっきが施工できるかどうかを確認する必要がある。

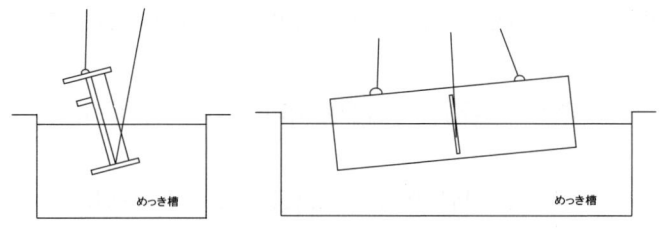

図−Ⅳ.4.7　吊り金具の例と浸せき状況

(3) その他

　一般的に主桁の吊り金具の孔径とピン径の差が小さくなるほど，ピンの抜き取りが困難になる。一方，設計上からは，孔径とピン径の差が大きくなると孔まわりの応力集中が大きくなるため，できるだけ孔径とピン径の差が小さいほどよい。一般的に架設用吊り金具の孔径とピン径の差は 4 mmで設計されているが，めっき用吊り金具ではめっきによるピン径の増大分を考慮してピン孔径を大きくし，孔径とピン径との差は 5 mmを目安として設計することが望ましい。

4.6.2　変形防止用拘束材とその運用

　主桁の現場継手側の腹板端部は補剛されていない部分であり，めっきによるはらみが大きくなることが多い。この部分にあらかじめ変形を防止する拘束材を設けることによって，変形量は著しく低減される。使用する変形防止用拘束材には，一般に入手しやすく剛性のある山形鋼を使用するのがよい。取付けは普通ボルトを用い，桁本体と拘束材の間には端部四方に 10φ 以上の亜鉛流出用半円孔を設けたパイプスペーサーを拘束材に溶接してセットするとよい。(図−Ⅳ.3.4)

(1) I 桁の腹板高 2m 以上の場合を目安として，現場継手側の腹板端部には変形防止用拘束材（はらみ止め）を取り付ける。

　　拘束材の取付けボルトの間隔は，継手部ボルト孔を 2〜4 個飛ばしたもの(300 mm〜500 mm程度）とし，上下の縁端と腹板中央は必ずボルト締めを行う。

(2) 箱桁には腹板高に関係なく現場継手側の腹板端部に変形防止用拘束材を設ける。

　　吊り金具取付け部の裏側にダイアフラムがない場合は，リブやストラットで補強を行う必要がある。

(3) 分割箱桁では，めっき施工時の変形防止用として縦割り部にストラット，ブレーシング等を設ける。

2分割された箱桁のコの字形の部材の開口部には，変形防止のための拘束材を設ける必要がある。

箱桁をフランジで2分割した場合，腹板に対して非対称なコの字形となる。この形状でめっき施工した場合，その形状の非対称性から平面曲がり，縦曲がり，上下フランジ間の間隔の変化等が生じることが予測される。

この変形を防止するためには，自由端となる縦シーム側に図-Ⅳ.4.8に示すようなブレースを設ける。更に，ダイアフラム位置及び桁端部には，間隔保持材を使用し，形状的に擬似箱断面を構成してからめっきすることが変形防止に対して有効である。

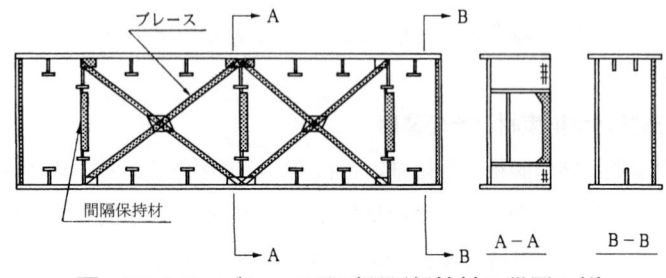

図-Ⅳ.4.8　ブレース及び間隔保持材の設置の例

(4) 分割箱桁の拘束材は箱形状に組み立てを完了するまで残しておくのが望ましい。

分割箱桁はめっき後に拘束材を取り外すと若干の変形が生じることになる。したがって，変形防止用拘束材を付けたまま再組立を行い，高力ボルト締め付け完了後の拘束材を取り外す手順をとれば再組立作業が容易にできる。この場合には，拘束材を取り外す前に縦継手のボルトが締められるように拘束材の取付け位置を検討する必要がある。

これらの拘束材は，箱桁内部からの撤去作業が困難となる場合が多いが，拘束材の残置の影響について設計段階で考慮し，部材の力学的挙動や防食上，通行の妨げにならないことなど維持管理上も支障とならないように配置できれば

取り除かなくてもよい。

4.6.3 仕上げ
(1) 腹板の平面度の管理

　補剛材溶接後のひずみ取りは，ガスバーナーによる加熱矯正法やプレスによる矯正が行われている。

　このひずみ取り作業では，めっき後の変形をできるだけ小さくするため，腹板のはらみに関しては，腹板高さの 1/500 ～ 1/600 の平面度を精度管理の目標として行う。

　製作時のひずみを加熱矯正で処理した場合，めっき工程で440℃前後に加熱されるためにある程度ひずみが解放され，矯正前のようなひずみが生じることがあるので注意が必要である。ただし，ひずみ量としては矯正前よりは少なくなるのが一般的である。

　めっき施工後の矯正は，プレス等による冷間加工によることが原則であるが，プレス矯正する場合は毛布やあて板をして行い，めっき皮膜を損傷しないような配慮が必要である。

(2) めっき作業のための処理

　通常部材に直接記入されるマークは，めっき施工によって消去され，部材の識別ができなくなるため，適切な方法でめっき後の部材を識別できるようにしておかなければならない。

　主桁等はタグ（荷札：鋼製，3.2 mm厚程度）に部材番号を打刻し，針金で主桁に取り付ける方法がある。また，連結板は外面に，対傾構等はガセット部にそれぞれ直接部材番号を打刻することが行われる。

　めっき施工を行う前に，不めっき防止，たれ切れの改善，空気抜き孔，吊り金具等のめっき施工のための処理がされていることを確認する。

4.6.4 精度

　めっき後の製品の精度は，一般の鋼道路橋の精度と同じにする。

　精度の確認のため，必要に応じてめっき施工前後に仮組立を行うのが望ましい。

めっき皮膜を損傷する危険性を小さくするためにも，形状や取り合いが複雑な場合にその取り合い等を確認するため，仮組立はめっき施工前に行うことが望ましい。

実績の少ない構造形式の橋で，めっきによる変形が想定できない場合は，めっきによる変形が制限値内となっているか確認するために仮組立を行うことが望ましい。

仮組立の実施にあたっては，めっき皮膜を損傷したり，塗料，油脂類が付着しないように注意する。

4.6.5 めっき面塗装

めっきを施した鉄鋼製品に，更にその上に塗装することが塗装技術の進歩によって可能となったことから，めっき面塗装が用いられるようになってきている。めっき製品に塗装する目的は，その用途によって異なるが大別すると次のとおりである。なお，めっき面に対する塗装については，参考文献14）が参考となる。

(1) 環境美化など外観への色彩付与のための塗装

溶融亜鉛めっきは，その外観が初期に金属光沢を持つ。しかし，経時的に光沢が消失し灰色となり，場合によって黒変や白さび等による色彩の変化を生じることになる。そこで美観を高めたり，併用される他の材料との外観色彩上の違和感を消すなどの目的で，めっき面に塗装が行われる場合がある。

例えば，市街地で道路等の周囲との色彩調和による環境美化のため，手すり，高欄，照明柱等が塗装されることがある。

このほかにも，鋼道路橋では航空障害用や自動車等の安全のためなどから，色彩を付与する必要があることがあり，このような場合にもめっき部材に塗装が施されることがある。

(2) 補修困難な構造物に対する耐久性の向上

めっきが跨線橋，海上橋等に使用され，補修が困難な場合は，めっき面に塗装することがある。これは塗装単独による耐久性に加えて，めっきの持つ耐久性を期待するとともに，腐食した場合にすぐ補修塗装などの作業が行えないような条件下でも，ただちに母材が腐食することがないよう防せい対策としても有効であ

る。既往の実績からは，密着性の良い塗装を選択すれば，めっき皮膜自体の寿命と塗装の持っている寿命との足し合わせ以上の耐久性があり，相乗効果が大きいことが確認されている。

(3) 厳しい腐食環境での長期耐久性の保持

　めっき面は化学的に活性であり，しかも両性金属としての性質をもつことから，酸やアルカリ雰囲気の影響を受けやすい。

　また，海岸地帯のように亜鉛腐食の著しい場所では，めっき被膜の消耗が激しく長期の耐久性が期待できない場合があることから，このような場合にはめっきの長期耐久性保持のため，耐薬品性があり透水性の小さな塗装を施す場合がある。

　めっき面に塗装をする場合には，めっき面との付着力を確保しなければならない。ブラストを行う場合には，めっき皮膜を落としすぎないように十分注意して施工する必要がある。防せい上，重要な素地調整方法，塗装仕様については，第Ⅱ編塗装編による。なお，ブラスト処理の程度は，参考文献10）が参考となる。

第5章　めっき施工

5.1　一般

　主桁のめっき施工にあたっては，桁の最大寸法，最大重量が，めっき工場のめっき槽の大きさ，クレーン設備能力で良好な施工ができる範囲内であることを事前に確認しておく必要がある。

5.2　施工

　溶融亜鉛めっき施工は，JIS H 8641 溶融亜鉛めっきに準拠して行なう。
　主桁などの大型部材のめっき施工では，めっき施工による溶接部への影響や変形などについて特に留意し，施工条件や作業要領を決定する必要がある。
　伸縮装置，検査路，支承等附属物のめっき施工は，それぞれの部材や製品の材質，板厚，形状に適した条件でめっき施工する必要がある。

5.2.1　めっき施工工程

　一般的な溶融亜鉛めっき施工の工程を，図－Ⅳ.5.1に示す。このうち，脱脂，酸洗い，フラックス処理は前処理工程と呼ばれ，良好なめっき皮膜を形成させるために必要な工程である。

入荷 → 脱脂 → 水洗い → 酸洗い → 水洗い → フラックス処理 → 亜鉛めっき → 冷却 → 仕上げ → 出荷

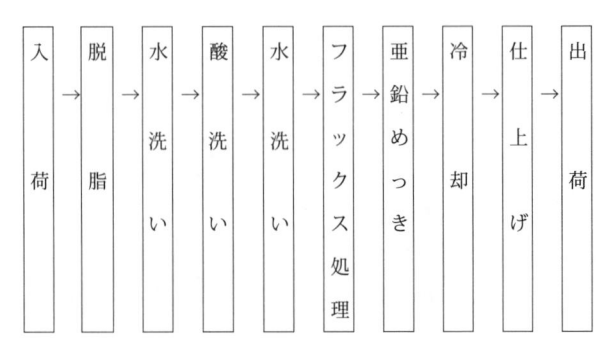

図－Ⅳ.5.1　めっき施工の工程

(1) 脱脂工程

　製作された主桁や附属物の鋼材表面には，さびや加工時の油，マーキングの塗料等が付着していることから，これらが残存していると不めっきの原因となる。そのため，めっきする部材を事前にアルカリ水溶液に浸せきして脱脂するのが一般的である。アルカリ脱脂のみで処理不可能な付着物等の除去には，有機溶剤を用いたりブラストするなどの方法がある。

(2) 酸洗い工程

　めっき皮膜を形成する合金層は，鉄と亜鉛との合金反応により生成される。この反応を活発に進行させるためには，界面にある相互の接触を妨げるさびやスケールを除去する必要がある。その除去方法として，塩酸又は硫酸溶液による洗浄を行う。

(3) フラックス工程

　めっき皮膜は鉄と溶融亜鉛が反応してできるものであるから，両者の接触面にさび，スマット（塩基性鉄塩），酸化亜鉛等の不純物が介在していると，合金反応が妨害され不めっきになることがある。したがって，塩化亜鉛と塩化アンモニウムの混合水溶液（フラックス）による洗浄を行う。フラックスには，素材表面の酸化を防ぐだけでなく，これらの不純物を溶解消失させることで合金反応を円滑にし，完全なめっき皮膜の形成を助ける働きがある。

　なお，小型部材のフラックス処理には，塩化アンモニウム水溶液が使用される場合もある。

(4) めっき工程

　めっき浴への浸せきは速やかに行い，引き上げるときにはたれ切りを十分に行なう必要がある（**写真−Ⅳ.5.1**）。

　箱桁のような中空の閉断面部材では，浸せき速度が低下しないよう角度を大きく取り，ダイアフラムの位置，開口率を考慮した方向でめっき浴に浸せきすることが必要である。

写真−Ⅳ.5.1　めっき施工状況

5.2.2　主桁のめっき

(1) I桁のめっき

　めっき浴は通常 430℃〜470℃の温度範囲で管理される。めっき浴温度が高くなると鉄・亜鉛合金反応が活発になることから，合金層の成長が著しく速くなりすぎるため，めっき表面まで合金層となるので，亜鉛光沢のない外観性状を呈するやけの現象が生じやすく，亜鉛付着量も多くなる。したがって，過去の実績では，桁の変形も考慮して 435℃〜440℃の低温側でめっきを行っている。

　一般に浸せき時間が長くなれば，めっき付着量は増大する傾向にあるが，めっき浴への浸せきに要する時間が長くなると桁のひずみが大きくなるため，浸せき時間に影響する浸せき角度や方法を考慮してできるだけ時間を短くするのがよい。

　I桁の浸せきでは，一般に浸せき速度 6m/min を目標に行なうことが望ましく，3°〜5°程度の角度をつけ速やかに浸せきする。

　主桁の場合，浸せき時間の設定はソールプレートやフランジ等の最大板厚により決定される。これは板厚の厚い部分は熱伝導が遅いため，めっき層の形成に時間を要するためである。

　めっきが完了し部材を引き上げるときには，浴表面の亜鉛酸化物を十分除去（かす引き作業）し，清浄な浴面から引き上げる。引き上げ時の部材は，下フランジ下面に生じる直線的なたれをなくすために長手方向のみならず，めっき浴から引き上げ中又は引き上げ完了後，横方向にもある程度角度をつける必要がある。

　図−Ⅳ.4.7 に吊り金具の取付け状況図とともに，たれ切りを考慮して部材の引き上げ時に角度をつける要領を示す。

（2）箱桁のめっき

　箱桁のめっき施工は，基本的にはⅠ桁に準じた要領で実施されるが，非分割構造の箱桁のめっき施工における浸せき方法については，下記の点に留意する必要がある。

　めっき浴への浸せき速度は，Ⅰ桁の場合と同様にめっき後の製品の変形や溶接止端部の割れ等に影響するので，できるだけ速い速度で浸せきする必要がある。

　異なる板厚の部材からなる溶接構造物がめっき浴中へ浸せきされると，各部材は熱膨張するが，浸せき途中の部材の温度差によって拘束された部分には応力（熱応力）が発生する。この浸せき中に発生する熱応力は，浸せき速度が速くなれば減少する傾向にある。

　Ⅰ桁の場合，めっき浴への浸せき速度は，通常 6m/min を超える速度での浸せきも可能であるが，非分割箱桁では部材形状に起因する浮力が大きく作用するので浸せき速度 4m/min 程度以上を目標に計画する。非分割箱桁では浸せき速度を確保するためには，浮力を小さくすることが重要であり，ダイアフラムの開口率を30％以上設ける。

　また，**図－Ⅳ.5.2** に示すように，浸せき姿勢としては自重が大きく作用するように浸せき角度を約 20°と大きく取り，また，ダイアフラムの位置，開口率を配慮した浸せき方向を決定する必要がある。分割した場合でも幅が広い場合は，浸せき速度が低下するので注意が必要である。

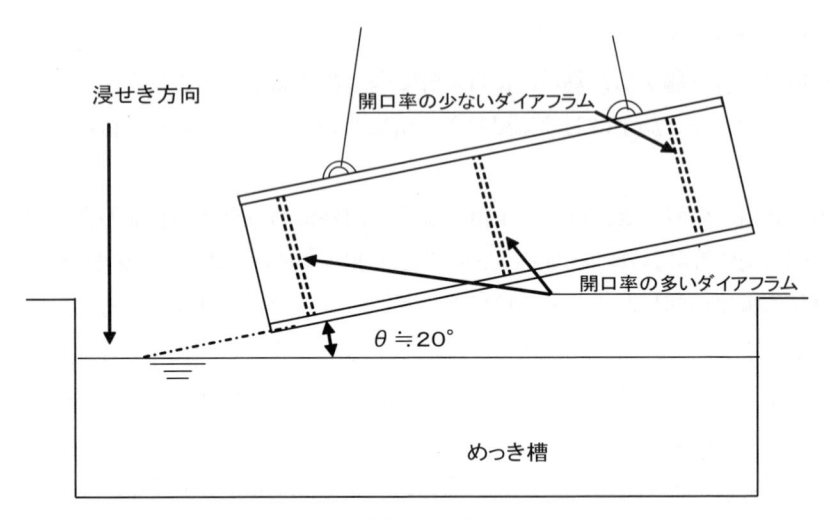

図－Ⅳ.5.2　非分割箱桁の浸せき姿勢

5.3　品質管理

　めっきの品質は，JIS H 8641 溶融亜鉛めっきに準拠し，めっき面は滑らかで，不めっきや，その他防食性，耐久性等に有害な欠陥があってはならない。また，めっき皮膜は，鋼素地と良く密着し，通常の取扱いで剥離や亀裂を生じてはならない。
　めっきの付着量及び密着性試験方法は，JIS H 0401 溶融亜鉛めっき試験方法に規定されている。

5.3.1　主桁等主要部材のめっき検査
(1) めっき面の外観検査
　めっき面の外観検査では，耐食性に影響を及ぼす不めっき，きず，かすびき，及び使用上に有害な欠陥である連結面のたれ，シーム，ざらつき等を検査する。そのほか，補剛材，ガセットのまわし溶接部に対しては，めっき施工による割れを特に注意してチェックする。
　たれ，シーム，ざらつき等耐食性に影響がない外観の不良については，グラインダ等による過剰な仕上げはめっき皮膜厚が薄くなり，防食性能及びその耐久性

の低下につながり早期のさびの原因ともなるため、可能な限りそのままにしておくことが望ましい。

一般にめっき面に現れる現象には、**表-Ⅳ.5.1**のようなものがある。

表-Ⅳ.5.1　めっき面の外観

外観	現象説明	外観写真
不めっき	局部的にめっき皮膜がなく、素材面が露出している状態。それが小さい場合は亜鉛の犠牲的保護によって耐食にはあまり影響はない。	
やけ	金属亜鉛の光沢がなく表面がつや消し、又は灰色を呈した状態で、甚だしい場合には暗灰色となる。この現象は合金層がめっき表面に露出した状態であり、大気中での耐食性には影響はない。なお、金属亜鉛の光沢は酸化の進行とともに失われ、やけの表面と類似した色調となってくる。	
たれ	部分的に亜鉛が著しく付着している状態で、甚だしい状態は取扱い中に剥がれたりすることがある。たれは過剰な亜鉛の付着であるから、耐食性からは有利であるので、実用上障害とならない限りそのままにしておいた方がよい。	
シーム	特徴のある線状の凹凸を生じた異常めっきをいい、素材表層部の性状に起因する。通常はめっき皮膜が形成されているので、そのまま使用しても問題はないが、平滑を得るために研磨すると、素地が露出するおそれがある。	

かすびき	めっき表面に亜鉛酸化物又はフラックスが著しく付着している状態をいい，一般に耐食性に影響がある。したがって，付着した場合はヤスリ等で除去しておく方がよい。	
ざらつき	めっき表面に微粒状の突起が生じる状態である。これは素材表層部に起因する状態と，めっき浴に浮遊しているドロスが付着した状態で，耐食性には影響ない。酷い場合はヤスリ等で除去することもできる。	
きず	めっき面のきずはその大きさと深さによって，有害かどうかを判断することが必要である。	
白さび	保管中雨水等と接触して生じる白さびは，その発生環境から開放されると次第に消滅する。白さびによる皮膜の損傷は僅かで耐食性にはほとんど影響しない。	

(2) 品質試験

　品質試験としては，外観性状の目視による確認，付着量試験，密着性試験を行う。また同時に，JIS H 0401に定められている磁力式厚さ試験を行い，著しい膜厚不足がないことを確認しておくのがよい。膜厚の測定は付着した白さびやほこりを除去した後，電磁膜厚計を用いる。ボルトのような小面積の計測には，小径のプローブを持つ膜厚計を用いる。測定は少なくとも5点以上計測することが必要である。

　代表的なめっきの品質確認試験の内容を，表－IV.5.2に示す。

表－Ⅳ.5.2　主要部材のめっき品質管理試験項目及び内容

試験項目	試験方法	試験片及び測定個所	試験頻度	判定
付着量試験	JIS H 0401 5.付着量試験方法 5.2 間接法による	主桁,対傾溝,横溝,連結板 100×100×t mm t：浸せきする部材の薄い板厚とし9mmを基準とする。材質は同一材質を使用する。	1日1回 1回の試験片は,1枚とする	550g/㎡以上 又は 600g/㎡以上
密着性試験	JIS H 0401 7.密着性試験 7.2 ハンマ試験による	付着量試験に同じ	付着量試験に同じ	打痕間の剥離,浮き上がりがあってはならない。
磁力式厚さ試験	JIS H 0401 5.3 磁力式厚さ試験方法による	・主桁 1 部材について中央付近の1断面を6点以上の箇所について測定する。 1 測定は5点を測定し,その平均値を膜厚とする。	全部材の 1/10以上	77μm以上 (550g/㎡以上) 又は 82μm以上 (600g/㎡以上) * めっき層の密度は 7.2 g/cm³ とする。
		・対傾構,横構 連結板 1 部材につき対傾構3点,横構,連結板は2点を測定する。 1 測定は5点を測定し,その平均値を膜厚とする。	全部材の 1/20以上 連結板は全部材の 1/50以上	

1) 付着量

　めっき皮膜の寿命はほぼその厚さに比例し，その耐食性を決定する第一の要因は付着量である。付着量の調整は，温度，浸せき時間，めっき浴からの引き上げ速度等のめっき条件で管理するが，めっき部材の長さ，大きさ，形状，材質によってはコントロールできない場合がある。特に部材の厚みは付着量と比例関係にある。このようなことから，部材が厚くなるほど多くの付着量が期待できる。

　JIS H 8641溶融亜鉛めっきでは，付着量規格の最大は550g/m² 以上であるが，主桁のような板厚の大きい部材は，比較的付着量は確保されやすく1,000g/m² 前後の付着量となる場合もある。一方，板厚が薄いと付着量の確保が難しく，薄肉の形鋼材が使われる検査路など付属物では550g/m² を実現できないことも多い。このような場合には，耐食性，防食機能の耐久性には劣るが板厚に応じた付着量で管理する。

2) 密着性

　密着性は，JIS H 8641溶融亜鉛めっきに準拠し，鋼道路橋においても加工, 輸送,

架設の各施工段階の取扱いで，はがれを生じないようにしなければならない。

5.3.2 高力ボルトの品質試験

高力ボルトの品質試験の内容を，**表－Ⅳ.5.3**に示す。

表－Ⅳ.5.3 高力ボルトのめっき品質試験項目及び内容

試験項目	試験方法	試験片	試験頻度	判定
付着量試験	JIS H 0401 5.付着量試験方法 5.2 間接法による	ボルト，ナット及び座金について行う。	1ロット 3セット以上	550g/m²以上

5.3.3 支承の品質試験

支承は肉厚が一定でなく，加工面，鋳放し面等が混在し，同一条件の試験片を製作することが困難なことから，品質試験の付着量試験は一般的には磁力式厚さ試験によって行われている。その品質試験の内容を，**表－Ⅳ.5.4**に示す。

表－Ⅳ.5.4 支承のめっき品質試験項目及び内容

試験項目	試験方法	測定個所	試験頻度	判定
磁力式厚さ試験	JIS H 0401 5.3 磁力式厚さ試験方法による	1部材について代表する機械加工面を5点以上の箇所について測定する。1測定は5点を測定し，その平均値を膜厚とする。	上承及び下承は同一めっき条件の製品10個又はその端数ごとに1個	77μm以上 (550g/m²以上) めっき層の密度は 7.2g/cm³ とする。

5.4 不具合の補修

(1) めっき皮膜に発生する欠陥の補修

めっき皮膜の欠陥は，不めっき，きず，かすびき等，耐食性及びその耐久性に影響を及ぼす欠陥と，たれ，シーム，ざらつき等，連結面に発生すれば使用上有害となる欠陥に分けられる。たれ，ざらつき，かすびき等は，ヤスリ又はサンダーにより平滑にすることが必要である。また，不めっき，きず等は，(3)項に示す

方法により補修することが必要である。
(2) めっき施工後の部材形状の補修
　めっき施工によって発生した部材の曲がり，腹板のはらみ等の形状不良は，プレス等による補修が望ましい。このとき治具等によるめっき面の損傷や，塗料，油脂等が付着しないように注意して作業を行うことが必要である。
　加熱矯正は効果も小さく，めっき皮膜を損傷するので原則として行ってはならない。
(3) めっき皮膜の損傷部の補修
　めっき後に皮膜を損傷した場合には，再度めっき処理することによって損傷前と同様な皮膜に戻すことができない。したがって，塗装など異なる防食法による補修を行うこととなり，補修方法によっては補修後の劣化の程度も異なってくるため，損傷部の処理は維持管理において注意する必要がある。
1) 有機ジンクリッチペイントを用いて補修を行う場合
　損傷部が小範囲で，鋼素地に達する傷が点又は線状の場合，有機ジンクリッチペイントを3回塗付することにより補修する。
　不めっきに対する亜鉛皮膜の犠牲防食作用の及ぶ範囲として，JIS H 8641 溶融亜鉛めっきでは直径 5.5 mm ϕ 又は 5 mm幅までとなっている。この大きさは鋼素地が露出していても犠牲防食作用によって鋼素地が腐食されない大きさである。
　めっき皮膜の損傷部には有機ジンクリッチペイントを塗付することによって，めっき皮膜の犠牲防食作用と塗料自体の防せい力が相まって強力な防せい力を発揮することになる。補修に用いる有機ジンクリッチペイントは，エポキシ系又はそれと同等の密着力と表面硬度のあるものを選択する必要がある。下地処理に関しては，損傷部及びその周辺の汚れ等をウエス等で拭き取り，ブラッシング，ヤスリがけによりさびの除去及び面粗しを行う。その後有機ジンクリッチペイントを3回塗付する。この場合，各層ごとにブラッシングを丁寧に施し，密着性を良くすることが大切である。
　小範囲の傷などのめっき皮膜の損傷の補修には，施工が容易であることから1液形の亜鉛末塗料を用いることがある。この場合にも性能を確認された塗料を用い，適切な下地処理を行うことで鋼素地との密着を良好にし，所定の膜厚を確保

することが重要である。また，合金層と一体となった亜鉛層が形成されるめっきと異なり，あくまで塗装であることに注意が必要である。
2) 金属溶射により補修を行う場合
　損傷部が広範囲にわたり，しかも鋼素地が露出している場合は，金属溶射によって補修を行うことも効果的である。
　金属溶射の補修方法については，第Ⅴ編金属溶射編による。

5.5　防食の記録

　防食の調査，補修を行う際に，防食法や施工時期を確認するため構造物に防食記録表を記入する。
　めっき皮膜の上に塗装をした場合には，塗装の記録も併せて記録を行うのがよい。
　めっき皮膜にステンレス等の異種金属を取り付けると局部腐食を起こすことがあるので，材質や取り付け方法には注意が必要である。
　防食記録表の記載例を図-Ⅳ.5.3に示す。

```
         溶融亜鉛めっき記録表示

    めっき施工完了年月    ○○ 年 ○○ 月
    めっき施工会社       ○○○○ （株）
                       ○○○○  工場


    高力ボルト　規格    F 8 T
            製造会社  ○○○○ （株）
            製造年月  ○○ 年 ○○ 月
```

図-Ⅳ.5.3　溶融亜鉛めっき記録表

第6章　維持管理

6.1　一般

　溶融亜鉛めっきは，表面の保護皮膜が水分，酸素，炭酸ガス等との化学反応を繰り返すことによって，経年とともに皮膜の腐食が進み防食効果が失われる。
　架橋環境又は部材板厚の違いによる付着量の差異によって，めっき皮膜の劣化の程度が異なるため定期的な点検を行い，劣化状態を的確に把握することで合理的な補修計画を策定し補修を行うことが，一定の性能を確保するために重要である。

6.2　めっき皮膜の劣化

　めっき皮膜は，めっき施工直後は金属光沢のある灰白色を呈し，化学的には活性で不安定な状態にある。大気にさらされ，表面が徐々に酸化されていくと，緻密な酸化皮膜が生成されるとともに光沢を失い灰色に変わっていく。この酸化皮膜は，水に難溶性で大気中では非常に安定な状態にあることから腐食が進行しにくくなる。
　溶融亜鉛めっきでは，これらの酸化皮膜が鋼素地を覆い皮膜内部への腐食の進行を防止する。これを保護皮膜作用という。
　緻密なめっき皮膜の生成を妨げるような環境では，腐食の進行が早く，白色の堅い腐食生成物が堆積する。
　水分を含んだ空気中では，表面の保護皮膜が水分・酸素・炭酸ガス等との化学反応を繰り返し，めっき皮膜の腐食は経年とともに徐々に進行することで膜厚が減少する。腐食の進行を放置した場合，めっき皮膜が消失し耐食性が失われる。
　めっき皮膜の組織は，亜鉛層及び亜鉛と鉄との合金層から成っており，合金層の鉄の含有量は鋼素地に近いほど多くなる。めっき皮膜の劣化が進むと亜鉛層が消耗し，合金層に含まれる鉄の発せいが進行するとともに褐色又は黒褐色となり，鋼素地近傍は赤褐色を呈する。

6.3 点検

溶融亜鉛めっき橋の供用後は，めっき皮膜の防食効果を十分に活用するために，定期的に適切な方法で点検を行わなければならない。点検では，めっき皮膜の劣化程度を把握し，補修計画を策定するために必要な情報を取得する。

点検時にめっき皮膜の早期劣化が発見された場合には，原因を明らかにするとともに適切な補修方法を検討するために詳細点検を実施する。なお詳細点検は，溶融亜鉛めっきの専門技術者が行うことが望ましい。

(1) 点検時期

めっき皮膜の点検時期は，初期状態を把握し，その後の維持管理を合理的に行うために，架設後1～2年目頃を目安に初期点検を行い，めっき皮膜に早期劣化がなければ，その後は5年に1度の間隔で定期的に点検を実施する。

(2) 点検方法

点検は近接目視で行うのを基準とし，めっき皮膜外観の調査を行う。

めっき皮膜の劣化は，橋の形式，部材形状，架橋地点の環境等によりその進行程度が異なるので，さびの生じやすい箇所を重点的に点検し見落としのないように努めなければならない。**表－Ⅳ.6.1**にめっき皮膜が生じやすい箇所とその原因，**写真－Ⅳ.6.1**及び**写真－Ⅳ.6.2**に劣化状況を示す。

詳細点検では検査路，点検車，簡易な足場を用いてめっき皮膜に接近し，各部位の詳細な劣化状況を調査し早期劣化の原因を究明する。点検ではめっき皮膜外観の調査と架橋環境の変化，漏水や滞水の有無等の確認を行う以外に，必要に応じて機器を用いてめっき皮膜厚，付着塩分量，腐食生成物等の調査を行う。

表-Ⅳ.6.1　めっき皮膜の劣化

劣化が生じやすい箇所	考えられる原因
部材の鋭角部	皮膜厚不足
高力ボルト継手部	主部材よりめっき付着量が少ない
溶接部	アルカリ性スラグやスパッタの付着
伸縮装置周辺部，支承 桁の架け違い部 床版の陰の部分	雨水やほこりがたまりやすい 湿気がこもりやすい
検査路 ボルト	付着量がHDZ35であり，他のめっき部材より付着量が少ない

写真-Ⅳ.6.1　高力ボルト部の劣化

写真-Ⅳ.6.2　エッジ部の劣化

6.4 維持・補修

(1) 劣化度評価方法

　一般環境でのめっき皮膜の劣化は，雨水による乾湿のくり返しで**6.2 めっき皮膜の劣化**のような変化を示す。飛来塩分の影響を受ける環境では，腐食速度が速く短期間に多量の亜鉛が溶解し，これらが表面に腐食生成物となって堆積するため，一般環境とは異なった外観となる。

　外観について，一般環境（A）と塩分の影響を受ける環境（B）に分けて，それぞれめっき皮膜の評価を以下の5段階で行う[11]。劣化度の評価基準写真を**表－Ⅳ.6.2**に示す。

　　　Ⅰ　：亜鉛層が残っている状態
　　　Ⅱ　：亜鉛層の劣化が進み，合金層が局部的に露出した状態
　　　Ⅲ　：亜鉛層が消耗し，合金層が全面的に露出した状態
　　　Ⅳ　：合金層の劣化が鋼素地付近まで進んだ状態
　　　Ⅴ　：めっき皮膜が消耗し，劣化が鋼素地に至っている状態

表－Ⅳ.6.2　劣化度の評価基準

評価	A（一般環境）	B（塩分の影響を受ける環境）
Ⅰ		
Ⅱ		

Ⅲ		
Ⅳ		
Ⅴ		5cm

(2) 補修時期

　補修時期は評価結果に基づいて，橋の架橋環境や景観を考慮して適切に判断することが望ましい。

　点検時の5段階評価に基づく，補修の必要性を以下に示す。

Ⅰ（A）：初期のめっき皮膜の組織状態を維持している状況であることから，耐食性，外観共に全く問題は認められない状況にある。

　（B）：純亜鉛層が残存し，十分な耐食性を有している。白さびが著しく厚く付着しているかどうかを確認して，強い塩害があるかないかを判定する必要がある。塩分環境では，現在どうあるかよりも腐食速度を予測することが重要である。

Ⅱ（A）：腐食が進み，Zn－Fe合金層が露出し始めた状態にある。合金層中の鉄分が水に溶け赤さびとなって付着し始める状態で，残存皮膜は厚く，なお十分な耐食性を有している。

　（B）：合金層まで腐食の進んだ状況にある。なお，この状態は十分な耐食性を

有する。ただし，腐食速度が速い場合は，この段階で補修する必要がある。
Ⅲ（A）：残存皮膜中に純亜鉛層はなくなり合金層中の鉄分がさびとなってめっき表面に堆積し，茶褐色の変色もレベルⅡよりも多い状態になる。ただし，残存膜厚は十分あることから，耐食性は問題ない。
（B）：合金層は残存していても粒界腐食が起こりやすく，最低限この段階で補修を行う必要がある。強い塩害環境では，この段階で既に粒界腐食が進んでいる場合が多いが，これは腐食速度が速い場合，電気化学的腐食機構が働くためである。
塩害環境などの厳しい腐食環境下では，特に早めの補修を行うことが重要である。
Ⅳ（A）：合金層の腐食が進み，全体に茶褐色を呈し，部分的には強い褐色の状態が認められる。
（B）：合金層の腐食が進み，残存膜厚も少なく耐食性はもはや期待できない。直ちに補修する必要がある。
Ⅴ（A）：鋼素地から発せいし，さび汁の流れやあばた状のさびの膨れが認められ，既に防せい力はない。
（B）：既にめっき皮膜がなく，放置すれば断面欠損が生じるなど強度にも影響する可能性があり，直ちに補修する必要がある。

(3) 補修範囲

補修の範囲は部位による劣化の差異や，以後の維持費用を総合的に判断し，全体補修，部分補修，局部的な部材の取替えを検討することが重要である。

(4) 補修

めっき皮膜の補修は，原則として塗装又は金属溶射で行う。塗装及び金属溶射の特徴を把握し，構造と経済性を考えた補修方法を選択する必要がある。

素地調整は，鋼素地や合金層からの赤さびを除去し，有効な合金層は残すように行う。ブラストを行って補修する場合には，合金層を除去しすぎないように注意が必要である[11]。

また，異常劣化した溶融亜鉛めっき橋に対して，「素地調整程度1種＋有機ジンクリッチペイント＋変性エポキシ樹脂塗料下塗＋ポリウレタン樹脂塗料用中塗＋

ポリウレタン樹脂塗料上塗」で補修した事例がある。ここで示す補修方法は，塗装後5〜10年経過時点でさびの発生はなく，良好な塗膜状態であることが確認されている[15]。

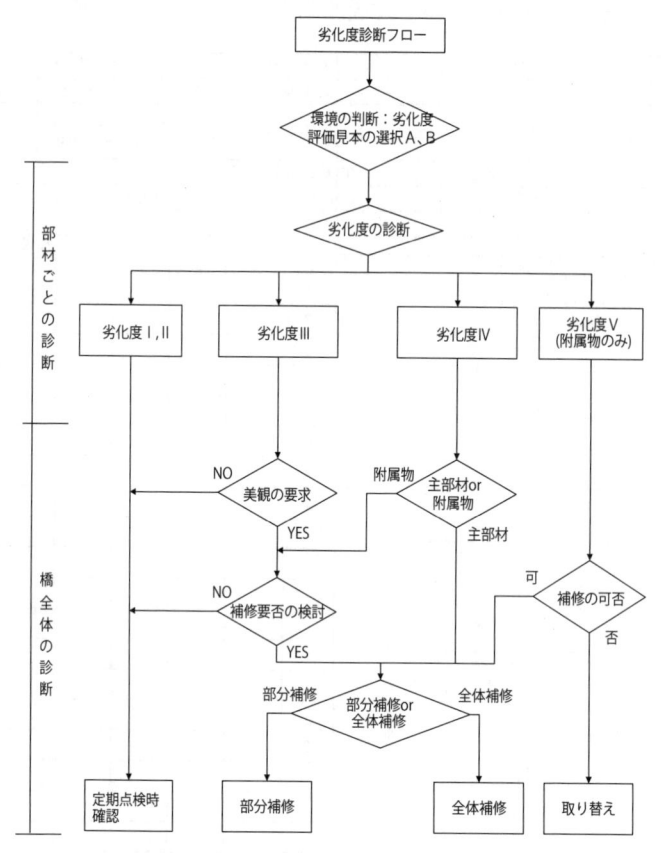

図−Ⅳ.6.2　劣化度の診断フロー

6.5　維持管理記録

　維持管理記録は，めっき皮膜の適正な管理に重要なデータとなる。次に記録の様式例を示す。(**表−Ⅳ.6.3**)
　記録は雨水に洗われる外側と湿気がこもる内側など部位ごとの劣化状態や，付

着量の異なる部材の劣化状態を把握するため各部位の膜厚を計測する。
　また，漏れ，滞水等による局部的な腐食が進行している場合には，腐食している位置，部位，腐食の程度などを記録しなければならない。

表－Ⅳ.6.3　めっき皮膜厚測定チェックシートの例

橋梁名		路線名		工事事務所			出張所		
所在地				架設環境		海岸部・都市部・田園部・山間部			
橋梁形式	Ⅰ桁　箱桁　トラス　その他（　　）			環境条件		一般環境・やや厳しい環境・厳しい環境・景観を考慮する環境			
架設年		年	経過年数	年	前回調査結果				
調査日			天候		調査者		測定機器		
総合評価									

単位：μm

測定箇所		位置	1	2	3	4	5	平均
主桁		①						
		②						
		③						
		④						
		⑤						
		⑥						
		⑦						
対傾構		①						
		②						
		③						
連結板		①						
		②						
ボルト・ナット		①						
		②						

【参考文献】
1) 日本鋼構造協会編：溶融亜鉛めっき橋の設計・施工指針，JSSC テクニカルレポート No.33，1996.
2) 日本道路公団大阪建設局：近畿自動車道天理吹田線　溶融亜鉛めっき橋梁工事報告書，1988.3
3) 日本鋼構造協会編：建築用溶融亜鉛めっき構造物の手引き，2002.4
4) 日本溶融亜鉛鍍金協会：溶融亜鉛めっき鋼材の耐食性，第5回溶融亜鉛めっき技術研究発表会講演要旨集，1998.10
5) 東日本高速道路（株），中日本高速道路（株），西日本高速道路（株）：設計要領第二集（橋梁建設編），2012.7
6) 日本橋梁建設協会編：F10T 溶融亜鉛めっき高力ボルト確性試験報告書，2002.
7) 橋本篤秀：溶融亜鉛めっき高力ボルト接合の評定について，ビルディングレター No.254，1990.9
8) 本州四国連絡橋公団：溶融亜鉛めっき処理構造物・高力ボルト製作要領（案），1993.8
9) 土木研究所：溶融亜鉛めっき高力ボルト摩擦接合継ぎ手の疲労試験，土木研究所資料 第1209号，1977.3
10) 日本橋梁建設協会編：スィープブラスト処理見本写真（ジンクリッチプライマー面及び溶融亜鉛めっき面），2000.3
11) 通信建築研究所：溶融亜鉛めっき鉄塔の劣化度写真見本帖，1987.11
12) 御子柴光春：メンテナンスフリーをめざしての溶融亜鉛メッキ橋，道路，1982.12
13) 土木学会：鋼構造架設設計施工指針，土木学会，2012.5
14) 日本鉛亜鉛需要研究会編：溶融亜鉛めっき鋼塗装マニュアル，1985.10
15) 土木研究所他：鋼橋防食工の補修方法に関する共同研究報告書，共同研究報告書　第414号，2010.12

付属資料

付Ⅳ－ 1. 溶融亜鉛－アルミニウム合金めっき ……………………Ⅳ- 69
付Ⅳ－ 2. F10T 溶融亜鉛めっき高力ボルト ……………………Ⅳ- 70
付Ⅳ－ 3. F8T 溶融亜鉛－アルミニウム合金めっき高力ボルト ……Ⅳ- 72
付Ⅳ－ 4. 溶融亜鉛めっき皮膜厚さ測定方法……………………Ⅳ- 73

付Ⅳ- 1. 溶融亜鉛-アルミニウム合金めっき

近年,溶融亜鉛めっきでは耐食性が不足している過酷な腐食環境下(塩害地域,凍結防止剤使用の道路等)において,溶融亜鉛めっき以上の耐食性が期待できる防食方法として,溶融亜鉛-アルミニウム合金めっきが用いられるようになってきた。

合金めっきは,第一浴を高純度亜鉛,第二浴を亜鉛-アルミニウム合金浴に浸せきする二浴法によってめっきを行う例が多い。第二浴の組成が5%Al-Znの2成分のもの,5%Al-1%Mg-Znの3成分のものがある。また,特殊フラックスを用いて亜鉛-アルミニウム合金浴に直接浸せきする一浴法も実施されている。

めっき工程での前処理は,通常の溶融亜鉛めっきと同様である。一浴目のめっきは,二浴目の合金めっきがのるためフラックスの役割を果たす。めっきに使用する地金は,二浴目の合金浴を汚さないために高純度亜鉛を使用する。二浴目のめっきでは,表層の純亜鉛層が溶融し,浴中の合金成分と融和し,更にアルミニウムやマグネシウムが一浴目で形成されたFe-Zn合金層中に拡散・浸透して合金化することによって合金めっき皮膜が形成される。めっき温度は表層の純亜鉛層が溶融する425℃～430℃である。

合金めっきのもう一つの特徴に,塗装下地として優れていることが挙げられる。景観が重視され塗装を行う場合,めっきのままでは耐食性が不足し,塗装との複合皮膜として耐食性を確保する場合など塗装下地として使用されている。

現状ではめっき槽の大型なものがなく,橋本体への適用例はないが,高欄,落下防止柵,検査路等の附属物に適用されている。なお,現在国内で最大のめっき槽寸法は,長さ17.0m×幅2.1m×深さ3.6mである。

付Ⅳ-2. F10T溶融亜鉛めっき高力ボルト

1) はじめに

　従来，鋼道路橋に使用されている溶融亜鉛めっき高力ボルトは，遅れ破壊，ボルトの材質等の影響からF8Tがほとんどである。塗装橋にはF10T高力ボルトを使用している現状から，溶融亜鉛めっき高力ボルトでもF10Tを使用することができれば，以下の効果が期待できる。

ⅰ) 塗装橋の継手部の設計を，めっき橋の継手部として適用することができる。

ⅱ) 新設のめっき橋では，めっきボルトF8TをF10Tで設計すると，耐力増分の本数が減少し，橋全体の鋼重量，及び諸工種の数量減によるコストの削減ができる。（例えば，ボルトの本締めの本数減等）

ⅲ) 既設塗装橋の補修で高力ボルトを取り替える場合，取り替えるボルトにF10Tめっきボルトを使用し，連結板等のめっき施工を併用することなどで，工程の短縮及びめっき面塗装による防食性の向上が期待できる。

2) 遅れ破壊対策

　めっき高力ボルトの場合，めっきの前処理工程として酸洗いを行うと，鋼中に水素が浸入し耐遅れ破壊特性を低下させるといわれている。しかし近年では，めっき前処理工程で酸洗いを行わずブラスト法を採用することにより，耐遅れ破壊対策を行う方法もある。

　めっきの品質は，JIS H 8641 溶融亜鉛めっきに準じる。

3) 材質

　高力ボルトのめっき温度は概ね500℃だが，現在使用されている高力ボルト材は，経済性に優れる低炭素ボロン鋼（焼戻し温度が約430℃）が主流であり，この材料ではめっき後F10Tの強度を保証できないことから，従来のめっき橋にはF8Tめっき高力ボルトとして使用されていた。

　しかし，熱処理の焼戻し温度が概ね500℃以上の素材を使用すれば，めっき後もF10Tの強度を確保することが可能である。この条件を満たすものとして，高価ではあるがCr，Moを添加したクロムモリブデン鋼（JIS G 4105：SCM822）の使用が考えられる。F10T溶融亜鉛めっき高力ボルトに使用される鋼材の化学成分の例を**付表－Ⅳ.2.1**に示す。

付表－Ⅳ.2.1　鋼材の化学成分

区分およびボルト等級	ボルトメーカー	化学成分（%）						
		C	Si	Mn	P	S	Cr	Mo
ボルト (F10T)	A	0.20〜0.25	0.15〜0.35	0.60〜0.85	0.030以下	0.030以下	0.90〜1.20	0.35〜0.45
	B	0.18〜0.25	0.10〜0.35	0.60〜1.00	0.030以下	0.030以下	0.70〜1.20	0.25〜0.45
	C	0.20〜0.25	0.15〜0.35	0.60〜0.85	0.030以下	0.030以下	0.90〜1.20	0.35〜0.45
ナット (F10)	A	0.30〜0.38	0.15〜0.30	0.50〜0.80	0.050以下	0.050以下	—	—
	B	0.30〜0.38	0.15〜0.35	0.50〜0.90	0.040以下	0.045以下	0.20以下	—
	C	0.30〜0.36	0.15〜0.35	0.60〜0.90	0.030以下	0.035以下	—	—
座金 (F35)	A	0.20〜0.25	0.15〜0.35	0.90〜1.30	0.030以下	0.030以下	—	—
	B	0.20〜0.25	0.15〜0.35	1.20〜1.50	0.035以下	0.035以下	0.20以下	—
	C	0.42〜0.48	0.15〜0.35	0.60〜0.90	0.030以下	0.035以下	—	—

付Ⅳ-3. F8T 溶融亜鉛-アルミニウム合金めっき高力ボルト

溶融亜鉛-アルミニウム合金めっき高力ボルトを摩擦接合用高力ボルトとして使用するために，高力ボルトのセットに，溶融亜鉛めっき高力ボルト (F8T) に使用する高力六角ボルト，六角ナット，平座金の規格を適用し，2浴法による合金めっきを施した試験例を，**付表-Ⅳ.3.1** 及び**付表-Ⅳ.3.2** に示す。

付表-Ⅳ.3.1　ボルト締付け軸力の減衰測定結果

ボルトサイズ	締付け直後軸力（kN）	24時間後軸力（kN）	減衰率（%）	標準ボルト軸力（kN）
M16	119.2	112.5	5.6	91.89
M20	187.9	174.6	7.1	143.18
M22	235.9	219.9	6.4	178.48

付表-Ⅳ.3.2　すべり係数試験結果

ボルトサイズ	摩擦面の処理	すべり荷重（kN）	すべり係数 μ_1	すべり係数 μ_2	すべり耐力比
M16	りん酸処理	241.3	0.506	0.536	1.77
M20	りん酸処理	372.3	0.495	0.533	1.75
M22	りん酸処理	431.7	0.457	0.491	1.64

μ_1：締付け直後軸力のすべり係数
μ_2：すべり試験前のすべり係数
すべり耐力比：すべり荷重／設計すべり耐力
　　　　　（設計すべり耐力＝設計ボルト軸力×0.4×摩擦面数×ボルト本数）

付Ⅳ－4. 溶融亜鉛めっき皮膜厚さ測定方法

　亜鉛めっき層の品質を判断する方法として，膜厚計が広く用いられている。
　これは，
ⅰ）非破壊試験である。
ⅱ）操作が比較的簡単で測定値がすぐに得られる。
　などの理由による。
　なお，従来，この方法は，あくまでも参考試験とされていたが，2007年（平成19年）のJIS H 8641の改定で，受渡し当事者間の協定によって，付着量試験としてJIS H 0401の磁力式厚さ試験を行ってもよいとされている。ただし，この測定方法は，溶融亜鉛めっきの皮膜組成や表面粗度の差及び補正の方法によって誤差を生じることがあるので，磁力式測定装置（膜厚計）を利用するときはJIS H 8501に準拠して行う。

1) 測定原理

　電磁コイル（プローブ）を鉄材に近づけると，その距離に応じてインダクタンスが変化する。この関係は，鉄（強磁性体）の上面にめっき，塗装，ライニング等（非磁性体）の層がある場合も同様で，この表面に電磁コイルを当てると，層の厚みに比例してコイルのインダクタンスが増減する。インダクタンスが変われば電流も変化するので，電流計に厚みに比例した振れが指示される。（**付図－Ⅳ.4.1**）

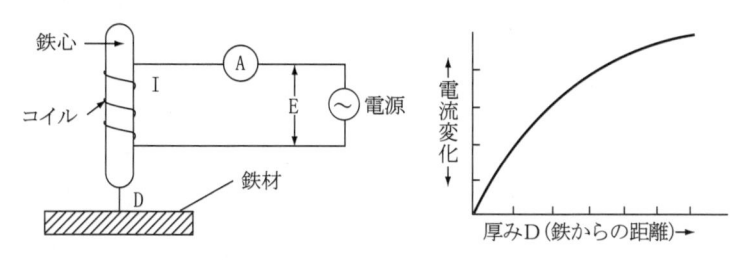

付図－Ⅳ.4.1　膜厚計の原理

2) 測定方法
ⅰ) プローブを本体に接続し，電源を入れる。
ⅱ) 次にゼロ調整と標準調整を行う。
   a) ゼロ調整は，測定対象物と同じ材質，形状，厚みの素地にプローブを当てて行う。素地にはめっきや塗装のされていないものを用意する。
   b) 標準調整は厚さの判明している標準板を素地にのせプローブを当てて行う。標準板は測定範囲の上下限とその中間のものがあれば測定精度は上がる。
ⅲ) ゼロ調整と標準調整が終われば，目的の測定物にプローブを当ててめっき皮膜厚さを読み取る。
   なお，膜厚計は色々な種類があり，操作方法も若干異なる点もあるため，取扱い時には注意が必要である。
ⅳ) 測定における注意事項
   a) 素材の材質が鋼であることを確認する。
   b) プローブ先端のチップを傷つけると正しい測定ができないため，プローブを測定面に当てる場合は叩き付けたり，横にずらしたりしない。

第Ⅴ編　金属溶射編

第Ⅴ編　金属溶射編

目　次

第1章　総論 …………………………………………………………………… V-1

1.1　一般 ……………………………………………………………………… V-1
1.2　適用の範囲 ……………………………………………………………… V-3
1.3　用語 ……………………………………………………………………… V-4
　1.3.1　溶射用語 …………………………………………………………… V-4
　1.3.2　その他の溶射用語 ………………………………………………… V-5

第2章　防食設計 ……………………………………………………………… V-6

2.1　防食設計の考え方 ……………………………………………………… V-6
　2.1.1　金属溶射による防食原理 ………………………………………… V-6
　2.1.2　防食設計の考え方 ………………………………………………… V-8
2.2　防食設計 ………………………………………………………………… V-12
　2.2.1　適用環境 …………………………………………………………… V-13
　2.2.2　使用材料 …………………………………………………………… V-14
　2.2.3　防食仕様 …………………………………………………………… V-17
　2.2.4　景観への配慮 ……………………………………………………… V-20

第3章　構造設計上の留意点 ………………………………………………… V-21

3.1　一般 ……………………………………………………………………… V-21
3.2　構造設計上の留意点 …………………………………………………… V-22
　3.2.1　高力ボルト摩擦接合連結部の設計 ……………………………… V-22
　3.2.2　補剛材の設計 ……………………………………………………… V-23

    3.3 細部構造の留意点 …………………………………………… V-23
        3.3.1 部材自由縁の角部の処理 ………………………………… V-24
        3.3.2 補剛材 …………………………………………………… V-24
        3.3.3 支承及び附属物 …………………………………………… V-25
    3.4 溶射困難箇所 ………………………………………………… V-25

第4章 製作・施工上の留意点 ……………………………………… V-28

    4.1 一般 …………………………………………………………… V-28
    4.2 加工・孔あけ ………………………………………………… V-28
    4.3 溶断・溶接 …………………………………………………… V-28
    4.4 摩擦接合面の処理 …………………………………………… V-29
    4.5 輸送・架設 …………………………………………………… V-30
        4.5.1 部材マーク ………………………………………………… V-30
        4.5.2 輸送時の注意事項 ………………………………………… V-31
        4.5.3 部材の保管・仮置き ……………………………………… V-31
        4.5.4 架設・防護 ………………………………………………… V-31
    4.6 高力ボルトの締め付け ……………………………………… V-33

第5章 金属溶射施工 ………………………………………………… V-34

    5.1 一般 …………………………………………………………… V-34
    5.2 施工 …………………………………………………………… V-35
        5.2.1 施工の流れ ………………………………………………… V-35
        5.2.2 素地調整 …………………………………………………… V-37

5.2.3	他の防食法の補修に使用する場合の素地調整	V-39
5.2.4	金属溶射	V-40
5.2.5	封孔処理	V-41
5.2.6	上塗り塗装	V-42
5.3	品質管理	V-42
5.3.1	品質管理基準	V-42
5.3.2	不具合と是正処置	V-44
5.3.3	膜厚測定方法	V-45
5.3.4	施工記録	V-45
5.3.5	付着塩分測定上の注意点	V-46
5.4	不具合の補修	V-46
5.4.1	ジンクリッチペイントで補修する場合	V-46
5.4.2	金属溶射で補修する場合	V-47
5.5	安全衛生	V-47
5.5.1	封孔処理剤及び粗面形成材使用の留意点	V-47
5.5.2	溶射作業における留意点	V-47
5.5.3	金属ヒューム及び粉じんに関する留意点	V-48
5.6	防食の記録	V-48

第6章 維持管理　V-49

6.1	一般	V-49
6.1.1	維持管理計画	V-49
6.1.2	維持管理の流れ	V-49
6.2	金属溶射皮膜の劣化	V-51

  6.3 点検 ………………………………………………………………… V-53
    6.3.1 点検時期 ……………………………………………………… V-54
    6.3.2 点検方法 ……………………………………………………… V-54
  6.4 評価 ………………………………………………………………… V-57
  6.5 維持補修 …………………………………………………………… V-57
    6.5.1 溶射皮膜の補修 ……………………………………………… V-58
    6.5.2 狭あい部等代替塗装部の補修 ……………………………… V-59
    6.5.3 塗装仕上げの補修 …………………………………………… V-60
    6.5.4 足場 …………………………………………………………… V-60
  6.6 維持管理記録 ……………………………………………………… V-61

付属資料 ……………………………………………………………………… V-63

  付V-1. 粗面化処理の施工管理 ………………………………………… V-64
  付V-2. 導電性試験方法 ………………………………………………… V-64
  付V-3. 粗面化処理を粗面形成材によった場合の膜厚管理に関する資料
      ……………………………………………………………… V-66
  付V-4. 最小皮膜厚さ …………………………………………………… V-68
  付V-5. 溶射に用いる粗面形成材及び封孔処理に使用する材料の品質規格例
      ……………………………………………………………… V-69
  付V-6. アルミニウム・マグネシウム合金溶射 ……………………… V-71

第 1 章　総　論

1.1　一般

　鋼道路橋の防食対策として行なう金属溶射は，鋼材に対して電気化学的に卑な電位を示す亜鉛（Zn），アルミニウム（Al），その合金類などを溶融状の微粒子として鋼材表面に吹き付け，皮膜を形成することによって防食する工法である。

　1909 年にスイスで開発された金属溶射技術は，発明後にドイツとフランス及びイギリスで工業化され，1919 年（大正 8 年）に我が国に導入された[1,2]。その後，金属溶射技術の改良と共に用途が拡大し，イギリスの British Standards（英国規格），ドイツの Deutsche Industrie Norm（ドイツ工業規格），アメリカの American Welding Society（米国溶接協会）等における規格化や技術基準類の整備が進み，品質管理面でも充実が図られた。

　日本では当初，鋼製の水槽，タンク類への防食対策として金属溶射のうち亜鉛溶射が用いられるようになって，利用範囲が広がっていった。一方，アルミニウム溶射は，戦前，自動車，戦車等のマフラーパイプへの耐熱用皮膜として用いられていたが，戦後になると防食用途にも用いられるようになった。

　1952 年（昭和 27 年）には，金属溶射が日本工業規格 JIS H 0403 メタリコン（亜鉛）試験方法として初めて制定され，溶射皮膜の品質向上と安定化が図られるようになった。また，1971 年（昭和 46 年）には，亜鉛溶射やアルミニウム溶射の新たな JIS 規格（JIS H 8300，JIS H 9300 等）が制定され，技術的な進歩もあいまって，金属溶射を採用する鋼構造物が増加した。金属溶射の JIS 規格は，1999 年（平成 11 年）に ISO 2063 との整合化が図られ，その後，2005 年（平成 17 年），2011 年（平成 23 年）に改正されている。

　新設鋼橋では，1963 年（昭和 38 年）に宮内庁の皇居にある二重橋（東京都，亜鉛溶射＋塗装）に採用されたほか，1972 年（昭和 47 年）に，当時の国産技術を結集して架設された長大吊橋である関門橋（写真－V.1.1）（山口県・福岡県，橋長 1,068m，鋼重 32,000t）において，厳しい腐食環境下での長期耐久性を期待して，補剛桁の防食下地処理として亜鉛溶射が採用された。

写真-V.1.1　関門橋

　近年の金属溶射採用の橋としては，1990年（平成2年）に天保山大橋（鹿児島県，アルミニウム溶射＋塗装），1998年（平成10年）に海の中道大橋（**写真-V.1.2**），2000年（平成12年）に香椎かもめ大橋（共に福岡県，アルミニウム溶射＋塗装等）等がある。いずれの橋も比較的海面から近い厳しい腐食環境にあることから，溶射皮膜の上からポリウレタン樹脂塗料などの塗装仕上げが行われている。

写真-V.1.2　海の中道大橋

　開断面箱桁橋では，1995年（平成7年）に千歳ジャンクション（北海道，橋長198m，鋼重413ｔ，亜鉛・アルミニウム擬合金溶射＋塗装）に採用されているほか，2012年（平成24年）には福岡高速5号線（**写真-V.1.3**）で，全面的に金属溶射（亜鉛・アルミニウム合金及び擬合金）が採用されている。
　既設橋への採用事例としては，赤さびの発生した塗装橋に対する防食試験施工として1998年（平成10年）に宇美川大橋（**写真-V.1.4**）（福岡県，橋長179m，面積15,800m^2，亜鉛・アルミニウム擬合金＋封孔処理のみで仕上げ），

2000年（平成12年）に百道ランプ橋（福岡県，橋長153m，面積4,000m^2，亜鉛・アルミニウム擬合金）に用いられ，塗装（ふっ素樹脂塗料）で仕上げられている。

写真－V.1.3　福岡高速5号線

写真－V.1.4　宇美川大橋

1.2　適用の範囲

　この編は，鋼道路橋の防食を金属溶射法で行う場合に適用する。

1.3 用語

金属溶射に関連する重要な用語の定義を以下に示す。

1.3.1 溶射用語

JIS H 8200 溶射用語から引用

用語	定　　義
素地 Substrate surface	溶射にあっては，鋼材の溶射被覆を施す面。被溶射面ともいう。
溶射皮膜 Spray deposit, Sprayed coating	溶射によって形成された皮膜。
投びょう効果 Anchoring effect	溶射粒子が鋼材の粗面に機械的にかみ合うことによって，皮膜と基材との密着度を向上させる働き。
密着性 Adhesiveness	溶射皮膜が鋼材と結合する性質。
密着度 Degree of Adhesion	溶射皮膜が鋼材と結合している度合い。
気孔 Pore	溶射皮膜に含まれる空隙。開口気孔と密閉気孔とがある。
開口気孔 Open Pore	溶射皮膜に含まれる気孔で，外部に通じているもの。
密閉気孔 Closed Pore	溶射皮膜に含まれる気孔で，皮膜内に閉ざされているもの。
気孔率 Porosity	溶射皮膜に含まれる気孔の容積百分率。
素地調整 Surface preparation	鋼材の表面に溶射皮膜が良好に付着するよう，鋼材表面のミルスケール，さびなど付着に有害な物質を除去し，表面に適切な粗さを与える処理のこと。溶射作業の前工程。
封孔処理 Sealing	溶射皮膜の開口気孔に封孔剤を浸透させることで気孔を充填し，皮膜の化学的性質及び物理的性質を改善する処理のこと。

1.3.2 その他の溶射用語

用語	定　義
亜鉛・アルミニウム合金 Zinc-Aluminum Alloys	亜鉛は，JIS H 2107 亜鉛地金に規定する純度 99.97％以上の普通亜鉛地金，アルミニウムは JIS H 2102 アルミニウム地金に規定する純度 99.70％以上の1種を用いて亜鉛対アルミニウムの重量比率が 95:5 ないし 70:30 の間で合金化し，溶射用として作られたもの。近年は，ISO で推奨されている合金比率 85:15±1 のものが先に挙げた合金に替って広く使用されるようになった。
亜鉛・アルミニウム擬合金 Zinc-Aluminum PseudoAlloys	アーク溶射で，亜鉛，アルミニウム線材を同時に溶射すると，亜鉛金属層，アルミニウム金属層が重なった皮膜になる。この皮膜は，亜鉛，アルミニウム単独金属とは異なる挙動を示す。この皮膜を擬合金皮膜と呼ぶ[3]。
粗面形成材	無機質粒子（平均粒径 70μm 程度）とエポキシ樹脂からなる材料を吹き付けることによって，溶射皮膜の密着に必要な表面粗さを得る材料。
同時試験片	溶射施工と同時に同条件で試験片に皮膜を施工することで，皮膜の施工見本及び破壊を伴う性能調査を行なう試験用として用いることを目的に作製する試験片。

第2章　防食設計

2.1　防食設計の考え方

2.1.1　金属溶射による防食原理

　金属溶射は，溶射皮膜の環境遮断効果及び電気化学的防食作用によって鋼素地の防食を行うものである[4]。防食性能及びその耐久性，並びに適用可能な環境は，溶射に用いる金属材料の種類によっても異なるため，採用にあたっては，環境条件，使用条件等に応じた適切な金属材料と仕様を選定する必要がある。

　亜鉛を主体とした溶射では，金属溶射後の初期段階に亜鉛分が酸化して酸化生成物が皮膜の気孔を充填することによって皮膜が緻密化し，皮膜の環境遮断効果による防食作用が発揮される。

　アルミニウムの場合は，当初から，表面に形成されるアルミニウムの酸化膜が環境遮断効果を発揮し，経時変化によって皮膜が局部的に消耗した時や皮膜に傷がついて鋼素地が露出した時から，電気化学的防食作用が働く。

(1) 環境遮断効果による防食作用

　金属溶射においては，鋼素地の表面に溶射皮膜を形成して，水を遮断することで防食効果が発揮されることはよく知られている。

　金属溶射では，溶射後初期に通常多少の貫通気孔を有しているため，水滴や水蒸気の透過は容易である。その後時間の経過に伴って，皮膜成分の溶射金属が水分と反応することで塩基性炭酸亜鉛や含水酸化物を生成し，それらが貫通気孔部を閉塞するため，無気孔状態になって優れた環境遮断効果を発揮するようになる。

　例えば，無封孔の溶射皮膜を塩水噴霧によって腐食生成物の生成を促進させ封孔した実験の例では，溶射皮膜の水蒸気透過量が，初期は数百～30g/m^2/day であるのに対し，塩水噴霧後の皮膜は塗膜程度まで低下することが報告されている[5]。

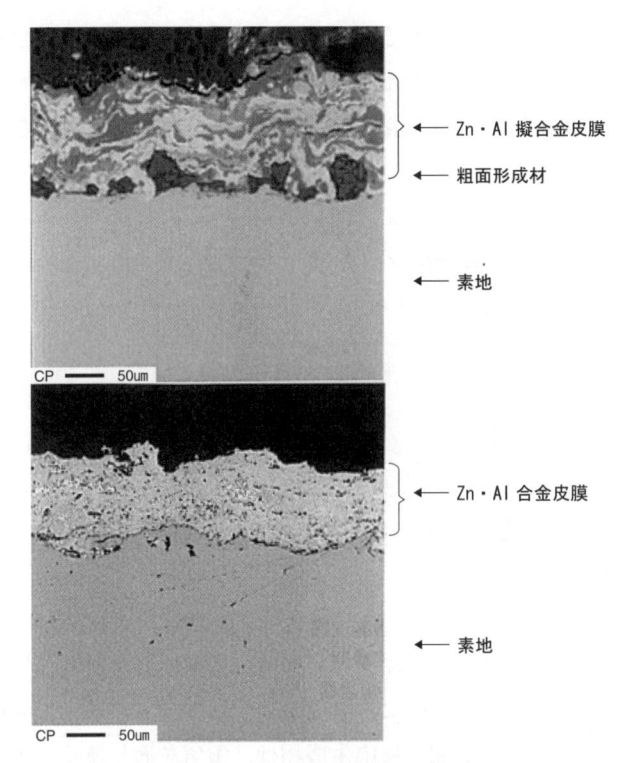

写真-V.2.1　金属溶射皮膜の断面

(2) 電気化学的防食作用

　電気化学的防食法は，電位差のある金属同士を電解質溶液中で電気的に接続した場合に，より電位の低い（卑な）金属が溶出することによって，電位の高い（貴な）金属を卑に分極させて腐食を防止させる方法である。

　鋼道路橋における金属溶射は，鉄の自然電位より卑な金属（亜鉛，アルミニウム，亜鉛・アルミニウム合金，亜鉛・アルミニウム擬合金，アルミニウム・マグネシウム合金等）を溶融状の微粒子として吹き付け鋼素地を被覆することによって環境を遮断するとともに，鉄の溶解（腐食）に先駆けて，図-V.2.1のように溶射金属皮膜が溶解することで鉄を不働態化し腐食を防ぐ。

　なお，溶射金属が大気中の酸素，二酸化炭素，水分などと反応して生成する酸化生成物が気孔に充填された場合，腐食生成物は電流を流さないので，電気化学的

防食効果が薄れることが懸念されるが，実際の腐食生成物は水分を含んでいることから防食効果は期待できると考えてよい。過去に行われた実験の例では[1,6,7]，塩水噴霧を 6,000 時間行った金属溶射皮膜は，鉄の自然電位より卑な電位を保っていることが確認されている。

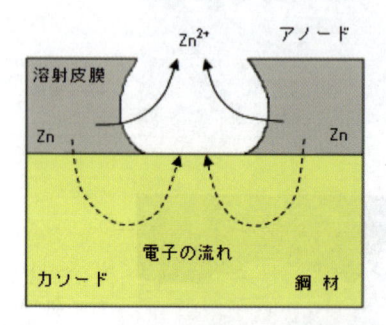

図－Ⅴ.2.1　溶射皮膜の防食機構[8]

(3) 皮膜劣化のメカニズム

　溶射皮膜の金属は，大気中の酸素，二酸化炭素，水などと反応して反応生成物に変化する。溶射皮膜はこの反応によって徐々に消耗するとともに生成物含有量の割合が高くなっていき，最終的に溶射皮膜の金属の全てが反応生成物に変化して寿命を迎える。このとき金属の反応生成物は，電気を通し難く，防食電位の維持が困難となるため電気化学的防食作用が消失する。また，皮膜内部の金属までが酸化すると溶射皮膜の体積が膨張して水分を含みやすくなり，生成物が水への溶解度に従って溶出し溶射皮膜の環境遮断効果は漸減する。以上のような現象を溶射皮膜の劣化と呼んでいる。

2.1.2　防食設計の考え方

(1) 金属溶射による防食法

　金属溶射に用いる金属には，亜鉛，アルミニウム，亜鉛・アルミニウム合金及び亜鉛線，アルミ線を同時に溶射して両金属が混在した状態となる擬合金等であったが，近年，アルミニウム・マグネシウム合金を使用する事例も増加している[9]。

　溶射皮膜の自然環境での耐久性は，金属の種類によって異なる。大気中の塩分（海塩粒子）が少ない田園山間地域では，腐食因子としては主に降雨水と酸素であ

り溶射皮膜の表面には緻密な塩基性炭酸塩からなる保護膜が生成し，溶射皮膜の消耗速度は小さくなる。

亜鉛は，塩分量の多い環境下においては溶解速度が早くなることから，塩分と水が多く供給される地域（例えば，海岸の飛沫帯，凍結防止剤が散布される地域等）においては，溶射皮膜の消耗速度は早くなる。

アルミニウムは，塩分量が多い環境でも表面に形成される酸化物が安定化しているために溶解速度が遅く，比較的安定した耐久性が得られる。ただし，酸化膜が厚くなり，電位が高くなって鋼の電位に近づいてくることで，電気化学的防食効果が低下することもある[1]。

亜鉛・アルミニウム合金皮膜及び擬合金皮膜は亜鉛単独皮膜，アルミニウム単独皮膜の中間の挙動を示す。

アルミニウム・マグネシウム合金皮膜は，アルミニウムにマグネシウムを5％程度加えることでアルミニウムの特性に加え，電気化学的防食作用を改善している[10]。

以上のように，金属溶射では溶射金属の種類や暴露される環境によって防食性や耐久性がそれぞれ異なってくるため，防食設計においては腐食環境に適した仕様を選定することが重要である。**表－V.2.1～表－V.2.3**に代表的な溶射金属の一般的な特性について示す。

表－V.2.1 溶射金属の性状

性状	溶射金属	亜鉛	アルミニウム	亜鉛・アルミニウム合金及び擬合金	アルミニウム・マグネシウム合金
暴露による消耗溶解性	塩水[※1]	×	○	△～○	○
	アルカリ水[※2]	△	△	△～○	△
	降雨水	○	◎	◎	◎
	酸性薬品類[※3]	×早い	△遅い	△遅い	△遅い
防食性	環境遮断効果	○	◎	◎	◎
	電気化学的防食効果	◎	○	◎	○

注1：記号説明：◎：優れている　○：良好　△：やや劣る　×：劣る
注2
　*1：塩水とは，海水飛沫の付着，飛来塩分が堆積する部位での結露，凍結防止剤の溶解液の付着等である。
　*2：アルカリ水とは，コンクリート床版から流れるアルカリ性水による溶解消耗性等である。
　*3：結露時に自動車・工場排気ガス（SOx，NOx）が溶け込んだ水，酸性雨付着による溶解性である。

表-V.2.2 金属溶射皮膜の表面に生成する化合物の種類と溶解度

金属名	酸化物	水酸化物	炭酸塩	塩化物	硫酸塩
亜鉛	不溶	1.3×10^{-3}	難溶	432	115
アルミニウム	不溶	1.9×10^{-32}	難溶	47	39
マグネシウム	難溶	9.8×10^{-5}	難溶	75	27

注:数字は 100g の水(0℃~25℃)に対する溶解量(g)

表-V.2.3 海水中における金属の自然電位例 [11]

金属名	電位
鋼,鋳造	$-0.526 \sim -0.726$
アルミニウム	-0.856
亜鉛	-1.146
マグネシウム	-1.676

(2) 金属溶射皮膜の特徴

　金属溶射皮膜の基本的な防食効果である電気化学的防食作用と環境遮断性は、溶射金属の種類によってそれぞれ異なっている。例えば、電気化学的防食作用では、亜鉛>亜鉛・アルミニウム合金,擬合金>アルミニウム・マグネシウム合金>アルミニウムの順となるが、環境遮断性では、アルミニウム・マグネシウム合金>アルミニウム>亜鉛・アルミニウム合金,擬合金>亜鉛の順となる。なお、鋼材表面に適切な表面粗さがないと金属溶射皮膜と鋼材間で十分な密着力が得られない。以下に、代表的な溶射皮膜の防食作用の特徴等を列記する。

1) 亜鉛

ⅰ) 亜鉛は、鉄に比べて自然電極電位が低いため、電気化学的にアノードとなって鉄を保護する作用が強い。清浄な大気中では、表面に緻密な腐食生成物を生成し耐久性に優れる。海浜地帯のように塩分を含む環境及び重工業地帯に暴露された亜鉛皮膜の表面では、それぞれ亜鉛の塩や酸とも反応化合物を生成するが、これらの化合物は水に溶けやすいので消耗速度が早い。防食電位持続性を確認した実験結果でも、塩水噴霧を続けた場合には著しく防食電位が低下することが確認されている [5]。

ⅱ) 厳しい腐食環境では，亜鉛皮膜の消耗速度が大きくそのままでは長期の耐久性が確保されないが，このような場合にも，溶射皮膜の上から塗装を行って溶射皮膜を保護することで耐久性を確保することができる。

ⅲ) やむを得ず亜鉛皮膜を消耗速度が早い環境で使用する場合は，耐久性を確保するために少なくとも皮膜厚さを 100 μm 以上にすることが望ましい。

2) アルミニウム

ⅰ) アルミニウムは，亜鉛より電気化学的防食作用は劣るが，アルミニウムの酸化皮膜は化学的に安定していることから厳しい腐食環境での劣化は少なく，主として環境遮断することで防食効果を発揮することから海上橋などに採用された例がある。

ⅱ) アルミニウム溶射皮膜の環境遮断性を評価する手段の１つとして実施された水蒸気透過度試験では，亜鉛，亜鉛・アルミニウム合金溶射皮膜より透過度が大きい結果が得られ，環境の影響を強く受ける特徴がある[5]。このため耐久性を確保するためには，最小皮膜厚さを 100 μm 程度以上に設定して環境遮断性を向上させる必要がある。

ⅲ) アルミニウム溶射皮膜は，他の溶射皮膜に比べて相対的に電気化学的な防食作用は弱く，溶射皮膜に欠陥部ができると鋼材のさびが進行しやすくなる。

ⅳ) 粗面化処理及び溶射施工の良否は，アルミニウム皮膜の欠陥に結びつきやすいため，施工品質の確保には十分な注意が必要であることから，亜鉛，亜鉛・アルミニウム合金皮膜よりも高度な素地調整が要求される。

3) 亜鉛・アルミニウム合金及び擬合金

亜鉛・アルミニウム合金及び擬合金の溶射皮膜は，電気化学的防食作用に優れる亜鉛皮膜と環境遮断性に優れるアルミニウム皮膜の両方の特徴を併せもっている。

亜鉛・アルミニウム合金溶射は，あらかじめ亜鉛，アルミニウムを合金化して溶射線材にしたものを使用して行い，擬合金溶射は亜鉛線材とアルミニウム線材を用いて同時に溶射し，亜鉛とアルミニウムが混在することであたかも合金のような特性を示す溶射皮膜を形成する。両者の主な特徴を以下に示す。

ⅰ) 溶射皮膜は，亜鉛が優先的に消耗するが，アルミニウムは残るので皮膜全体

としての腐食減量は亜鉛単独の溶射皮膜と比べて少ない。

ⅱ）溶射皮膜の水蒸気透過度は，小さく防食電位持続性にも優れている。したがって，亜鉛，アルミニウムの単独皮膜に比べて相対的により安定した防食性が得られる。

ⅲ）皮膜表面が緻密な酸化物に覆われ，既往の水蒸気透過度試験結果によると環境遮断作用を発揮するまでの期間が短く，その効果が長く持続することが確認されている。

ⅳ）亜鉛・アルミニウム合金溶射皮膜は，施工後の経時変化で表層のみが酸化することから溶射直後の色に比較して黒味が増す。

4) アルミニウム・マグネシウム合金

アルミニウム・マグネシウム合金溶射は，あらかじめアルミニウム，マグネシウムを合金化し溶射線材にしたものを使用する。主な特徴を以下に示す。

ⅰ）電気化学的防食作用が弱いアルミニウムにマグネシウム合金化することで，電気化学的防食作用を改善している。

ⅱ）アルミニウム溶射と同様に厳しい腐食環境においても環境遮断性が強く，海外では海洋構造物の防食として採用された実績を有する。

ⅲ）アルミニウム溶射と同様に高度な素地調整が必要となる。

2.2 防食設計

金属溶射による防食は，亜鉛，アルミニウム，亜鉛・アルミニウム合金，アルミニウム・マグネシウム合金などを溶融して鋼材表面に吹き付けることで形成された保護皮膜が腐食因子や腐食促進因子の侵入を防止するとともに，それらが電気化学的にアノードとなって電気化学的防食作用を発揮するものである。溶射皮膜の防食性能は，溶射金属の種類や皮膜厚さなどによって異なることから，防食設計では，環境条件や適用部材の条件に応じて適切な溶射方式とその仕様を決定することとなる。このとき，良好な溶射皮膜を確実に得るために，構造上の制約や施工条件について併せて検討を行う必要がある[4]。

金属溶射の仕様の決定にあたって，一般に検討，確認する必要がある内容を以

下に示す．
1) 架設される環境の塩分環境が金属溶射皮膜による防食が適当な範囲であり，所要の防食作用が得られることを確認する．
2) 製作される部材に溶射の施工が困難となる狭あいな箇所が少なく，良好な施工品質が確保できる構造であることを確認する．完成後に狭あい部が多い場合には，維持管理上問題がないことを確認する．
3) 高力ボルトの防食仕様において，金属溶射に対する配慮が行われ，所要の継手性能が確保されることを確認する．溶融亜鉛めっき高力ボルト（F8T）を用いているか，又は溶融亜鉛めっき高力ボルト（F8T）に変更可能であることが必要である．なお，F10Tを用いていても高力ボルト本体に素地調整と溶射施工が可能で，所定の金属皮膜を生成可能な場合はこの限りでない．
4) 景観への配慮などから，溶射施工面に着色や特定の外観が必要とされているかどうかなどの外観性状について，要求事項を確認する．
5) 現場施工の場合は，素地調整や溶射が適切に行えることを確認する．

2.2.1 適用環境

鋼道路橋では，溶射は主として外気に暴露される外面の部位に施工されている．内面にも適用可能であるが，その場合，適切な条件で施工が行える作業空間を確保できる範囲とする．

(1) 適した環境

金属溶射は，都市，田園，山岳などの一般環境や，海岸から遠く（概ね0.3km以上）飛来塩分が蓄積されない箇所においては優れた防食性能が期待できる．一方，飛来塩分が蓄積される箇所や，凍結防止剤を頻繁に散布する場所では，一般に金属溶射を単独で適用することは困難である．このような環境下で採用する場合は，溶射金属の種類によって金属溶射と保護塗装を組み合せた仕様を選定するなどの対策が必要となる．

別途塗装などによる着色を施さない場合には，色彩が溶射金属によって限定され，その色彩も酸化皮膜の形成によって時間とともに暗灰色に変化する．よって，景観への配慮などから特定の色彩が要求される場合には，金属溶射を単独で適用

することは困難である。

(2) 注意が必要な環境

　金属溶射は，使用環境を誤ると所定の防食性能が発揮できないだけでなく，早期に不具合が生じるなど耐久性も確保されないことがある。

　次のような箇所に適用する場合は，事前に試験などで耐久性を確認することが望ましい。

1) 構造系に異種金属接触部がある場合

　特に，鋼材がステンレス，銅合金などと接する場合は，絶縁する等の処置が必要である。

2) 飛沫帯（スプラッシュゾーン）にある構造物

　飛沫帯（海面上5m程度）は，海域にもよるが，塩分付着の影響によってぬれ時間が長いので，溶射皮膜は海中と同じ腐食防食挙動を示して消耗速度が早くなる。なお，海面に近い上路橋の場合，路面より下に位置する部材の付着塩分が降雨によって洗浄されず残留し，飛沫帯と同じ挙動を示す場合があるので注意が必要である。

3) 自動車・工場などの排気ガスが滞留しやすい場所

　SO_x や NO_x は，水や初期の雨水中に溶解して強い腐食性の環境を作るため，金属溶射皮膜の耐久性が著しく損なわれることになるので，これらの影響を受ける可能性がある場合には採用に当たって慎重に検討する必要がある。

4) 床版からの漏水個所

　床版からの漏水は，アルカリ性を示すことが多く，溶射金属の消耗が早くなることがあるので十分な注意が必要である。

5) コンクリートに埋め込まれる場合

　アルミニウムは，アルカリ性に弱いのでコンクリートに埋め込まれる部材にアルミニウム溶射を使用する場合，塗装などを施して直接コンクリートと接触することがないよう配慮が必要である。

2.2.2 使用材料

　金属溶射の施工には，溶射皮膜用として製造された線材，封孔処理剤を用いる。

また，動力工具ケレンを行う工法を適用する場合（スィープブラスト又はブラストを含む）は粗面形成材，上塗塗装仕上げを適用する場合は塗料を使用する。

(1) 溶射線材

　鋼道路橋の防食法としての金属溶射には，従来は亜鉛（純度99.99％以上），アルミニウム（純度99.50％以上）の金属単体で用いられてきたが，近年は，更に防食効果が期待できる亜鉛・アルミニウム合金，亜鉛・アルミニウム擬合金等が用いられている。このほかにも，アルミニウム・マグネシウム合金（アルミニウム合金5056）を用いるケースが増加している。

　亜鉛・アルミニウム擬合金とは，亜鉛（純度99.99％以上），アルミニウム（純度99.50％以上）を同時に溶射して各々が混在して積み重なった溶射皮膜を形成することから，電気化学的には合金のような挙動を示し環境遮断皮膜としては，亜鉛の酸化物がアルミニウムの水酸化物と混在する形でその機能を発揮する。

　亜鉛・アルミニウム合金は，我が国では従来，①亜鉛対アルミニウムの重量比率が95：5と70：30の間で合金化され溶射材料として作られたものが使用されていたが，②ISO 2063では，85：15（±1％）のものが推奨されており，JIS H 8261においても同じ重量比率のものが規定されている。現在は一般的にこの85：15（±1％）比率のものが用いられている。上記，①及び②のいずれも皮膜の電位は亜鉛皮膜の電位に近く，防食性能試験では，両者の有意差は認められていない[4]。

　溶射に用いる線材は，JISに規定されている次の原料を用いて溶射用に作られたものを使用する。

ⅰ) 亜鉛は，JIS H 2107亜鉛地金に規定される特種亜鉛地金を用い，純度は，亜鉛99.99％以上でなければならない。

ⅱ) アルミニウムは，JIS H 2102アルミニウム地金に規定されるアルミニウム地金2種を用い，純度はアルミニウム99.50％以上でなければならない。

ⅲ) 亜鉛・アルミニウム合金は，JIS H 2107に規定する亜鉛純度99.97％以上の普通亜鉛地金及びJIS H 2102に規定されるアルミニウム純度アルミニウム99.70％以上アルミニウム地金1種を用い，溶射用として製造された合金でなければならない。

iv）亜鉛・アルミニウム擬合金の場合は，JIS H 2107 に規定する亜鉛純度99.97％以上の普通亜鉛地金及び JIS H 2102 に規定するアルミニウム純度が，アルミニウム 99.70％以上アルミニウム地金 1 種を用い，各線材ともに溶射用として製造されたものを使用する。

v）アルミニウム・マグネシウム合金は，JIS H 4040 に規定されたアルミニウムとマグネシウム（含有率 5％）の溶射用として製造された合金でなければならない。

(2) 封孔処理剤

　溶射皮膜の封孔処理は，適当な無機，有機塗料などの封孔剤を，開口している皮膜の気孔に含浸させてこれを密閉し，皮膜の化学的及び物理的性質を改善して金属溶射皮膜の表面全体を反応生成物で覆うことで金属表面の活性を低下させ，同時に表面を保護することを目的として施工する。

　封孔処理では，特に第 1 層として施す封孔処理剤の粘度及び樹脂の選定に注意が必要である。溶射皮膜の開口気孔中によく浸透するとともに，溶射皮膜及び鋼素地と有害な反応をせず，かつ使用目的に支障を来さない封孔処理剤を選択することが重要である。

　一般的には，りん酸含有ブチラール系，アルキルシリケート系，アルカリシリケート系，エポキシ系の樹脂塗料等が用いられるが，用いられる材料は促進試験等によって封孔剤の性能についてあらかじめ確認されている必要がある。封孔処理剤の種類と溶射工法との組合せ例は，塗装・防食便覧資料集を参考にするのがよい。

　封孔処理剤には，溶射金属と反応して金属表面の活性を低下させるタイプと，溶射皮膜を外界から遮断することを主体としたタイプがあり，いずれも気孔への充填効果によって，溶射皮膜の防食性が向上する。また，封孔処理剤は，クリアー及び白などが主で簡単な着色はできるが，溶射面の粗さに影響されて塗装仕上げのような光沢や均一な仕上がりは得られない。

　溶射金属面の安定化効果が大きい封孔処理剤は，亜鉛，アルミニウム，亜鉛・アルミニウム合金及び亜鉛・アルミニウム擬合金と反応するタイプである。

　なお，有機溶剤を含有したものが多いことから，取扱いに際しては塗料と同じように消防法，有機溶剤中毒予防規則など関連する法規類に注意してこれを遵守

して使用しなければならない。

(3) 塗料

金属溶射では，溶射皮膜を環境から遮断し耐久性を向上させたり，環境との調和を図るためなどで溶射皮膜の上に表面を着色する目的で塗装を施す場合がある。

従来，一般的にはポリウレタン塗料仕上げ，ふっ素樹脂塗料仕上げが用いられているが，溶射皮膜の耐久性を向上する目的から選択すると，塗膜の耐候性に優れたふっ素樹脂塗料を用いるのが望ましい。塗装仕様の選定においては，この便覧の第Ⅱ編塗装編に規定のある塗料を用いることを基本とする。

(4) 粗面形成材

粗面形成材は，動力工具による素地調整を行う場合及び通電性のあるショッププライマー塗装鋼板で，溶射皮膜を鋼素地に密着させるために無機質粒子とエポキシ系樹脂で素地に人工的に粗さを形成するために用いられる材料である。

なお，塗装鋼板の場合は，スイープブラスト処理でも粗面形成材を使用することで溶射皮膜を付着させることができる。ただし，電気化学的防食作用を期待する場合は，鋼素地との通電性を確認する必要がある。

2.2.3 防食仕様

防食仕様は，環境条件を十分に考慮して選択することを原則とする。塩分の少ない一般環境では封孔処理までの仕様とし，塩害を受ける厳しい環境では封孔処理の上に塗装をする仕様が望ましい。

特に亜鉛単独の溶射の場合は，亜鉛は塩分に対して溶解性があるので，耐久性が必要な場合には金属溶射面の上に塗装をする仕様が推奨される。亜鉛の消耗を考慮して亜鉛単独の仕様を使う場合は，溶射皮膜の厚さを増やすなどの配慮が必要である。

(1) 一般部仕様

鋼道路橋に用いる金属溶射は，溶射後に溶射皮膜表面を封孔処理剤で仕上げる仕様を標準とする。封孔処理仕上げは，溶射皮膜の気孔を充填して安定化させるために封孔処理剤を溶射皮膜に含浸させるものである。金属溶射皮膜は通常の大気環境下では，封孔処理を行わない場合でも大気中の酸素，水蒸気と反応して反

応生成物が気孔を充填するが，この反応が十分に進行する前に水や塩分が付着し溶射皮膜内に侵入した場合は，溶射皮膜の破損に繋がる場合があることから，鋼道路橋の防食として金属溶射による場合の標準として封孔処理を行うこととした。

なお，封孔処理剤は，着色のために顔料を添加しても，一般には溶射皮膜の粗さに影響されて塗膜のような良好な外観性状が得られにくいので，処理後の斑などが目立ちにくいクリアー及び白色系がよく用いられる。金属溶射仕様を**表－V.2.4**に示す。

表－V.2.4 金属溶射仕様

素地調整	ブラスト処理　除せい度ISO 8501-1 Sa $2^1/_2$以上 表面粗さ Rz50μm以上(又は粗面化処理　Rz50μm以上) ブラスト処理等により付着油分，水分，じんあい等を除去し，清浄面とする。
金属溶射	最小皮膜厚さ100μm以上
封孔処理	封孔処理剤　スプレー塗装
適用箇所	一般都市部・田園環境で腐食促進因子(塩分，薬品類，じんあい)の付着が少ない場所
備　考	飛来塩分が多い箇所は白さびが出やすい

金属溶射の上から塗装仕上げを行う場合の塗装仕様例を**表－V.2.5**に示す。

この塗装仕様は，金属溶射による防食機能に加えて景観性の付与や海塩粒子付着防止のために中塗・上塗を施工するもので，塗装仕様としての一例を示したものである。

表-V.2.5　金属溶射皮膜の塗装仕様例

素地調整	ブラスト処理　除せい度 ISO 8501-1 Sa 2¹/₂以上 表面粗さ Rz50μm 以上（または　粗面化処理 Rz50μm 以上） ブラスト処理などにより付着油分　水分　じんあい等を除去し，清浄面とする。
金属溶射	最小皮膜厚さ100μm 以上
封孔処理	封孔処理剤　スプレー塗装
塗　装	ふっ素樹脂塗料用中塗(200g/m²)30μm ふっ素樹脂塗料上塗(150g/m²)25μm
適用箇所	環境調和のため着色する必要がある場所，海水飛沫帯に該当する場所，凍結防止剤を頻繁に散布するなどにより塩分が堆積する場所
備　考	色彩付与が可能である 耐塩性，耐薬品性の向上が可能である

注1：上記仕様を採用する場合の塗装作業については，第Ⅱ編塗装編を参照する。
注2：金属溶射皮膜は凹凸があるので，塗装仕上げを行う場合の塗料使用量は，通常塗装に比べて若干多く使用することによって，概ね平滑に仕上がる。塗装間隔など，その他の事項は第Ⅱ編塗装編に従うが，中塗，上塗り使用量については経験上表中の数値が望ましい。

(2) 連結部仕様

　一般的に連結部は構造が複雑で凹凸があるため金属溶射施工が難しく安定した溶射皮膜が得られにくい。連結部の溶射仕様を表-V.2.6に示す。

表-V.2.6　連結部溶射仕様

素地調整	ブラスト処理　除せい度 ISO 8501-1 Sa 2¹/₂以上 表面粗さ Rz50μm 以上（又は、粗面化処理 Rz50μm 以上） ブラスト処理等により付着油分，水分，じんあい等を除去し，清浄面とする。
金属溶射	最小皮膜厚さ100μm以上
封孔処理	封孔処理剤をスプレー塗装又ははけ塗りする。
適用個所	母材，連結板のメタルタッチ面，外面側及び溶接接合部に適用する。なお，連結ボルトは溶融亜鉛めっき高力ボルトを使用する。

　連結部は，原則として本体と同じ仕様を適用する。連結部の施工は工場施工と現場施工があり，施工条件が異なるため確実な金属溶射施工が可能かどうか十分な検討を行って仕様を決定する必要がある。
　ボルトネジ部は，現状では溶射皮膜を均一に施工することが難しく，ボルト締め付け後に現場で金属溶射すると局部的に施工困難な部位が生じることになるので事前に対策を検討する必要がある。

連結板や連結部近傍の母材も，現場では施工条件が悪く良好な溶射品質を確保することが困難であることから事前に工場で溶射施工することが望ましい。

　高力ボルトの種類には，普通高力ボルト，溶融亜鉛めっき高力ボルトがあるが，金属溶射仕様の場合は溶融亜鉛めっき高力ボルト（F8T）を使用する。また，ナットはF10Tを溶融亜鉛めっきしたものを用いる。

　めっきを施す高力ボルトは，JIS B 1186 摩擦接合用高力六角ボルト・六角ナット・平座金のセットの規格に準じるものを用いる。更に防食性を向上させるために，金属溶射に用いた封孔処理剤を1層塗装するのがよい。

　防せい処理高力ボルトを使用する場合は，表－V.2.7 溶射施工困難箇所の仕様を用いる。外面の着色美装仕上げは第Ⅱ編塗装編に準じた塗装を行う。

　なお，近年，耐久性を向上させた塗装高力ボルトや亜鉛・アルミニウム合金めっき高力ボルトの研究開発も行われている。

表－V.2.7　溶射困難箇所の防食仕様例

適用範囲	スカラップ端部，ボルト頭等
素地調整	動力工具処理　ISO 8501-1 St 3
下　塗	有機ジンクリッチペイント　はけ 75 μm（300g/m^2×2）
上　塗	超厚膜形エポキシ樹脂塗料　はけ 150 μm×2（500g/m^2×2）

(3) 溶射施工困難箇所仕様

ⅰ) この上に着色塗装仕上げを行う場合は，ふっ素樹脂塗料中塗，上塗を塗装する。なお，上記は一例であり，同等以上の耐久性があることが確認できている仕様であれば採用してもよい。品質の確認方法については，第Ⅱ編塗装編による。

ⅱ) 溶融亜鉛めっき高力ボルトを使用するときは，露出部については封孔処理仕上げか塗装仕上げを行う。

2.2.4　景観への配慮

　色彩付与による景観対応が必要な場合，塗装仕上げを行い景観への対応が必要である。景観設計及び塗装作業に関しては，第Ⅱ編塗装編を参照するとよい。

第3章　構造設計上の留意点

3.1　一般

　溶射施工は，例えば高温のめっき浴を行う溶融亜鉛めっきのように鋼材の力学的性能に影響を生じることはない。したがって，溶射橋に用いる鋼材の規格，許容応力度，板厚範囲などは塗装橋の場合と同じでよい。また，橋の設計にあたっては，基本的に道示Ⅱ鋼橋編によることができる。なお，この章では，金属溶射に係わる特殊事項に関して，主に構造設計上の留意点を記述している。この章に関する内容については，参考文献4）が参考となる。

　以下に，鋼道路橋の防食を溶射で行う場合における構造設計上の主な留意点について述べる。

1) ブラスト施工及び溶射施工において，良好な施工品質を確保するためには被処理面と一定の距離をおいてなるべく正対することが重要である。したがって，そのための作業空間（$1m^3$程度）をできる限り確保する必要がある（図－Ⅴ.3.1）。特にトラス・アーチ系の格点部，横桁取り合い部などは作業空間の確保が困難な場合が多いことから，溶射施工時の姿勢なども考慮して作業空間についての十分な検討が必要である。スカラップ部など溶射施工が適切に行えない部位が設計上避けられない場合は，当初からこれらの部位について溶射困難な部位に対する補修仕様による防食処理を行うものとする。（2.2.3（3）溶射施工困難箇所仕様）

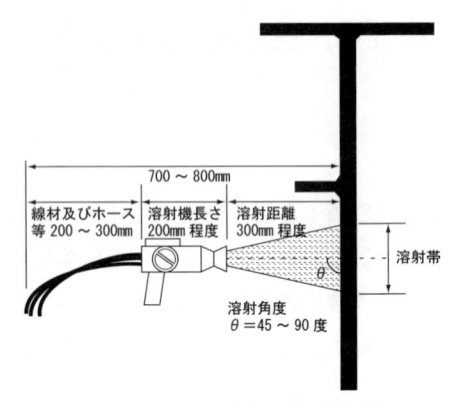

図－V.3.1　溶射の作業条件

2) 金属溶射の防食性能を発揮させるためには，局部環境で湿気のこもりや，滞水を起こさない細部構造とするのがよい．しかし，構造設計上，局部的に溶射の適用可能範囲を逸脱するような部位が生じることが避けられない場合は，その部位について塗装を併用するなど別途の防食対策を施すのが望ましい．特に局部的な腐食を防ぐために床版，伸縮装置などからの漏水対策を十分に施すことも防食上重要となる．水回りの構造については，第Ⅰ編共通編による．

3.2　構造設計上の留意点

構造計算の時点から，考慮する必要のある設計上の留意点を以下に示す．

3.2.1　高力ボルト摩擦接合連結部の設計

1) 高力ボルトによる接合方式は摩擦接合とし，溶融亜鉛めっき高力ボルトはF8Tを使用するのを標準とする．めっきを施す高力ボルトは，JIS B 1186 摩擦接合用高力六角ボルト・六角ナット・平座金のセットの規格に準拠し，種類と等級などは，第Ⅳ編溶融亜鉛めっき編 **3.2.2 連結** を参照する．なお，めっき付着量は 550g/m^2 以上とする．

2) 鋼道路橋において接合面の処理は，一般に摩擦接合面の処理をブラスト処理，無機ジンクリッチペイント塗付処理とされている．摩擦接合面に溶射を施す場

合には，すべり係数が確保され所定の継手性能が得られることを確認する必要がある。接合面を無機ジンクリッチペイント仕様で行う場合は，溶射部との境界に悪影響のないように十分な検討を行うと共に，接合完了後の溶射施工が可能かどうか事前に検討しておく必要がある。

3.2.2 補剛材の設計
(1) 垂直補剛材
ⅰ) 補剛材のスカラップ部は溶射施工が困難な部位であることから，埋め戻すことが望ましい。ただし，スカラップ部の埋め戻しにあたっては，所要の疲労耐久性が得られるようにしなければならない。
ⅱ) 鋼桁の垂直補剛材とフランジを溶接しない場合は，狭あい空間が残り溶射施工が困難な部位となるため溶接するのが望ましい。この場合も，ⅰ) と同様に所要の疲労耐久性が得られることについて，別途確認しなければならない。
(2) 横構の設計

横構ガセットのように主桁のフランジ部に近接した部材がある場合には，この部位の溶射施工が困難となる場合がある。このような場合には取付け高さを変更するか，ガセットをボルト継手による分離構造（コネクションタイプ）に変更するなどによって，良好な溶射施工ができるようにする必要がある。

3.3 細部構造の留意点

細部構造の設計にあたっては，所定の皮膜厚さが得られるなど，溶射の施工にあたって良好な品質が確保できるよう，狭あい部を作らない構造を選択する必要がある。

なお，この便覧ではあくまで鋼道路橋の防食法として標準的な条件下において，本来具備している防食性能や耐久性が発揮できると考えられる方法を記述しているため，全ての鋼道路橋の条件や要求性能に対して必ずしも最適でなく，場合によっては性能に過不足が生じることもある。したがって，個々の鋼道路橋の設計，施工にあたっては，この便覧の内容を参考にするとともに，それぞれの条件に対

して合理的となるように十分検討し，適当な方法となるようにすることが重要である。

設計の段階で選択可能な細部構造の例を下記に示す。

3.3.1 部材自由縁の角部の処理

部材組立後に自由端となる切断面は角が鋭く，溶射皮膜が剥離しやすいことから角の面取りを行う必要がある。特に，**図－V.3.2**のように2R以上の面取りを行うことは，皮膜厚さの確保に有効である。部分的に皮膜厚さが不足すると環境遮断性や電気化学的防食作用も弱まり，その部位からのさびの発生が早くなる可能性があるため，部材自由縁の面取りは皮膜厚さを確保するために必要である。

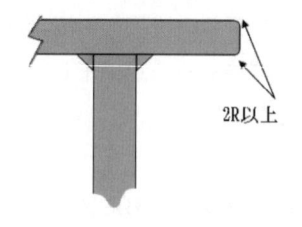

図－V.3.2　2R以上の面取りの例

3.3.2 補剛材

鋼桁の補剛材の取付けにあたっては，できるだけ狭あい部が生じないように配慮する必要がある。

例えば，垂直補剛材と水平補剛材を同じ面に取り付ける場合は，**図－V.3.3**のようにするのがよい。

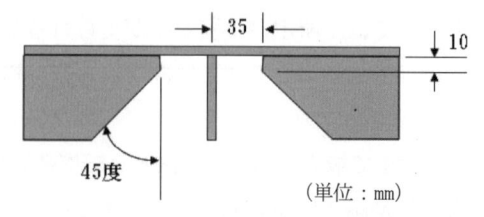

図－V.3.3　補剛材の切欠きの例

3.3.3　支承及び附属物

(1) 支承

　支承部は湿気がこもったり，伸縮装置部からの漏水，雨水等の吹き込みや滞水が生じたりしやすいだけでなく，土砂やじんあいの堆積が生じることもあるので水の影響を受けやすい場所である。このような部位では，「溶射＋塗装」の仕様を選択することが望ましい。そのためには，現場で溶射施工を行うことができるような作業空間の確保を，橋の計画・設計段階から十分に検討する必要がある。

(2) 検査路・排水装置

　検査路・排水装置は小物部材が多く，狭あい部の施工に難点がある。また，溶射皮膜防護の観点から部材の取り扱いに注意が必要である。

　なお，これらの部材では必ずしも橋本体と防食工法を同じにする必要はなく，施工性，耐久性等の条件を十分検討の上，どのような維持管理を行うかに応じて適切な防食工法・仕様を採用する必要がある。

(3) 附属物の取付け金具等

　附属物の取付け金具等本体に溶接される部材は，仮に附属物を更新する場合にも一般に本体部材に影響しないように撤去や更新を行うことが困難となるため，本体と同じ防食仕様としておくのがよい。ボルト等で他の部材と接合されるものは，溶接に比べて供用後の更新も本体構造に大きな影響を及ぼすことなく行うことができるため，異種金属接触等の問題が生じないように金属の性質を十分考慮した上，溶射に限らず当該部材に最適な防食仕様を選択することが可能である。

3.4　溶射困難箇所

　溶射施工では，溶射ガンが施工面とできるだけ正対する必要があることから，一般に作業範囲として $1m^3$ 程度の空間が必要である。鋼道路橋の溶射施工において，空間が狭あいで施工が困難となりやすい場合の代表的な例を図－V.3.4～図－V.3.6に示す。

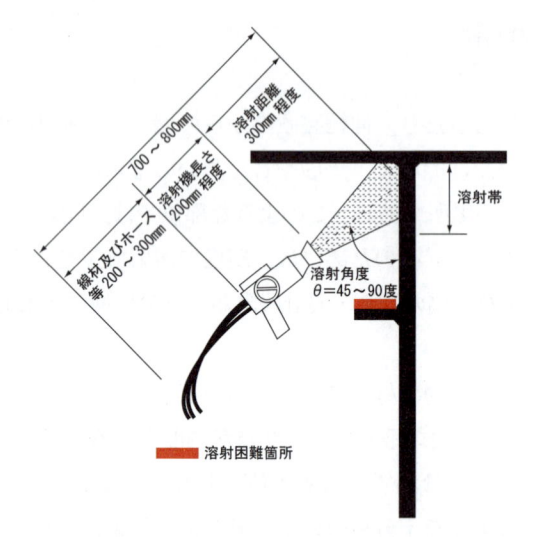

図-V.3.4 溶射困難箇所の例

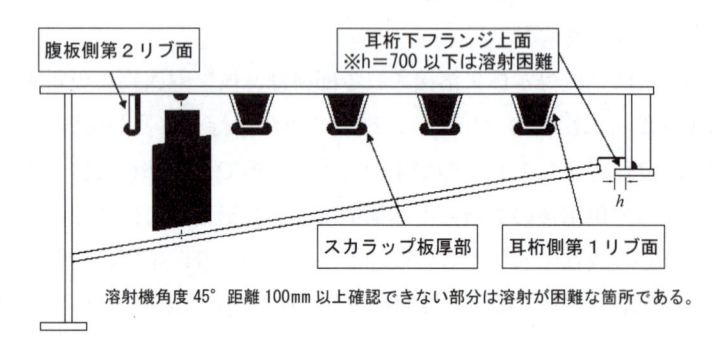

図-V.3.5 溶射困難箇所(狭あい部)の例

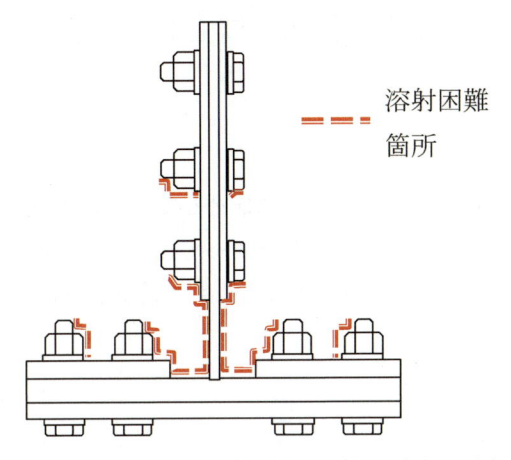

図-V.3.6 溶射困難箇所（ボルト部）の例

　溶射金属粒子は，直線的に飛行するので飛行線の反対側になる面は溶射粒子が付着しない。

　したがって，溶射ガンが正対せず，直接溶射金属粒子が当たりにくくなるスカラップの内側にあたる部分などでは溶射皮膜の膜厚確保が難しく，このような部位については別途塗装を施す仕様とするなど，所要の防食性能が満たす必要がある。なお，このような溶射困難箇所のうち1箇所当たりの面積が小さいところでは，**表-V.2.7**に示す超厚膜形のエポキシ樹脂塗料による重防食塗装による対応が可能である。

　また，溶射角度が浅く距離が大きくなると，溶射金属の付着効率が低下する上溶射皮膜が粗くなる。これらの箇所についても，同様に超厚膜形エポキシ樹脂塗料を塗付して防食性を向上させるのが望ましい。

　このような部位には，鋼床版桁では，腹板連結板/下フランジ連結板が重なる箇所の下フランジボルト，腹板側の面やスカラップの端面等がある。通常このような部位は1箇所当たりの面積は小さいが，橋全体で同様のディテールが使われるため施工困難箇所が相当数となる。したがって，溶射困難箇所となる部位の扱いについては，設計段階で十分な配慮が必要である。

第4章　製作・施工上の留意点

4.1　一般

　溶射橋の製作・施工に関してこの章に記述している以外の項目は，塗装を施す一般の橋と同じとする。また，製作にあたってこの章に記述のない事項は，道示Ⅱ鋼橋編による。この章では，金属溶射にかかわる留意事項についてのみ記述する。

4.2　加工・孔あけ

　加工・孔あけ作業に関する留意事項を以下に示す。
1)　部材のマーキングに使用するペイントは，水性ペイントが望ましい。部品の板取り作業において部材にマーキングを行うのが一般的であるが，この場合のマーキングには水性ペイントを使用するのがよい。水性ペイントを使用する理由としては，鋼材表面の油性ペイントは溶射皮膜の付着不良の原因となるためである。
2)　鋼板の切断は塗装橋と同様の方法によるが，孔あけ後の孔周辺のまくれ（カエリ・バリ）は，孔周辺における溶射もれ発生防止のため，グラインダ等で確実に除去する必要がある。

4.3　溶断・溶接

　溶断・溶接作業に関する留意事項を以下に示す。
1)　鋼道路橋の製作では，一般に鋼板の切断は自動ガス切断機によって行われている。ガス切断による鋼材への影響については，切断部近傍での組織の硬化，残留応力の発生などがあるが，金属溶射との関係で問題となるような部材の変形等の悪影響は特にない。これはガス切断が，溶接の場合と比較して鋼材の硬化率，発生する残留応力がともに小さく，また，切断による角変形やねじれ変形等がほとんど発生しないためである。ただし，厚板では入熱が大きくなるた

め，熱影響により切断面が硬くなることからブラストで粗面化を行う場合には，溶射に必要な表面粗さが得られるよう研削材の選定に注意が必要である。
2) 補剛材・ガセットプレートのまわし溶接部には，アンダーカット，オーバーラップが生じないようにする。これらの欠陥及び溶接部止端部形状の不整は，グラインダ等で滑らかに仕上げるなどによって溶射施工前に補修しておく必要がある。近年，鋼道路橋の溶接方法は自動化設備による場合が多く，炭酸ガスシールド溶接では，フラックス入りワイヤーが多く使用されていることから，ビード形状は滑らかでスパッタも少なく，スラグの剥離性もよい。
3) 溶接接合部の性状（ピット，オーバラップ，アンダーカット）は，溶射において不具合の原因となるので補修しておく必要がある。また，溶接の凹凸は，皮膜厚さ不均一などの不具合の原因となるので，溶接後，工具などで除去しておく。
4) 溶接線が不連続になると，溶射後さびの発生が起こる可能性があるので溶接線は完全に連続させるものとする。部材端部・密着部などに溶接しない部材同士の隙間がある場合，良好な溶射皮膜が形成されず，早期にさびを発生しやすいため溶接で肉盛りしてグラインダで仕上げを行う。なお，溶接部では，所要の疲労耐久性が確保されていることを別途検証する必要がある。

4.4 摩擦接合面の処理

　摩擦接合面の処理においては，連結部に要求される性能とその前提となる施工品質を確保するために，下記に示す事項について十分に検討し，適切に施工しなければならない。
1) 摩擦接合において接合される高力ボルトの接触面については，設計で仮定した必要なすべり係数が得られるように，適切な処理を施さなければならない。なお，支圧接合において接合部性能の改善を目的として，ボルトに締め付け軸力を与え摩擦力による力の伝達を期待するような場合や，引張接合において接触面の摩擦力によりせん断力を伝達するような場合には，接合面については摩擦接合と同様の処理を行わなければならない。
2) 黒皮を除去して接触面を粗面とした継手では，0.4以上のすべり係数が十分確

保できることが知られている。しかし，工場製作時にこのような処理を行っても，現場で接合を行うまでこの状態を維持することが難しく，接触面に浮さび・油・泥等が付着している場合が多い。このような場合は，現場で接合する直前に接触面を十分清掃し，これらを除去することが大切である。一方，橋の大型化に伴って個々の連結板の重量が増加してきたため，現場における浮さび等の除去作業が困難になっている。また，接合部が無処理では完成後の防食上の弱点となりやすいことから，接合面にも塗装（溶射）等の表面処理を行うのが一般的である。

3) 溶融亜鉛めっき高力ボルトを使用する場合は，F8Tの高力ボルトを使用することを原則とする。

4) すべり試験では，摩擦接合面の溶射処理後のすべり係数0.4以上が得られるか否かを確認する。ただし，各種試験データ[12]などで当該橋においても確実にすべり係数0.4以上が得られることが確認された場合は省略することができる。また，摩擦接合部においては，防食性能と接合部の品質を把握する必要がある。すべり係数の試験方法は，道路橋向けに規定された測定基準がないので，一般的には建築の基準を準用し，建築用に定められた測定方法を参考にすべり係数の確認を行うのがよい。

4.5 輸送・架設

溶射部材の輸送や架設にあたっては，できるだけ溶射皮膜を損傷させないように慎重に扱わなければならない。

4.5.1 部材マーク

溶射皮膜の表面は平滑でなく，マーキングを施すと後で除去することが難しいため，部材マーキングを溶射が施工された面に行う場合には注意が必要である。

例えば，箱桁内面・連結部接合面などへの部材マーキングは，架設後に外面より見えなくなる個所にするか，アルミ箔シールに部材名称，方向などのマーキングすべき内容を記入して貼り付けるのがよい。また，状況によって現場架設後に剥がせるように，連結部近傍に貼り付けることも考慮する。

4.5.2 輸送時の注意事項

1) 部材の重量が 5t 以上の場合は，その重量及び重心位置をアルミ箔シールなどによって見やすい位置に記入し，現場作業での事故防止に役立てるのがよい。
2) 部材輸送時の損傷は，積込み時，輸送途中，荷卸し時に生じる可能性があることから，積込み時と荷卸し時は台付けワイヤーなどによる溶射皮膜の損傷が多い。また，輸送中は荷くずれや振動による受け架台のずれなどが発生し損傷することがあるので，損傷しないよう堅固に固定するとともに注意して輸送しなければならない。輸送途中で塩分が付着するおそれがある場合は，飛来塩分が直接部材に当たることがないように養生を行い，塩分の付着が疑われる場合には付着塩分量の測定を行い，必要に応じて水洗いなどの処置を行う必要がある。

4.5.3 部材の保管・仮置き

工場での保管及び架設現場で部材を仮置きする場合は，保管場所や転倒などの皮膜損傷防止に注意する。

(1) 工場保管での注意点
ⅰ) 桁などの保管は，水はけや通気性の良い場所とする。
ⅱ) 部材は，架台や枕木などを組んだ上に積置きし，地面から雨滴の跳ね返りがかからないように保管する。
ⅲ) 海岸部などで保管が長期にわたる場合は，飛来塩分の付着や汚損による腐食を防止するために水洗いなどを行うのが望ましい。

(2) 架設現場の仮置きでの注意点
ⅰ) 部材が直接地面に接することのないように配慮する。
ⅱ) 架設現場では平たんな場所が確保しにくいので，転倒や他部材との接触などによって損傷が生じないように十分注意する必要がある。

4.5.4 架設・防護

1) 溶射部材の架設中は，他部材や工器具類が接触し溶射皮膜に損傷を与えることがある。損傷の程度によっては補修が必要となるので十分注意が必要である。

また，コンクリート系床版などからのアルカリ性のブリージング水やモルタル等が付着すると，皮膜が汚れるだけでなく溶解する可能性があることから，施工中にこれらが溶射皮膜に付着した場合には，ウエス等でこまめに拭き取るなど適切に処置しなければならない。

2) 架設完了後に施工されるコンクリートや舗装との接触部などにおいて，降雨等によってさびの発生が予想される場合は，現場条件などを十分考慮の上，ジンクリッチプライマー，無機ジンクリッチペイント等で一時的な防せい処理を行うなどを考慮するのがよい。

3) 架設時などの溶射皮膜の防護事例を図－V.4.1と図－V.4.2に示す。溶射皮膜の上に塗装した仕様の防護をシートで行う場合は，シートに含有する可塑剤が塗膜に影響しないように注意する。また，透水性のないシートで防護する場合，皮膜を長期間湿潤状態にしないように注意して施工を行う必要がある。

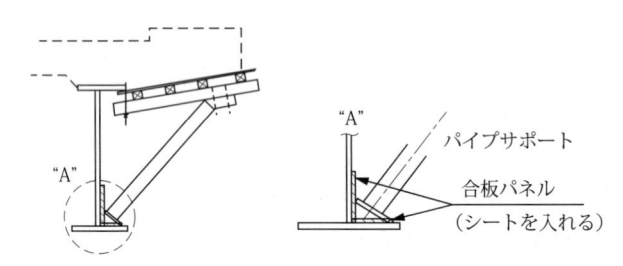

図－V.4.1　張り出し部のパイプサポートの保護の例

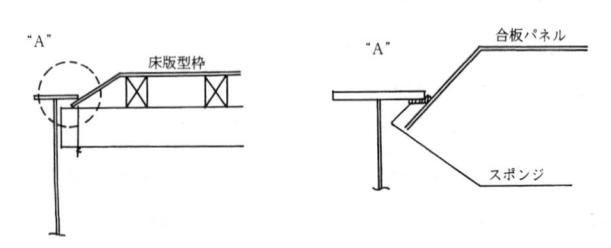

図－V.4.2　モルタル流出防止対策の例

4.6 高力ボルトの締め付け

　ボルト軸力の導入は，ナット回転法によって行う。高力ボルトは溶融亜鉛めっき高力ボルト F8T を使用し，接合される材片の接触面は，すべり係数 0.4 以上が得られるように適切な処置を施す必要がある。なお，接触面に浮き白さび，油，泥などが付着している場合は，接触面を十分清掃してこれらを除去することが大切である。

第5章　金属溶射施工

5.1　一般

　金属溶射は，防食効果のある金属を熱源によって加熱溶融し微細な溶融金属粒子を作り，これを高圧の空気や燃焼フレーム等によって，被処理面（鋼橋の場合は鋼材表面）に吹き付けて皮膜を形成させる方法である（図－Ⅴ.5.1）。

　写真－Ⅴ.5.1はガス溶線式フレーム溶射ガン，図－Ⅴ.5.2はガス溶線式フレーム溶射ガンの概要図，写真－Ⅴ.5.2はアーク式溶射ガン，図－Ⅴ.5.3はアーク式溶射ガンの概要図である。なお，近年その他の電気式溶射が採用された事例もある。

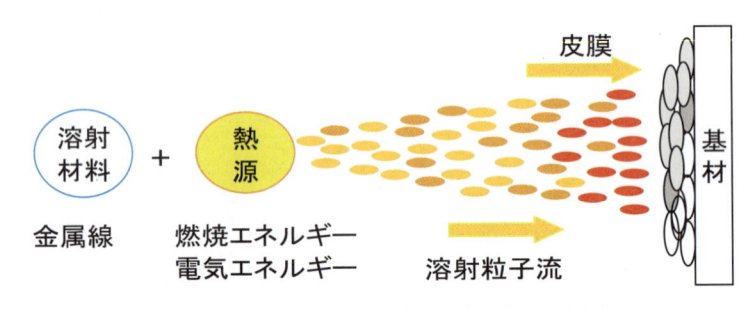

図－Ⅴ.5.1　溶射法の構成と成膜機構の模式図

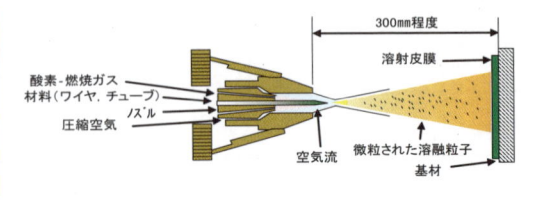

写真－Ⅴ.5.1　ガス溶線式フレーム溶射ガン　　図－Ⅴ.5.2　ガス溶線式フレーム溶射ガンの概要図

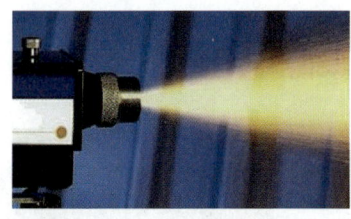

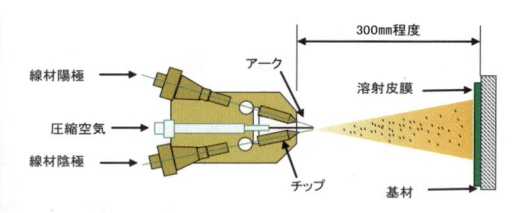

写真−V.5.2 アーク式溶射ガン　　**図−V.5.3 アーク式溶射ガンの概要図**

金属溶射によって得られた皮膜には次の特徴がある。
1) 通常，1〜15％程度の気孔を皮膜中に含んでいる。
2) 表面は，ブラスト面のような粗さがあり平滑ではない。
3) 溶射皮膜と鋼素地とは，主として機械的に結合（投びょう効果）するため，素地面に適度な粗さがないと密着しない。

なお，この章では，金属溶射橋に係る特殊事項に関して，主に金属溶射の施工について記述している。この章に関する内容については，参考文献 4 ）及び 13 ）が参考となる。

5.2 施工

5.2.1 施工の流れ

溶射施工の一般的な施工の流れを**図−V.5.4**，施工の状況を**写真−V.5.3**に示す。なお，同図には，工程間の時間間隔に関する一般的な制約条件（許容時間）を併せて示している。溶射施工では，工場施工の場合も現地施工の場合も，施工手順，工程間の許容時間は同様である。

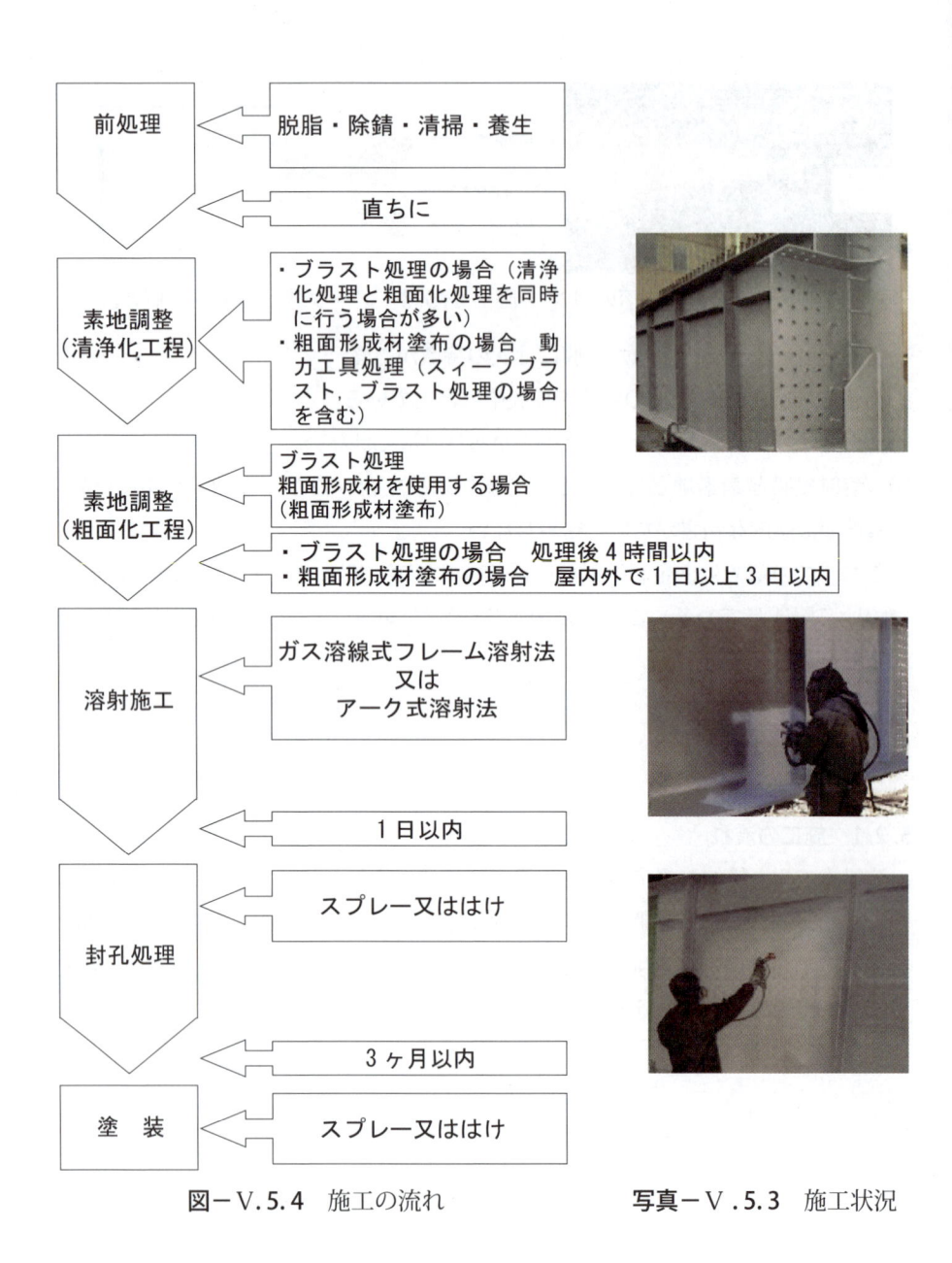

```
前処理 ← 脱脂・除錆・清掃・養生
  ↓ 直ちに
素地調整
（清浄化工程）← ・ブラスト処理の場合（清浄化処理と粗面化処理を同時に行う場合が多い）
              ・粗面形成材塗布の場合　動力工具処理（スィープブラスト，ブラスト処理の場合を含む）
  ↓
素地調整
（粗面化工程）← ブラスト処理
              粗面形成材を使用する場合
              （粗面形成材塗布）
  ↓ ・ブラスト処理の場合　処理後4時間以内
    ・粗面形成材塗布の場合　屋内外で1日以上3日以内
溶射施工 ← ガス溶線式フレーム溶射法
          又は
          アーク式溶射法
  ↓ 1日以内
封孔処理 ← スプレー又ははけ
  ↓ 3ヶ月以内
塗　装 ← スプレー又ははけ
```

図－Ｖ.5.4　施工の流れ　　　　写真－Ｖ.5.3　施工状況

5.2.2 素地調整

　金属溶射は，適切に素地調整された鋼材表面に対して行わなければならない。素地調整とは，金属溶射が良好に付着するように，鋼材表面のミルスケール，さびなど付着に有害な物質を除去するとともに，鋼材表面に適切な粗さを与える処理工程をいう。

　素地調整の程度は，除せい度と表面粗さで評価され，除せい度を求める清浄化と表面粗さを求める粗面化の工程がある。清浄化工程と粗面化形成工程をブラスト処理で同時に行う場合と，清浄化工程を軽度のブラスト処理又は電動工具で行った後に粗面形成材を塗付して粗面化形成工程とする方法がある。

　製作工場では，素地調整のブラスト加工は，製品ブラスト法で行われている。現場でのブラスト処理については，使用する研削材と施工の条件が工場施工と異なるので，試験等によって十分検討の上決定する必要がある。

(1) 清浄化工程

　清浄化とは，溶射皮膜の付着を阻害するミルスケール，さび，塩類及び油分などの汚れを除去する工程で，除せい度とは鋼材表面にこれらが付着物した程度，導電性の有無などを評価するものである。評価方法は，ISO 8501-1 塗料及びその関連製品の施工前の鋼材の素地調整－表面除せい（錆）度の目視評価写真との比較対比を目視で行う。

　清浄化工程をブラスト法で行う場合は，硬い研削材を用いて鋼材表面を研削し，ミルスケール，さび，塩類，油分などの汚れを除去して溶射施工に必要な除せい度に処理する。また，粗面形成材法を選択する場合は，動力工具又はスィープブラスト処理で溶射施工に必要な除せい度に処理する。

　溶射に必要な除せい度を表－Ⅴ.5.1に示す。なお，ここに示す基準は溶射施工を行う直前の状態に対するものである。

表－V.5.1 素地調整の程度

項　目			作業基準	
除せい度	ブラスト法	黒皮材	亜鉛，亜鉛・アルミニウム合金 ISO 8501-1 Sa 2½ 以上 アルミニウム，アルミニウム・マグネシウム合金 ISO 8501-1 Sa 3	
		発せい材		
		無機ジンクリッチプライマー材		
	粗面形成材法(注4)	黒皮材	ISO 8501-1 Sa 2½ 以上	
		発せい材	ISO 8501-1 Sa 2½ 以上	
		無機ジンクリッチプライマー材	白さび面	ISO 8501-1 Sa 2 以上 (注1)
			点さび部	ISO 8501-1 Sa 2 以上 (注1)
			溶接部	ISO 8501-1 Sa 2½ 以上
			歪取部	ISO 8501-1 Sa 2½ 以上
表面粗さ	ブラスト法		Ra8 μm・Rz50 μm 以上	
	粗面形成材法		RSm/Rz$_{jis}$ ≦ 3.5 平均，4 最大 (注2)	
			鋼材と密着していること (注3)	
清掃度合			さび，塩類，油分，水分，じんあい等が付着していないこと	

(注1)：無機ジンクリッチプライマーの大半が健全な状態で，局部的に白さびや点さびが発生している状態の箇所は，ブラスト処理によって局部的な白さび及び点さびを除去し，その他健全な無機ジンクリッチプライマー面をスィープブラスト処理する。
(注2)：RSm/Rzjis：表面粗さの密度を示す。単位長さ当たり粗さの山の密度が多い方が（Sm/Rz が少ない）密着性がよい。
(注3)：粗面形成材により粗さを付与する場合は導電性の確認を行う。
(注4)：動力工具を用いた素地調整による場合の除せい度は表－V.5.2 による。

(2) 粗面化処理

　粗面化とは，溶射皮膜を鋼材表面と密着させるために必要な表面粗さを求める工程である。表面粗さは，溶射皮膜と鋼材表面との間で必要な密着性が得られるようにアンカーパターンを評価することが必要である。評価方法としては，JIS Z 0313 素地調整用ブラスト処理面の試験及び評価方法に表面粗さ測定器で測定する方法と，ISO 8503-1 で規定されている比較板による方法を対比して評価する方法などがある。

　また，標準粗さ見本などを作成し，比較させてもよい。

1) ブラスト法

　粗面化処理をブラスト法で行う場合には，JIS H 8300 亜鉛，アルミニウム及び

それらの合金溶射に定められている粒度と材質の研削材を使用しなければならないが，ブラスト設備が整備されている工場等では，研削材を回収して再利用できる金属系の研削材が用いられる。研削材を回収してブラスト処理に再使用する場合，研削材の粒度が小さくなったり，角が丸くなったりして適切な粗さが得られなくなってくるので，研削材の補給など研削材の粒度の管理が必要になる。また，ブラスト設備が整っていない工場及び現地作業では，金属系の研削材の回収利用ができないことから非金属系のガーネット，アルミナ等を使用する。溶射に必要な表面粗さを，表－V.5.1に示す。

2) 粗面形成材法

粗面形成材法は，溶射皮膜を鋼素地と密着させるために鋼材表面に無機質粒子とエポキシ系樹脂によって構成された粗面形成材を塗付して粗面化を行う方法である。粗面形成材は，塗付量が多すぎると皮膜厚さが厚くなり，導電性が失われ，必要な表面粗さが得られなくなるので施工技量が必要である。また，有機溶剤を使用しているので塗料と同じように取扱う必要がある。粗面形成材を用いる場合の動力工具を用いた素地調整の方法は，表－V.5.2のようになる。必要な除せい度と表面粗さを，表－V.5.1に示す。

表－V.5.2　粗面形成材を使用する場合の素地調整

素地調整	動力工具処理（ISO 8501-1 St 3 以上）(導電性確認後) 動力工具処理後、付着油分、水分、じんあいなどを除去し清浄面とする。 粗面形成材　スプレー塗装　100g/㎡以上

5.2.3　他の防食法の補修に使用する場合の素地調整

　金属溶射を溶融亜鉛めっき等，他の被覆系防食法の補修に用いる場合がある。このとき，必ずしも既設の防食被覆を全て除去する必要がない場合もある。また，素地調整の方法についても新設時の鋼材表面に対するものと異なる場合がある。補修にあたっては，各防食法に適切な方法による必要がある。なお，現場でブラスト施工する場合には，使用する研削材や施工の環境条件が工場施工の場合と異なってくるので，事前に試験等によって検討し，仕様を決定する必要がある。

（1）溶融亜鉛めっきの場合

　溶融亜鉛めっきの補修に金属溶射を用いる場合は，原則としてブラスト法によって劣化しためっき皮膜やさび，塩分などの異物を取り除くとともに，所定の表面粗さを確保する必要がある。ただし，この時剥離できないめっき皮膜があっても規定の表面粗さが確保されていればその上からの溶射による施工は可能である。

（2）耐候性鋼材の場合

　耐候性鋼材の補修では，ブラスト処理を行ってさび層や塩分等を完全に除去するとともに，規定の表面粗さが確保されるよう素地調整する必要がある。

　耐候性鋼材のさびは強固であることから，ブラスト処理の際は，研削材と施工条件を試験などによって，事前に十分検討して施工しなければならない。

5.2.4　金属溶射

　金属溶射では，溶射施工が困難なために適切な溶射皮膜が形成されなかったり，溶射金属が届かないことによる溶射施工もれ箇所が生じることがないようにする必要がある。また，溶射皮膜の弱点となるような著しい突起物がなく，均一な表面状態と皮膜厚さが確保されていなければならない。なお，防食機能確保のために形成された溶射皮膜と鋼素地が十分に密着していなければならない。

（1）溶射方法

　金属溶射の主な方法には，ガス溶線式フレーム溶射とアーク式溶射がある。溶射施工に関する主な注意点を下記に述べる。

ⅰ）ガス溶線式フレーム溶射の施工中は，可燃性ガス（プロパン，アセチレン等）の使用圧力，流量，空気圧等のパラメーターが最適条件に維持されていること。

ⅱ）アーク式溶射の施工中は，供給電圧，供給電流，空気圧などが最適条件に維持されていること。

ⅲ）両方式ともに，溶射ガンと被処理面との距離は，80 mm〜300 mm程度を保つこと。ここに示す作業条件は，密着性に影響する。

ⅳ）溶射金属の射出方向をできるだけ被処理面と直角になるようにし，少なくとも45°以上の角度を維持することが望ましい。ここに示す作業条件は，密着性と外観に影響するので重要である。

ⅴ) 各溶射帯を適宜重ねて均一な膜厚を確保する。通常は，施工前に使用する溶射ガンの調整時に射出幅を確認しておき，その射出幅の1/3程度重ね交差被覆を行う必要がある。ここに示す作業条件は，均一な皮膜及び適切な膜厚管理を行うために必要である。

(2) 溶射終了後の許容時間

溶射施工終了後は，溶射皮膜の気孔に環境からの付着物の浸入若しくは付着又は結露を生じたりすることを防止するため，速やかに封孔処理を行わなければならない。鋼道路橋の金属溶射では，溶射施工後速やかに封孔処理を行うのが望ましい。

(3) 溶射作業者

金属溶射において良好な施工品質を確保するためには，溶射作業において高度な技術が必要である。したがって，鋼道路橋の溶射作業は，ガス溶線式フレーム溶射，アーク式溶射ともに施工技能に優れ，安全衛生上の問題点や対策を熟知している熟練工が行う必要がある。

5.2.5 封孔処理

溶射直後の溶射皮膜面は，空気中の湿度の影響を受けやすいので，溶射施工終了後24時間以内に封孔処理を行うことを原則とする。

封孔処理剤には，エポキシ系塗料など処理剤が形成する被膜による環境遮断性を主としたものと，封孔処理剤の成分が亜鉛，アルミニウムなどの金属と反応して安定性のよい金属りん酸塩を生成し，同時に処理剤に含まれる樹脂成分が皮膜の気孔を塞ぐ反応形の封孔処理剤がある。

(1) 封孔処理剤の塗付

封孔処理は，封孔処理剤が溶射皮膜の表面及び内部の気孔部へ充填されるよう，均一に塗り漏れのないように塗付する必要がある。

(2) 次工程までの許容時間

封孔処理後，更に塗装を行う場合は，異物や汚染物質が付着する前に塗装の施工を行う必要がある。

5.2.6　上塗り塗装

上塗り塗装の施工は，第Ⅱ編塗装編を参照する。

5.3　品質管理

施工に際しては，溶射皮膜本来の性能を確保するために，各工程での品質管理を適切に行い品質確保に努める必要がある。

5.3.1　品質管理基準

各工程での品質管理項目及び管理基準を，**表－Ⅴ.5.3**に示す。また，溶射皮膜の外観判定の参考を**写真－Ⅴ.5.4**に示す。

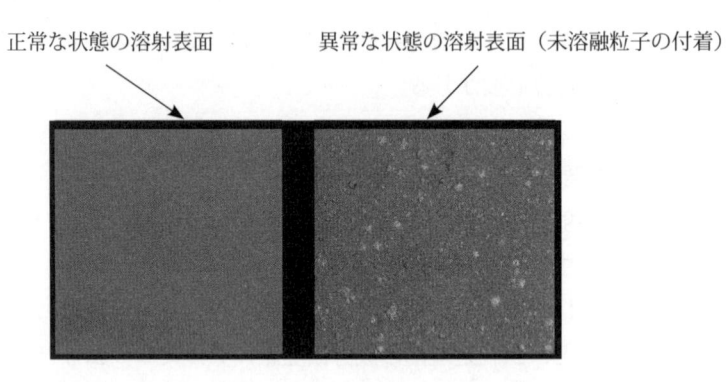

写真－Ⅴ.5.4　溶射皮膜の外観判定写真（参考）

表－V.5.3　管理基準

工程	品目		判定基準	判定方法
封孔処理 塗装	粗面形成材 封孔処理剤 中塗塗料 上塗塗料		品質規格に適合すること （有効期限の確認）	品質規格証明書 製造会社社内試験表 など
		数量	設計数量を確保していること	数量確認
素地調整	除せい度	ブラスト処理	ISO 8501-1 Sa 2 1/2 以上（*3）	標準写真と対比
			ISO 8501-1 Sa 2 以上	
		粗面形成材の使用	ISO 8501-1 Sa 2 1/2 以上	
			ISO 8501-1 St 3 以上（*4）	
	表面粗さ	ブラスト処理	Ra8 μm 以上 Rz50 μm 以上	限度見本板との照合
		粗面形成材の使用	Rsm/Rz_{jis} ≦ 3.5 平均 ≦ 4 最大	
	清浄度合		さび，塩類，油分，水分などの付着が認められないこと	目視
	次工程までの許容時間		4時間以内（*1）	時間計測・記録
溶射施工	溶射線材	品質	JIS 規格に合格すること	品質証明書
		使用量	設計数量以上	出荷証明書
		保管状態	酸化がなく適切であること	目視
	溶射皮膜	外観	溶射漏れ，著しい未溶融粒子の付着，割れがなく均一であること	目視
		皮膜厚さ	設計皮膜厚さ以上あること	目視
		密着性	十分密着していること（*2）	グリッド試験で剥離がないことを同時試験片で確認する
	封孔処理	外観	塗もれ，発泡がなく，均一に仕上がっていること	目視
		乾燥状態	硬化乾燥していること	指圧粘着テスト
		使用量	設計数量以上であること	充缶・空缶 出荷証明書
		作業環境条件	気温が 5℃以上で湿度が 85％以下	乾湿計

*1：粗面形成材を使用するときは，素地調整作業後，粗面形成材の塗付を4時間以内に行う。粗面形成材塗付後，溶射施工までの許容時間は屋内外とも1日以上3日以内とする。
*2：密着性の確認方法には，アドヒージョン試験法など密着力を測定する方法もあるが，製品で行うと破壊テストになるので同時試験片で行う方法がある。
*3：亜鉛，亜鉛・アルミニウム合金の場合は ISO 8501-1 Sa 2 1/2 以上，アルミニウム，アルミニウム・マグネシウム合金の場合は ISO 8501-1 Sa 3 とする。
*4：動力工具処理（導電性確認後）の場合とする。

5.3.2 不具合と是正処置

溶射施工中に生じる不具合現象とこれらの是正処置は表-V.5.4による。

表-V.5.4 不具合現象と是正処置

工程	不具合現象	状　態	是　正　処　置
前処理	施工面の油汚れ，ごみの残留	所定の脱脂，清掃が行われていなかった場合	再度，脱脂，清掃処理を行う。
素地調整	密着阻害物質の残留 黒皮，赤さび 白さびの残留	左欄の残留物が残っている場合	再度ブラスト処理，動力工具ケレン等を行う。
素地調整	導電性不良	粗面形成材を使用する場合の動力工具処理段階で通電性不良個所があった場合	再度素地調整を行い粗面形成材塗付の再施工を行う。
素地調整	外観不良	所定の粗さがなかった場合	
素地調整	粗さ不足	ブラスト法で所定の粗さとする 粗さ不足（ブフスト法の場合）	再度ブラスト処理を行う。
素地調整	過膜厚状態	限度見本板の上限を超えた場合（粗面形成材使用した場合）	剥離して素地調整から再施工する。
素地調整	薄膜状態	限度見本板の下限を下回った場合（粗面形成材使用した場合）	再施工する。
素地調整	スプレーダスト 密着不良 硬化不良	粗面形成材を使用する場合	剥離して素地調整から再施工する。
素地調整	制限時間超過	ブラスト法の場合	再度ブラスト処理を行う。
溶射	外観	未溶融粒子の付着がある。	漏れは，該当個所を再溶射する。未溶融粒子は，マジクロンなどで除去する。割れは該当個所及び周辺を剥離して再施工する。
溶射	漏れ，割れ，未溶融粒子の付着	溶射漏れがある。 溶射皮膜が割れている個所がある。	
溶射	密着不良	溶射皮膜が浮いている個所がある。	該当個所周辺を剥離して再施工する。注3
溶射	膜厚過不足	膜厚計で測定したときに過不足部分がある。注1	膜厚不足箇所は再溶射する。
封孔処理注2	塗り忘れ，カスレ	封孔処理の塗り忘れがある。	該当個所周辺を再処理する。
封孔処理注2		封孔処理がカスレている。	サンドペーパーで研磨し再施工する。
封孔処理注2	密着不良	封孔処理が浮いている個所がある。	剥離して再処理する。

注1：実績上，最大膜厚は，設計膜厚の5倍以内が望ましい。それを超えた場合は，規定値以内に過大分を研掃する。
注2：封孔処理は，溶射のむらを隠蔽するものではなく，溶射皮膜の気孔を充填することを目的とするものであることから，施工中に封孔処理剤のぬれを確認しながら注意して施工することが必要である。
注3：溶射皮膜剥離後，表面粗さ，除せい度を確認し，不十分であれば素地調整から再施工する。

5.3.3 膜厚測定方法

溶射の皮膜厚さは，防食性能を左右する重要な要素であることから，十分に管理する必要がある。溶射施工時の皮膜厚さ測定は，以下の要領による。

(1) 皮膜厚さ測定器

2点調整型電磁式膜厚計によって皮膜厚さを測定する。

(2) ロットの大きさ

部材別，作業姿勢別（上向き横向き等）に測定評価する。

1ロットの大きさは30m^{2}程度とする。

ただし，自動機等を使用する場合は，協議にて定めることができる。

(3) 測定数

1ロット当たりの測定数は，25点以上とする。

各点の測定は，5箇所行いその平均値を測定値とする。

(4) 測定時期

溶射作業終了後，封孔処理前に行う。

(5) 管理基準値

粗面化処理をブラスト法によった場合；測定値100μm以上

粗面化処理を粗面形成材によった場合；測定値130μm以上

粗面形成材を使用する場合，膜厚測定は粗面形成材膜を含んだ皮膜厚さになるので，実付着膜厚より厚く計測される。一方，粗面形成材だけでは表面形状から測定値は正確な値とならない。正確な溶射膜厚さを測定する方法を実験で確認した結果では，**付V－3.** に示すように粗面形成材を使用した場合，膜厚測定値が130μm以上あれば，皮膜厚さが100μm以上あることから130μmとした。

5.3.4 施工記録

素地調整，溶射，封孔処理の作業が良好な状態で行われていることを確認し，また，溶射皮膜に変状が生じた場合に調査検討を容易にするためにも，一連の溶射作業の主要項目については，施工状態を記録しておく必要がある。ここでいう主要項目とは，品質管理に示した各項目をいう。

5.3.5 付着塩分測定上の注意点

　付着塩分測定には，ガーゼ拭き取り（塩化物イオン検知管）法と電気伝導度法，ベッセル法の3種類があるが，蓄積された塩分データがほとんどガーゼ拭き取り法であることから，ガーゼ拭き取り法を用いることが多い。ガーゼ拭き取り法で付着塩分測定を行う場合には，以下のことに注意して行うのがよい。

　塗装された平滑面以外の溶射皮膜は，表面粗さが大きいために通常の拭き取りでは十分に付着塩分をガーゼで捉えることが困難であるため，誤った結果になりやすい。特に，腐食生成物が表面に多く付着した場合は，腐食生成物内にも塩分が侵入していることから，過小な測定値となりやすいので注意が必要である。

　このような場合には，十分に湿したガーゼを測定面に張り付け，ぬらしたガーゼでガーゼの上から叩くようにして内部の塩分を水に溶け出させてガーゼに吸着させ，そのガーゼから塩分量を測定するのがよい。また，電気伝導度法を併用し，極端な測定値差の有無を確認することによって，測定値の精度判定を行う等工夫をすることも精度を高める方法である。付着塩分量の測定方法の詳細，判定は，第Ⅱ編塗装編を準用するのがよい。

5.4　不具合の補修

　溶射皮膜の不具合は，密着不良，膜厚不足など，耐食性に影響を及ぼす欠陥と，表面のざらつきなど連結面に発生すれば有害となるが，一般面では耐食性には影響を及ぼさない欠陥に分けられる。

　密着不良等は，**表-Ⅴ.5.4不具合と是正処置**で示す内容で補修を行うが，傷については以下で補修するのがよい。

5.4.1　ジンクリッチペイントで補修する場合

　損傷部が小範囲で，鋼素地に達する傷が点状又は線状の場合は，ジンクリッチペイントで傷部を埋めて，溶射の皮膜厚さ程度まで復旧した後に1層増し塗りする。対象となる傷の大きさについては，亜鉛を含む溶射材料の場合，JIS H 8641 溶融亜鉛めっきを参照するのがよい。

溶射皮膜の損傷部にジンクリッチペイントを塗付することによって，溶射皮膜の電気化学的防食作用と塗料の環境遮断性による防食作用が相まって傷部のさび発生を防止する。

　補修に用いるジンクリッチペイントは，エポキシ樹脂系の厚膜形ジンクリッチペイント又はそれと同等の付着性と表面強度のあるものがよい。補修に際しては，下地処理(ウエスなどにより汚れ，付着物を拭き取り)を行った後，ワイヤーブラシ，サンドペーパー等で表面を研磨してさびを除去し，面粗しを行ってからジンクリッチペイントを塗付する。

5.4.2　金属溶射で補修する場合

　損傷部が広範囲にわたり，しかも鋼素地が露出している場合は，素地調整から溶射までの全工程について再施工を行う。

　補修に際しては，下地処理（ウエス等で汚れ，付着物の拭き取り）を行った後，ワイヤーブラシ，サンドペーパー等で表面を研磨してさびを除去し，面粗しを行ってから溶射作業を行う。

　補修範囲は，損傷の範囲よって僅かに大きい範囲とする。溶射は，素地調整後速やかに行うものとし，皮膜厚さは当初の設計の皮膜厚さと同等にする。

5.5　安全衛生

　溶射施工は，作業の特殊性を十分に考慮して労働安全衛生関係法令等関連する法規を遵守し，安全に施工しなければならない。

5.5.1　封孔処理剤及び粗面形成材使用の留意点

　封孔処理剤や粗面形成材など塗料（有機溶剤含有物）を使用するので，消防法，有機溶剤中毒予防規則等に従い，安全に施工する必要がある。

5.5.2　溶射作業における留意点

　フレーム溶射ガンを使用する場合は，高圧の可燃性ガスを使用するので高圧ガ

ス容器取扱い規則等を熟知し，それに従い安全に努める必要ある。
　併せて，電源との接続を確実に行うことによって，感電災害等とならないように注意する必要がある。

5.5.3　金属ヒューム及び粉じんに関する留意点
　金属溶射は，周辺作業者を含めて金属のダスト，ヒュームを吸入すると金属熱を引き起こすことがあるので，想定される範囲内の対象者への防じんマスク着用等，適切な防護処置をとる必要がある。
　また，粉じん爆発等が起こらないように，作業場等に金属ダストを蓄積させないよう換気や清掃を行う必要がある。

5.6　防食の記録

　金属溶射の維持管理において，点検や各種の調査，補修を行う場合には，溶射金属，施工方法，施工時期が明確にされていることが必要である。このために構造物に防食記録表を設置するのがよい。
　記入する項目については，第Ⅰ編共通編の**表－Ⅰ.5.2**防食記録表の記載事項例の金属溶射を参照するのがよい。また，塗装を併用した場合は，溶射に関する項目に塗装記録の項目を追記する必要がある。防食記録表を鋼橋本体に取り付ける場合は，溶射金属との異種金属接触に注意して材質を選択しなければならない。なお，ブロンズやステンレスでは，絶縁などの処理が必要となり，耐久性上は好ましくない。
　鋼橋に取付ける防食記録表の作成には，防食記録表として使用する鋳鋼に同一仕様の金属溶射を施工するか，記録表の材質をアルミニウムとするのが好ましい。取り付けボルトについても同様に異種金属接触に十分に注意を払い，材質と表面処理を選択する必要がある。

第6章　維持管理

6.1　一般

　適切に設計，製作された場合，環境条件に大きな変化がなければ，溶射皮膜の劣化は少なく，設計で考慮した防食性能が期待できる。
　しかし，実際の橋では構造部位によっても環境条件が異なり，設計で考慮した以上に溶射皮膜の劣化が進行することもあるため，定期的に溶射皮膜の状態を点検して損傷などの変状を早期に発見するとともに，適当な時期に補修を行うなど適切な維持管理を行う必要がある。

6.1.1　維持管理計画
　維持管理は，損傷の早期発見と適切な対策で効率的かつ経済的効果が発揮できるように定期的に，溶射皮膜の状態を点検することで耐久性に影響のある変状を早期に発見することが大切である。金属溶射面の劣化が進むと，補修が経済性や施工性において困難になるので，個々の橋の条件に応じた維持管理計画を事前に定め実施する必要がある。
　溶射皮膜は，部分的に劣化し防食機能を喪失すると，その部位の鋼材を防食するために周辺の溶射皮膜が溶出消耗し，劣化面積が拡大することになる。これを防止するには部分的な劣化を早期に発見し，適切に補修などの対策を講じることによって劣化が全体に広がることを防ぐことができる。劣化が拡大する前に補修することによって，耐久性を向上させ全体の維持補修費用を抑えることが可能となる。

6.1.2　維持管理の流れ
　防食に金属溶射を採用した鋼道路橋の維持管理の流れを，**図－V.6.1**に示す。
　なお，図中の劣化レベルⅠ～Ⅳについては，**表－V.6.1**，**表－V.6.2**，及び**写真－V.6.1**による。

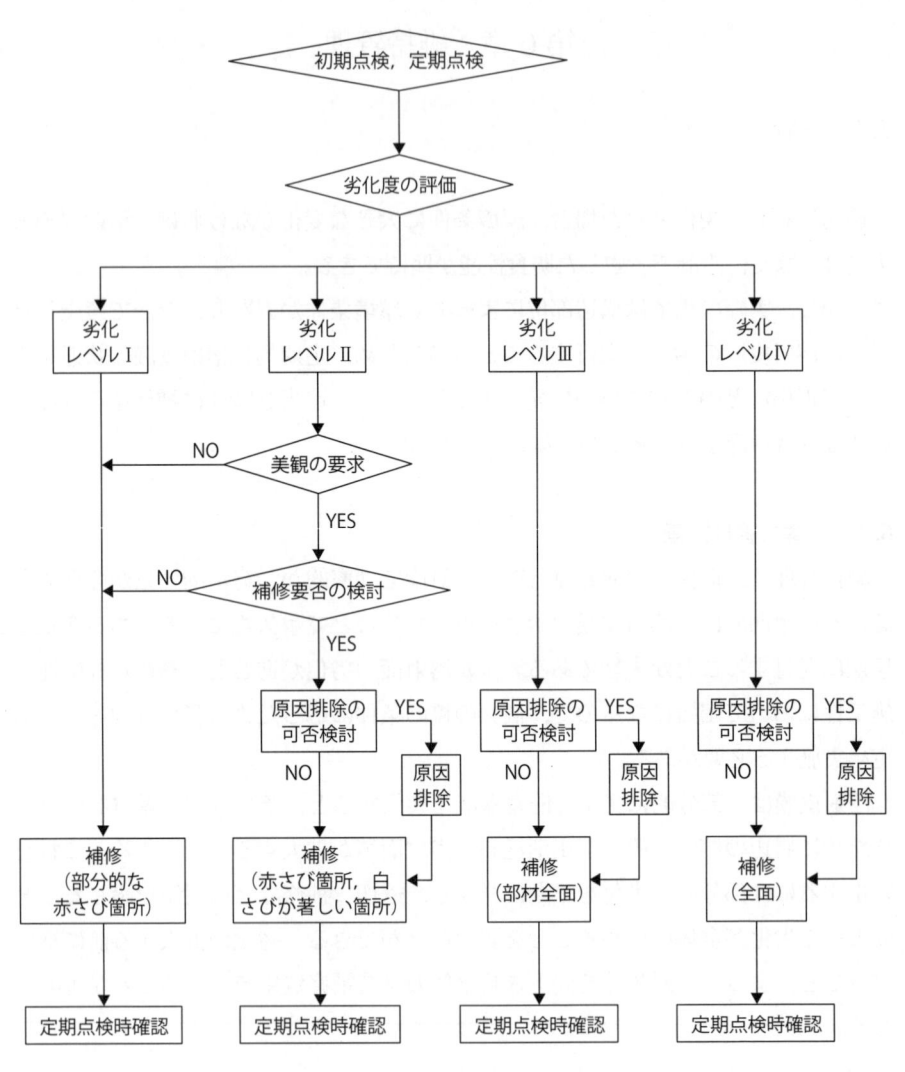

図 – V.6.1 維持管理の流れ

	レベルI	レベルII	レベルIII	レベルIV
亜鉛系				
亜鉛・アルミニウム系				
アルミニウム系				

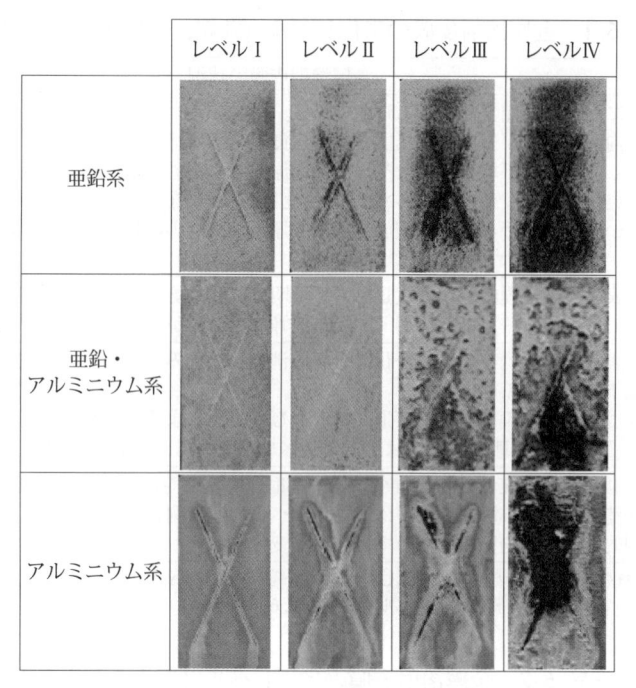

写真-V.6.1　劣化レベルの例

6.2　金属溶射皮膜の劣化

　鋼道路橋の防食法としての金属溶射は歴史が浅く，現在までのところ経年劣化によって防食機能を失い補修された実例は少ない。この便覧では，封孔処理された溶射皮膜の経年劣化を溶射の原理及び実施工例の調査結果を参考に亜鉛，亜鉛アルミニウム系は，**表-V.6.1**，アルミニウム系（アルミニウム・マグネシウム合金を含む）は，**表-V.6.2**に示す。

表－V.6.1　金属溶射皮膜の劣化レベル（亜鉛，亜鉛アルミニウム系）

レベル	金属溶射皮膜の状況
I	表面に白さびの発生が始まる時期である。 皮膜内部の気孔が生成物で充填され，防食機能は維持している。 ただし，施工の不均一な部分や局部的な原因による劣化部以外には鋼素地からのさびは見られない。（外観については，劣化レベルの進行例レベルIを参照） 狭あい部等における代替塗装施工部の膜厚不足箇所等に軽微な赤さびの発生が始まる。
II	皮膜表面及び皮膜内部が安定している時期であり，防食性を維持している。 皮膜の薄くなりやすい部材端，エッジ部等に点さびが出始める。
III	皮膜表面，皮膜内部の白さび化（金属の消耗）が進み，皮膜の電気化学的防食作用の低下が始まる時期である。 溶射皮膜の薄い箇所は消耗が進んで赤さびが見えるようになり，周辺は皮膜の消耗が早くなる。（外観については，劣化レベルの進行例レベルIIIを参照）
IV	30%以上の面積で赤さびが発生する。溶射金属の消耗と相まって電気化学的防食機能が消失する。外観については，劣化レベルの進行例レベルIVを参照 外観的には概ね全面にわたって赤褐色に変色する。

注：上記はいずれも劣化の進行パターンを示したもので，経年数は各々異なる。
　　表中で使用している溶射皮膜の劣化レベルを**写真－V.6.1**に示す。

表－V.6.2　金属溶射皮膜の劣化レベル（アルミニウム系）

レベル	金属溶射皮膜の状況
I	表面的な変化は見られない。 ただし，施工の不均一な部分，局部的な原因による劣化部では，鋼素地からのさびの発生したものが見られる。（外観については，劣化レベルの進行例レベルIを参照） 狭あい部等における代替塗装施工部の膜厚不足箇所等に軽微な点さびの発生が始まる。
II	皮膜表面及び皮膜内部が安定している時期で防食性を維持している。 皮膜の薄くなりやすい部材端，傷つき部，エッジ部等や皮膜の薄い箇所に赤さびが出始める。
III	皮膜内部の不働態化が進み，皮膜の電気化学的防食作用の低下が始まる時期である。 皮膜の薄い箇所は環境遮断効果の低下が見られ，赤さびの範囲が広がり始め，周辺は皮肢の消耗が早くなる。（外観については，劣化レベルの進行例レベルIII を参照）
IV	30%以上の面積で赤さびが発生する。溶射金属の消耗と相まって環境遮断効果及び電気化学的防食機能が消失する。（外観については，劣化レベルの進行例レベルIVを参照） 外観的には概ね全面にわたって赤褐色に変色する。

注：上記はいずれも劣化の進行パターンを示したもので，経年数は各々異なる。
　　表中で使用している溶射皮膜の劣化レベルを**写真－V.6.1**に示す。

また，試験板で作成した白さびの例を，**写真－V.6.2**に示す。一般的に亜鉛を含む溶射皮膜は白さびが発生する。白さびとは，溶射皮膜の表面に生成する白色の腐食生成物であり，大気中で発生する白さびの主成分は，暴露環境にもよるが亜鉛やアルミニウムの水酸化物，含水酸化物，塩化物，炭酸塩，硫酸塩及びこれらの混合物である。一般的に環境が厳しくなると塩化物や硫酸塩の割合が多くなることから，これらの腐食生成物が粗く成長する。

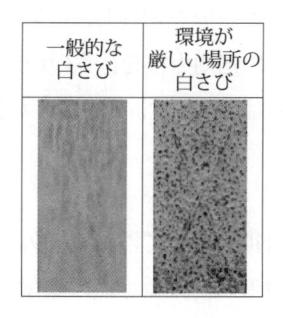

写真－V.6.2 白さびの例

腐食生成物は，手で擦ると粒状になって落下する。このような状態は，溶射皮膜の保護性を消失している特徴であることから，なるべく早期に対策を施すのがよい。

溶射皮膜の寿命予測は，各種促進試験では検討されているが，実際の鋼構造物における施工実績や橋の環境及び経年変化などを考慮した寿命予測に関しては今後の課題である。

現状では，実例における劣化パターンは確定的なものではないが，寿命，劣化のパターンについては前述のように推測される。

6.3 点検

金属溶射した鋼橋の点検は，溶射皮膜の変化や防食効果の有無を確認するために定期的に行う必要ある。通常は溶射皮膜の外観を目視によって観察し，溶射皮膜の劣化程度を把握するとともに，補修計画を策定するための情報を得ることが必要である。

点検時に溶射皮膜の早期劣化や異常(膨れ,剥離,割れなど)が発見された場合は,詳細点検を行う。詳細点検では劣化の原因を明らかにするとともに,補修方法の検討を行うが,点検作業を適切に行なうには金属溶射の専門技術者が自ら点検するのが望ましい。

6.3.1 点検時期

溶射皮膜の点検時期は,初期状態を把握し,その後の補修計画を合理的に策定するために施工完了後2年目に初期点検を行うのが望ましい。

その後,当該橋全体の定期点検に併せ,2～5年の間隔で点検を実施する。

6.3.2 点検方法

点検は,主として,近接目視によって溶射皮膜外観について調査する。溶射皮膜の劣化は,橋の形式,部材形状,架橋地点の環境等によって,その進行程度が異なるので,さびの生じやすい箇所を重点的に点検し,見落としのないように注意して行う必要がある。

詳細点検は,検査路,点検車,簡易な足場を用いて溶射皮膜に接近し,各部位の詳細な劣化程度を調査し,劣化の原因を究明する。点検作業は,目視又は双眼鏡を用いて溶射皮膜外観の調査と環境の変化,漏水や滞水の有無などの確認を主として行う。また,必要に応じてさび発生程度と範囲を観察し,機器を用いて皮膜厚さ,付着塩分量,密着力の低下の有無及び範囲,腐食生成物等の調査を行う必要がある。劣化が生じやすい箇所と要因を,表-V.6.3に示す。

表-V.6.3 劣化の生じやすい箇所と要因

劣化が生じやすい箇所	劣　化　要　因
部材の角部	皮膜厚さの不足
作業スペースに制約がある箇所	十分な作業空間が確保できず,適正な溶射皮膜の未形成
溶接部	アルカリ性ヒュームやスパッタの付着残存
伸縮装置周辺部・支承 桁の掛け違い部・桁端部周辺 床版の陰の部分	・雨水,じんあいの堆積 ・湿気による湿潤環境

(1) 部材の角部
　部材製作時における鋼材の切断面角部は，鋭く，溶射皮膜が剥離しやすいので**3.3.1 部材自由縁の角部の処理**に示すように面取りを行うことで適正な溶射皮膜を確保するのに有効である。

写真－Ⅴ.6.3　連結板の両面で面取りを行った例

(2) 作業スペースに制約がある箇所
　適正な溶射皮膜を得るためには，十分な作業空間を確保することが必要である（**3.4 溶射困難箇所**）。特に，既設橋において金属溶射を現場で施工する場合には，素地調整や金属溶射の作業スペースを十分に確保することが難しい部位があることから劣化が生じやすい。**写真－Ⅴ.6.4**及び**写真－Ⅴ.6.5**は，狭あいな作業空間や部材の突起の存在によって十分な作業空間が確保できず，溶射皮膜に劣化が生じた事例である。これらは動力工具での素地調整後に粗面形成材を塗布した上で金属溶射を施工した事例であるが，素地調整によるさびの除去が不十分だったことが溶射皮膜の主たる劣化要因と考えられる。

写真－Ⅴ.6.4　ガセットプレートの損傷

　　　　(a) 下フランジ上面　　　　(b) 下フランジ下面
写真－Ⅴ.6.5　主桁下フランジの損傷

(3) 溶接部

　溶接部の凹凸は，皮膜厚さ不均一などの不具合の原因となることから，**4.3 溶断・溶接**に示すように溶接後，工具などで除去しておくが必要がある。**写真－Ⅴ.6.6**に現場溶接部の溶射皮膜の劣化事例を示す。

写真－Ⅴ.6.6　現場溶接部の溶射皮膜の劣化

(4) 湿気がこもりやすい箇所

　桁の端部は湿気がこもりやすく，腐食環境が厳しい箇所である（**写真－Ⅴ.6.7**）。また，床版からの漏水はアルカリ性を示すことが多く，溶射金属の消耗が早くなることがあるので注意する必要がある。

写真－Ⅴ.6.7　床版からの漏水による腐食

6.4　評価

　溶射皮膜の劣化の評価は，**表－Ⅴ.6.1**や**表－Ⅴ.6.2**に示すどの段階にあるかを目視で観察し適切に評価する必要がある。
　点検を行うごとに溶射皮膜外観について調査し，劣化がレベルⅠ～Ⅳのどのレベルに該当するかを定量的に観察し，劣化程度を評価し記録する必要がある。
　溶射皮膜に発生した劣化の特徴を把握し，防食機能の損傷程度（劣化程度）を適切に評価する。その際には，構造的な特徴，水処理などの不備，部材による違いや部材の重要度などを勘案して適切な評価を行う。溶射皮膜を点検する場合は，白さびと赤さびの程度と範囲などの状況把握を重点とするが，劣化レベル写真も参考に損傷程度を評価する必要がある。

6.5　維持補修

　溶射皮膜の劣化には，経年劣化以外に部分的に環境条件が悪化して起こる場合があることから，可能な限り劣化が生じる前に原因を取り除くことで溶射皮膜の早期消耗を予防することが重要である。
　例えば，桁端部等で路面からの土砂や雨水が滞留する場合があり，放置すると溶射皮膜の早期消耗を招くことになるので，点検で発見した場合は滞留物を除去するなど早めの処置が望ましい。予防の観点からは，劣化状態を作り出した原因を排除する恒久的処置をすることが望ましい予防処置である。

6.5.1 溶射皮膜の補修

　溶射皮膜の補修は，劣化が進み防食効果を喪失した場合に行う。溶射皮膜は，先に示した劣化レベルの進行例のレベルⅠからレベルⅣの状態に推移すると考えられる。

　溶射皮膜は，劣化レベルⅡ程度に達した段階で部分補修を行うことによって，初期施工では発見できなかった不具合部分等が補修され，全体に安定した溶射皮膜になるので防食性を維持できることになる。

　溶射施工箇所には赤さびと白さびが発生するが，溶射皮膜自体の劣化プロセスは，以下に示す白さびの発生→外観の色むら→部分的な赤さびの発生→防食電位の低下→密着性不良→全面赤さび化に至る劣化過程をたどる。

　したがって，全体として防食電位が確保され，部分的に赤さびが発生しているレベルⅡが，防食及び耐久性から溶射皮膜の補修を行う望ましい段階である。赤さびは，皮膜厚さの薄い場所から始まり，構造的には水分の滞留時間が長い部位から始まる。

　レベルⅢ以上に劣化が進んだ場合は，溶射皮膜を除去して再施工する範囲が多くなる。

　溶射皮膜の補修を行う時期の目安となる赤さびの発生面積については，外観的なさびの発生程度が判断基準になる。

　一方，劣化が進んでさびの発生面積が多くなると，素地調整に要する費用の割合が高くなり，溶射補修に要する工期も長くなるなど不経済となる。

　原則としては，新設時の施工条件のばらつき等によって局部劣化がレベルⅡ以上となった時に劣化部分の部分補修を検討するのがよい。

　その後，溶射皮膜の防食機能が低下する前のレベルⅢまで劣化が進行した時に，該当部位については部分補修を検討し，防食皮膜としての機能保持を図るのが望ましい。その後の維持管理は，レベルⅢを補修時期の目安として対策を行う。

　各劣化レベルにおける補修方法は，表－V.6.4による。

　劣化の原因が使用環境条件の変化に起因すると考えられる場合は，防食工法の再検討を行い，金属溶射での防食対策が十分でない場合には防食工法（補修工法）を変更する必要がある。

表-V.6.4　金属溶射皮膜の劣化レベルと補修方法

劣化レベル	補修範囲	補 修 方 法
Ⅰ	部分的な赤さび発生箇所	さび，密着性の弱い溶射皮膜を除去し，部分的に溶射を再施工する。
Ⅱ	赤さび発生箇所 白さびが著しい箇所	部分補修する。 赤さび発生部は，さび，密着性の弱い溶射皮膜を除去し，溶射を再施工する。 白さびが著しい箇所は，白さびを除去し，再溶射によって皮膜厚さを回復する。
Ⅲ	部材全面	赤さび，白さびが著しい部材の全面補修する。 赤さび，白さび及び密着性の弱い溶射皮膜を除去し，金属溶射を再施工する。 密着性の良い溶射皮膜部は素地調整後その上から再溶射し，消耗した皮膜厚さを回復する。
Ⅳ	全　面	全面補修する。 多くの面で防食機能が喪失していると見なされるので，残存溶射皮膜を全面除去し，新設時と同様に下地処理から再施工する。

6.5.2　狭あい部等代替塗装部の補修

　狭あい部など溶射施工が困難な箇所を，代替仕様で施工した塗装部の劣化については，劣化状況に応じて下記の補修を行う。

1) 赤さびの発生程度に応じて，補修を行うか否かを決定する。
2) 旧塗膜を剥離除去した後，同じ塗装仕様で補修塗りを行う。

　狭あい部の代替塗装部における補修仕様を**表-V.6.5**に示す。

表-V.6.5　狭あい部代替塗装部の補修仕様

適用範囲	素地調整	間隔 [20℃]	下　塗	間隔 [20℃]	上　塗
スカラップ端面ボルト頭など	動力工具処理 ISO 8501-1 St 3	〜 4 時間	有機ジンクリッチペイント はけ　75 μm （300g/m²×2）	1〜 10 日	超厚膜形エポキシ樹脂塗料 はけ 150 μm×2 （500g/m²×2）

　注：塗装作業については，第Ⅱ編塗装編に準じる。

6.5.3 塗装仕上げの補修

塗装仕上げを行った場合の維持補修は，第Ⅱ編塗装編に準じて補修塗装を行う。ここで行う塗装作業については，第Ⅱ編塗装編を参照するとよい。

金属溶射塗装仕上げの補修仕様を表-V.6.6に示す。

表-V.6.6　金属溶射塗装仕上げの補修仕様

工　程	補修仕様
素地調整	ブラスト処理　除せい度 ISO 8501-1 Sa 2$^1/_2$ 以上 表面粗さ Rz50 μm 以上（または，粗面化処理 Rz50 μm 以上） 溶射皮膜劣化部をブラスト処理により付着物，油分，水分，じんあい，塩分等を除去し，清浄面とする。
金属溶射	最小皮膜厚さ100 μm 以上とする。
封孔処理	封孔処理剤をスプレー塗装する。
塗　装 補　修	ふっ素樹脂塗料用中塗(200g/㎡)　30 μm ふっ素樹脂塗料上塗(150g/㎡)　25 μm

注：塗装作業については，第Ⅱ編塗装編に準じる。

赤さびの発生がなく溶射皮膜に劣化が見られない場合で，着色美装性のみを回復する場合は表-V.6.7に従うこととする。

表-V.6.7　金属溶射塗装仕上げの補修（美装性補修）

工　程	補修仕様
素地調整	サンドペーパーなどで表面を研磨清掃し，付着物，水分，油分，じんあい，塩分などを除去し被塗装面を清浄化する。(4種ケレン)
下塗塗装	変性エポキシ樹脂塗料下塗　60 μm とする。
仕上げ 塗　装	ふっ素樹脂塗料用中塗(200g/㎡)　30 μm ふっ素樹脂塗料上塗(150g/㎡)　25 μm

注：塗装作業については，第Ⅱ編塗装編に準じる。

6.5.4 足場

足場の詳細については，第Ⅱ編塗装編の作業足場を参照する。また，防護に関しては，周辺環境と溶射作業の特質に合わせて防護工を設置する必要があることから，現場状況を十分に検討の上施工する必要がある。

6.6 維持管理記録

　点検・調査の結果は，その後の維持補修計画立案に活用できるように，その経年的な変化が判る損傷程度評価や測定値，写真などを適切に記録する必要がある。また，活用しやすい記録形式で保存することも重要である。

　具体的な記録方法については，「橋梁定期点検要領（案）」（国土交通省）[14] を参照するのがよい。

　溶射皮膜の劣化は，白さびの発生状況と程度，赤さびの発生状況と面積，膜厚の損耗状況，皮膜の割れ・膨れなどの発生状況と程度を確認することが重要である。劣化の確認において判明した損傷原因，維持管理業務の中で実施した処置とそれによる再評価結果等の履歴も併せて記録するのがよい。

　補修を実施した場合は，実施に至った経緯，評価，判断内容を記述し，補修内容も詳細に記録することが次回の維持管理計画策定に必要である。

【参考文献】

1) 日本溶射協会編：溶射技術ハンドブック，1998.5
2) 社団法人日本橋梁建設協会：亜鉛・アルミニウム溶射マニュアル（改訂版），2003.3
3) 日本溶射協会編：溶射用語辞典，1994.6
4) 構造物常温溶射研究会編：鋼橋の常温金属溶射設計・施工・補修マニュアル（案）（改訂版），2009.4
5) 狩野雅史，常田和義，蓮井健二，多記徹：Zn‐Al擬合金溶射システムの防食性と塗り替え施工例，社団法人日本鋼構造協会，第15回鉄構塗装技術討論会発表予稿集，1992.10
6) 辻野文三：日本溶射工業会　防食WG　塩水噴霧試験（6000Hr）結果報告，溶射技術 Vol.16-No.1，1996.8
7) 日本溶射工業会：防食溶射ガイドブック，塩水噴霧試験（10000Hr），2000.9
8) 原田良夫：防食溶射入門，溶射 Vol.37，No.2，2000.6
9) 原田良夫，高谷泰之：Al-5Mg合金溶射皮膜の適用実績と腐食特性，溶射技術 VOL.21－NO.4，2002.4
10) 古賀義人：受託研究報告「Zn-Al，Al，Al-Mg溶射と封孔剤（平成15年度）」
11) 日本溶射協会編：溶射工学便覧，2010.1
12) 前田博，橋本秀成，新免俊典，高木一生，奥野眞司：金属溶射摩擦接合面における継手部性能試験に関して，社団法人日本鋼構造協会，鋼構造年次論文報告集第17巻，2009.11
13)（社）日本防錆技術協会：溶射施工管理マニュアル（防せい・防食），1985.4
14) 国土交通省道路局・国道防災課：橋梁定期点検要領（案），2004.3

付属資料

付Ⅴ－ 1. 粗面化処理の施工管理 …………………………………… V-64
付Ⅴ－ 2. 導電性試験方法 …………………………………………… V-64
付Ⅴ－ 3. 粗面化処理を粗面形成材によった場合の
　　　　　膜厚管理に関する資料 …………………………………… V-66
付Ⅴ－ 4. 最小皮膜厚さ ……………………………………………… V-68
付Ⅴ－ 5. 溶射に用いる粗面形成材及び封孔処理に
　　　　　使用する材料の品質規格例 ……………………………… V-69
付Ⅴ－ 6. アルミニウム・マグネシウム合金溶射 ………………… V-71

付Ⅴ－1．粗面化処理の施工管理

　粗面化処理は，液状の粗面形成材を塗料と同じようによくかくはんし，均一にした後エアースプレーによって処理面に吹き付ける。施工には熟練を要するが，塗もれ，膜厚過多にならないように吹き付けることが重要である。
　粗面形成材の塗付量は，あらかじめ標準板，下限膜厚限界板，上限膜厚限界板を作成してこれを比較することによって管理する。また，粗面形成材の鋼素地に対する密着性は，溶射施工直前に判定する。

付Ⅴ－2．導電性試験方法

　粗面形成材を用いた溶射施工を行う場合，残存ショッププライマー膜が防食電流を通すことを確認するために，以下の方法によって素地調整終了後に導電性確認試験を行う。犠牲防食作用が働くためには，鋼素地と溶射皮膜の間に電気的導通が必要であるため，導通が阻害されていないことを確認する必要がある。

1) 試験確認時期
　素地調整終了後，溶射施工を行う前に通電性確認試験を行う。
2) 測定方法と判定方法
　素地調整した対象面については，任意の直線1mを選び，始点端から5cm間隔で導電性の有無を確認し，17点以上（21点中）通電することが確認できた時点で通電性があるとする。テスターの端子の一方は鋼素地へ，もう一方はプライマー面に当てて測定する。
　任意の1mを5cm間隔に区切り，導電性確認点とする（**付図－Ⅴ.2.1**）。この確認線は，縦，横，斜めいずれの方向を選択してもよい。導電性確認は，テスターで12Vの電圧を印荷し，通電の有無を確認することによって判定する。**付写－Ⅴ.2.1**に導電性試験実施状況を示す。

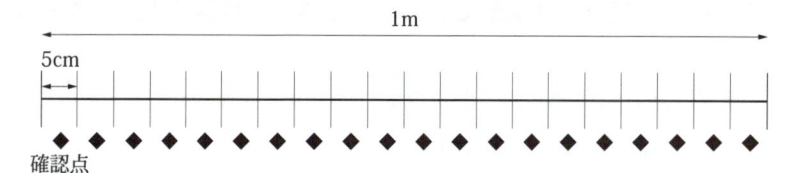

付図－Ⅴ.2.1　導電性確認点の例

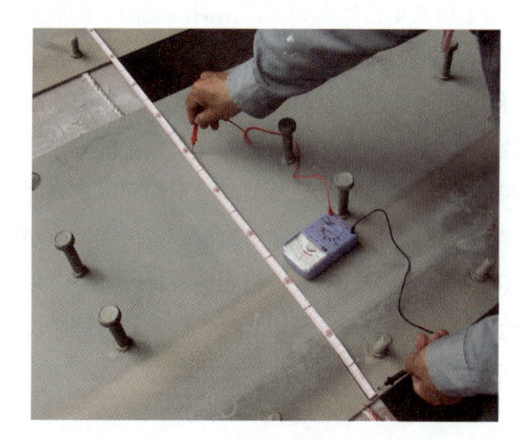

付写－Ⅴ.2.1　導電性試験の実施状況

3) 試験確認頻度

　作業単位ごとに少なくとも任意の2箇所（1mの直線を2箇所）で確認する。1作業単位とは概ね1日の作業範囲とし，作業姿勢の異なる部位について確認する。目安としては，縦向き作業面（垂直面）は30m^2～50m^{2}を1作業単位とする。上向き面は，10m^2～20m^{2}を1作業単位とする。

付Ⅴ－3. 粗面化処理を粗面形成材によった場合の膜厚管理に関する資料

5.3.3 膜厚計測方法に示した，膜厚計測法を用いて粗面形成材を塗布した際の膜厚計測値の実験評価例を以下に示す。

1) 実験概要

粗面形成材の処理面上に施工された溶射皮膜の膜厚が，電磁膜厚計によって130μmであると計測された場合について，溶射皮膜のみの膜厚を判定するために行った実験例である。電磁膜厚計は，磁性体の表層にある非磁性体の厚み（距離）に関して電位差を利用して測定するものであるため，粗面形成材のような非磁性体は膜厚として測定される。一方，粗面形成材だけを膜厚測定をした場合，表面が粗すぎて計測値の信頼性が低くなる。また，粗面形成材表面の粗さの凹部に埋まった溶射金属は，皮膜厚さとして計測されない等の問題点がある。これらの技術的課題を明らかにするため，試験板に粗面形成材のないものと粗面形成材を処理したものに溶射施工した時の厚さをそれぞれ測定し，同時に皮膜の付着量を溶射前後の重量差から求め，その量から厚さに換算して皮膜厚さ読み取れるグラフを作成した。

2) グラフ作成手順及び測定結果

ⅰ）磨き軟鋼板（70 mm ×150 mm）に皮膜厚さを変えて金属溶射し，この時の皮膜厚さを電磁式膜厚計で測定した。同時に皮膜の付着量を計量して皮膜厚さに換算した。測定は試験板ごとに溶射前後の重量を測定し，次式によって皮膜厚さに換算した。W2-W1/4.93（W1 は溶射前の試験板の重量，W2 は溶射後の試験板の重量，4.93 は亜鉛アルミニウム擬合金皮膜の比重）。なお測定値は試験板ごとに72点測定した。測定結果を**付表－Ⅴ.3.1**に示す。

付表-V.3.1 膜厚測定結果の例

(単位 μm)

試験板（粗面形成材無し）				試験板（粗面形成材有り）			
重量法	電磁膜厚計測定値			重量法	電磁膜厚計測定値		
皮膜厚さ	平均値	最大値	最小値	皮膜厚さ	平均値	最大値	最小値
70	87	134	44	39	84	113	54
76	93	144	62	53	102	155	67
85	106	156	60	84	130	192	101
98	122	170	77				

ii）表の測定結果を基に，X軸に重量換算の皮膜厚さ，Y軸に電磁微厚計測定値としたグラフを付図-V.3.1に示す。グラフは各データの測定平均値を基に回帰分析より求めた。

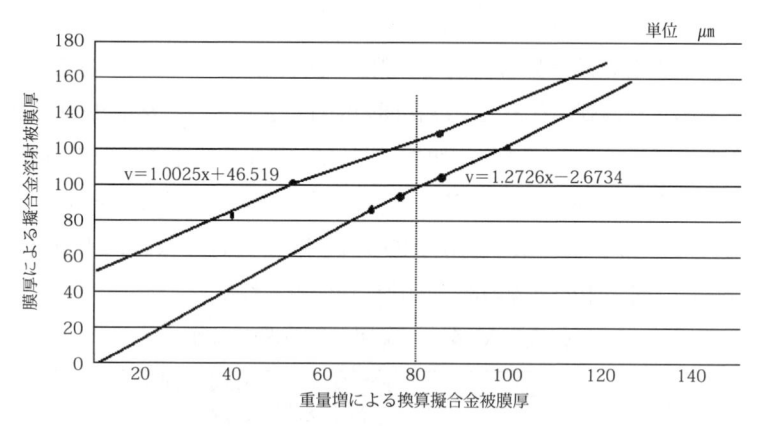

付図-V.3.1 膜厚測定結果の例

グラフより，粗面形成材がない試験板において電磁膜厚計による測定値100μmの時重量法換算の皮膜厚さは80.7μm（回帰式 y=1.2726 x − 2.6734 により，y=80.7）である。

次に，粗面形成材がある試験板の重量換算皮膜値が80.7μmの電磁式膜厚計の値を求めると127.4μm（回帰式 y=1.0025 x + 46.519 より y=127.4μm）となる。

このことから，粗面形成材を適用する金属溶射では，電磁式膜厚計の測定平均値が130μm確保されていれば，設計皮膜厚さ100μmに相当する金属量が付着しているものと判断できる。

付Ⅴ-4. 最小皮膜厚さ

　亜鉛，亜鉛・アルミニウム合金，亜鉛アルミニウム擬合金，アルミニウム皮膜，アルミニウム・マグネシウム合金は，溶融亜鉛めっきと同等か，それ以上の耐久性を示すと推測される。

　一方，溶射皮膜の防食作用は，単位面積当たりの亜鉛（やアルミニウム合金，擬合金）付着量が多いほど耐久性は向上することが古くから知られている。

　溶射皮膜は，皮膜中に気孔が存在するので，溶融亜鉛めっきと同じ皮膜厚さでは，単位面積当たりの金属付着量が溶融亜鉛めっきより少なくなる可能性がある。単位面積当たりの金属付着量を溶融亜鉛めっきと同等にした付着量を皮膜厚さに換算すると，100μm は妥当な数値になる。

　なお，施工上も金属溶射は，50μm 程度の薄膜を均一に施工するのが難しく，また，皮膜厚さが過剰になると暴露初期の条件によっては，溶射皮膜に膨れが出ることも確認されている。以上の理由によって，最小皮膜厚さを 100μm とした。

　参考までに JIS H 8300 亜鉛，アルミニウム及びそれらの合金溶射に記載されている溶射材料の種類，及び最小皮膜厚さの指定範囲を**付表-Ⅴ.4.1** に示す。なお，防食用途には，付表中の実線の部分の仕様が使用される。

付表-Ⅴ.4.1　金属溶射皮膜の分類

溶射材料の種類	最小皮膜厚さの指定範囲 最小皮膜厚さ(μm) 50　100　150　200　250　300
Zn 99.99	100-200 ―― 300
Al 99.5	100-150 ―― 300
AlMg 5.0	100-150
ZnAl 15	100-150 ―― 200

備考1：最小皮膜厚さの指定範囲は，二重線及び破線の範囲とする。ただし，破線の範囲については，発注者と請負者の協議によって決定する。

備考2：ここで示した協議によって溶射皮膜厚さを指定する場合，皮膜厚さの均一性を確保するための溶射の方法，封孔剤の使用，試験法，中間値の指定については別途仕様等を検討し，決定することが必要である。

付Ⅴ-5. 溶射に用いる粗面形成材及び封孔処理に使用する材料の品質規格例

1) 粗面形成材

粗面形成材の品質規格例を**付表-Ⅴ.5.1**に示す。

付表-Ⅴ.5.1 粗面形成材

塗料の名称			粗面形成材
解　説			エポキシ樹脂，硬化剤，無機質粒子及び着色顔料を原料とした2液形の塗料で，溶射対象面に粗さを付与するためのものである。
塗料性状	容器の中の状態	主　剤	かき混ぜた時，硬い塊がなく一様になること
		硬化剤	淡黄色半透明の液体で不純物がないこと
塗装作業性	塗装作業性		エアースプレー塗装作業に支障がないこと
	乾燥時間(h)	指触乾燥	1以内(23℃)
		半硬化乾燥	10以内(23℃)
	ポットライフ(h)		10以上(23℃)
塗膜性能	塗膜の外観		エアースプレー塗装で正常な粗面が得られること
成　分	エポキシ樹脂の定性		エポキシ樹脂を含むこと
備　考	試験方法はJIS-K-5600-1-1，JIS-K-5600-1-6 等による		

2) 封孔処理剤

ⅰ) 環境遮断形の封孔処理剤

　　塗装標準のエポキシ樹脂塗料下塗りを用いる。

　　塗装仕上げを行う場合に用いる。

ⅱ) 反応形の封孔処理剤

付表-Ⅴ.5.2及び**付表-Ⅴ.5.3**に封孔処理剤の品質規格例を示す。

付表-Ⅴ.5.2 封孔処理剤A

項　目		封孔処理剤
解　説		溶射金属との反応性の樹脂を用いた無機系，有機系，無機有機複合系の塗料である。溶射面の封孔処理に用いる。
塗料性状	容器の中の状態	かき混ぜた時に硬い塊がなく一様になること
塗装作業性	塗装作業性	吹き付け塗りに支障がないこと
	乾燥時間(min)	(半硬化)30以内(23℃)
塗膜性能	塗膜の外観	外観が正常であること
備　考	試験方法はJIS-K-5600-1-1、JIS-K-5600-1-6 等による。	

付表-V.5.3　封孔処理剤 B

塗料の名称	封孔処理剤	
解　説	ブチラール樹脂，りん酸，溶剤からなるクリヤー塗料又は顔料を含む着色塗料である。溶射面の封孔処理に用いる。	
塗料性状	容器の中の状態	かき混ぜた時に硬い塊がなく一様になること
塗装作業性	塗装作業性	吹き付け塗りに支障がないこと
	乾燥時間(min)	(半硬化)90 以内(23℃)
塗膜性能	塗膜の外観	外観が正常であること
備　考	試験方法は JIS-K-5600-1-1、JIS-K-5600-1-6 等による	

付Ⅴ－6. アルミニウム・マグネシウム合金溶射

アルミニウム・マグネシウム合金溶射は，海外では1984年（昭和59年）ごろから北海油田など海底石油掘削用基地の海洋鋼構造物の防食用として使用されてきた技術である（付写－Ⅴ.6.1）。ノルウェー側の14基で約400,000m^2，英国側を含めると，およそ1,000,000m^2 の施工実績が報告されている。

付写－Ⅴ.6.1　海底石油掘削用基地

溶射法としてはフレーム溶射よりアーク溶射による施工が多く，皮膜厚さは200μm～400μmで溶射のままで使用されている。

ISO 2063の規格に採用された理由は，腐食性の厳しい海洋鋼構造物の防せい・防食用として約30年の使用実績によるものである。

付表－Ⅴ.6.1に，ISO 2063で推奨されているアルミニウム・マグネシウム合金溶射の環境別皮膜厚さを抜粋したものである。

ISO 2063と整合化され，1999年（平成11年）にJIS H 8300 亜鉛・アルミニウム及びそれらの合金溶射にアルミニウム・マグネシウム合金（Al95Mg5）溶射皮膜が規定された。アルミニウム・マグネシウム合金溶射は，我が国では施工実績はないが試験データとしては，2000年度（平成12年度）に日本溶射工業会編「防食溶射ガイドブック」10,000時間塩水噴霧試験（福岡県工業技術センター「機械電子研究所」と日本溶射工業会「防食溶射委員会」の共同研究）[1]及び2003年度（平成15年度）「中性塩水噴霧サイクル試験4,680時間」（福岡県工業技術センター「機械電子研究所」と日本溶射工業会「防食溶射委員会」の共同研究）[2]があり，そ

れらによって,腐食の進行速度は,Zn-15Al ＞ Al ＞ Al-5Mg という結果が出ている。

このようなことから,アルミニウム・マグネシウム合金溶射は,海洋環境の鋼構造物の防食において,亜鉛やアルミニウム単体金属及び亜鉛・アルミニウム合金より優れていることが確認されている。

また,Al95-Mg5合金溶射皮膜の電気化学的挙動に関する基礎研究[3]において,皮膜の腐食防食作用が解明されてきている。さらに,実用環境における長期暴露試験も実施され始めたので,今後の更なる試験データの蓄積が期待できる状況である。

付表－V.6.1 ISO 2063 で推奨されているアルミニウム・マグネシウム合金溶射環境別皮膜厚さ

(単位 μm)

環 境	Al95-Mg5 非塗装	Al95-Mg5 塗装
塩 水	250	200
淡 水	150	100
都市地帯	150	100
工業地帯	200	100
大気海洋地帯	250	200
乾燥屋内地帯	100	100

【参考文献】

1) 日本溶射工業会:「防食溶射ガイドブック,塩水噴霧試験(10000Hr)」,2000.9

2) 原田良夫,高谷泰之:Al-5Mg 合金溶射皮膜の適用実績と腐食特性,溶射技術 VOL.21 － NO.4,2002.4

3) 古賀義人:受託研究報告「Zn-Al,Al,Al-Mg 溶射と封孔剤(平成15年度)」

執筆者 （50音順）

伊藤　裕彦	大﨑　義保
大澤　隆英	加藤　敏行
金子　　修	金田　崇男
北村　岳伸	古川　哲治
鈴木　克弥	髙木　千太郎
髙埜　真二	遠山　直樹
冨山　禎仁	飛ヶ谷　明人
星野　　誠	前川　清隆
前田　　博	増井　　隆
松下　政弘	宮原　　史
森下　尊久	若林　　大
渡辺　晃信	

鋼道路橋防食便覧

| 平成26年3月31日 | 初版第1刷発行 |
| 令和5年9月24日 | 第8刷発行 |

編　集 発行所	公益社団法人　日　本　道　路　協　会 　　　　東京都千代田区霞が関3−3−1
印刷所	神谷印刷株式会社
発売所	丸善出版株式会社 　　　　東京都千代田区神田神保町2−17

本書の無断転載を禁じます。

ISBN978-4-88950-272-5　C2051

日本道路協会出版図書案内

図　書　名	ページ	定価(円)	発行年
交通工学			
クロソイドポケットブック（改訂版）	369	3,300	S49. 8
自転車道等の設計基準解説	73	1,320	S49.10
立体横断施設技術基準・同解説	98	2,090	S54. 1
道路照明施設設置基準・同解説（改訂版）	240	5,500	H19.10
附属物（標識・照明）点検必携 ～標識・照明施設の点検に関する参考資料～	212	2,200	H29. 7
視線誘導標設置基準・同解説	74	2,310	S59.10
道路緑化技術基準・同解説	82	6,600	H28. 3
道路の交通容量	169	2,970	S59. 9
道路反射鏡設置指針	74	1,650	S55.12
視覚障害者誘導用ブロック設置指針・同解説	48	1,100	S60. 9
駐車場設計・施工指針同解説	289	8,470	H 4.11
道路構造令の解説と運用（改訂版）	742	9,350	R 3. 3
防護柵の設置基準・同解説（改訂版） ボラードの設置便覧	246	3,850	R 3. 3
車両用防護柵標準仕様・同解説（改訂版）	164	2,200	H16. 3
路上自転車・自動二輪車等駐車場設置指針 同解説	74	1,320	H19. 1
自転車利用環境整備のためのキーポイント	140	3,080	H25. 6
道路政策の変遷	668	2,200	H30. 3
地域ニーズに応じた道路構造基準等の取組事例集（増補改訂版）	214	3,300	H29. 3
道路標識設置基準・同解説（令和2年6月版）	413	7,150	R 2. 6
道路標識構造便覧（令和2年6月版）	389	7,150	R 2. 6
橋梁			
道路橋示方書・同解説（Ⅰ共通編）（平成29年版）	196	2,200	H29.11
〃（Ⅱ鋼橋・鋼部材編）（平成29年版）	700	6,600	H29.11
〃（Ⅲコンクリート橋・コンクリート部材編）（平成29年版）	404	4,400	H29.11
〃（Ⅳ下部構造編）（平成29年版）	572	5,500	H29.11
〃（Ⅴ耐震設計編）（平成29年版）	302	3,300	H29.11
平成29年道路橋示方書に基づく道路橋の設計計算例	564	2,200	H30. 6
道路橋支承便覧（平成30年版）	592	9,350	H31. 2
プレキャストブロック工法によるプレストレスト コンクリートT げた道路橋設計施工指針	81	2,090	H 4.10
小規模吊橋指針・同解説	161	4,620	S59. 4
道路橋耐風設計便覧（平成19年改訂版）	300	7,700	H20. 1

日本道路協会出版図書案内

図書名	ページ	定価(円)	発行年
鋼道路橋設計便覧	652	7,700	R 2.10
鋼道路橋疲労設計便覧	330	3,850	R 2. 9
鋼道路橋施工便覧	694	8,250	R 2. 9
コンクリート道路橋設計便覧	496	8,800	R 2. 9
コンクリート道路橋施工便覧	522	8,800	R 2. 9
杭基礎設計便覧（令和2年度改訂版）	489	7,700	R 2. 9
杭基礎施工便覧（令和2年度改訂版）	348	6,600	R 2. 9
道路橋の耐震設計に関する資料	472	2,200	H 9. 3
既設道路橋の耐震補強に関する参考資料	199	2,200	H 9. 9
鋼管矢板基礎設計施工便覧（令和4年度改訂版）	407	8,580	R 5. 2
道路橋の耐震設計に関する資料（PCラーメン橋・RCアーチ橋・PC斜張橋等の耐震設計計算例）	440	3,300	H10. 1
既設道路橋基礎の補強に関する参考資料	248	3,300	H12. 2
鋼道路橋塗装・防食便覧資料集	132	3,080	H22. 9
道路橋床版防水便覧	240	5,500	H19. 3
道路橋補修・補強事例集（2012年版）	296	5,500	H24. 3
斜面上の深礎基礎設計施工便覧	336	6,050	R 3.10
鋼道路橋防食便覧	592	8,250	H26. 3
道路橋点検必携〜橋梁点検に関する参考資料〜	480	2,750	H27. 4
道路橋示方書・同解説Ⅴ耐震設計編に関する参考資料	305	4,950	H27. 4
道路橋ケーブル構造便覧	462	7,700	R 3.11
道路橋示方書講習会資料集	404	8,140	R 5. 3
舗装			
アスファルト舗装工事共通仕様書解説（改訂版）	216	4,180	H 4.12
アスファルト混合所便覧（平成8年版）	162	2,860	H 8.10
舗装の構造に関する技術基準・同解説	104	3,300	H13. 9
舗装再生便覧（平成22年版）	290	5,500	H22.11
舗装性能評価法(平成25年版)―必須および主要な性能指標編―	130	3,080	H25. 4
舗装性能評価法別冊―必要に応じ定める性能指標の評価法編―	188	3,850	H20. 3
舗装設計施工指針（平成18年版）	345	5,500	H18. 2
舗装施工便覧（平成18年版）	374	5,500	H18. 2
舗装設計便覧	316	5,500	H18. 2
透水性舗装ガイドブック2007	76	1,650	H19. 3
コンクリート舗装に関する技術資料	70	1,650	H21. 8

日本道路協会出版図書案内

図書名	ページ	定価(円)	発行年
コンクリート舗装ガイドブック２０１６	348	6,600	H28. 3
舗装の維持修繕ガイドブック２０１３	250	5,500	H25.11
舗装の環境負荷低減に関する算定ガイドブック	150	3,300	H26. 1
舗 装 点 検 必 携	228	2,750	H29. 4
舗装点検要領に基づく舗装マネジメント指針	166	4,400	H30. 9
舗装調査・試験法便覧（全4分冊）(平成31年版)	1,929	27,500	H31. 3
舗装の長期保証制度に関するガイドブック	100	3,300	R 3. 3
アスファルト舗装の詳細調査・修繕設計便覧	250	6,490	R 5. 3

道路土工

図書名	ページ	定価(円)	発行年
道路土工構造物技術基準・同解説	100	4,400	H29. 3
道路土工構造物点検必携（令和２年版）	378	3,300	R 2.12
道路土工要綱（平成２１年度版）	450	7,700	H21. 6
道路土工－切土工・斜面安定工指針（平成21年度版）	570	8,250	H21. 6
道路土工－カルバート工指針（平成21年度版）	350	6,050	H22. 3
道路土工－盛土工指針（平成２２年度版）	328	5,500	H22. 4
道路土工－擁壁工指針（平成24年度版）	350	5,500	H24. 7
道路土工－軟弱地盤対策工指針（平成24年度版）	400	7,150	H24. 8
道路土工－仮設構造物工指針	378	6,380	H11. 3
落 石 対 策 便 覧	414	6,600	H29.12
共 同 溝 設 計 指 針	196	3,520	S61. 3
道 路 防 雪 便 覧	383	10,670	H 2. 5
落石対策便覧に関する参考資料 —落石シミュレーション手法の調査研究資料—	448	6,380	H14. 4

トンネル

図書名	ページ	定価(円)	発行年
道路トンネル観察・計測指針（平成21年改訂版）	290	6,600	H21. 2
道路トンネル維持管理便覧【本体工編】（令和2年版）	520	7,700	R 2. 8
道路トンネル維持管理便覧【付属施設編】	338	7,700	H28.11
道路トンネル安全施工技術指針	457	7,260	H 8.10
道路トンネル技術基準（換気編）・同解説（平成20年改訂版）	280	6,600	H20.10
道路トンネル技術基準（構造編）・同解説	322	6,270	H15.11
シールドトンネル設計・施工指針	426	7,700	H21. 2
道路トンネル非常用施設設置基準・同解説	140	5,500	R 1. 9

道路震災対策

図書名	ページ	定価(円)	発行年
道路震災対策便覧（震前対策編）平成18年度版	388	6,380	H18. 9

日本道路協会出版図書案内

図　書　名	ページ	定価(円)	発行年
道路震災対策便覧（震災復旧編）(令和4年度改定版)	545	9,570	R 5. 3
道路震災対策便覧（震災危機管理編）(令和元年7月版)	326	5,500	R 1. 8
道路維持修繕			
道　路　の　維　持　管　理	104	2,750	H30. 3
英語版			
道路橋示方書（Ⅰ共通編）〔2012年版〕（英語版）	160	3,300	H27. 1
道路橋示方書（Ⅱ鋼橋編）〔2012年版〕（英語版）	436	7,700	H29. 1
道路橋示方書（Ⅲコンクリート橋編）〔2012年版〕（英語版）	340	6,600	H26.12
道路橋示方書（Ⅳ下部構造編）〔2012年版〕（英語版）	586	8,800	H29. 7
道路橋示方書（Ⅴ耐震設計編）〔2012年版〕（英語版）	378	7,700	H28.11
舗装の維持修繕ガイドブック2013（英語版）	306	7,150	H29. 4
アスファルト舗装要綱（英語版）	232	7,150	H31. 3

※消費税10%を含みます。

発行所 （公社)日本道路協会　☎(03)3581-2211
発売所 丸善出版株式会社　☎(03)3512-3256
　　　　丸善雄松堂株式会社　学術情報ソリューション事業部
　　　　　　法人営業統括部　カスタマーグループ
　　　　　　TEL：03-6367-6094　FAX：03-6367-6192　Email：6gtokyo@maruzen.co.jp